大学1・2年生のための
すぐわかる
線形代数
石綿夏委也 著
東京図書

はじめに

大学の1・2年の一般教養における授業科目は，多くの大学が「微分積分」と「線形代数」を取り扱う．「微分積分」は高校でも習っていることから，なじみやすいと思う．しかし「線形代数」は1次方程式の解法がテーマであり，n 元1次連立方程式の解法をシステム化しようとすると難しくなる．行列で表現し，行列式の考え方が必要となる．そして行列で表現した対応で“線形性”に着目するようになり，線形性の与えられた集合である線形空間から線形空間の写像へと視点が移っていく．

n 次元の線形空間から n 次元の線形空間への写像は正方行列と対応し，正方行列は行列式の概念と結びつく．「線形代数」がわかりにくく感じるのは，連立方程式の解法，行列表現，線形写像，線形空間，ベクトル空間，行列の性質などが互いに補完しながら，どのステージで考えるか，どこのステージを中心に展開するかで違ってくることに原因がある．

本書の全体の構成は次の通りである．

- Chapter 1, 2 は Chapter 3 の準備的な章である．
  Chapter 1…行列の定義と行列のいろいろな型の紹介．今後登場する大切な考え方を取り扱う．
  Chapter 2…行列式を取り扱う．
- Chapter 3…n 元1次連立方程式を取り扱う．
- Chapter 4, 5…線形空間に視点を移した章である．高校で考えたベクトルを n 次元ベクトルに拡張し，線形写像を取り扱う．
- Chapter 6, 7, 8…線形写像が与えられたとき，それをできるだけ簡単な行列で表そうとする．そのために，固有値の考え方が必要となり，固有値問題とその利用がテーマとなる．

このように展開することで線形代数がわかりにくいと感じる原因を払拭した．

また，本書を書くにあたって心掛けたことは次の通りである．

まず基本事項および重要事項の理屈や説明を単なる項目だけの列挙でなく，問題演習につながる形で，しっかりとわかりやすく解説した．

問題演習の解答は，「考え方」を付記し，問題を解く上の発想や対応する基本事項・重要事項のつながりを明記した．そして，途中の計算過程や考えにくいところを，ポイントのコーナーで補った．また，どの問題にも対応する練習問題を用意した．その解答は途中を省略することなく記述したので，実際に解いて力をつけてほしい．なお，スペースの関係で載せることのできなかった証明は記述してある参考書を本書の巻末に付記してあるので，そうした図書も併用し活用してほしい．

本書を軸に学ぶことで，「大学院入試」に通じる力が身に付くと確信している．

なお，各章の最後にコラムを載せた．コラムを通じ歴史的な背景やエピソードにも触れ，各分野の理解を深めてもらえるよう心掛けた．気軽に読んでほしい．

最後に，本書を著すにあたり，東京図書の川上禎久氏に大変お世話になりました．心よりお礼申し上げます．

石綿夏委也

目　次

装幀 岡 孝治

Chapter 1

行列

行列の演算を定義し，様々な行列の“型”を学ぶ.
今後，行列を一般化して取り扱う際の布石になるように，
2 次の正方行列を通じ，連立方程式との対応，ケーリー・ハミルトンの定理，
行列の n 乗，行列の固有値，対角化，ジョルダン標準形の概念を知る.

基本事項

1 行列の演算（問題 1-[1], [2]）

❶ 行列の定義

$m \times n$ 個の数や文字，関数などを，以下のように横 m 行，縦 n 列に並べた

$$\begin{pmatrix} a_{11} & a_{12} & \cdots & a_{1n} \\ a_{21} & a_{22} & \cdots & a_{2n} \\ \vdots & \vdots & \ddots & \vdots \\ a_{m1} & a_{m2} & \cdots & a_{mn} \end{pmatrix} \quad \cdots ①$$

を $m \times n$ **行列**または，(m, n) 行列という．これを簡単に (a_{ij})，または 1 つの文字 A で表すこともある．A の上から第 i 行目，左から第 j 列目にある a_{ij} を (i, j) 成分という．

行は数の横方向の配列で，上から順に 1 行，2 行，…，m 行という．

列は数の縦方向の配列で，左から順に 1 列，2 列，…，n 列という．

$$\begin{pmatrix} a_{11} & a_{12} & \cdots & a_{1n} \\ a_{21} & a_{22} & \cdots & a_{2n} \\ \vdots & \vdots & \ddots & \vdots \\ a_{m1} & a_{m2} & \cdots & a_{mn} \end{pmatrix} \begin{matrix} \cdots 1\text{行} \\ \cdots 2\text{行} \\ \vdots \\ \cdots m\text{行} \end{matrix} \qquad \begin{matrix} \begin{pmatrix} a_{11} & a_{12} & \cdots & a_{1n} \\ a_{21} & a_{22} & \cdots & a_{2n} \\ \vdots & \vdots & \ddots & \vdots \\ a_{m1} & a_{m2} & \cdots & a_{mn} \end{pmatrix} \\ \begin{matrix} \vdots & \vdots & & \vdots \\ 1\text{列} & 2\text{列} & & n\text{列} \end{matrix} \end{matrix}$$

・①でとくに $m = n$ のとき，n 次の**正方行列**といい，

$1 \times n$ 行列　$(a_1, a_2, \cdots, a_n)$ を $\boldsymbol{n}$ **次行ベクトル**，

$m \times 1$ 行列 $\begin{pmatrix} a_1 \\ a_2 \\ \vdots \\ a_m \end{pmatrix}$ を $\boldsymbol{m}$ **次列ベクトル**という．

《注意》 n 次行ベクトル，m 次列ベクトルはベクトルに他ならない．行列の概念はベクトルの概念を特別の場合として含んでいる．

・すべての要素が 0 である行列を零行列といい，O（オー）で表す．

[例]

$\begin{pmatrix} 1 & 2 \\ 3 & 4 \end{pmatrix}$，$\begin{pmatrix} 3 & -2 & 1 \\ 5 & 6 & 7 \end{pmatrix}$，$\begin{pmatrix} 1 \\ 2 \end{pmatrix}$ は順に 2×2 型，2×3 型，2×1 型である．

❷ 行列の相等

2つの行列A, Bが同じ型で，しかも対応する成分がそれぞれ等しいとき，$A = B$とかく．

❸ 行列の和とスカラー倍

(1) **和**　$A = (a_{ij})$，$B = (b_{ij})$ を (m, n) 行列とするとき，

$$A + B = (a_{ij} + b_{ij})$$

と定義する．これはまた (m, n) 行列である．

(2) **スカラー倍**　$A = (a_{ij})$ を (m, n) 行列，kをスカラーとするとき，

$$kA = Ak = (k\,a_{ij})$$

と定義する．これはまた (m, n) 行列である．

例

$$A = \begin{pmatrix} a & b & c \\ d & e & f \end{pmatrix}, \qquad B = \begin{pmatrix} a' & b' & c' \\ d' & e' & f' \end{pmatrix}$$ のとき

$$A \pm B = \begin{pmatrix} a \pm a' & b \pm b' & c \pm c' \\ d \pm d' & e \pm e' & f \pm f' \end{pmatrix}$$

$$kA = \begin{pmatrix} ka & kb & kc \\ kd & ke & kf \end{pmatrix}$$

(3) 和，差，実数倍の計算法則

㋐　$A + B = B + A$　（交換法則）

㋑　$(A + B) + C = A + (B + C)$　（結合法則）

㋒　$A + O = A$

㋓　$A + (-A) = O$

㋔　$k(A + B) = kA + kB$

㋕　$(k + l)A = kA + lA$

❹ 行列の積

(1) **積の定義**

2つの行列 A, B の積 AB は，A の列の数と B の行の数が等しいときだけ定義される．

A を $l \times \underset{\sim}{m}$ 行列，B を $\underset{\sim}{m} \times n$ 行列，すなわち

等しい

$$A = \begin{pmatrix} a_{11} & a_{12} & \cdots & a_{1m} \\ a_{21} & a_{22} & \cdots & a_{2m} \\ & \cdots\cdots\cdots & & \\ a_{i1} & a_{i2} & \cdots & a_{im} \\ & \cdots\cdots\cdots & & \\ a_{l1} & a_{l2} & \cdots & a_{lm} \end{pmatrix} \cdots\cdots ㋐ \qquad B = \begin{pmatrix} b_{11} & b_{12} & \cdots & b_{1j} & \cdots & b_{1n} \\ b_{21} & b_{22} & \cdots & b_{2j} & \cdots & b_{2n} \\ & & \cdots\cdots\cdots\cdots\cdots\cdots & & & \\ b_{m1} & b_{m2} & \cdots & b_{mj} & \cdots & b_{mn} \end{pmatrix}$$

㋑

のとき，その積を

$$AB = \begin{pmatrix} c_{11} & c_{12} & \cdots & c_{1n} \\ c_{21} & c_{22} & \cdots & c_{2n} \\ & \cdots\cdots\cdots & & \\ c_{l1} & c_{l2} & \cdots & c_{ln} \end{pmatrix}$$

となる $l \times n$ 行列と定義する．ただし，c_{ij} は i 行（㋐）と j 列（㋑）の内積で，

$$\begin{aligned} c_{ij} &= a_{i1}b_{1j} + a_{i2}b_{2j} + \cdots + a_{im}b_{mj} \\ &= \sum_{k=1}^{m} a_{ik}b_{kj} \end{aligned} \qquad \begin{pmatrix} i = 1, 2, \cdots, l \\ j = 1, 2, \cdots, n \end{pmatrix}$$

とする．

特に，A, B がいずれも $n \times n$ 次の行列，すなわち n 次の正方行列のときは，その積 AB も n 次の行列となる．

また，このとき $B = A$ ならば

$$AA = A^2, \qquad AA^2 = A^3, \ \cdots$$

とかき，行列のベキも定義される．n 次の正方行列 A について，A を m 回掛けたものを A^m と書く．$A^m = AA^{m-1}$ が成り立つ．

例

$$A = \begin{pmatrix} 1 & 2 \\ 3 & 4 \end{pmatrix}, \ B = \begin{pmatrix} 2 & -1 \\ 3 & 5 \end{pmatrix}$$

$$AB = \begin{pmatrix} 1 & 2 \\ 3 & 4 \end{pmatrix}\begin{pmatrix} 2 & -1 \\ 3 & 5 \end{pmatrix} = \begin{pmatrix} 1\cdot2 + 2\cdot3 & 1\cdot(-1) + 2\cdot5 \\ 3\cdot2 + 4\cdot3 & 3\cdot(-1) + 4\cdot5 \end{pmatrix} = \begin{pmatrix} 8 & 9 \\ 18 & 17 \end{pmatrix}$$

$$BA = \begin{pmatrix} 2 & -1 \\ 3 & 5 \end{pmatrix}\begin{pmatrix} 1 & 2 \\ 3 & 4 \end{pmatrix} = \begin{pmatrix} 2\cdot1 + (-1)\cdot3 & 2\cdot2 + (-1)\cdot4 \\ 3\cdot1 + 5\cdot3 & 3\cdot2 + 5\cdot4 \end{pmatrix} = \begin{pmatrix} -1 & 0 \\ 18 & 26 \end{pmatrix}$$

(2) 乗法の計算法

㋐ $(AB)C = A(BC)$ （結合法則）

㋑ $A(B + C) = AB + AC$, $(A + B)C = AC + BC$ （分配法則）

㋒ $k(AB) = (kA)B = A(kB)$ （実数倍と積）

㋓ **非可換性**

交換性は一般に成り立たない． $AB \fallingdotseq BA$

（《注意》 成り立つ場合もある．）

㋔ **零因子の存在**

$A \fallingdotseq 0$, $B \fallingdotseq 0$ であっても，$AB = 0$ となる場合がある．このような行列 A, B を零因子という．

㋔の 例

$$A = \begin{pmatrix} 1 & -1 \\ 1 & -1 \end{pmatrix},\ B = \begin{pmatrix} 1 & 1 \\ 1 & 1 \end{pmatrix}$$ のとき，$AB = 0$ となる．

2 いろいろな行列（問題 1-3, 4, 5, 6, 7, 8, 9）

❶ 転置行列

(m, n) 行列 $A = (a_{ij})$ の行と列を入れ換えて得られる (n, m) 行列 (a_{ji}) を A の**転置行列**といい，${}^tA$ と表す．

転置行列に対しては，次の性質が成り立つ．

㋐ ${}^t({}^tA) = A$　　㋑ ${}^t(A + B) = {}^tA + {}^tB$

㋒ ${}^t(kA) = k{}^tA$　　㋓ ${}^t(AB) = {}^tB{}^tA$

例

$$\begin{pmatrix} a_1 & b_1 \\ a_2 & b_2 \\ a_3 & b_3 \\ a_4 & b_4 \end{pmatrix} \xrightarrow{\text{転置行列}} \begin{pmatrix} a_1 & a_2 & a_3 & a_4 \\ b_1 & b_2 & b_3 & b_4 \end{pmatrix}$$

$$\begin{pmatrix} 4 & 3 & 2 & 1 \\ 1 & 2 & 3 & 4 \\ 1 & 1 & 0 & 0 \end{pmatrix} \xrightarrow{\text{転置行列}} \begin{pmatrix} 4 & 1 & 1 \\ 3 & 2 & 1 \\ 2 & 3 & 0 \\ 1 & 4 & 0 \end{pmatrix}$$

❷ 対称行列と交代行列

A を n 次正方行列とする．

$${}^tA = A \quad (a_{ij} = a_{ji})$$ であるとき，A を**対称行列**という．

また，$${}^tA = -A \quad (a_{ij} = -a_{ji})$$ であるとき，A を**交代行列**という．

《注意》 交代行列は $A + {}^tA = 0$ をみたすことから，対角成分はすべて 0 である．

例

$$\begin{pmatrix} a & d & e \\ d & b & f \\ e & f & c \end{pmatrix}$$ は対称行列． $$\begin{pmatrix} 0 & 1 & 2 \\ -1 & 0 & 3 \\ -2 & -3 & 0 \end{pmatrix}$$ は交代行列．

次の性質が成り立つ．

A：n 次の正方行列

(1) $A + {}^tA$ は対称行列

(2) $A - {}^tA$ は交代行列 （証明 問題 1-3）

❸ 対角行列

n 次正方行列において，対角成分以外のすべての成分が 0 である行列を**対角行列**といい，対角行列ですべての成分が 1 であるとき，その行列を（n 次の）**単位行列**といい E で表す．

例

$$\begin{pmatrix} a_1 & & 0 \\ & \ddots & \\ 0 & & a_n \end{pmatrix} \qquad \begin{pmatrix} 1 & & 0 \\ & \ddots & \\ 0 & & 1 \end{pmatrix}$$

対角行列　　単位行列

❹ 逆行列

n 次正方行列 A に対して n 次正方行列 B が $AB = BA = E$（単位行列）を満たすとき，B を A の**逆行列**といい A^{-1} と表す．また，逆行列をもつ行列を**正則行列**という．

逆行列の性質　A, B は n 次の正則行列

(1) $AA^{-1} = A^{-1}A = E$ 　(2) $(A^{-1})^{-1} = A$

(3) $(AB)^{-1} = B^{-1}A^{-1}$ （逆順法則）

(3)　$(AB)^{-1}=B^{-1}A^{-1}$

(証明)

A, B は n 次の正則行列だから，それぞれ逆行列 A^{-1}, B^{-1} が存在し，AB の逆行列 $(AB)^{-1}$ も存在する．

$$\therefore\ (AB)^{-1}AB=E$$

両辺に右から B^{-1} を掛ければ

$$(AB)^{-1}ABB^{-1}=EB^{-1} \quad\Leftrightarrow\quad (AB)^{-1}A=B^{-1}$$

さらに，両辺に右から A^{-1} を掛ければ，同様に

$$(AB)^{-1}AA^{-1}=B^{-1}A^{-1}$$

$$\therefore\ (AB)^{-1}=B^{-1}A^{-1} \quad ■$$

❺ 直交行列

n 次正方行列 A が $A\cdot{}^tA={}^tA\cdot A=E$ を満たすとき，すなわち，転置行列が逆行列になっているとき，A を**直交行列**という．当然，直交行列は正則行列である．

$$A：\text{直交行列} \Leftrightarrow A^{-1}={}^tA$$

$$A=\begin{pmatrix} a_{11} & a_{12} & \cdots & a_{1n} \\ a_{21} & a_{22} & \cdots & a_{2n} \\ & \cdots\cdots\cdots & & \\ a_{n1} & a_{n2} & \cdots & a_{nn} \end{pmatrix} \text{ に対して，} {}^tA=\begin{pmatrix} a_{11} & a_{21} & \cdots & a_{n1} \\ a_{12} & a_{22} & \cdots & a_{n2} \\ \vdots & & & \\ a_{1n} & a_{2n} & \cdots & a_{nn} \end{pmatrix}$$

$\underline{A\cdot{}^tA=E}$ より，

$$\left.\begin{array}{ll} 1\text{ 行}\times 1\text{ 列は，} & a_{11}^2+a_{12}^2+\cdots+a_{1n}^2=1 \\ 2\text{ 行}\times 2\text{ 列は，} & a_{21}^2+a_{22}^2+\cdots+a_{2n}^2=1 \\ \quad\vdots & \qquad\qquad\vdots \\ n\text{ 行}\times n\text{ 列は，} & a_{n1}^2+a_{n2}^2+\cdots+a_{nn}^2=1 \end{array}\right\} \cdots ①$$

$$\left.\begin{array}{ll} 1\text{ 行}\times 2\text{ 列は，} & a_{11}a_{21}+a_{12}a_{22}+\cdots+a_{1n}a_{2n}=0 \\ 1\text{ 行}\times 3\text{ 列は，} & a_{11}a_{31}+a_{12}a_{32}+\cdots+a_{1n}a_{3n}=0 \\ & \quad\vdots \qquad\qquad \vdots \\ 2\text{ 行}\times 3\text{ 列は，} & a_{21}a_{31}+a_{22}a_{32}+\cdots+a_{2n}a_{3n}=0 \\ & \quad\vdots \\ n\text{ 行}\times n-1\text{ 列は，} & a_{n,1}a_{n-1,1}+a_{n,2}a_{n-1,2}+\cdots+a_{n,n}a_{n-1,n}=0 \end{array}\right\} \cdots ②$$

をみたす．①の関係は n 個，②の関係は ${}_n\mathrm{C}_2=\dfrac{n(n-1)}{2}$ 個ある．

①, ②を次のように表すことができる．

$$a_{i1}a_{j1}+a_{i2}a_{j2}+\cdots+a_{in}a_{jn}=\delta_{ij}=\begin{cases}1 & (i=j)\\ 0 & (i\neq j)\end{cases}$$

$$(i=1,2,\cdots,n\ ;\ j=1,2,\cdots,n)$$

《注意》 δ_{ij} をクロネッカーの記号またはクロネッカーのデルタという．

例

$$A=\begin{pmatrix}\cos\theta & -\sin\theta\\ \sin\theta & \cos\theta\end{pmatrix},\qquad {}^tA=\begin{pmatrix}\cos\theta & \sin\theta\\ -\sin\theta & \cos\theta\end{pmatrix}$$

$$\begin{pmatrix}1 & 0\\ 0 & 1\end{pmatrix},\ \begin{pmatrix}0 & 1\\ 1 & 0\end{pmatrix},\ \begin{pmatrix}0 & 1\\ -1 & 0\end{pmatrix}$$

などは，いずれも直交行列である．

Memo 直交行列は各行の行ベクトルの大きさは1であり，異なる行ベクトル同士の内積が0になる（直交する）．

Chapter 5 で取り扱う直交行列の1次変換を直交変換という．また，A が直交行列のとき，行列式 $\det A$ は $\det A=\pm 1$ となる（行列式は Chapter 2）．さきざき直交行列は重要で適用範囲が広い行列である．

直交行列は次の性質が成り立つ．

定理 A, B がともに n 次の直交行列とすると AB も直交行列である．

（証明） $A{}^tA=E$，$B{}^tB=E$ であるから

$$(AB){}^t(AB)=(AB)({}^tB{}^tA)=A(B{}^tB){}^tA=AE{}^tA=A{}^tA=E$$

となるから，AB は直交行列■

❻ エルミート行列，ユニタリ行列

$$A=\begin{pmatrix}a_{11} & a_{12} & \cdots & a_{1n}\\ a_{21} & a_{22} & \cdots & a_{2n}\\ & \cdots\cdots\cdots & & \\ a_{n1} & a_{n2} & \cdots & a_{nn}\end{pmatrix}$$

において，a_{ij} がいずれも複素数のとき，複素数 α の共役複素数を $\bar{\alpha}$ で表し，

$\overline{{}^tA}$ すなわち $\begin{pmatrix}\overline{a_{11}} & \overline{a_{21}} & \cdots & \overline{a_{n1}}\\ \overline{a_{12}} & \overline{a_{22}} & \cdots & \overline{a_{n2}}\\ & \cdots\cdots\cdots & & \\ \overline{a_{1n}} & \overline{a_{2n}} & \cdots & \overline{a_{nn}}\end{pmatrix}$ を A^* で 表す．

このとき，$A = A^*$ ならば A を n 次の**エルミート行列**という．

また，もし $AA^* = E$ すなわち $A^* = A^{-1}$ ならば A を n 次の**ユニタリ行列**という．

Memo　エルミート行列は，a_{ij} が実数のときの対称行列の拡張であり，ユニタリ行列は，a_{ij} が実数のときの直交行列の拡張である．

以下，正方行列 A についてまとめておこう．

${}^tA = A^{-1}$ のとき，**直交行列**
${}^tA = A$ のとき，**対称行列**
${}^tA = -A$ のとき，**交代行列**
$A^* = A$ のとき，**エルミート行列**
$A^* = -A$ のとき，**反エルミート行列**
$A^* = A^{-1}$ のとき，**ユニタリ行列**

また，対角成分より下にある成分がすべて 0 である行列を**上 3 角行列**，上にある成分がすべて 0 である行列を**上 3 角行列**という．

例

$$\begin{pmatrix} 1 & 3 & 4 \\ 0 & 2 & 0 \\ 0 & 0 & 3 \end{pmatrix} \qquad \begin{pmatrix} 1 & 0 & 0 \\ 3 & 2 & 0 \\ 4 & 0 & 3 \end{pmatrix}$$

上 3 角行列　　　下 3 角行列

❼ 行列のブロック分割（区分け）

行列 A の成分の配列を数個の縦線と横線で分割すると，分割されたブロックはそれぞれ行列であり，A はこれらの小行列の配列とみなされる．

行列の積 AB を計算するとき，各行列 A, B を小行列に分割して計算することが多い．その計算法を説明する．

例えば，

$$A = \left(\begin{array}{cc|cc} 1 & 1 & 2 & 2 \\ \hline 0 & 0 & 3 & 3 \\ 1 & 2 & 3 & 4 \end{array}\right)$$

のように，一般の行列 A を

$$\left(\begin{array}{c|c|c|c} A_{11} & A_{12} & \cdots & A_{1n} \\ \hline A_{21} & A_{22} & \cdots & A_{2n} \\ \hline \vdots & \vdots & \ddots & \vdots \\ \hline A_{m1} & A_{m2} & \cdots & A_{mn} \end{array}\right)$$

のようにいくつかの行や列にまとめて小さい行列 A_{ij} $(1 \leqq i \leqq m,\ 1 \leqq j \leqq n)$ に分けることを，A を小行列に分割するという．

上の例では，

$$A_{11} = (1, 1) \qquad A_{12} = (2, 2)$$

$$A_{21} = \begin{pmatrix} 0 & 0 \\ 1 & 2 \end{pmatrix} \qquad A_{22} = \begin{pmatrix} 3 & 3 \\ 3 & 4 \end{pmatrix}$$

である．

さて，行列 A, B のように小行列に分割した，

$$A = \begin{pmatrix} A_{11} & \cdots & A_{1n} \\ & \ddots & \\ A_{m1} & \cdots & A_{mn} \end{pmatrix} \qquad B = \begin{pmatrix} B_{11} & \cdots & B_{1r} \\ & \ddots & \\ B_{n1} & \cdots & B_{nr} \end{pmatrix}$$

を考える．これらの分割は，A_{1j} $(1 \leqq j \leqq n)$ に含まれる列の数と B_{j1} $(1 \leqq j \leqq n)$ に含まれる行の数は等しい．

このとき，$C_{ij} = \sum_{k=1}^{n} A_{ik} B_{kj}$ $(1 \leqq i \leqq m,\ 1 \leqq j \leqq r)$ なる行列が定義でき，これらの行列を並べて

$$C = \begin{pmatrix} C_{11} & C_{12} & \cdots & C_{1r} \\ & & \cdots & \\ C_{m1} & C_{m2} & \cdots & C_{mr} \end{pmatrix}$$

なる行列を作ると

$$AB = C$$

が成り立つ．この証明は両辺の各成分を比較することによって得られる．各成分を具体的に表示するのが少しわずらわしいが，難しいことではないので各自確かめてほしい．

例　次の計算

$$\begin{pmatrix} 3 & -1 & 1 \\ 0 & 3 & 2 \\ 0 & 0 & 1 \end{pmatrix} \cdot \begin{pmatrix} 1 & 2 & 3 & 1 \\ 2 & -1 & 3 & 4 \\ 0 & 0 & 0 & 2 \end{pmatrix} = \left(\begin{array}{ccc:c} 1 & 7 & 6 & 1 \\ 6 & -3 & 9 & 16 \\ \hdashline 0 & 0 & 0 & 2 \end{array}\right) \quad \cdots ①$$

を分割して求める（各々の行列を次のように点線で4つに分割）.

$$\left(\begin{array}{cc|c} 3 & -1 & 1 \\ 0 & 3 & 2 \\ \hline 0 & 0 & 1 \end{array}\right) = \begin{pmatrix} A_{11} & A_{12} \\ O & A_{22} \end{pmatrix},\quad \left(\begin{array}{ccc|c} 1 & 2 & 3 & 1 \\ 2 & -1 & 3 & 4 \\ \hline 0 & 0 & 0 & 2 \end{array}\right) = \begin{pmatrix} B_{11} & B_{12} \\ O & B_{22} \end{pmatrix}$$

$$①の左辺 = \begin{pmatrix} A_{11} & A_{12} \\ O & A_{22} \end{pmatrix}\begin{pmatrix} B_{11} & B_{12} \\ O & B_{22} \end{pmatrix} = \begin{pmatrix} A_{11}B_{11} & A_{11}B_{12} + A_{12}B_{22} \\ O & A_{22}B_{22} \end{pmatrix}$$

$$= \left(\begin{array}{ccc|c} 1 & 7 & 6 & 1 \\ 6 & -3 & 9 & 16 \\ \hline 0 & 0 & 0 & 2 \end{array}\right)$$

ここで，
$$\begin{cases} A_{11}B_{11} = \begin{pmatrix} 3 & -1 \\ 0 & 3 \end{pmatrix}\cdot\begin{pmatrix} 1 & 2 & 3 \\ 2 & -1 & 3 \end{pmatrix} = \begin{pmatrix} 1 & 7 & 6 \\ 6 & -3 & 9 \end{pmatrix} \\ A_{11}B_{12} + A_{12}B_{22} = \begin{pmatrix} 3 & -1 \\ 0 & 3 \end{pmatrix}\begin{pmatrix} 1 \\ 4 \end{pmatrix} + \begin{pmatrix} 1 \\ 2 \end{pmatrix}(2) = \begin{pmatrix} -1 \\ 12 \end{pmatrix} + \begin{pmatrix} 2 \\ 4 \end{pmatrix} = \begin{pmatrix} 1 \\ 16 \end{pmatrix} \\ A_{22}B_{22} = (1)(2) = (2) \end{cases}$$

《注意》 小行列に零行列・単位行列があると，この計算は有効である.

❽ 正方行列のトレース

正方行列 $A = (a_{ij})$ の対角成分の数の和を A の**トレース**といって，$\mathbf{tr}\,\boldsymbol{A}$ で表す.

すなわち，n 次の正方行列 $A = (a_{ij})$，$B = (b_{ij})$ に対して，

$$\mathrm{tr}\,A = a_{11} + a_{22} + \cdots + a_{nn}$$
$$\mathrm{tr}(A + B) = \mathrm{tr}\,A + \mathrm{tr}\,B \quad \cdots ①$$
$$\mathrm{tr}(AB) = \mathrm{tr}\,(BA) \quad \cdots ②$$

が成り立つ.

Memo　証明は，**問題** 1-⑨（p. 27）で取り扱う.

正方行列 A, B に関する演算規則①, ②は，すべての成分を計算しなくても，対角成分を求めればよいことを意味し，問題によっては強力な道具となる．トレース活用の例題が**練習問題 1-9**（p. 27）である.

それは,「$AB - BA = aE$ …㊟ ⇒ $AB = BA$」の論証問題で，㊟の左辺と右辺のトレースを取ると a が決定し示せるのである.

問題を通じて，①, ②の性質がどう生かされるかを認識してほしい.

3　2次の正方行列の性質（問題 1-10, 11, 12, 13, 14, 15, 16, 17）

Chapter 2, 3 で，n 次の正方行列の逆行列，行列式，階数および行列を用いた連立方程式の解法を学ぶ．

これらを理解するためにも，2次の正方行列の性質をしっかりと把握しておきたい．

❶ 連立方程式と行列

連立方程式 $\begin{cases} ax + by = p & \cdots ㋐ \\ cx + dy = q & \cdots ㋑ \end{cases} \Leftrightarrow \begin{pmatrix} a & b \\ c & d \end{pmatrix}\begin{pmatrix} x \\ y \end{pmatrix} = \begin{pmatrix} p \\ q \end{pmatrix} \quad \cdots ㋒$

$d \times ㋐ - b \times ㋑$ より　$(ad - bc)x = dp - bq$

$ad - bc \neq 0$ ならば $x = \dfrac{dp - bq}{ad - bc}$

同様に　$y = \dfrac{aq - cp}{ad - bc}$

共通の分母を $D = ad - bc$ と表し，$A = \begin{pmatrix} a & b \\ c & d \end{pmatrix}$ とおいたとき，D を A の**行列式**とよび，$D = \det A$（determinant，ディターミナント）または $|A|$ とも表す．

$$D = |A| = \begin{vmatrix} a & b \\ c & d \end{vmatrix} = ad - bc$$

⊖　⊕

《注意》 このように表すと把握しやすい（サラスの方法，p. 40 参照）．

行列式を用いて，x, y を表すと，

$$x = \frac{\begin{vmatrix} p & b \\ q & d \end{vmatrix}}{D}, \qquad y = \frac{\begin{vmatrix} a & p \\ c & q \end{vmatrix}}{D}$$

と書ける．

㋒を行列 $A = \begin{pmatrix} a & b \\ c & d \end{pmatrix}$，$X = \begin{pmatrix} x \\ y \end{pmatrix}$，$P = \begin{pmatrix} p \\ q \end{pmatrix}$ とおくと，

$$AX = P$$

となる．連立方程式の解は，

（i）A^{-1} が存在するとき（$D \neq 0$），$X = A^{-1}P$ で表せる．

（ii）A^{-1} が存在しないとき（$D = 0$），連立方程式が解を無数にもつ場合と解をもたない場合がある．

❷ 逆行列と正則であるための条件

$A=\begin{pmatrix} a & b \\ c & d \end{pmatrix}$ とするとき，$AX=E$ となる $X=\begin{pmatrix} x_1 & x_2 \\ y_1 & y_2 \end{pmatrix}$ となる X が存在するとき，A は正則であり，A は逆行列をもち，$X=A^{-1}$ となる（p. 6 参照）.

$AX=E$ を成分で表すと，

$$\begin{pmatrix} ax_1+by_1 & ax_2+by_2 \\ cx_1+dy_1 & cx_2+dy_2 \end{pmatrix}=\begin{pmatrix} 1 & 0 \\ 0 & 1 \end{pmatrix}$$

各成分を比較して，

$$\begin{cases} ax_1+by_1=1 \\ cx_1+dy_1=0 \end{cases} \qquad \begin{cases} ax_2+by_2=0 \\ cx_2+dy_2=1 \end{cases} \qquad \cdots ⊛_1$$

これを解いて，

$$\begin{cases} (ad-bc)x_1=d \\ (ad-bc)y_1=-c \end{cases} \qquad \begin{cases} (ad-bc)x_2=-b \\ (ad-bc)y_2=a \end{cases} \qquad \cdots ⊛_2$$

$D=ad-bc \neq 0$ のとき，$\begin{cases} x_1=\dfrac{d}{D} \\ y_1=\dfrac{-c}{D} \end{cases} \qquad \begin{cases} x_2=\dfrac{-b}{D} \\ y_2=\dfrac{a}{D} \end{cases}$

$X=\begin{pmatrix} x_1 \\ y_1 \end{pmatrix}$ を行列を用いて表すと，

$$\boxed{X=\frac{1}{ad-bc}\begin{pmatrix} d & -b \\ -c & a \end{pmatrix}}$$

このとき，$XA=\dfrac{1}{D}\begin{pmatrix} d & -b \\ -c & a \end{pmatrix}\begin{pmatrix} a & b \\ c & d \end{pmatrix}=\dfrac{1}{D}\begin{pmatrix} D & 0 \\ 0 & D \end{pmatrix}=E$ となるから，X は A の逆行列となる.

$D=ad-bc=0$ のとき，$⊛_2$ から $a=b=c=d=0$ となり，$⊛_1$ の第 1 式・第 4 式は成り立たないから，逆行列は存在しない.

上の結果をまとめておこう.

2 次の正方行列の逆行列

$A=\begin{pmatrix} a & b \\ c & d \end{pmatrix}$ に対して，$D=ad-bc$ とおくと，

① $D \neq 0$ のとき，$A^{-1}=\dfrac{1}{ad-bc}\begin{pmatrix} d & -b \\ -c & a \end{pmatrix}$

② $D=0$ のとき，A の逆行列は存在しない.

＼の対角成分が数値が逆に／の対角成分が符号が逆になっている.

❸ ケーリー・ハミルトンの定理

$A=\begin{pmatrix} a & b \\ c & d \end{pmatrix}$ のとき，$A^2-(a+d)A+(ad-bc)E=0$ …㊟

が成り立つ．証明は左辺を計算すれば $\begin{pmatrix} 0 & 0 \\ 0 & 0 \end{pmatrix}$ となるので確かめてほしい．ケーリー・ハミルトンの定理は A^n（n 乗問題）を求めるとき，強力な道具となる（p. 36 コラム 1 参照）．

❹ 行列の累乗

正方行列 A に対して，

$A^1=A,\ A^2=AA,\ A^3=A^2A,\ \cdots,\ A^n=A^{n-1}A,\ \cdots$ のように表し，これらをまとめて A の累乗という．すなわち，

$$A^n=A^{n-1}A=AA^{n-1}=\underbrace{AA\cdots A}_{A\text{ が }n\text{ 個}}$$

● A^n の求め方

(1) ケーリー・ハミルトンの定理の活用

㊟で $\mathrm{tr}\,A=a+d=p$，$\det A=ad-bc=q$ とおくと，

$A^2-pA+qE=0$ …㊟

㋐ 割り算の活用

整数 x^n を x^2-px+q で割った $x^n=(x^2-px+q)Q(x)+ax+b$ を利用して x のかわりに A で考えると

$A^n=\underline{(A^2-pA+qE)}B+aA+bE$ （B：2 次の正方行列）

$A^2-pA+qE=0$ から $A^n=aA+bE$ と求まる．

㋑ 3 項間漸化式の活用

解法手順を記しておこう．

㊟の辺々に A^n を乗じる → $A^{n+2}-(a+d)A^{n+1}+(ad-bc)A^n=0$

↓ ← $x^2-(a+d)x+ad-bc=0$ の 2 解を α, β とする．固有方程式の解．

$A^{n+2}-\alpha A^{n+1}=\beta(A^{n+1}-\alpha A^n)$
$A^{n+2}-\beta A^{n+1}=\alpha(A^{n+1}-\beta A^n)$

↓

$A^{n+1}-\alpha A^n=\beta^n(A-\alpha E)$
$A^{n+1}-\beta A^n=\alpha^n(A-\beta E)$
→ 2 式を解き A^n を求める．

(2) 三角行列の n 乗

$\boldsymbol{A}=\begin{pmatrix}\boldsymbol{1} & \boldsymbol{a}\\ \boldsymbol{0} & \boldsymbol{1}\end{pmatrix}$ は

$A^2=\begin{pmatrix}1 & 2a\\ 0 & 1\end{pmatrix}$, $A^3=\begin{pmatrix}1 & 3a\\ 0 & 1\end{pmatrix}$ から $A^n=\begin{pmatrix}1 & a\\ 0 & 1\end{pmatrix}^n=\begin{pmatrix}1 & na\\ 0 & 1\end{pmatrix}$ と予想できる.

証明は帰納法で示しておけばよい．このように1つの成分が0であると，何回か計算して，A^n が類推できてしまう.

特に，$A=\begin{pmatrix}\alpha & 0\\ 0 & \beta\end{pmatrix}$ のとき，$A^n=\begin{pmatrix}\alpha^n & 0\\ 0 & \beta^n\end{pmatrix}$ となる.

(3) 対角化 … 固有値，固有ベクトルの利用

正方行列 A をある行列 $P(\det P \neq 0)$ を用いて，対角行列 $P^{-1}AP=\begin{pmatrix}\alpha & 0\\ 0 & \beta\end{pmatrix}$ の形へ変形する．この操作を **“行列の対角化”** とよぶ.

㋐　行列の固有値

$A=\begin{pmatrix}a & b\\ c & d\end{pmatrix}$ に対して，$A\begin{pmatrix}x\\ y\end{pmatrix}=k\begin{pmatrix}x\\ y\end{pmatrix} \Leftrightarrow \begin{pmatrix}a-k & b\\ c & d-k\end{pmatrix}\begin{pmatrix}x\\ y\end{pmatrix}=\begin{pmatrix}0\\ 0\end{pmatrix}$ …㊟

が $x=y=0$ 以外の解をもつ条件は,

$\begin{pmatrix}a-k & b\\ c & d-k\end{pmatrix}$ が逆行列をもたなければよく,

$$\det\begin{pmatrix}a-k & b\\ c & d-k\end{pmatrix}=(a-k)(d-k)-bc=0$$

$$\Leftrightarrow k^2-(a+d)k+ad-bc=0$$

の実数解 k を**固有値**といい，この方程式を A の**固有方程式**という.

《注意》 固有方程式とケーリー・ハミルトンの定理の等式とは係数が一致.

㋑　行列の対角化

A が固有値 $\alpha, \beta\ (\alpha \neq \beta)$ をもつとき，α, β に対応する固有ベクトルをそれぞれ $\begin{pmatrix}p\\ q\end{pmatrix}$, $\begin{pmatrix}r\\ s\end{pmatrix}$ とすると,

《注意》
(㋐の㊟をみたす (x, y) で，$(0, 0)$ 以外のものなら何を選んでもよい.)

$$\begin{cases} A\begin{pmatrix} p \\ q \end{pmatrix} = \alpha\begin{pmatrix} p \\ q \end{pmatrix} \\ A\begin{pmatrix} r \\ s \end{pmatrix} = \beta\begin{pmatrix} r \\ s \end{pmatrix} \end{cases} \Leftrightarrow \quad A\begin{pmatrix} p & r \\ q & s \end{pmatrix} = \begin{pmatrix} \alpha p & \beta r \\ \alpha q & \beta s \end{pmatrix} = \begin{pmatrix} p & r \\ q & s \end{pmatrix}\begin{pmatrix} \alpha & 0 \\ 0 & \beta \end{pmatrix}$$

$$\Leftrightarrow \quad AP = P\begin{pmatrix} \alpha & 0 \\ 0 & \beta \end{pmatrix}$$

P^{-1} を上式の左側から乗じると，

$$P^{-1}AP = \begin{pmatrix} \alpha & 0 \\ 0 & \beta \end{pmatrix}$$

$P^{-1}AP = \begin{pmatrix} \alpha & 0 \\ 0 & \beta \end{pmatrix}$ の辺々を n 乗すると，$(P^{-1}AP)^n = \begin{pmatrix} \alpha & 0 \\ 0 & \beta \end{pmatrix}^n \cdots ⊛$

$$\left\{ \begin{array}{l} \cdot\ (P^{-1}AP)^n = P^{-1}A\overbrace{\underbrace{P \cdot P^{-1}}_{E}A\underbrace{P \cdot P^{-1}}_{E}A\underbrace{P \cdot}_{E} \cdots \underbrace{\cdot P^{-1}}_{E}A}^{n\text{個の積}}P = P^{-1}A^nP \\ \cdot\ \begin{pmatrix} \alpha & 0 \\ 0 & \beta \end{pmatrix}^n = \begin{pmatrix} \alpha^n & 0 \\ 0 & \beta^n \end{pmatrix} \end{array} \right\}$$

となるから，⊛ $\Leftrightarrow \quad P^{-1}A^nP = \begin{pmatrix} \alpha^n & 0 \\ 0 & \beta^n \end{pmatrix}$

辺々に左から P，右から P^{-1} を乗じて，

$$A^n = P\begin{pmatrix} \alpha^n & 0 \\ 0 & \beta^n \end{pmatrix}P^{-1}$$

Memo 固有値の図形的な把握は Chapter 6（p. 156）に記した．対角化の一般化は Chapter 6 で取り扱う．2 次の正方行列の固有方程式は 2 次式であるが，n 次の正方行列の固有方程式は n 次方程式となる．対角化の目的は，第 1 に行列の n 乗計算に役立つ．また，2 次形式の計算でも利用できる．ただし，固有方程式が異なる 2 実解をもたないと対角化できない．固有方程式が重解のとき，対角行列はできないが，対角行列に近いものを作り出そうとする．これが，次に述べる“ジョルダン標準形”である．

なお，応用的な話をコラム 6（p. 182），コラム 7（p. 200）で取り上げたので，参考にしてほしい．

(4) ジョルダン標準形

$$A=\begin{pmatrix}a & b\\ c & d\end{pmatrix} \text{で} A\begin{pmatrix}x\\ y\end{pmatrix}=k\begin{pmatrix}x\\ y\end{pmatrix} \Leftrightarrow (A-kE)\begin{pmatrix}x\\ y\end{pmatrix}=\begin{pmatrix}0\\ 0\end{pmatrix} \quad \cdots ☆$$

のとき，$\det(A-kE)=(a-k)(d-k)-bc=0$，$k^2-(a+d)k+ad-bc=0$ の重解を $x=\alpha$．このとき，☆の $(0,0)$ 以外の解の 1 つを $\overrightarrow{x_1}=\begin{pmatrix}p\\ q\end{pmatrix}$ とする．

すなわち，

$$(A-\alpha E)\overrightarrow{x_1}=0 \quad \Leftrightarrow \quad A\overrightarrow{x_1}=\alpha\overrightarrow{x_1} \cdots ① \quad \text{をみたす．}$$

$\overrightarrow{x_1}$ と 1 次独立なベクトル $\overrightarrow{x_2}=\begin{pmatrix}r\\ s\end{pmatrix}$　$(r,s)\neq(0,0)$ と選び $P=\begin{pmatrix}p & r\\ q & s\end{pmatrix}$ を作ると，$P^{-1}AP$ により三角行列を作ることができる．

《注意》 $\overrightarrow{x_1}$ に 1 次独立なベクトル $\overrightarrow{x_2}$ は任意に選べる．

今，$\overrightarrow{x_2}$ を次のように選んでみる．

$$(A-\alpha E)\overrightarrow{x_2}=\overrightarrow{x_1} \quad \Leftrightarrow \quad A\overrightarrow{x_2}=\overrightarrow{x_1}+\alpha\overrightarrow{x_2} \quad \cdots ②$$

重解 α を①, ②にともに用いて表現する

①，②を 1 つで表すと，

$$A\begin{pmatrix}p & r\\ q & s\end{pmatrix}=\left(\alpha\begin{pmatrix}p\\ q\end{pmatrix} \quad \begin{pmatrix}p+\alpha r\\ q+\alpha s\end{pmatrix}\right)$$

$$=\begin{pmatrix}p\alpha & p+r\alpha\\ q\alpha & q+s\alpha\end{pmatrix}=\begin{pmatrix}p & r\\ q & s\end{pmatrix}\begin{pmatrix}\alpha & 1\\ 0 & \alpha\end{pmatrix} \quad \cdots ③$$

$P=\begin{pmatrix}p & r\\ q & s\end{pmatrix}$ とおくと，$\begin{pmatrix}p\\ q\end{pmatrix}$，$\begin{pmatrix}r\\ s\end{pmatrix}$ の 2 つのベクトルは 1 次独立なベクトルより

$\begin{pmatrix}p\\ q\end{pmatrix}\neq\begin{pmatrix}r\\ s\end{pmatrix}$　$\therefore$ $ps-rq\neq0$ より P^{-1} は存在し，

③ $\Leftrightarrow$ $\boxed{P^{-1}AP=\begin{pmatrix}\alpha & 1\\ 0 & \alpha\end{pmatrix}}$ と変形できる．

ジョルダン標準形

両辺を n 乗すると，$(P^{-1}AP)^n=P^{-1}A^nP$ (p. 16 参照)

$$\begin{pmatrix}\alpha & 1\\ 0 & \alpha\end{pmatrix}^n=\begin{pmatrix}\alpha^n & n\\ 0 & \alpha^n\end{pmatrix} \text{ (p. 15(2)参照)}$$

であるから，

$$P^{-1}A^nP = \begin{pmatrix} \alpha^n & n \\ 0 & \alpha^n \end{pmatrix}$$

$$\therefore \quad A^n = P\begin{pmatrix} \alpha^n & n \\ 0 & \alpha^n \end{pmatrix}P^{-1}$$

と A^n を求めることができる．

①，②をみたすように1次独立なベクトルを $\overrightarrow{x_1}, \overrightarrow{x_2}$ と選ぶと $P^{-1}AP$ の形が

$\begin{pmatrix} \alpha & 1 \\ 0 & \alpha \end{pmatrix}$ ← ここが1（右上成分）、固有値（重解）（対角成分）

の形に変形でき，n 乗の計算がしやすくなるが，実は $\overrightarrow{x_2}$ は $\overrightarrow{x_1}$ と1次独立であれば何を選んでも良い．

ここで，①，②で選んだ $\overrightarrow{x_1}, \overrightarrow{x_2}$ が1次独立なベクトルであることを示しておこう．

$\overrightarrow{x_1}, \overrightarrow{x_2}$ が1次独立であるのは $C_1\overrightarrow{x_1} + C_2\overrightarrow{x_2} = \vec{0}$ …④ $\Leftrightarrow$ $C_1 = C_2 = 0$ を示せばよい．

($\because$) ④の両辺に $A - \alpha E$ を乗じると，

$$C_1\underbrace{(A-\alpha E)\overrightarrow{x_1}}_{①より\vec{0}} + C_2\underbrace{(A-\alpha E)\overrightarrow{x_2}}_{②より\overrightarrow{x_1}} = \vec{0}$$

$\Leftrightarrow \quad C_2\overrightarrow{x_1} = \vec{0}$

$\overrightarrow{x_1} \neq \vec{0}$ より $C_2 = 0$，④に代入して $C_1 = 0$

よって，$\overrightarrow{x_1}, \overrightarrow{x_2}$ は1次独立なベクトル．

Memo

$\begin{pmatrix} \alpha & 1 \\ 0 & \alpha \end{pmatrix}$ の形の行列を3角行列という．

一般に n 次の正方行列 A が適当な正則行列 P を選ぶと必ず3角行列になり（p. 184），対角行列に近いものを作り出そうとする．すなわち，できるだけ処理しやすい行列に変形しようとする．これが，一般のジョルダン標準形の考え方で Chapter 7（p. 186）で学ぶ．

問題 1-1 ▼行列の積（1）

次の行列の積を求めよ．

(1) $\begin{pmatrix} \cos\theta & -\sin\theta \\ \sin\theta & \cos\theta \end{pmatrix}\begin{pmatrix} \cos\theta & \sin\theta \\ -\sin\theta & \cos\theta \end{pmatrix}$　(2) $(1\ 2\ 3\ 4)\begin{pmatrix} 1 \\ 2 \\ 3 \\ 4 \end{pmatrix}$　(3) $\begin{pmatrix} 1 \\ 2 \\ 3 \\ 4 \end{pmatrix}(1\ 2\ 3\ 4)$

(4) $\begin{pmatrix} a & d & e \\ d & b & f \\ e & f & c \end{pmatrix}\begin{pmatrix} 0 & 1 & 0 \\ 1 & 0 & 0 \\ 0 & 0 & 1 \end{pmatrix}$

●考え方●

(1)　$(2\times\mathbf{2}$ 行列$)\times(\mathbf{2}\times 2$ 行列$)=(2\times 2$ 行列$)$

(2)　$(1\times\mathbf{4}$ 行列$)\times(\mathbf{4}\times 1$ 行列$)=(1\times 1$ 行列$)$

(3)　$(4\times\mathbf{1}$ 行列$)\times(\mathbf{1}\times 4$ 行列$)=(4\times 4$ 行列$)$

(4)　$(3\times\mathbf{3}$ 行列$)\times(\mathbf{3}\times 3$ 行列$)=(3\times 3$ 行列$)$　となる．

解答

(1) $\begin{pmatrix} \cos\theta & -\sin\theta \\ \sin\theta & \cos\theta \end{pmatrix}\begin{pmatrix} \cos\theta & \sin\theta \\ -\sin\theta & \cos\theta \end{pmatrix}$

$$=\begin{pmatrix} \underbrace{\cos^2\theta+\sin^2\theta}_{㋐} & \sin\theta\cos\theta-\sin\theta\cos\theta \\ \sin\theta\cos\theta-\sin\theta\cos\theta & \cos^2\theta+\sin^2\theta \end{pmatrix}$$

$$=\underbrace{\begin{pmatrix} 1 & 0 \\ 0 & 1 \end{pmatrix}}_{㋑}$$ 答

(2) $(1\ 2\ 3\ 4)\begin{pmatrix} 1 \\ 2 \\ 3 \\ 4 \end{pmatrix}=1\times1+2\times2+3\times3+4\times4=30$ 答

(3) $$\begin{pmatrix} 1 \\ 2 \\ 3 \\ 4 \end{pmatrix}(1\ 2\ 3\ 4)=\begin{pmatrix} 1\times1 & 1\times2 & 1\times3 & 1\times4 \\ 2\times1 & 2\times2 & 2\times3 & 2\times4 \\ 3\times1 & 3\times2 & 3\times3 & 3\times4 \\ 4\times1 & 4\times2 & 4\times3 & 4\times4 \end{pmatrix}=\begin{pmatrix} 1 & 2 & 3 & 4 \\ 2 & 4 & 6 & 8 \\ 3 & 6 & 9 & 12 \\ 4 & 8 & 12 & 16 \end{pmatrix}$$ 答

(4) $$\begin{pmatrix} a & d & e \\ d & b & f \\ e & f & c \end{pmatrix}\begin{pmatrix} 0 & 1 & 0 \\ 1 & 0 & 0 \\ 0 & 0 & 1 \end{pmatrix}=\begin{pmatrix} d & a & e \\ b & d & f \\ f & e & c \end{pmatrix}$$ 答

ポイント

㋐ $\cos^2\theta+\sin^2\theta=1$

㋑ $A=\begin{pmatrix} \cos\theta & -\sin\theta \\ \sin\theta & \cos\theta \end{pmatrix}$

$A\cdot{}^tA=E$ で ${}^tA$ は A の逆行列となる．

㋒ (2)の一般化である．

㋓ (3)の一般化である．

練習問題　1-1

解答 p. 212

(1) $(a_1, a_2, a_3, \cdots, a_n)$ のとき，$\underbrace{A\,{}^tA}_{㋒}$，$\underbrace{{}^tA\,A}_{㋓}$ を計算せよ．

(2) $A=\begin{pmatrix} 1 & a \\ 0 & 1 \end{pmatrix}$，$B=\begin{pmatrix} 0 & a & b \\ 0 & 0 & c \\ 0 & 0 & 0 \end{pmatrix}$ のとき，A^2, A^3, B^2, B^3 を求めよ．

問題 1-2 ▼行列の積（2）

行列 $A=\begin{pmatrix}-1 & 2\\ 1 & -3\\ -2 & 0\end{pmatrix}$, $B=\begin{pmatrix}3 & -2 & 1\\ -1 & 2 & 0\end{pmatrix}$, $C=\begin{pmatrix}1 & 3\\ 2 & -1\end{pmatrix}$

について，次の行列は定義されるか．定義される場合には計算せよ．

(1) AB　(2) BA　(3) CA　(4) CB　(5) ABC

●考え方●

2つの行列 M, N の積 MN は，M の列の数と N の行の数が等しいときだけ定義される（p. 3）．

A は 3×2 行列，B は 2×3 行列，C は 2×2 行列である．

解答

行列の積が定義されないのは，(3), (5)㋐である．答

(1), (2), (4) は定義され積は次のようになる．

(1) $AB=\begin{pmatrix}-1 & 2\\ 1 & -3\\ -2 & 0\end{pmatrix}\begin{pmatrix}3 & -2 & 1\\ -1 & 2 & 0\end{pmatrix}$

$=\begin{pmatrix}-3-2 & 2+4 & -1+0\\ 3+3 & -2-6 & 1+0\\ -6+0 & 4+0 & -2+0\end{pmatrix}$

$=\begin{pmatrix}-5 & 6 & -1\\ 6 & -8 & 1\\ -6 & 4 & -2\end{pmatrix}$ 答

(2) $BA=\begin{pmatrix}3 & -2 & 1\\ -1 & 2 & 0\end{pmatrix}\begin{pmatrix}-1 & 2\\ 1 & -3\\ -2 & 0\end{pmatrix}=\begin{pmatrix}-3-2-2 & 6+6+0\\ 1+2+0 & -2-6+0\end{pmatrix}$

$=\begin{pmatrix}-7 & 12\\ 3 & -8\end{pmatrix}$ 答

(4) $CB=\begin{pmatrix}1 & 3\\ 2 & -1\end{pmatrix}\begin{pmatrix}3 & -2 & 1\\ -1 & 2 & 0\end{pmatrix}=\begin{pmatrix}3-3 & -2+6 & 1+0\\ 6+1 & -4-2 & 2+0\end{pmatrix}=\begin{pmatrix}0 & 4 & 1\\ 7 & -6 & 2\end{pmatrix}$ 答

ポイント

㋐ (3) $\boxed{CA}$

$\underset{2\times 2}{C}$　$\underset{3\times 2}{A}$

そろっていない．

よって，積は定義されない．

(5) $\boxed{ABC}$

AB は 3×3 行列

C は 2×2 行列

〰 はそろっていない．

よって，積は定義されない．

練習問題 1-2　解答 p. 212

上の行列 A, B, C で

結合法則　$(BA)C=B(AC)$

が成り立つことを示せ．

問題 1-③ ▼対称行列，交代行列

〔1〕A を n 次正方行列とする．

(1) $A + {}^tA$ は対称行列，$A - {}^tA$ は交代行列であることを示せ．

(2) 任意の n 次正方行列 A は対称行列と交代行列の和で表せることを示せ．

〔2〕$A = \begin{pmatrix} 2 & 7 & -6 \\ 3 & -3 & 5 \\ 4 & -5 & 4 \end{pmatrix}$ を対称行列と交代行列の和として表せ．

●考え方●

〔1〕(1) 対称行列，交代行列の定義は p. 6 参照．

(2) $A = \dfrac{1}{2}\{(A + {}^tA) + (A - {}^tA)\}$ と表せる．

〔2〕〔1〕の(2)を適用してみよ．

解答

〔1〕

(1) ${}^t\{A + {}^tA\}$㋐ $= {}^tA + {}^{tt}A = {}^tA + A = A + {}^tA$.

よって，$A + {}^tA$ は対称行列．

${}^t\{A - {}^tA\}$㋑ $= {}^tA - {}^{tt}A = {}^tA - A = -(A - {}^tA)$.

よって，$A - {}^tA$ は交代行列．

(2) $A = \dfrac{1}{2}(A + {}^tA)$㋒ $+ \dfrac{1}{2}(A - {}^tA)$㋓ と表せる．よって A は対称行列と交代行列の和で表せる．

〔2〕 $\dfrac{1}{2}(A + {}^tA) = \dfrac{1}{2}\left\{\begin{pmatrix} 2 & 7 & -6 \\ 3 & -3 & 5 \\ 4 & -5 & 4 \end{pmatrix} + \begin{pmatrix} 2 & 3 & 4 \\ 7 & -3 & -5 \\ -6 & 5 & 4 \end{pmatrix}\right\} = \begin{pmatrix} 2 & 5 & -1 \\ 5 & -3 & 0 \\ -1 & 0 & 4 \end{pmatrix}$

$\dfrac{1}{2}(A - {}^tA) = \dfrac{1}{2}\left\{\begin{pmatrix} 2 & 7 & -6 \\ 3 & -3 & 5 \\ 4 & -5 & 4 \end{pmatrix} - \begin{pmatrix} 2 & 3 & 4 \\ 7 & -3 & -5 \\ -6 & 5 & 4 \end{pmatrix}\right\} = \begin{pmatrix} 0 & 2 & -5 \\ -2 & 0 & 5 \\ 5 & -5 & 0 \end{pmatrix}$

$\therefore\ A = \begin{pmatrix} 2 & 5 & -1 \\ 5 & -3 & 0 \\ -1 & 0 & 4 \end{pmatrix} + \begin{pmatrix} 0 & 2 & -5 \\ -2 & 0 & 5 \\ 5 & -5 & 0 \end{pmatrix}$ 答

ポイント

㋐ 対称行列の定義をみたすかチェックする．

㋑ 交代行列の定義をみたすかチェックする．

《注意》$A - {}^tA$ の対角成分は常に 0 になる．

㋒ 対称行列

㋓ 交代行列

練習問題 1-3

解答 p. 212

$A = \begin{pmatrix} 4 & 2 & 2 & -1 \\ 3 & -1 & 1 & 0 \\ -2 & 3 & 2 & 1 \\ 1 & 5 & 3 & 2 \end{pmatrix}$ を対称行列と交代行列の和として表せ．

問題 1-4 ▼直交行列（1）

次の行列は直交行列であることを示せ.

(1) $A = \begin{pmatrix} 1 & 0 & 0 \\ 0 & \cos\theta & -\sin\theta \\ 0 & \sin\theta & \cos\theta \end{pmatrix}$ (2) $A = \begin{pmatrix} \frac{1}{\sqrt{3}} & \frac{1}{\sqrt{3}} & \frac{1}{\sqrt{3}} \\ \frac{1}{\sqrt{2}} & -\frac{1}{\sqrt{2}} & 0 \\ \frac{1}{\sqrt{6}} & \frac{1}{\sqrt{6}} & -\frac{2}{\sqrt{6}} \end{pmatrix}$

●考え方●

$A{}^tA = E$ となることを示せばよい.

別解 各行の大きさが 1 となることを示し，異なる行の内積がすべて 0 になることを示してもよい.

解答

(1) $A{}^tA = \begin{pmatrix} 1 & 0 & 0 \\ 0 & \cos\theta & -\sin\theta \\ 0 & \sin\theta & \cos\theta \end{pmatrix}\begin{pmatrix} 1 & 0 & 0 \\ 0 & \cos\theta & \sin\theta \\ 0 & -\sin\theta & \cos\theta \end{pmatrix}$

$= \begin{pmatrix} 1 & 0 & 0 \\ 0 & \underbrace{\sin^2\theta + \cos^2\theta}_{㋐} & 0 \\ 0 & 0 & \sin^2\theta + \cos^2\theta \end{pmatrix}$

$= \begin{pmatrix} 1 & 0 & 0 \\ 0 & 1 & 0 \\ 0 & 0 & 1 \end{pmatrix}$ ∴ A は直交行列である.

(2)

$A{}^tA = \begin{pmatrix} \frac{1}{\sqrt{3}} & \frac{1}{\sqrt{3}} & \frac{1}{\sqrt{3}} \\ \frac{1}{\sqrt{2}} & -\frac{1}{\sqrt{2}} & 0 \\ \frac{1}{\sqrt{6}} & \frac{1}{\sqrt{6}} & -\frac{2}{\sqrt{6}} \end{pmatrix}\begin{pmatrix} \frac{1}{\sqrt{3}} & \frac{1}{\sqrt{2}} & \frac{1}{\sqrt{6}} \\ \frac{1}{\sqrt{3}} & -\frac{1}{\sqrt{2}} & \frac{1}{\sqrt{6}} \\ \frac{1}{\sqrt{3}} & 0 & -\frac{2}{\sqrt{6}} \end{pmatrix}$

$= \begin{pmatrix} \frac{1}{3}+\frac{1}{3}+\frac{1}{3} & \frac{1}{\sqrt{6}}-\frac{1}{\sqrt{6}} & \frac{1}{3\sqrt{2}}+\frac{1}{3\sqrt{2}}-\frac{2}{3\sqrt{2}} \\ \frac{1}{\sqrt{6}}-\frac{1}{\sqrt{6}} & \frac{1}{2}+\frac{1}{2} & \frac{1}{2\sqrt{3}}-\frac{1}{2\sqrt{3}} \\ \frac{1}{3\sqrt{2}}+\frac{1}{3\sqrt{2}}-\frac{2}{3\sqrt{2}} & \frac{1}{2\sqrt{3}}-\frac{1}{2\sqrt{3}} & \frac{1}{6}+\frac{1}{6}+\frac{4}{6} \end{pmatrix} = \begin{pmatrix} 1 & 0 & 0 \\ 0 & 1 & 0 \\ 0 & 0 & 1 \end{pmatrix}$

ポイント

㋐ $\sin^2\theta + \cos^2\theta = 1$

㋑ (2) 別解

・1 行，2 行，3 行の行ベクトルの大きさはすべて 1.

・1 行，2 行
2 行，3 行
3 行，1 行の行ベクトルの内積はすべて 0 になる. 各自確かめよ.

練習問題 1-4

解答 p. 212

$a^2 + b^2 + c^2 + d^2 = 1$ のとき,

$\begin{pmatrix} -a & -b & -c & d \\ -b & a & d & c \\ c & d & -a & b \\ d & -c & b & a \end{pmatrix}$ は直交行列となることを示せ.

問題 1-5 ▼直交行列（2）

次の各々の行列が直交行列であるとき，a および b の値を求めよ．

(1) $A=\begin{pmatrix}\frac{a}{2} & -\frac{1}{2}\\ \frac{1}{2} & \frac{a}{2}\end{pmatrix}$　　(2) $A=\begin{pmatrix}a & b & -ab\\ -a & b & ab\\ a & 0 & 2ab\end{pmatrix}$

●考え方●

$A\cdot{}^tA=E$ となるように a,b を決定する．

解答

(1)
$$A\cdot{}^tA=\begin{pmatrix}\frac{a}{2} & -\frac{1}{2}\\ \frac{1}{2} & \frac{a}{2}\end{pmatrix}\begin{pmatrix}\frac{a}{2} & \frac{1}{2}\\ -\frac{1}{2} & \frac{a}{2}\end{pmatrix}$$
$$=\begin{pmatrix}\frac{1}{4}(a^2+1) & 0\\ 0 & \frac{1}{4}(a^2+1)\end{pmatrix}=\begin{pmatrix}1 & 0\\ 0 & 1\end{pmatrix}$$

から $\frac{1}{4}(a^2+1)=1$，$a^2=3$　$\therefore\ a=\pm\sqrt{3}$ ㋐ 答

(2)
$$A\cdot{}^tA=\begin{pmatrix}a & b & -ab\\ -a & b & ab\\ a & 0 & 2ab\end{pmatrix}\begin{pmatrix}a & -a & a\\ b & b & 0\\ -ab & ab & 2ab\end{pmatrix}$$
$$=\begin{pmatrix}a^2+b^2+a^2b^2 & -a^2+b^2-a^2b^2 & a^2-2a^2b^2\\ -a^2+b^2-a^2b^2 & a^2+b^2+a^2b^2 & -a^2+2a^2b^2\\ a^2-2a^2b^2 & -a^2+2a^2b^2 & a^2+4a^2b^2\end{pmatrix}=\begin{pmatrix}1 & 0 & 0\\ 0 & 1 & 0\\ 0 & 0 & 1\end{pmatrix}$$

$$\begin{cases}a^2(1-2b^2)=0 & \cdots①\\ -a^2+b^2-a^2b^2=0 & \cdots②\\ a^2+b^2+a^2b^2=1 & \cdots③\\ a^2+4a^2b^2=1 & \cdots④\end{cases}$$

①, ②, ③より $a\neq 0$ ㋑，①より $b^2=\frac{1}{2}$

②に代入して，$a^2=\frac{1}{3}$

これは③, ④をみたす．

$\therefore\ a=\pm\frac{1}{\sqrt{3}}$，$b=\pm\frac{1}{\sqrt{2}}$　答

ポイント

㋐ $a=\sqrt{3}$ のとき，

$$A=\begin{pmatrix}\frac{\sqrt{3}}{2} & -\frac{1}{2}\\ \frac{1}{2} & \frac{\sqrt{3}}{2}\end{pmatrix}=\begin{pmatrix}\cos\frac{\pi}{6} & -\sin\frac{\pi}{6}\\ \sin\frac{\pi}{6} & \cos\frac{\pi}{6}\end{pmatrix}$$

これは，原点を中心として $\frac{\pi}{6}$ 回転する回転移動を表す（→ p. 204）．

㋑ $a=0$ とすると，②より $b=0$．これは③をみたさない．　$\therefore\ a\neq 0$

練習問題　1-5　　解答 p. 213

$A=\begin{pmatrix}a_{11} & a_{12} & \cdots & a_{1n}\\ a_{21} & a_{22} & \cdots & a_{2n}\\ & \cdots\cdots\cdots & & \\ a_{n1} & a_{n2} & \cdots & a_{nn}\end{pmatrix}$ を直交行列とするとき，その逆行列を求めよ．

問題 1-6 ▼エルミート行列，ユニタリ行列（1）

(1) $A=\begin{pmatrix}2-3i & 4+3i\\ 6+8i & 3\\ 2-3i & i\end{pmatrix}$ のとき，$\overline{A}$，${}^tA$，A^* を求めよ．

(2) 一般に，n 次（複素）正方行列に対して，$A+A^*$ はエルミート行列，$A-A^*$ は反エルミート行列であることを示せ．

(3) エルミートかつ反エルミートな行列 A は零行列であることを示せ．

●考え方●

(1) $\overline{A}$ は各成分の共役な複素数である．${}^tA$ は A の転置行列，A^* は ${}^t\overline{A}$ である（p. 8）．

(2) 問題 1-3〔1〕と同様に考える（p. 21）．

解答

(1) $\overline{A}=\begin{pmatrix}2+3i & 4-3i\\ 6-8i & 3\\ 2+3i & -i\end{pmatrix}$，${}^tA=\begin{pmatrix}2-3i & 6+8i & 2-3i\\ 4+3i & 3 & i\end{pmatrix}$

$A^*={}^t\overline{A}=\begin{pmatrix}2+3i & 6-8i & 2+3i\\ 4-3i & 3 & -i\end{pmatrix}$

(2) $\underset{㋐}{(A+A^*)^*}=A^*+A^{**}=A^*+A=A+A^*$

となり，$A+A^*$ はエルミート行列．

$\underset{㋑}{(A-A^*)^*}=A^*-A^{**}=A^*-A=-(A-A^*)$

となり，$A-A^*$ は反エルミート行列．

(3) A がエルミート行列より　$A^*=A$

A が反エルミート行列より $A^*=-A$

両式より $A=-A$

$\therefore\ 2A=0\quad \therefore\ A=0$

ポイント

㋐ エルミート行列は $(A+A^*)^*=A+A^*$ が成り立てばよい．

㋑ 反エルミート行列は $(A-A^*)^*=-(A-A^*)$ が成り立てばよい．

《注意》$A=\dfrac{1}{2}\{\underset{\text{エルミート行列}}{(A+A^*)}+\underset{\text{反エルミート行列}}{(A-A^*)}\}$ より複素正方行列はエルミート行列と反エルミート行列の和で表すことができる（p. 21 問題 1-3(2)比較）．

練習問題 1-6　　解答 p. 213

$A=\begin{pmatrix}1+i & 2+2i & 4\\ 0 & 2+2i & 1-i\\ -6i & -1+i & 0\end{pmatrix}$ をエルミート行列と反エルミート行列の和として表せ．

問題 1-⑦ ▼エルミート行列，ユニタリ行列（2）

次の行列のうち，エルミート行列，反エルミート行列，ユニタリ行列はどれか．

$$A=\frac{1}{\sqrt{2}}\begin{pmatrix}-i & 1\\ i & 1\end{pmatrix},\quad B=\begin{pmatrix}3 & i\\ i & 3\end{pmatrix},\quad C=\begin{pmatrix}0 & i\\ i & 0\end{pmatrix},\quad D=\begin{pmatrix}1 & \sqrt{2}-i\\ \sqrt{2}+i & -1\end{pmatrix}$$

●考え方●

A^*, B^*, C^*, D^* を求め，エルミート行列，反エルミート行列を判断．また，A^*A, B^*B, C^*C, D^*D が E になるかならないかをチェックし，ユニタリ行列かそうでないかを判断．

解答

$$A^*=\frac{1}{\sqrt{2}}\begin{pmatrix}i & -i\\ 1 & 1\end{pmatrix},\ B^*=\begin{pmatrix}3 & -i\\ -i & 3\end{pmatrix},\ C^*=\begin{pmatrix}0 & -i\\ -i & 0\end{pmatrix},$$

$$D^*=\begin{pmatrix}1 & \sqrt{2}-i\\ \sqrt{2}+i & -1\end{pmatrix}$$

であるから，エルミート行列 D，反エルミート行列 C ㋐ 答

次にユニタリ行列であるか調べる．

$$A^*A㋑=\frac{1}{2}\begin{pmatrix}i & -i\\ 1 & 1\end{pmatrix}\begin{pmatrix}-i & 1\\ i & 1\end{pmatrix}=\frac{1}{2}\begin{pmatrix}2 & 0\\ 0 & 2\end{pmatrix}=\begin{pmatrix}1 & 0\\ 0 & 1\end{pmatrix}$$

$$=E$$

$$B^*B=\begin{pmatrix}3 & -i\\ -i & 3\end{pmatrix}\begin{pmatrix}3 & i\\ i & 3\end{pmatrix}=\begin{pmatrix}10 & 0\\ 0 & 10\end{pmatrix}\fallingdotseq E$$

$$C^*C㋑=\begin{pmatrix}0 & -i\\ -i & 0\end{pmatrix}\begin{pmatrix}0 & i\\ i & 0\end{pmatrix}=\begin{pmatrix}1 & 0\\ 0 & 1\end{pmatrix}=E$$

$$D^*D=\begin{pmatrix}1 & \sqrt{2}\quad i\\ \sqrt{2}+i & -1\end{pmatrix}\begin{pmatrix}1 & \sqrt{2}\quad i\\ \sqrt{2}+i & -1\end{pmatrix}=\begin{pmatrix}4 & 0\\ 0 & 4\end{pmatrix}\fallingdotseq E$$

ユニタリ行列は A, C　答

ポイント

㋐ $D^*=D$ より
D はエルミート行列．
$C^*=-C$ より
C は反エルミート行列．
他は
$A^*\fallingdotseq A$，$B^*\fallingdotseq B$
$A^*\fallingdotseq -A$，$B^*\fallingdotseq -B$
であるから，A, B はエルミートでも，反エルミートでもない．

㋑ $A^*A=E$，$C^*C=E$
となり，A, C はユニタリ行列．
他はユニタリ行列でない．

練習問題　1-7　解答 p. 213

次の行列がユニタリ行列になるように α, β, γ を決定せよ．

$$A=\begin{pmatrix}-\frac{i}{2} & \frac{1}{\sqrt{2}} & -\frac{i}{2}\\ \frac{1}{2} & -\frac{i}{\sqrt{2}} & \frac{1}{2}\\ \alpha & \beta & \gamma\end{pmatrix}$$

問題 1-8 ▼行列の分割による積

次のように分割した上で行列の積を計算せよ.

$$\left(\begin{array}{cc|cc} 2 & -1 & 0 & -1 \\ 1 & 3 & 2 & 1 \\ \hline 3 & -2 & 1 & 1 \\ -1 & 4 & 0 & -1 \\ \hline 0 & 0 & 1 & 0 \\ 0 & 0 & 0 & 1 \end{array}\right)\left(\begin{array}{cc|cc} 3 & 1 & 5 & 2 \\ 4 & -2 & 4 & -3 \\ \hline 1 & 0 & 6 & 7 \\ 0 & 1 & -4 & 3 \end{array}\right)$$

●考え方●

与式を $\begin{pmatrix} A_{11} & A_{12} \\ A_{21} & A_{22} \\ O & E \end{pmatrix}\begin{pmatrix} B_{11} & B_{12} \\ E & B_{22} \end{pmatrix}$ と置いて各ブロックの計算をする.

解答

$$(\text{与式})_{㋐} = \begin{pmatrix} A_{11} & A_{12} \\ A_{21} & A_{22} \\ O & E \end{pmatrix}\begin{pmatrix} B_{11} & B_{12} \\ E & B_{22} \end{pmatrix}$$

$$= \begin{pmatrix} A_{11}B_{11}+A_{12} & A_{11}B_{12}+A_{12}B_{22} \\ A_{21}B_{11}+A_{22} & A_{21}B_{12}+A_{22}B_{22} \\ E & B_{22} \end{pmatrix}$$

$$A_{11}B_{11}+A_{12} = \begin{pmatrix} 2 & -1 \\ 1 & 3 \end{pmatrix}\begin{pmatrix} 3 & 1 \\ 4 & -2 \end{pmatrix} + \begin{pmatrix} 0 & -1 \\ 2 & 1 \end{pmatrix} = \begin{pmatrix} 2 & 4 \\ 15 & -5 \end{pmatrix} + \begin{pmatrix} 0 & -1 \\ 2 & 1 \end{pmatrix} = \begin{pmatrix} 2 & 3 \\ 17 & -4 \end{pmatrix}$$

$$A_{11}B_{12}+A_{12}B_{22} = \begin{pmatrix} 2 & -1 \\ 1 & 3 \end{pmatrix}\begin{pmatrix} 5 & 2 \\ 4 & -3 \end{pmatrix} + \begin{pmatrix} 0 & -1 \\ 2 & 1 \end{pmatrix}\begin{pmatrix} 6 & 7 \\ -4 & 3 \end{pmatrix}$$

$$= \begin{pmatrix} 6 & 7 \\ 17 & -7 \end{pmatrix} + \begin{pmatrix} 4 & -3 \\ 8 & 17 \end{pmatrix} = \begin{pmatrix} 10 & 4 \\ 25 & 10 \end{pmatrix}$$

同様にして, $A_{21}B_{11}+A_{22} = \begin{pmatrix} 2 & 8 \\ 13 & -10 \end{pmatrix}$, $A_{21}B_{12}+A_{22}B_{22} = \begin{pmatrix} 9 & 22 \\ 15 & -17 \end{pmatrix}$

$$\therefore\ \text{与式} = \begin{pmatrix} 2 & 3 & 10 & 4 \\ 17 & -4 & 25 & 10 \\ 2 & 8 & 9 & 22 \\ 13 & -10 & 15 & -17 \\ 1 & 0 & 6 & 7 \\ 0 & 1 & -4 & 3 \end{pmatrix}$$ 答

ポイント

㋐ 各小行列を

$A_{11} = \begin{pmatrix} 2 & -1 \\ 1 & 3 \end{pmatrix}$

$B_{11} = \begin{pmatrix} 3 & 1 \\ 4 & -2 \end{pmatrix}$

と置く. 他も同様.

練習問題 1-8

解答 p. 213

次の行列の積を小行列に分割して計算せよ.

$$\begin{pmatrix} 3 & -2 & 0 & -1 \\ 4 & 2 & 3 & 2 \\ 0 & 0 & 1 & 0 \\ 0 & 0 & 0 & 1 \end{pmatrix}\begin{pmatrix} 4 & 1 & 2 & 5 \\ 3 & -1 & 7 & -3 \\ 1 & 0 & 3 & 7 \\ 0 & 1 & -2 & 4 \end{pmatrix}$$

問題 1-9 ▼トレースの性質

n 次の正方行列 $A=(a_{ij})$, $B=(b_{ij})$ に対して次の等式が成り立つことを示せ.

(1) $\mathrm{tr}(A+B)=\mathrm{tr}A+\mathrm{tr}B$

(2) $\mathrm{tr}(AB)=\mathrm{tr}(BA)$

●考え方●

〔1〕(1) $A+B$ の (i,i) 成分は $a_{ii}+b_{ii}$

(2) AB の (i,i) 成分は $a_{i1}b_{1i}+a_{i2}b_{2i}+\cdots+a_{in}b_{ni}$ である.

〔2〕〔1〕の(2)の結果を利用する.

解答

〔1〕(1)

$$A+B=\begin{pmatrix}a_{11}&&&&\\&a_{22}&&&\\&&a_{33}&&\\&&&\ddots&\\&&&&a_{nn}\end{pmatrix}+\begin{pmatrix}b_{11}&&&&\\&b_{22}&&&\\&&b_{33}&&\\&&&\ddots&\\&&&&b_{nn}\end{pmatrix}$$

$$\mathrm{tr}(A+B)=\sum_{i=1}^{n}(a_{ii}+b_{ii})=\sum_{i=1}^{n}a_{ii}+\sum_{i=1}^{n}b_{ii}$$
$$=\mathrm{tr}A+\mathrm{tr}B$$

(2) AB の (i,i) 成分は㋐ $a_{i1}b_{1i}+a_{i2}b_{2i}+\cdots+a_{in}b_{ni}$ であるから,

$$\begin{aligned}\mathrm{tr}(AB)=&(a_{11}b_{11}+a_{12}b_{21}+\cdots+a_{1n}b_{n1})\\&+(a_{21}b_{12}+a_{22}b_{22}+\cdots+a_{2n}b_{n2})\\&+\cdots\\&+(a_{n1}b_{1n}+a_{n2}b_{2n}+\cdots+a_{nn}b_{nn})\end{aligned}$$

この右辺は次のように変形できる㋑.

$$\begin{aligned}&(a_{11}b_{11}+a_{21}b_{12}+\cdots+a_{n1}b_{1n})\\&+(a_{12}b_{21}+a_{22}b_{22}+\cdots+a_{n2}b_{2n})\\&+\cdots\\&+(a_{1n}b_{n1}+a_{2n}b_{n2}+\cdots+a_{nn}b_{nn})\end{aligned}$$

BA の (i,i) 成分は㋒ $b_{i1}a_{1i}+b_{i2}a_{2i}+\cdots+b_{in}a_{ni}$ だから, 上の値は $\mathrm{tr}(BA)$㋓ に等しい.

$\therefore\ \mathrm{tr}(AB)=\mathrm{tr}(BA)$

ポイント

㋐ AB の (i,i) 成分は, A の i 行, B の i 列

$$\begin{matrix}a_{i1}&a_{i2}&\cdots&a_{in}\\b_{1i}&b_{2i}&\cdots&b_{ni}\end{matrix}$$

の内積となる.

㋑ カッコを開いて縦に加える.

㋒ B の i 行, A の i 列の内積は,

$$\begin{matrix}b_{i1}&b_{i2}&\cdots&b_{in}\\a_{1i}&a_{2i}&\cdots&a_{ni}\end{matrix}$$

$$b_{i1}a_{1i}+b_{i2}a_{2i}+\cdots+b_{in}a_{ni}$$
$$=a_{1i}b_{i1}+a_{2i}b_{i2}+\cdots+a_{ni}b_{in}\quad\cdots(*)$$

㋓ (*)の i に $i=1,2,\cdots,n$ を代入して

$$\begin{aligned}\mathrm{tr}(BA)=&a_{11}b_{11}+a_{21}b_{12}+\cdots+a_{n1}b_{1n}\\&+(a_{12}b_{21}+a_{22}b_{22}+\cdots+a_{n2}b_{2n})\\&+\cdots\\&+(a_{1n}b_{n1}+a_{2n}b_{n2}+\cdots+a_{nn}b_{nn})\end{aligned}$$

↑

$\therefore\ \mathrm{tr}(AB)=\mathrm{tr}(BA)$

練習問題 1-9

解答 p. 214

n 次の正方行列について $AB-BA=aE$ ならば $AB=BA$ であることを示せ.

問題 1-⑩ ▼（2次正方行列）行列と連立1次方程式

連立方程式 $\begin{cases} 2x + y = kx \\ 2x + 3y = ky \end{cases}$ …①

が $x = y = 0$ 以外の解をもつとする．

(1) 定数 k の値を求めよ．　(2) $x = y = 0$ 以外の解を求めよ．

●考え方●

① $\Leftrightarrow \begin{cases} (2-k)x + y = 0 \\ 2x + (3-k)y = 0 \end{cases}$ を行列で表すと，$\begin{pmatrix} 2-k & 1 \\ 2 & 3-k \end{pmatrix}\begin{pmatrix} x \\ y \end{pmatrix} = \begin{pmatrix} 0 \\ 0 \end{pmatrix}$

$A = \begin{pmatrix} 2-k & 1 \\ 2 & 3-k \end{pmatrix}$ が逆行列をもつかもたないかで，$\begin{pmatrix} x \\ y \end{pmatrix}$ はどうなるかを考えてみよ．

解答

(1) ①の連立方程式を行列を用いて表すと

$\begin{pmatrix} 2-k & 1 \\ 2 & 3-k \end{pmatrix}\begin{pmatrix} x \\ y \end{pmatrix} = \begin{pmatrix} 0 \\ 0 \end{pmatrix}$ …②

$A = \begin{pmatrix} 2-k & 1 \\ 2 & 3-k \end{pmatrix}$ とおくと，①が $x = 0$，$y = 0$ 以外の解をもつ必要十分条件は，Aが逆行列をもたないことである．㋐

$\det A = (2-k)(3-k) - 1 \cdot 2 = 0$

$\Leftrightarrow k^2 - 5k + 4 = 0,\ (k-4)(k-1) = 0$

$\therefore k = 4, 1$ 答

(2) (i) $k = 4$ のとき，

② $\Leftrightarrow \begin{cases} -2x + y = 0 \\ 2x - y = 0 \end{cases}$ より，解は $y = 2x$ をみたす実数で㋑，$x = t$ とおくと，

$(x, y) = (t, 2t)$（t は任意の実数，$t \neq 0$） 答

(ii) $k = 1$ のとき，

② $\Leftrightarrow \begin{cases} x + y = 0 \\ 2(x + y) = 0 \end{cases}$ より，解は $y = -x$ をみたす実数で，$x = t$ とおくと，$(x, y) = (t, -t)$（t は任意の実数，$t \neq 0$） 答

ポイント

㋐ A が逆行列をもつとすると，②より $\begin{pmatrix} x \\ y \end{pmatrix} = \begin{pmatrix} 0 \\ 0 \end{pmatrix}$ になり $x = y = 0$

このとき，不適．

A が逆行列をもたないとき，$x = y = 0$ 以外の解があることは，(2)より確かめられる．

㋑ $y = x$ 上の点で $(0, 0)$ 以外の点は何でもよい．

練習問題 1-10　解答 p. 214

次の連立1次方程式を行列を用いて表し，その解について調べよ．

(1) $\begin{cases} ax - y = 1 \\ 2x + ay = 3a \end{cases}$　(2) $\begin{cases} ax + y = 2 \\ x + ay = a + 1 \end{cases}$

問題 1-11 ▼（2次正方行列）逆行列

〔1〕次の行列の逆行列があれば求めよ．

(1) $\begin{pmatrix} 1 & 8 \\ 0 & -2 \end{pmatrix}$　(2) $\begin{pmatrix} 1 & -2 \\ -3 & 6 \end{pmatrix}$　(3) $\begin{pmatrix} a & 3 \\ 2 & a+1 \end{pmatrix}$

〔2〕行列 $A = \begin{pmatrix} a & a+1 \\ a+1 & a+2 \end{pmatrix}$ と B は $A(A+B) = \begin{pmatrix} 4 & 3 \\ 1 & 0 \end{pmatrix}$ をみたしている．…①

B が逆行列をもたないとき，a の値を求めよ．

●考え方●

〔1〕$A = \begin{pmatrix} a & b \\ c & d \end{pmatrix}$ のとき，$\det A = ad - bc \neq 0$ のとき逆行列が存在する．

〔2〕B を求めて，$\det B = 0$ から a を決定．

解答

〔1〕(1) $D = 1\cdot(-2) - 8\cdot 0 = -2$ より逆行列は存在し，

$$\frac{1}{-2}\begin{pmatrix} -2 & -8 \\ 0 & 1 \end{pmatrix} = \begin{pmatrix} 1 & 4 \\ 0 & -\frac{1}{2} \end{pmatrix}$$ 答

(2) $D = 1 \times 6 - (-2)\cdot(-3) = 0$ であるから逆行列は存在しない．答

(3) $D = a(a+1) - 3\cdot 2 = a^2 + a - 6 = (a-2)(a+3)$

$D=0$ ㋐ となる a は $a = 2, -3$ でこのとき，逆行列はない．答

$a \neq 2, -3$ のとき，$\dfrac{1}{(a-2)(a+3)}\begin{pmatrix} a+1 & -3 \\ -2 & a \end{pmatrix}$ 答

〔2〕$\det A = a(a+2) - (a+1)^2 = -1$ であるから，

A の逆行列 A^{-1} ㋑ は存在する．

①より $AB = \begin{pmatrix} 4 & 3 \\ 1 & 0 \end{pmatrix} - A^2$ ㋒，両辺に左側から A^{-1} を乗じると，

$$B = -\begin{pmatrix} a+2 & -a-1 \\ -a-1 & a \end{pmatrix}\begin{pmatrix} 4 & 3 \\ 1 & 0 \end{pmatrix} - \begin{pmatrix} a & a+1 \\ a+1 & a+2 \end{pmatrix} = \begin{pmatrix} -(4a+7) & -(4a+7) \\ 2a+3 & 2a+1 \end{pmatrix}$$

B が逆行列をもたないことより，

$\det B = -(4a+7)(2a+1) + (4a+7)(2a+3) = 0$

$$\Leftrightarrow (4a+7)(-2a-1+2a+3) = 0,\ 2(4a+7) = 0 \quad \therefore\ a = -\frac{7}{4}$$ 答

ポイント

㋐ $D=0$ のとき，逆行列は存在しない．
$D \neq 0$ のとき，存在する．
場合分けが必要．

㋑
$$A^{-1} = -\begin{pmatrix} a+2 & -(a+1) \\ -(a+1) & a \end{pmatrix}$$

㋒ ① $\Leftrightarrow$

$$A^2 + AB = \begin{pmatrix} 4 & 3 \\ 1 & 0 \end{pmatrix}$$

$$AB = \begin{pmatrix} 4 & 3 \\ 1 & 0 \end{pmatrix} - A^2$$

練習問題　1-11

解答 p. 214

$A = \begin{pmatrix} 1 & 0 \\ 2 & 1 \end{pmatrix}$，$B = \begin{pmatrix} 1 & 1 \\ 3 & 2 \end{pmatrix}$ のとき，$AX + BX = AB$ をみたす．このとき，X を求めよ．

問題 1-12 ▼（2次正方行列）ケーリー・ハミルトンの定理

$A=\begin{pmatrix} a & b \\ c & d \end{pmatrix}$ を考える．次のことを示せ．

(1) $ad-bc \neq 0$ のとき，すべての自然数 n について $A^n \neq O$ である．

(2) ある自然数 n について $A^n=O$ ならば $A^2=O$ である．

●考え方●

(1) $A^n=O$ と仮定して矛盾することを言う（背理法）．
$ad-bc \neq 0$ のとき，A の逆行列 A^{-1} は存在することに注意したい．

(2) (1)の対偶命題は「$A^n=O \rightarrow ad-bc=0$」であり，この命題は真である．
ここで，ケーリー・ハミルトンの定理 $A^2-(a+d)A+\underbrace{(ad-bc)}_{=0}E=O$ を活用する．

解答

(1) $A^n=O$ …① と仮定する．$ad-bc \neq 0$ より A は逆行列 A^{-1} をもつことより，A^{-1} を①の両辺に n 回乗じると㋐ $E=O$㋑
これは矛盾． $\therefore A^n \neq O$

(2) (1)の対偶命題は「$A^n=O \rightarrow ad-bc=0$」である．(1)より，この命題は真である．
ケーリー・ハミルトンの定理より，

$$A^2-(a+d)A+(ad-bc)E=O \quad \cdots ①$$

$ad-bc=0$㋒ より，

$$① \Leftrightarrow A^2=(a+d)A \quad \cdots ②$$

(i) $n=1$ のとき，$A=O$ より $A^2=O$

(ii) $n \geqq 2$ のとき，②の辺々に次々に A を乗じて㋓

$$A^3=(a+d)A^2=(a+d)^2A$$

$$A^4=(a+d)^2A^2=(a+d)^3A, \cdots, A^n=(a+d)^{n-1}A$$

これより，$A^n=(a+d)^{n-1}A$ …③ を得る．

$A^n=O$ のとき，③より $a+d=0$ または $A=O$

$a+d=0$ のとき，②より $A^2=O$，$A=O$ のとき $A^2=O$．

以上より，$A^n=O$ ならば $A^2=O$ ■

ポイント

㋐ $(A^{-1})^n \cdot A^n=E$

㋑ $\begin{pmatrix} 1 & 0 \\ 0 & 1 \end{pmatrix}=\begin{pmatrix} 0 & 0 \\ 0 & 0 \end{pmatrix}$ となり矛盾．

㋒ このとき，①が $A^2=(a+d)A$ と簡単になる．

㋓ ②を利用して，$A^3, A^4, \cdots, A^n$ を作っていく．

練習問題 1-12 解答 p. 214

a, b を実数とし，$A=\begin{pmatrix} a & -b \\ b & a \end{pmatrix}$ が $A^3=-E$ を満たすとき，a, b を求めよ．

問題 1-⑬ ▼（2次正方行列）n 乗問題（1）… 対角化

$\begin{pmatrix}4&-1\\2&1\end{pmatrix}\begin{pmatrix}x\\y\end{pmatrix}=k\begin{pmatrix}x\\y\end{pmatrix}$，$\begin{pmatrix}x\\y\end{pmatrix}\neq\begin{pmatrix}0\\0\end{pmatrix}$ をみたす実数 k の値を k_1, k_2 $(k_1<k_2)$ とし，そのときの解をそれぞれ $\begin{pmatrix}1\\y_1\end{pmatrix}$，$\begin{pmatrix}1\\y_2\end{pmatrix}$ とする．

(1) k_1, k_2 および y_1, y_2 を求めよ．

(2) $A=\begin{pmatrix}4&-1\\2&1\end{pmatrix}$，$P=\begin{pmatrix}1&1\\y_1&y_2\end{pmatrix}$ とするとき，$P^{-1}AP=\begin{pmatrix}k_1&0\\0&k_2\end{pmatrix}$ となることを示し，A^n を求めよ．

●考え方●

(1) 固有方程式を作り k_1, k_2 を決定する（p. 15 参照）．

(2) $(P^{-1}AP)^n=P^{-1}A^nP$ であり，$\begin{pmatrix}k_1&0\\0&k_2\end{pmatrix}^n=\begin{pmatrix}k_1^n&0\\0&k_2^n\end{pmatrix}$ である（p. 16 参照）．

解答

(1) $\begin{pmatrix}4-k&-1\\2&1-k\end{pmatrix}\begin{pmatrix}x\\y\end{pmatrix}=\begin{pmatrix}0\\0\end{pmatrix}$ …①

この連立方程式が $x=y=0$ 以外の解をもつ必要十分条件㋐は，$D=(4-k)(1-k)+2=0$，

$k^2-5k+6=0$，$(k-2)(k-3)=0$

$k=2, 3$　$k_1<k_2$ より　$k_1=2$，$k_2=3$㋑ 答

・$k=2$ のとき，①より $2x-y=0$．解は $x=t$，$y=2t$（t：任意の実数）

　$x=1$ のとき，$y=2$　$\therefore\ y_1=2$ 答

・$k=3$ のとき，①より $x-y=0$．解は $x=t$，$y=t$（t：任意の実数）

　$x=1$ のとき，$y=1$　$\therefore\ y_2=1$ 答

(2) $P=\begin{pmatrix}1&1\\2&1\end{pmatrix}$㋒ であり，$P^{-1}=\begin{pmatrix}-1&1\\2&-1\end{pmatrix}$ となる．

$P^{-1}AP=\begin{pmatrix}-1&1\\2&-1\end{pmatrix}\begin{pmatrix}4&-1\\2&1\end{pmatrix}\begin{pmatrix}1&1\\2&1\end{pmatrix}=\begin{pmatrix}2&0\\0&3\end{pmatrix}=\begin{pmatrix}k_1&0\\0&k_2\end{pmatrix}$

辺々を n 乗すると，

$(P^{-1}AP)^n=\begin{pmatrix}2&0\\0&3\end{pmatrix}^n \Leftrightarrow P^{-1}A^nP$㋓ $=\begin{pmatrix}2^n&0\\0&3^n\end{pmatrix}$㋓

$\therefore\ A^n=\begin{pmatrix}1&1\\2&1\end{pmatrix}\begin{pmatrix}2^n&0\\0&3^n\end{pmatrix}\begin{pmatrix}-1&1\\2&-1\end{pmatrix}=\begin{pmatrix}-2^n+2\cdot3^n&2^n-3^n\\-2^{n+1}+2\cdot3^n&2^{n+1}-3^n\end{pmatrix}$ 答

ポイント

㋐ 問題 1-⑩（p. 28）参照．

㋑ 固有値である．

㋒ 2つの固有ベクトル $\begin{pmatrix}1\\2\end{pmatrix}$，$\begin{pmatrix}1\\1\end{pmatrix}$ より，P を作る．

㋓ 左側から P，右側から P^{-1} を乗じる．

練習問題　1-13　　解答 p. 215

$A=\begin{pmatrix}2&1\\1&2\end{pmatrix}$，$P=\begin{pmatrix}1&1\\-1&1\end{pmatrix}$ とする．$(P^{-1}AP)^n$ を計算し，A^n を求めよ（n：自然数）．

問題 1-14 ▼（2次正方行列）n 乗問題（2）… 漸化式利用

$A=\begin{pmatrix}4 & -2\\ 3 & -1\end{pmatrix}$, $E=\begin{pmatrix}1 & 0\\ 0 & 1\end{pmatrix}$ とする.

自然数 n に対して, $A^n=s_nA+t_nE$ をみたす実数 s_n, t_n を n の式で表せ.

●考え方●

ケーリー・ハミルトンの定理より, $A^2-3A+2E=O$ …①, 両辺に A^n をかけ, $A^{n+2}-3A^{n+1}+2A^n=O$ …② を作る. ②は A の3項間漸化式である. $A^{n+2}-\alpha A^{n+1}=\beta(A^{n+1}-\alpha A^n)$ となるように α, β を定める.

解答

ケーリー・ハミルトンの定理より, $A^2-3A+2E=O$ … ① が成り立つ. ①の両辺に A^n を乗じると,

$$A^{n+2}-3A^{n+1}+2A^n=O \quad \cdots ②$$

②の固有方程式の解㋐は $x^2-3x+2=(x-2)(x-1)=0$ の解で $x=2, 1$

②は次の2式に変形できる.

$$\begin{cases} A^{n+2}-A^{n+1}=2(A^{n+1}-A^n) & \cdots ③㋑ \\ A^{n+2}-2A^{n+1}=1(A^{n+1}-2A^n) & \cdots ④㋒ \end{cases}$$

③より,

$$A^{n+1}-A^n㋓=2(A^n-A^{n-1})=2^2(A^{n-1}-A^{n-2})$$
$$=\cdots=2^n(A^1-\underset{=E}{A^0})$$

$$A^{n+1}-2A^n=A^n-2A^{n-1}=A^{n-1}-2A^{n-2}$$
$$=\cdots=A^1-2\underset{=E}{A^0}$$

2式より

$$\therefore \begin{cases} A^{n+1}-A^n=2^nA-2^nE \\ A^{n+1}-2A^n=A-2E \end{cases} \text{を得る.}$$

辺々を引いて,

$$A^n=(2^n-1)A+(2-2^n)E$$

$$\therefore s_n=2^n-1, \quad t_n=2-2^n \quad 答$$

ポイント

㋐ ②を
$A^{n+2}-\alpha A^{n+1}=\beta(A^{n+1}-\alpha A^n)$
となるように α, β を定める. 上式を展開して
$A^{n+2}-(\alpha+\beta)A^{n+1}+\alpha\beta A^n=O$
②と比較して,
$\begin{cases}\alpha+\beta=3\\ \alpha\beta=2\end{cases}$
α, β は, 解と係数の関係から,
$x^2-3x+2=0$
の解.
この方程式を②の**固有方程式**という.

㋑ $\alpha=1, \ \beta=2$

㋒ $\alpha=2, \ \beta=1$

㋓ ③を用いて
$A^{n+1}-A^n$ から A^1-A^0 まで次数を下げていく.

練習問題 1-14

解答 p. 215

$A=\begin{pmatrix}1 & 1\\ -3 & -2\end{pmatrix}$ に対して,

(1) A^{200} を求めよ.　　(2) A^n を求めよ.

問題 1-⑮ ▼(2次正方行列) n 乗問題 (3)

〔1〕 $\begin{pmatrix} a & b \\ 0 & a \end{pmatrix}^n$ を求めよ ($a \neq 0$).

〔2〕 $X = \begin{pmatrix} -\frac{1}{2} & -\frac{\sqrt{3}}{2} \\ \frac{\sqrt{3}}{2} & -\frac{1}{2} \end{pmatrix}$, $E = \begin{pmatrix} 1 & 0 \\ 0 & 1 \end{pmatrix}$ とする.

(1) $E + X + X^2$ および X^3 を求めよ.

(2) $Y = E + X + X^2 + \cdots + X^{99} + X^{100}$ を求めよ.

●考え方●

〔1〕 $\begin{pmatrix} a & b \\ 0 & a \end{pmatrix} = a\begin{pmatrix} 1 & \frac{b}{a} \\ 0 & 1 \end{pmatrix} \cdots ⊛$, $\begin{pmatrix} 1 & c \\ 0 & 1 \end{pmatrix}^n$ を推定せよ (p.15 参照). 数学的帰納法の活用.

〔2〕 (1) ケーリー・ハミルトンの定理活用. (2) (1) の活用.

解答

〔1〕 ⊛で $c = \frac{b}{a}$ とおくと, $\begin{pmatrix} 1 & c \\ 0 & 1 \end{pmatrix}^n = \begin{pmatrix} 1 & nc \\ 0 & 1 \end{pmatrix}$. ㋐

(∵) $n = 1$ のとき成り立つ.

$n = k$ のとき成り立つと仮定する.

$n = k + 1$ のとき,

$\begin{pmatrix} 1 & c \\ 0 & 1 \end{pmatrix}^{k+1} = \begin{pmatrix} 1 & kc \\ 0 & 1 \end{pmatrix}\begin{pmatrix} 1 & c \\ 0 & 1 \end{pmatrix} = \begin{pmatrix} 1 & (k+1)c \\ 0 & 1 \end{pmatrix}$ （仮定適用）

よって, $n = k + 1$ のときも成り立ち, すべての自然数 n で成り立つ.

$\therefore \begin{pmatrix} a & b \\ 0 & a \end{pmatrix}^n = a^n\begin{pmatrix} 1 & n \cdot \frac{b}{a} \\ 0 & 1 \end{pmatrix} = \begin{pmatrix} a^n & na^{n-1}b \\ 0 & a^n \end{pmatrix}$ 答

〔2〕 (1) ケーリー・ハミルトンの定理から $X^2 + X + E = \begin{pmatrix} 0 & 0 \\ 0 & 0 \end{pmatrix}$ 答

$X^2 + X + E = O$ の両辺に $X - E$ を乗じて, $X^3 - E = O$

$\therefore X^3 = E = \begin{pmatrix} 1 & 0 \\ 0 & 1 \end{pmatrix}$ 答

(2) $Y = \underbrace{E + X + X^2}_{O} + X^3(\underbrace{E + X + X^2}_{O}) + \cdots + X^{96}(\underbrace{E + X + X^2}_{O}) + X^{99} + X^{100}$

$= X^{99}(E + X) = E + X = \begin{pmatrix} 1 & 0 \\ 0 & 1 \end{pmatrix} + \begin{pmatrix} -\frac{1}{2} & -\frac{\sqrt{3}}{2} \\ \frac{\sqrt{3}}{2} & -\frac{1}{2} \end{pmatrix} = \begin{pmatrix} \frac{1}{2} & -\frac{\sqrt{3}}{2} \\ \frac{\sqrt{3}}{2} & \frac{1}{2} \end{pmatrix}$ 答 （X^{99}：㋑）

ポイント

㋐ 対角成分を1にした方が (1, 1) 成分が推定しやすい.

$\begin{pmatrix} 1 & c \\ 0 & 1 \end{pmatrix}^2 = \begin{pmatrix} 1^2 & 2c \\ 0 & 1^2 \end{pmatrix}$

$\begin{pmatrix} 1 & c \\ 0 & 1 \end{pmatrix}^3 = \begin{pmatrix} 1^3 & 3c \\ 0 & 1^3 \end{pmatrix}$

⋮

n 乗を推定する.

㋑ $X^{99} = (X^3)^{33} = E$

練習問題　1-15

解答 p. 215

2次の正方行列 A が $A\begin{pmatrix} 1 \\ 0 \end{pmatrix} = 4\begin{pmatrix} 1 \\ 0 \end{pmatrix}$, $A\begin{pmatrix} -1 \\ 1 \end{pmatrix} = 3\begin{pmatrix} -1 \\ 1 \end{pmatrix}$ を満たすとき, $A^n\begin{pmatrix} 1 \\ 1 \end{pmatrix}$ を求めよ (n は自然数).

問題 1-16 ▼（2次正方行列）エルミート行列の対角化

エルミート行列 $A=\begin{pmatrix}1 & 1+i\\ 1-i & 1\end{pmatrix}$ をユニタリ行列 U によって対角化せよ.

●考え方●

実数行列の対角化のときと同様に, 固有値, 固有ベクトルを求め, 対角化を実行する. ユニタリ行列を作ることより, 固有ベクトルは大きさ1のベクトルを求める.

解答

$$A\begin{pmatrix}x\\y\end{pmatrix}=k\begin{pmatrix}x\\y\end{pmatrix}\Leftrightarrow(A-kE)\begin{pmatrix}x\\y\end{pmatrix}=\begin{pmatrix}0\\0\end{pmatrix}$$

$$\Leftrightarrow\begin{pmatrix}1-k & 1+i\\ 1-i & 1-k\end{pmatrix}\begin{pmatrix}x\\y\end{pmatrix}=\begin{pmatrix}0\\0\end{pmatrix}\quad\cdots\circledast$$

$\circledast$が$(0,0)$以外の解をもつ必要十分条件は,

$$\det\begin{pmatrix}1-k & 1+i\\ 1-i & 1-k\end{pmatrix}=(1-k)^2-(1+i)(1-i)=0$$

$$\Leftrightarrow k^2-2k-1=0$$

をみたすことで, 上式の解は $k=1\pm\sqrt{2}$ ㋐

（i）$k=1+\sqrt{2}$ のとき, $\circledast$に代入して,

$$\begin{cases}-\sqrt{2}x+(1+i)y=0 & ㋑\\ (1-i)x-\sqrt{2}y=0 & ㋒\end{cases}\Leftrightarrow\sqrt{2}x-(1+i)y=0\quad\cdots①$$

①をみたす固有ベクトルの1つを $\boldsymbol{x}_1=\begin{pmatrix}p\\q\end{pmatrix}=\begin{pmatrix}(1+i)a\\ \sqrt{2}a\end{pmatrix}=a\begin{pmatrix}1+i\\ \sqrt{2}\end{pmatrix}$ とおくと

$(a>0)$, $|\boldsymbol{x}_1|^2=1\Leftrightarrow {}^t\boldsymbol{x}_1\cdot\overline{\boldsymbol{x}_1}=1$ ㋓ となる $\boldsymbol{x}_1$ は

$$\Leftrightarrow a^2(1+i\ \sqrt{2})\begin{pmatrix}1-i\\ \sqrt{2}\end{pmatrix}=a^2\{(1+i)(1-i)+2\}=4a^2=1,$$

$$a=\frac{1}{2},\quad \boldsymbol{x}_1=\frac{1}{2}\begin{pmatrix}1+i\\ \sqrt{2}\end{pmatrix}\text{ と選べる.}$$

（ii）$k=1-\sqrt{2}$ のとき, $\circledast$に代入して,

$$\begin{cases}\sqrt{2}x+(1+i)y=0\\ (1-i)x+\sqrt{2}y=0\end{cases}\Leftrightarrow\sqrt{2}x+(1+i)y=0\quad\cdots②$$

②をみたす固有ベクトルの1つを $\boldsymbol{x}_2$ とすると, （i）と同様にして,

$$\boldsymbol{x}_2=\frac{1}{2}\begin{pmatrix}1+i\\ -\sqrt{2}\end{pmatrix}\text{ と選べる.}$$

$$\therefore\ U=\frac{1}{2}\begin{pmatrix}1+i & 1+i\\ \sqrt{2} & -\sqrt{2}\end{pmatrix}\text{ から }U^{-1}AU=\begin{pmatrix}1+\sqrt{2} & 0\\ 0 & 1-\sqrt{2}\end{pmatrix}$$ 答

ポイント

㋐ 固有値である.

㋑ $\sqrt{2}x-(1+i)y=0$

㋒ $(1-i)\left\{x-\dfrac{\sqrt{2}}{1-i}y\right\}=0$

$\Leftrightarrow x-\dfrac{1+i}{\sqrt{2}}y=0$

$\Leftrightarrow \sqrt{2}x-(1+i)y=0$

で, ㋑, ㋒は一致.

㋓ ${}^tx_1=a(1+i\ \sqrt{2})$

$\overline{x_1}=a\begin{pmatrix}1-i\\ \sqrt{2}\end{pmatrix}$

練習問題 1-16 解答 p. 216

$A=\begin{pmatrix}2 & 1+i\\ 1-i & 3\end{pmatrix}$ をユニタリ行列を用いて, $U^{-1}AU$ として対角化せよ.

問題 1-17 ▼（2次正方行列）ジョルダン標準形

$A=\begin{pmatrix}7&9\\-1&1\end{pmatrix}$ を変換行列 P を用いて，$P^{-1}AP$ により変換し，A^n を求めよ．

●考え方●

$\det(A-kE)=0$ となる固有値 k（重解），固有ベクトル $\overrightarrow{x_1}$ を求めよ．$\overrightarrow{x_1}$ と1次独立なベクトル $\overrightarrow{x_2}$ を $(A-kE)\overrightarrow{x_2}=\overrightarrow{x_1}$，$A\overrightarrow{x_2}=\overrightarrow{x_1}+k\overrightarrow{x_2}$ より確定すると，$P=(\overrightarrow{x_1}\ \overrightarrow{x_2})$ となる（p. 17 参照）．

解答

$$A\begin{pmatrix}x\\y\end{pmatrix}=k\begin{pmatrix}x\\y\end{pmatrix}\Leftrightarrow (A-kE)\begin{pmatrix}x\\y\end{pmatrix}=\begin{pmatrix}0\\0\end{pmatrix}$$

$$\Leftrightarrow\begin{pmatrix}7-k&9\\-1&1-k\end{pmatrix}\begin{pmatrix}x\\y\end{pmatrix}=\begin{pmatrix}0\\0\end{pmatrix}\quad\cdots①$$

①をみたす (x,y) が $(0,0)$ 以外に存在する必要十分条件は

$\det(A-kE)=(7-k)(1-k)+9=k^2-8k+16=0$

$(k-4)^2=0$ ㋐ から　$k=4$

これを①に代入して ㋑，$x+3y=0$，固有ベクトル $\overrightarrow{x_1}$ を

$\overrightarrow{x_1}=\begin{pmatrix}3\\-1\end{pmatrix}$ と選べる．

$\overrightarrow{x_1}$ に1次独立なベクトル $\overrightarrow{x_2}=\begin{pmatrix}s\\r\end{pmatrix}$ を

$(A-4E)\overrightarrow{x_2}=\overrightarrow{x_1}\Leftrightarrow\begin{pmatrix}3&9\\-1&-3\end{pmatrix}\begin{pmatrix}s\\r\end{pmatrix}=\begin{pmatrix}3\\-1\end{pmatrix}$ ㋒ から $s+3r=1$

$s=1$，$r=0$ で

$\overrightarrow{x_2}=\begin{pmatrix}1\\0\end{pmatrix}$ ㋓ と選べる．よって $P=(\overrightarrow{x_1}\ \overrightarrow{x_2})=\begin{pmatrix}3&1\\-1&0\end{pmatrix}$ となり，

$$P^{-1}AP=\begin{pmatrix}0&-1\\1&3\end{pmatrix}\begin{pmatrix}7&9\\-1&1\end{pmatrix}\begin{pmatrix}3&1\\-1&0\end{pmatrix}=\begin{pmatrix}1&-1\\4&12\end{pmatrix}\begin{pmatrix}3&1\\-1&0\end{pmatrix}=\begin{pmatrix}4&1\\0&4\end{pmatrix}$$

両辺を n 乗して，$P^{-1}A^nP=\begin{pmatrix}4&1\\0&4\end{pmatrix}^n=\begin{pmatrix}4^n&n\cdot4^{n-1}\\0&4^n\end{pmatrix}=4^{n-1}\begin{pmatrix}4&n\\0&4\end{pmatrix}$

$$\therefore\ A^n=4^{n-1}\begin{pmatrix}3&1\\-1&0\end{pmatrix}\begin{pmatrix}4&n\\0&4\end{pmatrix}\begin{pmatrix}0&-1\\1&3\end{pmatrix}=4^{n-1}\begin{pmatrix}12&3n+4\\-4&-n\end{pmatrix}\begin{pmatrix}0&-1\\1&3\end{pmatrix}$$

$$=4^{n-1}\cdot\begin{pmatrix}3n+4&9n\\-n&-3n+4\end{pmatrix}$$ 答

ポイント

㋐ 固有値が重解．
固有ベクトルは1つだけ定まる．

㋑ ①に代入すると
$\begin{cases}3(x+3y)=0\\-(x+3y)=0\end{cases}$
両式より
$x+3y=0$

㋒ $\begin{cases}3(s+3r)=3\\-(s+3r)=-1\end{cases}$
両式より
$s+3r=1$

㋓ $\overrightarrow{x_1},\overrightarrow{x_2}$ は1次独立なベクトル．

練習問題　1-17　解答 p. 216

$A=\begin{pmatrix}-1&1\\-1&-3\end{pmatrix}$ を変換行列 P を用いて $P^{-1}AP$ によりジョルダン標準形に変換せよ．

コラム１ ◆ケーリーとハミルトン

２次の正方行列の「ケーリー・ハミルトンの定理」に登場するケーリーとハミルトンについて紹介しよう.

●ハミルトン（1805〜1865）

スコットランド生まれの数学者で，４元数とよばれる〈高次元の複素数〉を発見する．ここで乗法が非可換となる数体系がはじめて誕生する．具体的には，i 以外に j, k という虚数単位を考えて，$x + yi + zj + wk$（x, y, z, w は実数）と表された数を考えたのである．i, j, k は $i^2 = j^2 = k^2 = -1$，$ij = -ji = k$，$jk = -kj = i$，$ki = -ik = j$ を満たすものである.

この意味を理解した一人が彼より 15 歳若いケーリーである．実際ケーリーはダブリンまで足を運んでハミルトンの４元数の講義に出席している.

●ケーリー（1821〜1895）

イングランド生まれのケーリーはちょっと変わった経歴のもち主である．彼は法律職に従事するかたわら数学の研究を続け，法律家として過ごした 14 年間の間に約 250 編の数学論文を書いている．彼が発明した行列は 1858 年『行列論による覚書』の中で著された．その後 1863 年，40 歳を過ぎて初めてケンブリッジ大学の純粋数学の教授になるのである.

実際，ケーリー・ハミルトンの定理はケーリーによるものであるが，ケーリー自身がその着想の起源をハミルトンに負っていると述べている．ケーリー自身の有名な次の言葉がある.

「ハミルトンの４元数はポケット地図のようなもので，その中に一切合切が含まれているのだが，それが何であるかが理解されるためには，まずそれを違う形にしてやらないとならない」

ハミルトンの仕事に触発されて生まれた美しい定理は，「ケーリー・ハミルトンの定理」とよばれるようになった.

《注意》ケーリー・ハミルトンの定理は n 次の正方行列に拡張される（p. 158）.

Chapter 2

行列式

置換の考え方を知り，行列式の概念および基本性質を学ぶ．
そして，連立１次方程式の解法の基本概念
を学ぶ（Chapter 3 の布石）．

基本事項

1　連立方程式の解法（基本）

行列式の起源は行列よりも古く，17 世紀に連立 1 次方程式の一般解法のために行列式が生まれた．

Chapter 1（p. 12）で 2 元 1 次の連立方程式の解法を紹介した．その考え方は，3 元 1 次の連立方程式，n 元 1 次の連立 1 次方程式にひきつがれていく（n 元 1 次の連立方程式は Chapter 3 で取り扱う）．n 元 1 次の連立方程式の解法をシステム化するとき，n 次の**行列式**の考え方が必要となる．

Chapter 2 は n 次の行列式を理解することが目標となる．ここでは，連立 1 次方程式の解法に行列式がどうかかわるかを述べておきたい．

❶ 2 元 1 次，3 元 1 次の連立方程式の解法

p. 12 で連立 1 次方程式

$$\begin{cases} ax + by = p \\ cx + dy = q \end{cases} \qquad (ad - bc \neq 0) \quad \cdots ①$$

の解が

$$x = \frac{\begin{vmatrix} p & b \\ q & d \end{vmatrix}}{\begin{vmatrix} a & b \\ c & d \end{vmatrix}}, \qquad y = \frac{\begin{vmatrix} a & p \\ c & q \end{vmatrix}}{\begin{vmatrix} a & b \\ c & d \end{vmatrix}}$$

となることを述べた．

これは，分子，分母とも行列式の表記となっている．ここで注目すべきことは，

- x, y の分母に現れるのは同じ式で，それは①の係数を行列式として取り出している．
- 分子は x を求めるとき，x の係数 a, c を右辺の p, q に置き換え，y を求めるとき，y の係数 b, d を右辺の p, q に置き換えている．

ということである．

この考え方を 3 元 1 次の連立方程式に対しても使うと，同じような行列式による解法のシステム化が成り立つ．

$$
\circledast \quad \begin{cases} a_{11}x + a_{12}y + a_{13}z = b_1 & \cdots ① \\ a_{21}x + a_{22}y + a_{23}z = b_2 & \cdots ② \\ a_{31}x + a_{32}y + a_{33}z = b_3 & \cdots ③ \end{cases}
$$

の解は3次の行列式を用いて，次のように表される．

《注意》 分母は0でない．

$$
x = \frac{\begin{vmatrix} b_1 & a_{12} & a_{13} \\ b_2 & a_{22} & a_{23} \\ b_3 & a_{32} & a_{33} \end{vmatrix}}{\begin{vmatrix} a_{11} & a_{12} & a_{13} \\ a_{21} & a_{22} & a_{23} \\ a_{31} & a_{32} & a_{33} \end{vmatrix}}, \quad y = \frac{\begin{vmatrix} a_{11} & b_1 & a_{13} \\ a_{21} & b_2 & a_{23} \\ a_{31} & b_3 & a_{33} \end{vmatrix}}{\begin{vmatrix} a_{11} & a_{12} & a_{13} \\ a_{21} & a_{22} & a_{23} \\ a_{31} & a_{32} & a_{33} \end{vmatrix}}, \quad z = \frac{\begin{vmatrix} a_{11} & a_{12} & b_1 \\ a_{21} & a_{22} & b_2 \\ a_{31} & a_{33} & b_3 \end{vmatrix}}{\begin{vmatrix} a_{11} & a_{12} & a_{13} \\ a_{21} & a_{22} & a_{23} \\ a_{31} & a_{32} & a_{33} \end{vmatrix}}
$$

実際，⊛から x を求めてみよう．

$$
\begin{aligned} &① \times a_{23} - ② \times a_{13} \\ &② \times a_{33} - ③ \times a_{23} \end{aligned}
$$

より z を消去して，x, y についての2元1次連立方程式を作ると，

$$
\begin{cases} (a_{11}a_{23} - a_{21}a_{13})x + (a_{12}a_{23} - a_{22}a_{13})y = b_1a_{23} - b_2a_{13} \\ (a_{21}a_{33} - a_{31}a_{23})x + (a_{22}a_{33} - a_{32}a_{23})y = b_2a_{33} - b_3a_{23} \end{cases}
$$

これを，p. 12の方法で解くと

$$
\begin{aligned}
x &= \frac{\begin{vmatrix} b_1a_{23} - b_2a_{13} & a_{12}a_{23} - a_{22}a_{13} \\ b_2a_{33} - b_3a_{23} & a_{22}a_{33} - a_{32}a_{23} \end{vmatrix}}{\begin{vmatrix} a_{11}a_{23} - a_{21}a_{13} & a_{12}a_{23} - a_{22}a_{13} \\ a_{21}a_{33} - a_{31}a_{23} & a_{22}a_{33} - a_{32}a_{23} \end{vmatrix}} \\
&= \frac{b_1a_{22}a_{33} + b_2a_{32}a_{13} + b_3a_{12}a_{23} - b_1a_{23}a_{32} - b_2a_{12}a_{33} - b_3a_{22}a_{13}}{a_{11}a_{22}a_{33} + a_{12}a_{23}a_{31} + a_{13}a_{21}a_{32} - a_{11}a_{23}a_{32} - a_{12}a_{21}a_{33} - a_{13}a_{22}a_{31}} \\
&= \frac{\begin{vmatrix} b_1 & a_{12} & a_{13} \\ b_2 & a_{22} & a_{23} \\ b_3 & a_{32} & a_{33} \end{vmatrix}}{\begin{vmatrix} a_{11} & a_{12} & a_{13} \\ a_{21} & a_{22} & a_{23} \\ a_{31} & a_{32} & a_{33} \end{vmatrix}}
\end{aligned}
$$

となり上の x に一致する．

《注意》 p. 40 サラスの方法，p. 44 行列式の定義を参照．

❷ *n* 元 1 次の連立方程式の解法

n 元 1 次の連立方程式

$$\begin{cases} a_{11}x_1 + \cdots\cdots\cdots + a_{1n}x_n = b_1 \\ a_{21}x_1 + \cdots\cdots\cdots + a_{2n}x_n = b_2 \\ \qquad\qquad \cdots\cdots\cdots \\ a_{n1}x_1 + \cdots\cdots\cdots + a_{nn}x_n = b_n \end{cases}$$

に対しても，2 元 1 次，3 元 1 次の連立方程式のときと同様に，行列式を用いて同じように解を求めることができる．“**n 次の行列式**” とよばれる

$$\begin{vmatrix} a_{11} & a_{12} & \cdots & a_{1n} \\ a_{21} & a_{22} & \cdots & a_{2n} \\ & \cdots\cdots\cdots & & \\ a_{n1} & a_{n2} & \cdots & a_{nn} \end{vmatrix}$$

を新しく導入すると，この値が 0 でないとき，例えば解 x_1 は，

$$x_1 = \frac{\begin{vmatrix} b_1 & a_{12} & \cdots & a_{1n} \\ & \cdots\cdots\cdots & & \\ b_n & a_{n2} & \cdots & a_{nn} \end{vmatrix}}{\begin{vmatrix} a_{11} & a_{12} & \cdots & a_{1n} \\ & \cdots\cdots\cdots & & \\ a_{n1} & a_{n2} & \cdots & a_{nn} \end{vmatrix}}$$

と表せる．

ここで，n 次の行列式を定義する必要がある（n 次の行列式 p. 44）．

❸ 2 次，3 次の行列式の値（サラスの方法）

$$\begin{vmatrix} a_{11} & a_{12} \\ a_{21} & a_{22} \end{vmatrix} = a_{11}a_{22} - a_{12}a_{21}$$

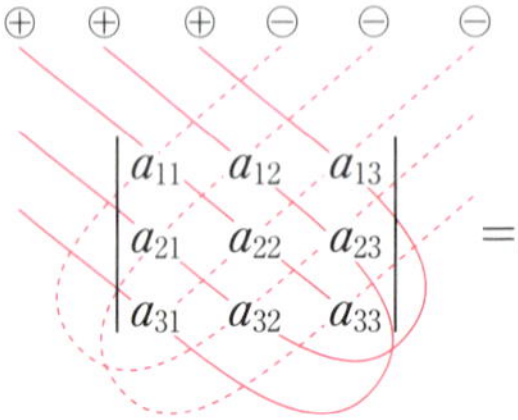

$$\begin{vmatrix} a_{11} & a_{12} & a_{13} \\ a_{21} & a_{22} & a_{23} \\ a_{31} & a_{32} & a_{33} \end{vmatrix} = a_{11}a_{22}a_{33} + a_{12}a_{23}a_{31} + a_{13}a_{21}a_{32} - a_{11}a_{23}a_{32} - a_{12}a_{21}a_{33} - a_{13}a_{22}a_{31}$$

これは線の方向にそって積を作り，それに図中の符号をつけた項の和である．

左から右に掛けおろしたものが「＋」で，右から左に掛けおろしたものは「－」である．行列式の考え方を一般化するのにこの符号の処理をどうするか

の問題が生じる.

符号の決定を容易にするために，文字係数の上についた添字の数字に着目する．例えば，3 次の行列式の $a_{11}a_{22}a_{33}$ と $a_{11}a_{23}a_{32}$ を比較すると，1 2 3 と 1 3 2 を比較したとき，2 3 を 1 回置き換えると 3 2 になる．1 2 3 を基準にして，何回置き換えすると 1 3 2 が得られるかと考える．これが **“置換”** の考え方で，行列式を一般化する前に “置換” の考え方を整理しておく必要がある.

> **Memo**　文字係数に添字を最初に表示した人はクラメールである. クラメールにより行列式による連立方程式の解法が広く知られるようになった.

2　置換（問題 2-1）

行列式を定義するために必要な置換の概念について述べる．3 次の行列式を例にみてみる.

❶ 置換

$$\begin{vmatrix} a_{11} & a_{12} & a_{13} \\ a_{21} & a_{22} & a_{23} \\ a_{31} & a_{32} & a_{33} \end{vmatrix} = a_{11}a_{22}a_{33} + a_{12}a_{23}a_{31} + a_{13}a_{21}a_{32} - a_{11}a_{23}a_{32} - a_{12}a_{21}a_{33} - a_{13}a_{22}a_{31}$$

黒字の添字 1, 2, 3 は 6 つの項で共通である．赤字の添字 1, 2, 3 に着目し，その並べ方は $3! = 6$ 通りある.

1, 2, 3 が i_1, i_2, i_3 と順番が入れ換わったとき，

$$\begin{pmatrix} 1 & 2 & 3 \\ i_1 & i_2 & i_3 \end{pmatrix}$$

とかいて，これを**置換**という.

上の赤字の数字は次の 6 つの置換となる.

$$\begin{pmatrix} 1 & 2 & 3 \\ 1 & 2 & 3 \end{pmatrix}, \quad \begin{pmatrix} 1 & 2 & 3 \\ 2 & 3 & 1 \end{pmatrix}, \quad \begin{pmatrix} 1 & 2 & 3 \\ 3 & 1 & 2 \end{pmatrix} \quad \cdots \text{符号は}+$$

$$\begin{pmatrix} 1 & 2 & 3 \\ 1 & 3 & 2 \end{pmatrix}, \quad \begin{pmatrix} 1 & 2 & 3 \\ 2 & 1 & 3 \end{pmatrix}, \quad \begin{pmatrix} 1 & 2 & 3 \\ 3 & 2 & 1 \end{pmatrix} \quad \cdots \text{符号は}-$$

符号の決定は，次ページの互換の考え方を導入し決定する.

偶置換のとき符号を＋に，奇置換のとき符号を－と定義する（p. 43）.

一般的に $1, 2, \cdots, n$ と並べた数はその並べ方が ${}_nP_n = n!$ 通りあり，

$$\begin{pmatrix} 1 & 2 & \cdots & n \\ i_1 & i_2 & \cdots & i_n \end{pmatrix}$$

と表せる．この表し方は，上の段の k に対して i_k を対応させることを意味している．

したがって，上下の数字の組を変えない限り，書く順序を入れ換えてもかまわない．

例えば，

$$\begin{pmatrix} 1 & 2 & 3 \\ 2 & 3 & 1 \end{pmatrix} = \begin{pmatrix} 2 & 1 & 3 \\ 3 & 2 & 1 \end{pmatrix} \quad \text{である．}$$

よって，置換の積および逆置換は次のように与えられる．

$$\begin{pmatrix} i_1 & i_2 & \cdots & i_n \\ j_1 & j_2 & \cdots & j_n \end{pmatrix}\begin{pmatrix} 1 & 2 & \cdots & n \\ i_1 & i_2 & \cdots & i_n \end{pmatrix} = \begin{pmatrix} 1 & 2 & \cdots & n \\ j_1 & j_2 & \cdots & j_n \end{pmatrix}$$

逆置換を表す

$$\begin{pmatrix} 1 & 2 & \cdots & n \\ i_1 & i_2 & \cdots & i_n \end{pmatrix}^{-1} = \begin{pmatrix} i_1 & i_2 & \cdots & i_n \\ 1 & 2 & \cdots & n \end{pmatrix}$$

❷ 互換

定義 （互換）

置換のなかで，2 つの数字 i と j だけを取り換えたものを**互換**といい (ij) で表す．

取り換える

$$(ij) = \begin{pmatrix} 1 & 2 & \cdots & i & \cdots & j & \cdots & n \\ 1 & 2 & \cdots & j & \cdots & i & \cdots & n \end{pmatrix}$$

このとき，次の性質が成り立つ．

(1) 任意の置換は互換の積として表すことができる（ただし，その表し方は一意的ではない）．

(2) 置換を互換の積で表したとき，互換の個数が偶数か奇数かは，その表し方によらない．

《注意》 p. 43 の 例 (i), (ii)のように置換の表し方は一意的ではなく，互換の個数はともに 2 で，表し方によらない．上の記述の例になっている．

例　置換を具体的に互換の積で表してみる.

$$\begin{pmatrix}1&2&3&4&5\\4&3&2&5&1\end{pmatrix}=(1,5)\begin{pmatrix}1&2&3&4&5\\\boxed{4}&3&2&\boxed{1}&5\end{pmatrix}=(1,5)(1,4)\begin{pmatrix}1&2&3&4&5\\\boxed{1}&3&2&\boxed{4}&5\end{pmatrix}$$

1, 5 を入れ換え　　1, 4 を入れ換え

$$=(1,5)(1,4)(2,3)$$

2, 3 を入れ換え

上の例でわかるとおり，n 個の置換 $\begin{pmatrix}1&2&\cdots&n\\i_1&i_2&\cdots&i_n\end{pmatrix}$ は右端から始めて上の段の k と下の段の i_k でできる互換 (k, i_k) を順次くくり出していくのである.

> **定義**（偶置換・奇置換と符号）
> 置換 σ について，σ が偶数個の互換で表されるとき，**偶置換**といい，奇数個の互換で表されるとき**奇置換**という.

$n!$ 個ある n 次の置換のうち，半分の $\dfrac{n!}{2}$ 個が偶置換であり，残りの $\dfrac{n!}{2}$ 個が奇置換である.

そして，置換の符号 $\mathrm{sgn}(\sigma)$ を

σ が偶置換のとき，$\mathrm{sgn}(\sigma)=1$
σ が奇置換のとき，$\mathrm{sgn}(\sigma)=-1$

と決める.

また，符号は次の性質が成り立つ.

$$\mathrm{sgn}(\sigma\tau)=\mathrm{sgn}(\sigma)\cdot\mathrm{sgn}(\tau)$$

$$\mathrm{sgn}(\sigma^{-1})=\mathrm{sgn}(\sigma)$$

例　p. 41 の置換の例を互換で表してみよう.

(i) $\begin{pmatrix}1&2&3\\3&1&2\end{pmatrix}\xrightarrow[3,1\text{ 互換}]{1\text{ 回}}\begin{pmatrix}1&2&3\\1&3&2\end{pmatrix}\xrightarrow[3,2\text{ 互換}]{2\text{ 回}}\begin{pmatrix}1&2&3\\1&2&3\end{pmatrix}$ … 偶置換 $\mathrm{sgn}(\sigma)=1$

(ii) $\begin{pmatrix}1&2&3\\3&1&2\end{pmatrix}\xrightarrow[3,2\text{ 互換}]{1\text{ 回}}\begin{pmatrix}1&2&3\\2&1&3\end{pmatrix}\xrightarrow[2,1\text{ 互換}]{2\text{ 回}}\begin{pmatrix}1&2&3\\1&2&3\end{pmatrix}$ … 偶置換 $\mathrm{sgn}(\sigma)=1$

(iii) $\begin{pmatrix}1&2&3\\1&3&2\end{pmatrix}\xrightarrow[3,2\text{ 互換}]{1\text{ 回}}\begin{pmatrix}1&2&3\\1&2&3\end{pmatrix}$ … 奇置換 $\mathrm{sgn}(\sigma)=-1$

3 行列式（問題 2-[2], [3]）

❶ 行列式の定義

n 次の正方行列

$$A=\begin{pmatrix} a_{11} & a_{12} & \cdots & a_{1n} \\ a_{21} & a_{22} & \cdots & a_{2n} \\ \vdots & \vdots & & \vdots \\ a_{n1} & a_{n2} & & a_{nn} \end{pmatrix}$$

を考える．

第 1 行から任意の 1 つの要素 a_{1i_1}，第 2 行から i_1 列以外の任意の要素 a_{2i_2} をとる．さらに第 3 行から i_1 列，i_2 列以外の要素 a_{3i_3} をとる．このように **n 個の行からおのおの 1 つずつ，同じ列から重複なく取った n 個の要素 $a_{1i_1}, a_{2i_2}, \cdots, a_{ni_n}$** が得られ，これらの積

$$\mathrm{sgn}(\sigma)\,a_{1i_1}a_{2i_2}\cdots a_{ni_n}$$

を考える．

ここで，$\mathrm{sgn}(\sigma)$ は置換 $\sigma=\begin{pmatrix} 1 & 2 & 3 & \cdots & n \\ i_1 & i_2 & i_3 & \cdots & i_n \end{pmatrix}$ の符号である．このような積は $n!$ 個あり，それらの総和を求める．

> **定義**（行列式）
>
> $\sum \mathrm{sgn}(\sigma)\,a_{1i_1}a_{2i_2}\cdots a_{ni_n}$
>
> を行列 $A=(a_{ij})$ の行列式といい，$\det A$, $|A|$ などで表す．

例 3 次の行列式 $|A|=\begin{vmatrix} a_{11} & a_{12} & a_{13} \\ a_{21} & a_{22} & a_{23} \\ a_{31} & a_{32} & a_{33} \end{vmatrix}$ を定義に従って表してみる．

$$|A|=\sum \mathrm{sgn}(\alpha,\beta,\gamma)\,a_{1\alpha}\,a_{2\beta}\,a_{3\gamma}$$

$(1, 2, 3)$ の (α,β,γ) への置換は，p. 41 の 6 通りがある．

$$|A|=\mathrm{sgn}\begin{pmatrix} 1 & 2 & 3 \\ 1 & 2 & 3 \end{pmatrix}a_{11}a_{22}a_{33}+\mathrm{sgn}\begin{pmatrix} 1 & 2 & 3 \\ 2 & 3 & 1 \end{pmatrix}a_{12}a_{23}a_{31}+\mathrm{sgn}\begin{pmatrix} 1 & 2 & 3 \\ 3 & 1 & 2 \end{pmatrix}a_{13}a_{21}a_{32}$$

（それぞれ $+1$, $+1$, $+1$）

$$+\mathrm{sgn}\begin{pmatrix} 1 & 2 & 3 \\ 1 & 3 & 2 \end{pmatrix}a_{11}a_{23}a_{32}+\mathrm{sgn}\begin{pmatrix} 1 & 2 & 3 \\ 2 & 1 & 3 \end{pmatrix}a_{12}a_{21}a_{33}+\mathrm{sgn}\begin{pmatrix} 1 & 2 & 3 \\ 3 & 2 & 1 \end{pmatrix}a_{13}a_{22}a_{31}$$

（それぞれ -1, -1, -1）

$$=a_{11}a_{22}a_{33}+a_{12}a_{23}a_{31}+a_{13}a_{21}a_{32}-a_{11}a_{23}a_{32}-a_{12}a_{21}a_{33}-a_{13}a_{22}a_{31}$$

これは，p. 40 で求めたサラスの方法と一致する．

❷ 行列式の基本性質

行列式の基本的性質である 1 転置不変性，2 多重線形性，3 交代性について以下述べる．

定理

1 （転置不変性） 問題 2-2 （p. 51）

行列式は転置に関して不変である．すなわち，

$$|{}^tA| = |A|$$

Memo この性質により行で成り立つことは列で言えることにもなり，行列式の性質を示すとき，どちらか一方を示せばよい．

2 （多重線形性） 問題 2-3 （p. 52）

(1) 行列式は行（または列）に関して加法性をもつ．

$$\begin{vmatrix} a_{11} & a_{12} & \cdots & a_{1n} \\ \vdots & \vdots & & \vdots \\ a_{k1}+b_{k1} & a_{k2}+b_{k2} & \cdots & a_{kn}+b_{kn} \\ \vdots & \vdots & & \vdots \\ a_{n1} & a_{n2} & \cdots & a_{nn} \end{vmatrix} = \begin{vmatrix} a_{11} & a_{12} & \cdots & a_{1n} \\ \vdots & \vdots & & \vdots \\ a_{k1} & a_{k2} & \cdots & a_{kn} \\ \vdots & \vdots & & \vdots \\ a_{n1} & a_{n2} & \cdots & a_{nn} \end{vmatrix} + \begin{vmatrix} a_{11} & a_{12} & \cdots & a_{1n} \\ \vdots & \vdots & & \vdots \\ b_{k1} & b_{k2} & \cdots & b_{kn} \\ \vdots & \vdots & & \vdots \\ a_{n1} & a_{n2} & \cdots & a_{nn} \end{vmatrix}$$

(2) ある行（または列）の各成分を s 倍すると，行列式の値も s 倍になる．

$$\begin{vmatrix} a_{11} & a_{12} & \cdots & a_{1n} \\ \vdots & \vdots & & \vdots \\ sa_{k1} & sa_{k2} & \cdots & sa_{kn} \\ \vdots & \vdots & & \vdots \\ a_{n1} & a_{n2} & \cdots & a_{nn} \end{vmatrix} = s\begin{vmatrix} a_{11} & a_{12} & \cdots & a_{1n} \\ \vdots & \vdots & & \vdots \\ a_{k1} & a_{k2} & \cdots & a_{kn} \\ \vdots & \vdots & & \vdots \\ a_{n1} & a_{n2} & \cdots & a_{nn} \end{vmatrix}$$

Memo (1), (2) は大切な性質で，この 2 つが成り立つとき，“線形”であるという．コラム 2 p. 64 参照．

3 （交代性） 練習問題 **2-2** （p. 51）

行列式のある行（または列）を入れ換えて得られた行列式の値は符号を変える．

定理 1～3から次の性質をもつ行列式の値はいずれも 0 となる．

系

(1)　1つの行または列のすべてが0である．
(2)　2つの行または列の対応する成分が等しい．
(3)　2つの行または列の対応する成分が比例している．

〔証〕(1) 定理の2（多重線形性）の (2) で $s = 0$ とすればよい．

(2) 定理の3を活用．

(∵)　行列 A の 2 つの行（または列）を入れ換えたものは3の交代性より行列式の値は，符号を変え $-|A|$ となる．行（または列）の 2 つの成分が等しいことから，行（または列）を入れ換えても行列式の値は変わらない．

$$\therefore\ -|A| = |A| \Leftrightarrow 2|A| = 0 \qquad \therefore\ |A| = 0$$

(3) 定理の2の (2) と上の (2) を用いる．

また，定理の1～3から次の性質も得る．高次の行列式を求めるとき，役に立つ性質である．

(1) 行列式の任意の行（または列）の要素に同一の数を掛けて他の行（または列）の対応要素に加えても行列式の値は変わらない．

例
$$\begin{vmatrix} a_1 & a_2 & a_3 \\ b_1 & b_2 & b_3 \\ c_1 & c_2 & c_3 \end{vmatrix} = \begin{vmatrix} a_1+ka_2+la_3 & a_2 & a_3 \\ b_1+kb_2+lb_3 & b_2 & b_3 \\ c_1+kc_2+lc_3 & c_2 & c_3 \end{vmatrix}$$

これは，右辺を定理の2により，3 つの行列式の和に変形すれば，上の系により後の 2 つは 0 になるからである．

$$右辺 = \begin{vmatrix} a_1 & a_2 & a_3 \\ b_1 & b_2 & b_3 \\ c_1 & c_2 & c_3 \end{vmatrix} + \underset{=0}{\begin{vmatrix} ka_2 & a_2 & a_3 \\ kb_2 & b_2 & b_3 \\ kc_2 & c_2 & c_3 \end{vmatrix}} + \underset{=0}{\begin{vmatrix} la_3 & a_2 & a_3 \\ lb_3 & b_2 & b_3 \\ lc_3 & c_2 & c_3 \end{vmatrix}}$$

(2)
$$\begin{vmatrix} a_{11} & 0 & \cdots & \cdots & 0 \\ a_{21} & a_{22} & \cdots & \cdots & a_{2n} \\ \vdots & \vdots & & & \vdots \\ a_{n1} & a_{n2} & \cdots & \cdots & a_{nn} \end{vmatrix} = a_{11} \begin{vmatrix} a_{22} & \cdots & \cdots & a_{2n} \\ \vdots & \ddots & & \vdots \\ a_{n2} & \cdots & \cdots & a_{nn} \end{vmatrix}$$
証明 問題 2-5 p. 54

(3) 上三角行列，下三角行列の行列式は対角成分の積である．

$$
\begin{vmatrix}
a_{11} & a_{12} & \cdots & \cdots & a_{1n} \\
0 & a_{22} & \cdots & \cdots & a_{2n} \\
\vdots & 0 & \ddots & & \vdots \\
\vdots & \vdots & & \ddots & \vdots \\
0 & 0 & \cdots & 0 & a_{nn}
\end{vmatrix}
=
\begin{vmatrix}
a_{11} & 0 & \cdots & \cdots & 0 \\
a_{21} & a_{22} & \ddots & & \vdots \\
\vdots & & \ddots & \ddots & \vdots \\
\vdots & & & \ddots & 0 \\
a_{n1} & \cdots & \cdots & \cdots & a_{nn}
\end{vmatrix}
= a_{11}a_{22}\cdots a_{nn}
$$

上三角行列　　　下三角行列

これは，(2) の結果から n に関する数学的帰納法により示される．

(➡ 問題 2-9 p. 58)

4 行列式の展開と積（問題 2-4, 5, 6, 7, 8, 9, 10, 11, 12, 13, 14）

❶ 余因子

3 次の行列式の展開を第 1 行の成分でまとめると，

$$
A = \begin{vmatrix} a_{11} & a_{12} & a_{13} \\ a_{21} & a_{22} & a_{23} \\ a_{31} & a_{32} & a_{33} \end{vmatrix}
$$

$$
= a_{11}(a_{22}a_{33} - a_{23}a_{32}) + a_{12}(a_{23}a_{31} - a_{21}a_{33}) + a_{13}(a_{21}a_{32} - a_{22}a_{31})
$$

$$
= a_{11}\begin{vmatrix} a_{22} & a_{23} \\ a_{32} & a_{33} \end{vmatrix} + a_{12}\begin{vmatrix} a_{23} & a_{21} \\ a_{33} & a_{31} \end{vmatrix} + a_{13}\begin{vmatrix} a_{21} & a_{22} \\ a_{31} & a_{32} \end{vmatrix}
$$

A_{11} とおく　　A_{12}　　A_{13}

$$
= a_{11}A_{11} + a_{12}A_{12} + a_{13}A_{13}
$$

一般に，n 次の行列式

$$
|A| = \begin{vmatrix}
a_{11} & a_{12} & \cdots & \cdots & a_{1n} \\
a_{21} & a_{22} & & & a_{2n} \\
\vdots & \vdots & \ddots & & \vdots \\
a_{n1} & a_{n2} & \cdots & \cdots & a_{nn}
\end{vmatrix}
$$

において，A の第 i 行の要素 $a_{i1}, a_{i2}, \cdots, a_{in}$ について，

$$
|A| = a_{i1}A_{i1} + a_{i2}A_{i2} + \cdots + a_{ij}A_{ij} + \cdots + a_{in}A_{in}
$$

と拡張できる．

A_{ij} $(j = 1, 2, \cdots, n)$ は $|A|$ の展開式における **a_{ij} の係数**で第 i 行，j 列の要素を含まない．A_{ij} を a_{ij} の余因子という．

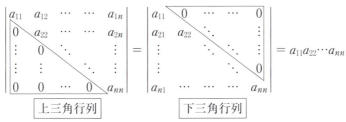

❷ 余因子展開

$$|A| = \begin{vmatrix} a_{11} & a_{12} & \cdots & a_{1j} & \cdots & a_{1n} \\ a_{21} & a_{22} & \cdots & a_{2j} & \cdots & a_{2n} \\ \vdots & \vdots & & \vdots & & \vdots \\ a_{i1} & a_{i2} & \cdots & a_{ij} & \cdots & a_{in} \\ \vdots & \vdots & & \vdots & & \vdots \\ a_{n1} & a_{n2} & \cdots & a_{nj} & \cdots & a_{nn} \end{vmatrix}$$

$|A|$ の第 i 行を第 1 行に移動すれば，符号は $(-1)^{i-1}$ だけ変化し，第 j 列を第 1 列に移動すれば，符号は $(-1)^{j-1}$ だけ変化する．このとき要素 $(1,1)$ に移動する．符号はあわせて

$$(-1)^{i-1} \times (-1)^{j-1} = (-1)^{i+j-2} = (-1)^{i+j}$$

よって，a_{ij} の余因子は，

$$A_{ij} = (-1)^{i+j} \; i) \begin{vmatrix} a_{11} & a_{12} & \cdots & a_{1j} & \cdots & a_{1n} \\ a_{21} & a_{22} & \cdots & a_{2j} & \cdots & a_{2n} \\ \vdots & \vdots & & & & \vdots \\ a_{i1} & a_{i2} & \cdots & a_{ij} & \cdots & a_{in} \\ \vdots & \vdots & & & & \vdots \\ a_{n1} & a_{n2} & \cdots & a_{nj} & \cdots & a_{nn} \end{vmatrix}$$

（i)，j はそれぞれ第 i 行，第 j 列を除くという意味）

A_{ij} で符号 $(-1)^{i+j}$ を取り除いた

$$D_{ij} = \begin{vmatrix} a_{11} & a_{12} & \cdots & a_{1j} & \cdots & a_{1n} \\ a_{21} & a_{22} & \cdots & a_{2j} & \cdots & a_{2n} \\ \vdots & \vdots & & & & \vdots \\ a_{i1} & a_{i2} & \cdots & a_{ij} & \cdots & a_{in} \\ \vdots & \vdots & & & & \vdots \\ a_{n1} & a_{n2} & \cdots & a_{nj} & \cdots & a_{nn} \end{vmatrix}$$

を $|A|$ の**小行列**という．

$|A|$ を余因子を用いて表すと次のようになる．

$$|A| = a_{i1}A_{i1} + a_{i2}A_{i2} + \cdots + a_{in}A_{in} \qquad (|A| \text{の } i \text{ 行に関する展開})$$

$$= a_{1j}A_{1j} + a_{2j}A_{2j} + \cdots + a_{nj}A_{nj} \qquad (|A| \text{の } j \text{ 列に関する展開})$$

例 $\begin{vmatrix} 1 & 2 & 1 & -1 \\ 2 & 0 & 1 & -2 \\ -1 & 3 & 5 & 1 \\ 3 & 4 & 7 & -6 \end{vmatrix}$ の第 2 行に関する余因子展開は次の通り．

$$\begin{vmatrix} 1 & 2 & 1 & -1 \\ 2 & 0 & 1 & -2 \\ -1 & 3 & 5 & 1 \\ 3 & 4 & 7 & -6 \end{vmatrix} = 2\cdot(-1)^{2+1}\begin{vmatrix} 2 & 1 & -1 \\ 3 & 5 & 1 \\ 4 & 7 & -6 \end{vmatrix} + 0\cdot(-1)^{2+2}\begin{vmatrix} 1 & 1 & -1 \\ -1 & 5 & 1 \\ 3 & 7 & -6 \end{vmatrix}$$

$$+1\cdot(-1)^{2+3}\begin{vmatrix} 1 & 2 & -1 \\ -1 & 3 & 1 \\ 3 & 4 & -6 \end{vmatrix} + (-2)\cdot(-1)^{2+4}\begin{vmatrix} 1 & 2 & 1 \\ -1 & 3 & 5 \\ 3 & 4 & 7 \end{vmatrix}$$

この行列式をサラスの方法を用いて求めると,

(与式)

$$= -2\cdot(-53) - (-15) - 2(32)$$

$$= 106 + 15 - 64$$

$$= 57$$

Memo 行列式の成分内に文字列を含むような場合は余因子展開を用いた方がよい．ただし，計算量は多くなるので前もって少し整理してから用いるとよい．

❸ 行列の積の行列式

定理　A, B が正方行列とするとき,

$$|AB| = |A||B|$$

(証明)
問題 2-11．p. 60

❹ ブロック三角行列の行列式

定理　A が n 次の正方行列，B が m 次の正方行列，C が n 行 m 列の行列，O が m 行 n 列のゼロ行列であるとき,

$$\begin{vmatrix} A & C \\ O & B \end{vmatrix} = |A||B|$$

(証明)
問題 2-12．p. 61

Memo 左下のブロック内にある成分を含んだら積は0になる．残る項は左上と右下のブロック内の成分の積になることを表せばよいが，証明するのにどう表現するかがポイントになる．

問題 2-[1] ▼置換

〔1〕次の各置換を求めよ．

(1) $\begin{pmatrix} 1 & 2 & 3 & 4 \\ 2 & 4 & 1 & 3 \end{pmatrix}\begin{pmatrix} 1 & 2 & 3 & 4 \\ 3 & 4 & 1 & 2 \end{pmatrix}$　　(2) $\begin{pmatrix} 1 & 2 & 3 & 4 \\ 4 & 3 & 1 & 2 \end{pmatrix}^{-1}$

〔2〕置換 $\sigma = \begin{pmatrix} 1 & 2 & 3 & \cdots & n-1 & n \\ n & n-1 & n-2 & \cdots & 2 & 1 \end{pmatrix}$
の符号 $\mathrm{sgn}(\sigma)$ を求めよ．

●考え方●

〔1〕(1) (左側) $= \begin{pmatrix} 1 & 2 & 3 & 4 \\ 2 & 4 & 1 & 3 \end{pmatrix} = \begin{pmatrix} 3 & 4 & 1 & 2 \\ 1 & 3 & 2 & 4 \end{pmatrix}$，(右側) $= \begin{pmatrix} 1 & 2 & 3 & 4 \\ 3 & 4 & 1 & 2 \end{pmatrix}$

〰〰 をそろえる．逆置換の定義は，

(2) $\begin{pmatrix} 1 & 2 & 3 & \cdots & n \\ i_1 & i_2 & i_3 & \cdots & i_n \end{pmatrix}^{-1} = \begin{pmatrix} i_1 & i_2 & i_3 & \cdots & i_n \\ 1 & 2 & 3 & \cdots & n \end{pmatrix}$ である．

〔2〕$n, n-1, n-2, \cdots, 2, 1$ に含まれる転倒を $1, 2, 3, \cdots, n-1$ と比較してその個数を数え上げる．

解答

〔1〕(1) 置換の積の定義より，

$$\begin{pmatrix} 1 & 2 & 3 & 4 \\ 2 & 4 & 1 & 3 \end{pmatrix}\begin{pmatrix} 1 & 2 & 3 & 4 \\ 3 & 4 & 1 & 2 \end{pmatrix}$$

$$= \begin{pmatrix} 3 & 4 & 1 & 2 \\ 1 & 3 & 2 & 4 \end{pmatrix}_{㋐㋑}\begin{pmatrix} 1 & 2 & 3 & 4 \\ 3 & 4 & 1 & 2 \end{pmatrix}_{㋐} = \begin{pmatrix} 1 & 2 & 3 & 4 \\ 1 & 3 & 2 & 4 \end{pmatrix}$$ 答

(2) 逆置換の定義により，

$$\begin{pmatrix} 1 & 2 & 3 & 4 \\ 4 & 3 & 1 & 2 \end{pmatrix}^{-1} = \begin{pmatrix} 4 & 3 & 1 & 2 \\ 1 & 2 & 3 & 4 \end{pmatrix} = \begin{pmatrix} 1 & 2 & 3 & 4 \\ 3 & 4 & 2 & 1 \end{pmatrix}$$ 答

〔2〕順列，$n, n-1, n-2, \cdots, 2, 1$ に含まれる転倒は，

1 と $2, 3, \cdots, n$ の間に $n-1$ 個．

2 と　$3, \cdots, n$ の間に $n-2$ 個．

⋮

$n-1$ と　n の間に 1 個．

転倒の総個数は　$\underbrace{(n-1)+(n-2)+\cdots+2+1}_{㋒} = \dfrac{n(n-1)}{2}$

$$\therefore\ \mathrm{sgn}(\sigma) = (-1)^{\frac{n(n-1)}{2}}$$ 答

ポイント

㋐ 前後の 3 4 1 2 をそろえる．

㋑ 上下の数字のくみを変えない限り，書く順序を入れかえてもかまわない．

㋒ 等差数列の和．

練習問題　2-1　解答 p. 216

次の置換を互換の積に表し，置換の符号を求めよ．

(1) $\sigma = \begin{pmatrix} 1 & 2 & 3 & 4 \\ 4 & 3 & 2 & 1 \end{pmatrix}$　　(2) $\tau = \begin{pmatrix} 1 & 2 & 3 & 4 & 5 & 6 \\ 3 & 6 & 2 & 5 & 4 & 1 \end{pmatrix}$

問題 2-2 ▼行列式の基本性質(1)(転置不変性)

3次の正方行列を A とする．
行列式は転置に関して不変であることを示せ．
すなわち，$|{}^tA| = |A|$ が成り立つことを示せ．

●考え方●

$$|A| = \begin{vmatrix} a_{11} & a_{12} & a_{13} \\ a_{21} & a_{22} & a_{23} \\ a_{31} & a_{32} & a_{33} \end{vmatrix} \text{ のとき，} |{}^tA| = \begin{vmatrix} a_{11} & a_{21} & a_{31} \\ a_{12} & a_{22} & a_{32} \\ a_{13} & a_{23} & a_{33} \end{vmatrix} = \begin{vmatrix} b_{11} & b_{12} & b_{13} \\ b_{21} & b_{22} & b_{23} \\ b_{31} & b_{32} & b_{33} \end{vmatrix} \text{ とおく．} \quad \cdots (*)$$

$|{}^tA|$ を行列式の定義に従い表してみる．a_{13} は3行1列にあるので b_{31} と表す．
$|A|$ と位置の表し方をそろえている．　《注意》n 次の正方行列も同じ関係が成り立つ．

解答

$(*)$において，$a_{ji} = b_{ij}$ とおくと，

$$|{}^tA| = |b_{ij}| = \begin{vmatrix} b_{11} & b_{12} & b_{13} \\ b_{21} & b_{22} & b_{23} \\ b_{31} & b_{32} & b_{33} \end{vmatrix} = \underbrace{\sum \mathrm{sgn}(\alpha\,\beta\,\gamma)\, b_{1\alpha} b_{2\beta} b_{3\gamma}}_{㋐}$$

$$= \underbrace{\sum \mathrm{sgn}(\alpha\,\beta\,\gamma)\, a_{\alpha 1} a_{\beta 2} a_{\gamma 3}}_{㋑}$$

$a_{\alpha 1} a_{\beta 2} a_{\gamma 3}$ で第1添数 (α, β, γ) が 1 2 3 の順に並べ変えたものを，$\underbrace{a_{1\alpha'} a_{2\beta'} a_{3\gamma'}}_{㋒}$ とおくと，
$a_{\alpha 1}, a_{\beta 2}, a_{\gamma 3}$ の各々は順序を別にすれば，$a_{1\alpha'}, a_{2\beta'}, a_{3\gamma'}$ のいずれかに等しくなるから，

$$\boxed{a_{\alpha 1}\, a_{\beta 2}\, a_{\gamma 3} = a_{1\alpha'}\, a_{2\beta'}\, a_{3\gamma'}} \quad \cdots ①$$

次に $\mathrm{sgn}(\alpha\,\beta\,\gamma)$ と $\mathrm{sgn}(\alpha'\,\beta'\,\gamma')$ は順序変更は同時に起こるので，$\underbrace{(\alpha\,\beta\,\gamma)\text{ から }(1\,2\,3)\text{ になる互換の数は}}_{㋓}$ $(1\,2\,3)$ から $(\alpha'\,\beta'\,\gamma')$ になる数に等しい．

$$\therefore \ \boxed{\mathrm{sgn}(\alpha\,\beta\,\gamma) = \mathrm{sgn}(\alpha'\,\beta'\,\gamma')} \quad \cdots ②$$

①, ②より　$\mathrm{sgn}(\alpha\,\beta\,\gamma) a_{\alpha 1}\, a_{\beta 2}\, a_{\gamma 3} = \mathrm{sgn}(\alpha'\,\beta'\,\gamma') a_{1\alpha'}\, a_{2\beta'}\, a_{3\gamma'}$

これらを加えあわせて，

$$\sum \mathrm{sgn}(\alpha\,\beta\,\gamma) a_{\alpha 1}\, a_{\beta 2}\, a_{\gamma 3} = \sum \mathrm{sgn}(\alpha'\,\beta'\,\gamma') a_{1\alpha'}\, a_{2\beta'}\, a_{3\gamma'} \quad \therefore \ \underbrace{|{}^tA| = |A|}_{㋔}$$

ポイント

㋐ 行列式の定義による．
㋑ $b_{ij} = a_{ji}$ でもどす．
㋒ $a_{\alpha 1}, a_{\beta 2}, a_{\gamma 3}$ の中から
1行目にあるものを $a_{1\alpha'}$
2行目にあるものを $a_{2\beta'}$
3行目にあるものを $a_{3\gamma'}$
としたもの．
㋓ $(\alpha \quad \beta \quad \gamma)$
↓
$(1 \quad 2 \quad 3)$　互換の数が等しい
↓
$(\alpha' \quad \beta' \quad \gamma')$
㋔ n 次の場合も同じ方法で $|{}^tA| = |A|$ を示す．

練習問題　2-2　解答 p. 216

p. 45 の行列式の③交代性が成り立つことを示せ．

問題 2-3 ▼行列式の基本性質(2)(多重線形性)

行列式の定義式を用いて，次の性質が成り立つことを示せ．

$$\begin{vmatrix} a_{11} & a_{12} & \cdots & a_{1n} \\ \vdots & \vdots & & \vdots \\ a_{k1}+b_{k1} & a_{k2}+b_{k2} & \cdots & a_{kn}+b_{kn} \\ \vdots & \vdots & & \vdots \\ a_{n1} & a_{n2} & \cdots & a_{nn} \end{vmatrix} = \begin{vmatrix} a_{11} & a_{12} & \cdots & a_{1n} \\ \vdots & \vdots & & \vdots \\ a_{k1} & a_{k2} & \cdots & a_{kn} \\ \vdots & \vdots & & \vdots \\ a_{n1} & a_{n2} & \cdots & a_{nn} \end{vmatrix} + \begin{vmatrix} a_{11} & a_{12} & \cdots & a_{1n} \\ \vdots & \vdots & & \vdots \\ b_{k1} & b_{k2} & \cdots & b_{kn} \\ \vdots & \vdots & & \vdots \\ a_{n1} & a_{n2} & \cdots & a_{nn} \end{vmatrix} \cdots ①$$

●考え方●

第 k 行のみが $a_{ki}+b_{ki}$ $(k=1,2,\cdots,n)$ の形になっている．行列式の定義式にこれを反映させる．

解答

ポイント

㋐ 分解して表す．

行列式の定義式より，

$$①の左辺 = \sum \mathrm{sgn}\begin{pmatrix} 1 & 2 & \cdots & n \\ i_1 & i_2 & \cdots & i_n \end{pmatrix} a_{1i_1}a_{2i_2}\cdots \underbrace{(a_{ki_k}+b_{ki_k})}_{㋐}\cdots a_{ni_n}$$

$$= \sum \mathrm{sgn}\begin{pmatrix} 1 & 2 & \cdots & n \\ i_1 & i_2 & \cdots & i_n \end{pmatrix} a_{1i_1}a_{2i_2}\cdots a_{ki_k}\cdots a_{ni_n}$$

$$+ \sum \mathrm{sgn}\begin{pmatrix} 1 & 2 & \cdots & n \\ i_1 & i_2 & \cdots & i_n \end{pmatrix} a_{1i_1}a_{2i_2}\cdots b_{ki_k}\cdots a_{ni_n}$$

$$= \begin{vmatrix} a_{11} & a_{12} & \cdots & a_{1n} \\ \vdots & \vdots & & \vdots \\ a_{k1} & a_{k2} & \cdots & a_{kn} \\ \vdots & \vdots & & \vdots \\ a_{n1} & a_{n2} & \cdots & a_{nn} \end{vmatrix} + \begin{vmatrix} a_{11} & a_{12} & \cdots & a_{1n} \\ \vdots & \vdots & & \vdots \\ b_{k1} & b_{k2} & \cdots & b_{kn} \\ \vdots & \vdots & & \vdots \\ a_{n1} & a_{n2} & \cdots & a_{nn} \end{vmatrix} = ①の右辺.$$

行列式の値を具体的に求めようとするとき，多重線形性と交代性を組み合わせて操作し，値を求めやすくする．

練習問題 2-3

解答 p. 217

行列式の定義式を用いて，次の公式が成り立つことを示せ．

$$\begin{vmatrix} a_{11} & a_{12} & \cdots & a_{1n} \\ \vdots & \vdots & & \vdots \\ sa_{k1} & sa_{k2} & \cdots & sa_{kn} \\ \vdots & \vdots & & \vdots \\ a_{n1} & a_{n2} & \cdots & a_{nn} \end{vmatrix} = s\begin{vmatrix} a_{11} & a_{12} & \cdots & a_{1n} \\ \vdots & \vdots & & \vdots \\ a_{k1} & a_{k2} & \cdots & a_{kn} \\ \vdots & \vdots & & \vdots \\ a_{n1} & a_{n2} & \cdots & a_{nn} \end{vmatrix} \cdots ①$$

問題 2-4 ▼行列式の値(1)(サラスの方法)

次の各行列式の値をサラスの方法を用いて求めよ．

(1) $|A|=\begin{vmatrix} 3 & 1 \\ -2 & 6 \end{vmatrix}$　(2) $|B|=\begin{vmatrix} 3 & 5 & 7 \\ 4 & 9 & 2 \\ 8 & 1 & 6 \end{vmatrix}$　(3) $|C|=\begin{vmatrix} 7 & 3 & 6 \\ 0 & 9 & 5 \\ -1 & 2 & 1 \end{vmatrix}$

●考え方●

p. 40 で記述された方法を用いる．

解答

(1) $|A|=\underbrace{\begin{vmatrix} 3 & 1 \\ -2 & 6 \end{vmatrix}}_{㋐}=3\cdot 6-1\cdot(-2)=18+2=20$ 答

(2) $|B|=\underbrace{\begin{vmatrix} 3 & 5 & 7 \\ 4 & 9 & 2 \\ 8 & 1 & 6 \end{vmatrix}}_{㋑}$

$=3\cdot 9\cdot 6+5\cdot 2\cdot 8+4\cdot 1\cdot 7-7\cdot 9\cdot 8-2\cdot 1\cdot 3-5\cdot 4\cdot 6$

$=162+80+28-504-6-120=-360$ 答

(3) $|C|=\underbrace{\begin{vmatrix} 7 & 3 & 6 \\ 0 & 9 & 5 \\ -1 & 2 & 1 \end{vmatrix}}_{㋒}$

$=7\cdot 9\cdot 1+3\cdot 5\cdot(-1)+0\cdot 2\cdot 6-6\cdot 9\cdot(-1)-0\cdot 3\cdot 1-2\cdot 5\cdot 7$

$=63-15+0+54-0-70=32$ 答

ポイント

㋐ 符号は，

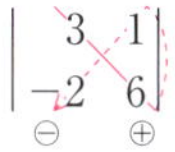

㋑

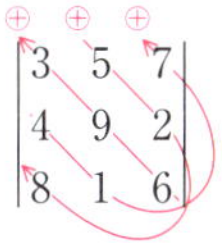

㋒

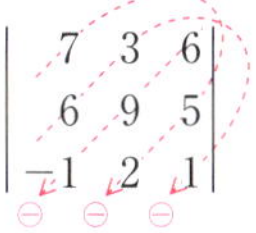

サラスの方法は，どの項に±を付けたらよいかをみやすくしただけのものであり，結局全部の項を書き出しているので，特に計算が簡単になるとか，そういう効果はない．なお，4 次，5 次の行列式の項数はそれぞれ 24 個，120 個である．全部を書き出す計算は無謀である．行列を変形し，簡単化する工夫が必要である．

練習問題　2-4　　解答 p. 217

次の行列式の値をサラスの方法を用いて求めよ．

(1) $|A|=\begin{vmatrix} \cos\theta & -\sin\theta \\ \sin\theta & \cos\theta \end{vmatrix}$　(2) $|B|=\begin{vmatrix} 3 & 2 & 1 \\ 2 & 5 & 3 \\ 3 & 4 & 2 \end{vmatrix}$　(3) $|C|=\begin{vmatrix} a & b & c \\ b & c & a \\ c & a & b \end{vmatrix}$

問題 2-5 ▼行列式の値(2)

〔1〕 $\begin{vmatrix} a_{11} & 0 & \cdots & 0 \\ \hline a_{21} & a_{22} & \cdots & a_{2n} \\ \vdots & \vdots & \ddots & \vdots \\ a_{n1} & a_{n2} & \cdots & a_{nn} \end{vmatrix} = a_{11}\begin{vmatrix} a_{22} & \cdots & a_{2n} \\ \vdots & \ddots & \vdots \\ a_{n2} & \cdots & a_{nn} \end{vmatrix}$ を示せ.

〔2〕 次の行列式の値を求めよ.

(1) $|A| = \begin{vmatrix} 1 & 2 & 3 \\ 5 & 10 & 15 \\ -3 & 0 & 2 \end{vmatrix}$　　(2) $|B| = \begin{vmatrix} 1 & 15 & 14 & 4 \\ 12 & 6 & 7 & 9 \\ 8 & 10 & 11 & 5 \\ 13 & 3 & 2 & 16 \end{vmatrix}$

●考え方●

〔1〕 行列の定義式で $a_{12} = a_{13} = \cdots = a_{1n} = 0$ と置いてみる. 〔2〕(1) 第1行と第2行が比例している (p. 46 の 系 を参照).

解答

〔1〕 行列式の定義式において, $a_{12} = a_{13} = \cdots = a_{1n} = 0$ とおくと,

$$(\text{左辺}) = \sum \underbrace{\text{sgn}\begin{pmatrix} 1 & 2 & \cdots & n \\ 1 & i_2 & \cdots & i_n \end{pmatrix}}_{㋐} a_{11}\, a_{2i_2}\, a_{3i_3} \cdots a_{ni_n}$$

$$= a_{11} \sum \underbrace{\text{sgn}\begin{pmatrix} 2 & \cdots & n \\ i_2 & \cdots & i_n \end{pmatrix}}_{㋑} a_{2i_2}\, a_{3i_3} \cdots a_{ni_n}$$

$$= \text{右辺}$$

〔2〕 (1) 第1, 2行の各要素が比例しているから,

$\underbrace{|A| = 0}_{㋒}$ 答

(2) $|B| = \begin{vmatrix} 1 & 15 & 14 & 4 \\ 12 & 6 & 7 & 9 \\ 8 & 10 & 11 & 5 \\ 13 & 3 & 2 & 16 \end{vmatrix} \underset{㋓}{\overset{=}{\uparrow}} \begin{vmatrix} -12 & 12 & 12 & -12 \\ 4 & -4 & -4 & 4 \\ 8 & 10 & 11 & 5 \\ 13 & 3 & 2 & 16 \end{vmatrix}$

第1行, 第2行が比例するから, $|B| = 0$ 答

ポイント

㋐ n 次の置換.
㋑ $n-1$ 次の置換.
これらは $\begin{pmatrix} 1 \\ 1 \end{pmatrix}$ は変化ないことから㋑は㋐と同一視できる.
㋒ p. 46 系 (3) による.
㋓ 第1行−第4行を1行に. 第2行−第3行を2行に. この変形で行列式の値は変化しない (p. 46 参照).

練習問題 2-5　解答 p. 217

$\begin{vmatrix} 1 & a & b+c \\ 1 & b & c+a \\ 1 & c & a+b \end{vmatrix} = 0$ を示せ.

問題 2-6 ▼行列式の値(3)(3 次正方行列の行列式)

各々の行列式の値を因数分解の形で求めよ．

(1) $|A| = \begin{vmatrix} 1 & a & a^2 \\ 1 & b & b^2 \\ 1 & c & c^2 \end{vmatrix}$　　(2) $|B| = \begin{vmatrix} (b+c)^2 & a^2 & 1 \\ (c+a)^2 & b^2 & 1 \\ (a+b)^2 & c^2 & 1 \end{vmatrix}$

●考え方●

(1) 第 1 行を第 2, 3 行より引くと，第 1 列が $\begin{pmatrix} 1 \\ 0 \\ 0 \end{pmatrix}$ の形になり，行列式の次数を低下させる（問題 2-5 の〔1〕活用）．

(2) 第 3 列を $\begin{pmatrix} 1 \\ 0 \\ 0 \end{pmatrix}$ の形に変形してみよ．

解答

(1) 第 1 行を第 2, 3 行より引けば

$$|A| = \begin{vmatrix} 1 & a & a^2 \\ 0 & b-a & b^2-a^2 \\ 0 & c-a & c^2-a^2 \end{vmatrix} \underset{㋐}{=} \begin{vmatrix} b-a & b^2-a^2 \\ c-a & c^2-a^2 \end{vmatrix}$$

$$\underset{㋑}{=} (b-a)(c-a)\begin{vmatrix} 1 & b+a \\ 1 & c+a \end{vmatrix}_{㋒}$$

$$= (b-a)(c-a)\cdot\{c+a-(b+a)\}$$

$$= (a-b)(b-c)(c-a) \quad \text{答}$$

(2) 第 2 列を第 1 列より引けば，

$$|B| = \begin{vmatrix} (b+c)^2-a^2 & a^2 & 1 \\ (c+a)^2-b^2 & b^2 & 1 \\ (a+b)^2-c^2 & c^2 & 1 \end{vmatrix} \underset{㋓}{=} (a+b+c)\begin{vmatrix} b+c-a & a^2 & 1 \\ c+a-b & b^2 & 1 \\ a+b-c & c^2 & 1 \end{vmatrix}$$

第 1 行を第 2 行，3 行より引けば，

［第 3 列に関して展開］

$$|B| = (a+b+c)\begin{vmatrix} b+c-a & a^2 & 1 \\ 2(a-b) & -(a^2-b^2) & 0 \\ -2(c-a) & c^2-a^2 & 0 \end{vmatrix} = (a+b+c)\begin{vmatrix} 2(a-b) & -(a^2-b^2) \\ -2(c-a) & c^2-a^2 \end{vmatrix}$$

$$= (a+b+c)(a-b)(c-a)\begin{vmatrix} 2 & -(a+b) \\ -2 & (c+a) \end{vmatrix}$$

$$= -2(a+b+c)(a-b)(b-c)(c-a) \quad \text{答}$$

ポイント

㋐ 第 1 列に関し展開（p. 54 問題 2-5 の〔1〕）．

㋑ 第 1 行から共通項 $b-a$ を第 2 行から共通項 $c-a$ をくくる．

㋒ サラスの方法．

㋓ 第 1 列の各項を因数分解し，共通項 $a+b+c$ でくくる．

練習問題 2-6　　解答 p. 217

$|A| = \begin{vmatrix} 1 & a & a^3 \\ 1 & b & b^3 \\ 1 & c & c^3 \end{vmatrix}$ を因数分解の形で求めよ．

問題 2-7 ▼行列式の値(4)(4次正方行列の行列式)

(1)
$$|A|=\begin{vmatrix}3&2&2&2\\2&3&2&2\\2&2&3&2\\2&2&2&3\end{vmatrix}$$
の値を求めよ.

(2) 次の方程式を解け. ただし, $a \neq 0$ とする.
$$\begin{vmatrix}x&a&a&a\\a&x&a&a\\a&a&x&a\\a&a&a&x\end{vmatrix}=0$$

●考え方●

(1) 第4列を第1,2,3列より引いて, 1列を1,0,0,0と変形して, 次数を順次下げていく.

(2) 第2,3,4行を第1行に加えてみよ.

解答

(1) 第4列を第1,2,3列より引くと,
$$|A|=\begin{vmatrix}1&0&0&2\\0&1&0&2\\0&0&1&2\\-1&-1&-1&3\end{vmatrix}\underset{㋐}{=}\begin{vmatrix}1&0&0&2\\0&1&0&2\\0&0&1&2\\0&-1&-1&5\end{vmatrix}$$
$$\underset{㋑}{=}\begin{vmatrix}1&0&2\\0&1&2\\-1&-1&5\end{vmatrix}\underset{㋒}{=}\begin{vmatrix}1&0&2\\0&1&2\\0&-1&7\end{vmatrix}\underset{㋓}{=}\begin{vmatrix}1&2\\-1&7\end{vmatrix}\underset{㋔}{=}1\cdot7-2\cdot(-1)=9$$ 答

ポイント

㋐ 第1行を第4行に加える.
㋑ 第1列について展開.
㋒ 第1行を第3行に加える.
㋓ 第1列について展開.
㋔ サラスの方法.

(2) 第2,3,4行を第1行に加えれば,
$$\begin{vmatrix}x+3a&x+3a&x+3a&x+3a\\a&x&a&a\\a&a&x&a\\a&a&a&x\end{vmatrix}=(x+3a)\cdot\begin{vmatrix}1&1&1&1\\a&x&a&a\\a&a&x&a\\a&a&a&x\end{vmatrix}=0$$

第1行に a を乗じ, 第2,3,4行より引けば,
$$(x+3a)\begin{vmatrix}1&1&1&1\\0&x-a&0&0\\0&0&x-a&0\\0&0&0&x-a\end{vmatrix}=(x+3a)(x-a)^3\begin{vmatrix}1&0&0\\0&1&0\\0&0&1\end{vmatrix}$$
$$=(x+3a)(x-a)^3=0$$

$\therefore\ x=a$ (3重根), $x=-3a$ 答

練習問題 2-7
解答 p. 217

$$\begin{vmatrix}1&1&1&6\\2&4&1&6\\4&1&2&9\\2&4&2&7\end{vmatrix}$$ の値を求めよ.

問題 2-8 ▼行列式の値(5)(5 次正方行列の行列式)

次の行列式 $|A|$ の値を求めよ.

$$|A|=\begin{vmatrix}1&2&3&4&5\\1^2&2^2&3^2&4^2&5^2\\1^3&2^3&3^3&4^3&5^3\\1^4&2^4&3^4&4^4&5^4\\1^5&2^5&3^5&4^5&5^5\end{vmatrix}$$

●考え方●

4 行 × (−5), 3 行 × (−5), …, 1 行 × (−5) を 5 行, 4 行 … に加えて, 余因子展開に持ち込み, 次数を下げてみる.

解答

$$|A|\underset{㋐}{=}\begin{vmatrix}1&2&3&4&5\\-4&-3\cdot2&-2\cdot3&-1\cdot4&0\\-4&-3\cdot2^2&-2\cdot3^2&-1\cdot4^2&0\\-4&-3\cdot2^3&-2\cdot3^3&-1\cdot4^3&0\\-4&-3\cdot2^4&-2\cdot3^4&-1\cdot4^4&0\end{vmatrix}$$

$$\underset{㋑}{=}(-1)^{1+5}\cdot5\begin{vmatrix}-4&-3\cdot2&-2\cdot3&-1\cdot4\\-4&-3\cdot2^2&-2\cdot3^2&-1\cdot4^2\\-4&-3\cdot2^3&-2\cdot3^3&-1\cdot4^3\\-4&-3\cdot2^4&-2\cdot3^4&-1\cdot4^4\end{vmatrix}$$

$$\underset{㋒}{=}5\cdot4\cdot3\cdot2\cdot1\begin{vmatrix}1&2&3&4\\1^2&2^2&3^2&4^2\\1^3&2^3&3^3&4^3\\1^4&2^4&3^4&4^4\end{vmatrix}=5!\underbrace{\begin{vmatrix}1&2&3&4\\1^2&2^2&3^2&4^2\\1^3&2^3&3^3&4^3\\1^4&2^4&3^4&4^4\end{vmatrix}}_{㋓}$$

$$=5!4!\begin{vmatrix}1&2&3\\1^2&2^2&3^2\\1^3&2^3&3^3\end{vmatrix}=\cdots=\underbrace{5!\,4!\,3!\,2!\,1!}_{㋔}$$ 答

ポイント

㋐ 4行×(−5)を5行にたす.
3行×(−5)を4行にたす.
2行×(−5)を3行にたす.
1行×(−5)を2行にたす.

㋑ 5列で展開（余因子展開）

㋒ 1列から−4
2列から−3
3列から−2
4列から−1
をくくり出す.

㋓ ㋐〜㋒と同じ方法を繰り返す.

㋔ 本問は n 次の場合次のように一般化される.
$n!(n-1)!\cdots2!\cdot1!$

練習問題　2-8　解答 p. 218

次の行列式 $|A|$ の値を求めよ.　$|A|=\begin{vmatrix}b&b&b&b&a\\b&b&b&a&b\\b&b&a&b&b\\b&a&b&b&b\\a&b&b&b&b\end{vmatrix}$

問題 2-9 ▼行列式の値(6)(n 次正方行列の行列式)

次の等式が成り立つことを示せ.

(1) $\begin{vmatrix} a_{11} & a_{12} & \cdots & & a_{1n} \\ 0 & a_{22} & \cdots & & a_{2n} \\ \vdots & \vdots & \ddots & & \vdots \\ 0 & 0 & \cdots & 0 & a_{nn} \end{vmatrix} = a_{11}\,a_{22}\cdots a_{nn}$ (上三角行列の行列式)

(2) $\begin{vmatrix} 0 & 0 & \cdots & 0 & a_{1n} \\ \vdots & \vdots & & a_{2\,n-1} & a_{2n} \\ 0 & & \cdots & & \vdots \\ a_{n1} & \cdots & \cdots & \cdots & a_{nn} \end{vmatrix} = (-1)^{\frac{n(n-1)}{2}}\,a_{1n}\,a_{2\,n-1}\cdots a_{n1}$

●考え方●

(1) 数学的帰納法を用いて示してみよ.

(2) n 列を $n-1$ 列, $n-2$ 列, …, 1 列と次々に交換. 再び同様に n 列を 2 列までの列と交換して, 下三角行列に変形する.

解答

(1) 数学的帰納法で示す.

(∵) $n=1$ のとき, $|a_{11}|=a_{11}$ で成り立つ.

$n=k$ のとき, 成り立つと仮定する.(ア)

$n=k+1$ のとき,

$$\begin{vmatrix} a_{11} & a_{12} & \cdots & a_{1k} & a_{1k+1} \\ \vdots & \ddots & & & \vdots \\ \vdots & \vdots & \ddots & & \vdots \\ 0 & 0 & \cdots & a_{kk} & \vdots \\ 0 & 0 & \cdots & 0 & a_{k+1k+1} \end{vmatrix} \underset{(イ)}{=} a_{k+1k+1} \underbrace{\begin{vmatrix} a_{11} & a_{12} & \cdots & a_{1k} \\ 0 & a_{22} & \cdots & \vdots \\ \vdots & \vdots & \ddots & \vdots \\ 0 & 0 & \cdots & a_{kk} \end{vmatrix}}_{(ウ)}$$

$$= a_{k+1k+1}\underbrace{(a_{11}\,a_{22}\cdots a_{kk})}_{(ウ)} = a_{11}\,a_{22}\cdots a_{kk}\cdot a_{k+1k+1}.$$

となり $n=k+1$ のときも成り立ち, すべての自然数 n で成り立つ. ■

(2) p. 218 に解答.

ポイント

(ア) すなわち, $n=k$ のとき,

$$\begin{vmatrix} a_{11} & a_{12} & \cdots & a_{1k} \\ \vdots & a_{21} & \cdots & a_{2k} \\ \vdots & \vdots & \ddots & \vdots \\ 0 & 0 & \cdots & a_{kk} \end{vmatrix} = a_{11}\,a_{22}\cdots a_{kk}$$

が成り立つ.

(イ) $k+1$ 行に関して展開.

(ウ) 仮定より.

練習問題 2-9 解答 p. 218

A が $n+1$ 次の正方行列であるとき,

$$|A| = \begin{vmatrix} x & a_1 & a_2 & \cdots & a_{n-1} & a_n \\ a_1 & x & a_2 & \cdots & a_{n-1} & a_n \\ \vdots & \vdots & \vdots & & \vdots & \vdots \\ a_1 & a_2 & a_3 & & x & a_n \\ a_1 & a_2 & a_3 & & a_n & x \end{vmatrix}$$

を因数分解せよ.

問題 2-⑩ ▼行列式の値(7)($n+1$ 次正方行列の行列式)

$$|A_n| = \begin{vmatrix} a_0 & -1 & 0 & \cdots & \cdots & \cdots & 0 \\ a_1 & x & -1 & 0 & \cdots & \cdots & 0 \\ a_2 & 0 & x & -1 & 0 & \cdots & 0 \\ \cdots & \cdots & \cdots & \ddots & & & \\ a_{n-1} & 0 & \cdots & \cdots & \cdots & x & -1 \\ a_n & 0 & 0 & \cdots & \cdots & 0 & x \end{vmatrix} = a_0x^n + a_1x^{n-1} + \cdots + a_n \cdots ①$$

を示せ.

●考え方●

帰納法を用いて示す.

解答

数学的帰納法で示す. $n=1$ のとき,

$$|A_1| = \begin{vmatrix} a_0 & -1 \\ a_1 & x \end{vmatrix} \underset{㋐}{=} a_0x + a_1$$ となり①は成り立つ.

$n-1$ のとき, 成り立つと仮定する.㋑

n のとき,

$$|A_n| \underset{㋒}{=} a_0 \underbrace{\begin{vmatrix} x & -1 & 0 & \cdots & 0 \\ 0 & x & -1 & \cdots & 0 \\ \vdots & & & & \\ 0 & 0 & 0 & & x \end{vmatrix}}_{㋓} - (-1) \underbrace{\begin{vmatrix} a_1 & -1 & 0 & \cdots & 0 \\ a_2 & x & -1 & \cdots & 0 \\ & & \cdots & & \\ a_n & 0 & 0 & \cdots & x \end{vmatrix}}_{㋔}$$

$$= a_0x^n + \underbrace{(a_1x^{n-1} + a_2x^{n-2} + \cdots + a_n)}_{㋔}$$

$$= a_0x^n + a_1x^{n-1} + \cdots + a_n$$

となり n のときも成り立ち, ①はすべての自然数で成り立つ.

ポイント

㋐ サラスの方法.

㋑ $n-1$ のとき,

$$\begin{vmatrix} a_1 & -1 & 0 & \cdots & 0 \\ a_2 & x & -1 & \cdots & 0 \\ \cdots & \cdots & \cdots & \cdots & \cdots \\ a_n & 0 & \cdots & \cdots & x \end{vmatrix} = a_1x^{n-1} + a_2x^{n-2} + \cdots + a_n$$

が成り立つ.

㋒ 1行に余因子展開.
$n+1$ 次の行列式を2つの n 次の行列式に分解する.

㋓ x^n となる (p.47 参照).

㋔ 仮定が成り立つ.
㋑をあてはめる.

練習問題　2-10　　解答 p. 218

n 次の行列式を $a_n = |A_n|$ とおくとき, $a_n - a_{n-1} = x^2(a_{n-1} - a_{n-2})$ を示し, a_n を求めよ.

$$a_n = |A_n| = \begin{vmatrix} 1+x^2 & x & 0 & 0 & \cdots \\ x & 1+x^2 & x & 0 & \cdots \\ 0 & x & 1+x^2 & x & \\ \vdots & & & \ddots & \\ 0 & \cdots & 0 & x & 1+x^2 \end{vmatrix}$$

問題 2-11 ▼行列式の積

3 次の正方行列 A, B で $|AB| = |A||B|$ が成り立つことを示せ．

●考え方●

$$A = \begin{pmatrix} a_{11} & a_{12} & a_{13} \\ a_{21} & a_{22} & a_{23} \\ a_{31} & a_{32} & a_{33} \end{pmatrix}$$ B の i 行ベクトルを $b_1 = (b_{11}\ b_{12}\ b_{13})$, $b_2 = (b_{21}\ b_{22}\ b_{23})$, $b_3 = (b_{31}\ b_{32}\ b_{33})$ とおき，

AB の計算を行う．行列式多重線形性の活用がポイント！

ポイント

㋐ 第 1 行に線形性を活用．

㋑ 展開項 27 項のうち 0 でないものは 6 項のみ．

解答

$$|AB| = \left|\begin{pmatrix} a_{11} & a_{12} & a_{13} \\ a_{21} & a_{22} & a_{23} \\ a_{31} & a_{32} & a_{33} \end{pmatrix}\begin{pmatrix} b_1 \\ b_2 \\ b_3 \end{pmatrix}\right| = \begin{vmatrix} a_{11}b_1 + a_{12}b_2 + a_{13}b_3 \\ a_{21}b_1 + a_{22}b_2 + a_{23}b_3 \\ a_{31}b_1 + a_{32}b_2 + a_{33}b_3 \end{vmatrix}$$

$$\underset{㋐}{=} a_{11}\begin{vmatrix} b_1 \\ a_{21}b_1 + a_{22}b_2 + a_{23}b_3 \\ a_{31}b_1 + a_{32}b_2 + a_{33}b_3 \end{vmatrix} + a_{12}\begin{vmatrix} b_2 \\ a_{21}b_1 + a_{22}b_2 + a_{23}b_3 \\ a_{31}b_1 + a_{32}b_2 + a_{33}b_3 \end{vmatrix} + a_{13}\begin{vmatrix} b_3 \\ a_{21}b_1 + a_{22}b_2 + a_{23}b_3 \\ a_{31}b_1 + a_{32}b_2 + a_{33}b_3 \end{vmatrix}$$

～～を第 2 行，3 行に関する線形性より，行ベクトル b_1, b_2, b_3 は同じものが 2 つまたは 3 つそろうときは，行列式は 0 となる．よって～～で 0 にならないのは，

$$a_{11}a_{22}a_{33}\begin{vmatrix} b_1 \\ b_2 \\ b_3 \end{vmatrix} + a_{11}a_{23}a_{32}\begin{vmatrix} b_1 \\ b_3 \\ b_2 \end{vmatrix}$$ の 2 つである．

同様な考え方ですべてに関して線形性を用いると，

$$|AB| \underset{㋑}{=} a_{11}a_{22}a_{33}\begin{vmatrix} b_1 \\ b_2 \\ b_3 \end{vmatrix} + a_{11}a_{23}a_{32}\begin{vmatrix} b_1 \\ b_3 \\ b_2 \end{vmatrix} + a_{12}a_{21}a_{33}\begin{vmatrix} b_2 \\ b_1 \\ b_3 \end{vmatrix} + a_{12}a_{23}a_{31}\begin{vmatrix} b_2 \\ b_3 \\ b_1 \end{vmatrix} + a_{13}a_{21}a_{32}\begin{vmatrix} b_3 \\ b_1 \\ b_2 \end{vmatrix}$$

$$+ a_{13}a_{22}a_{31}\begin{vmatrix} b_3 \\ b_2 \\ b_1 \end{vmatrix}$$

$$= (a_{11}a_{22}a_{33} - a_{11}a_{23}a_{32} - a_{12}a_{21}a_{33} + a_{12}a_{23}a_{31} + a_{13}a_{21}a_{32} - a_{13}a_{22}a_{31})\begin{vmatrix} b_1 \\ b_2 \\ b_3 \end{vmatrix}$$

$$= \begin{vmatrix} a_{11} & a_{12} & a_{13} \\ a_{21} & a_{22} & a_{23} \\ a_{31} & a_{32} & a_{33} \end{vmatrix}\begin{vmatrix} b_{11} & b_{12} & b_{13} \\ b_{21} & b_{22} & b_{23} \\ b_{31} & b_{32} & b_{33} \end{vmatrix} = |A||B| \qquad \therefore\ |AB| = |A||B| \quad ■$$

練習問題 2-11

解答 p. 218

$$A = \begin{pmatrix} a & -b & -a & b \\ b & a & -b & -a \\ c & -d & c & -d \\ d & c & d & c \end{pmatrix}$$ のとき，A^2 を求め，$|A| = 4(a^2+b^2)(c^2+d^2)$ であることを示せ．

問題 2-⑫ ▼ブロック三角行列の行列式(1)

A が n 次，B が m 次の正方行列のとき，

$$\begin{vmatrix} A & C \\ O & B \end{vmatrix} = |A||B| \quad \cdots ①$$

が成り立つことを示せ．

●考え方●

n による数学的帰納法で示してみよ．$A=[a_{ij}]$ $(i=1,2,\cdots,n)$ とおき，n のとき正しいと仮定し，$n+1$ のとき，成り立つことを示す．

$A=[a_{ij}]$ の第1列の要素 $a_{11}, a_{21}, \cdots, a_{n1}, a_{(n+1)1}$ を除いて得られる n 次の行列を A_{i1} とおくと，$|A| = \sum_{i=1}^{n+1}(-1)^{i+1}a_{i1}|A_{i1}|$ となる．

解答

数学的帰納法で示す．$A=[a_{ij}]$ $(i=1,2,\cdots,n)$ とおく．

・$n=1$ のとき，

$$\begin{vmatrix} A & C \\ O & B \end{vmatrix} = \begin{vmatrix} a_{11} & c_1\ c_2\ \cdots\ c_m \\ O & B \end{vmatrix} = a_{11}|B| = |A||B|$$

となり成り立つ．

・n のとき成り立つと仮定する．

$n+1$ のとき，$A=[a_{ij}]$ から i 行1列の数を除いて得られる n 次正方行列を A_{i1} とおくと，

$$\begin{aligned}\begin{vmatrix} A & C \\ O & B \end{vmatrix} &= \sum_{i=1}^{n+1}(-1)^{i+1}a_{i1}\begin{vmatrix} A_{i1} & * \\ O & B \end{vmatrix} \\ &= \sum_{i=1}^{n+1}(-1)^{i+1}a_{i1}\cdot(|A_{i1}||B|) \\ &= \left\{\sum_{i=1}^{n+1}(-1)^{i+1}a_{i1}|A_{i1}|\right\}|B| = |A||B|\end{aligned}$$

（$\sum_{i=1}^{n+1}(-1)^{i+1}a_{i1}|A_{i1}| = |A|$）

となり $n+1$ のときも成り立ち，すべての自然数で①は成り立つ．

ポイント

㋐ $n=1$ のとき，C は行ベクトルで
$C=(c_1\ c_2\ \cdots\ c_m)$
とおける．

㋑ $\begin{vmatrix} A & C \\ O & B \end{vmatrix}$ を1列に関する展開をしている（p. 48，余因子表現）．

《注意》A から
$a_{11}, a_{12}, \cdots, a_{1(n+1)}$
をくくり出しているので O，B は変化がない．

㋒ A_{i1} は n 次の正方行列で仮定より，
$\begin{vmatrix} A_{i1} & * \\ O & B \end{vmatrix} = |A_{i1}||B|$

《注意》$*$ は C から i 行を取ったとき，できる n 行 m 列の行列を意味する．

（別解）$\begin{pmatrix} A & C \\ O & B \end{pmatrix}$ を積の形 $\begin{pmatrix} A & C \\ O & B \end{pmatrix} = \begin{pmatrix} E & C \\ O & B \end{pmatrix}\begin{pmatrix} A & O \\ O & E \end{pmatrix}$ と変形し，行列の積の行列式の性質（p. 49）（問題 2-⑪）を適用する．

$$\begin{vmatrix} A & C \\ O & B \end{vmatrix} = \begin{vmatrix} E & C \\ O & B \end{vmatrix}\begin{vmatrix} A & O \\ O & E \end{vmatrix} = |B||A| = |A||B|.$$

練習問題　2-12　　　　解答 p. 219

$$|A| = \begin{vmatrix} 0 & a & b & c \\ -a & 0 & d & e \\ -b & -d & 0 & f \\ -c & -e & -f & 0 \end{vmatrix}$$
を上の①の形に変形し，因数分解せよ（交代行列の行列式）．

問題 2-13 ▼ブロック三角行列の行列式(2)

A, B が n 次の正方行列であるとき，

(1) $\begin{vmatrix} A & B \\ B & A \end{vmatrix} = |A-B||A+B|$　　(2) $AB = BA$ のとき，$\begin{vmatrix} A & B \\ B & A \end{vmatrix} = |A^2 - B^2|$

が成り立つことを示せ．

●考え方●

$A = [a_{ij}]$，$B = [b_{ij}]$ として，$\begin{vmatrix} A & B \\ B & A \end{vmatrix}$ で B を O 行列に変形し，問題 2-12 を活用してみよ．

解答

(1)

$$\begin{vmatrix} A & B \\ B & A \end{vmatrix} = \begin{vmatrix} a_{11} & \cdots & a_{1n} & b_{11} & \cdots & b_{1n} \\ \vdots & & \vdots & \vdots & & \vdots \\ a_{n1} & \cdots & a_{nn} & b_{n1} & \cdots & b_{nn} \\ b_{11}+a_{11} & \cdots & b_{1n}+a_{1n} & a_{11}+b_{11} & \cdots & a_{1n}+b_{1n} \\ \vdots & & \vdots & \vdots & & \vdots \\ a_{n1}+b_{n1} & \cdots & a_{nn}+b_{nn} & a_{n1}+b_{n1} & \cdots & a_{nn}+b_{nn} \end{vmatrix} \cdots ㋐$$

$$= \begin{vmatrix} a_{11}-b_{11} & \cdots & a_{1n}-b_{1n} & b_{11} & \cdots & b_{1n} \\ \vdots & & \vdots & \vdots & & \vdots \\ a_{n1}-b_{n1} & \cdots & a_{nn}-b_{nn} & b_{n1} & \cdots & b_{nn} \\ 0 & \cdots & 0 & a_{11}+b_{11} & \cdots & a_{1n}+b_{1n} \\ \vdots & & \vdots & \vdots & & \vdots \\ 0 & \cdots & 0 & a_{n1}+b_{n1} & \cdots & a_{nn}+b_{nn} \end{vmatrix} \cdots ㋑$$

$$\underset{㋒}{=} \begin{vmatrix} a_{11}-b_{11} & \cdots & a_{1n}-b_{1n} \\ \vdots & & \vdots \\ a_{n1}-b_{n1} & \cdots & a_{nn}-b_{nn} \end{vmatrix} \begin{vmatrix} a_{11}+b_{11} & \cdots & a_{1n}+b_{1n} \\ \vdots & & \vdots \\ a_{n1}+b_{n1} & \cdots & a_{nn}+b_{nn} \end{vmatrix} = |A-B||A+B| \quad ■$$

(2) (左辺) $\underset{(1)より}{=} |A-B||A+B| \underset{(p. 49)}{=} |(A-B)(A+B)|$

$= |A^2 - BA + AB - B^2| = |A^2 - B^2|$ ■

（$AB = BA$ より）

ポイント

㋐ $\begin{vmatrix} A & B \\ B & A \end{vmatrix}$ で，
1 行を $n+1$ 行に，
2 行を $n+2$ 行に，
⋮
n 行を $2n$ 行に加える．

㋑ 1 列から $n+1$ 列を
2 列から $n+2$ 列を
⋮
n 列から $2n$ 列をそれぞれ引く．

㋒ $\begin{vmatrix} P & Q \\ O & R \end{vmatrix} = |P||R|$
の性質から（p. 61 参照）．

練習問題 2-13　　解答 p. 219

A, B を n 次の正方行列とするとき，次の等式を証明せよ．

(1) $\begin{vmatrix} A & -A \\ B & B \end{vmatrix} = 2^n |A||B|$　　(2) $\begin{vmatrix} A & -B \\ B & A \end{vmatrix} = |A - iB||A + iB|$

（ただし，$i = \sqrt{-1}$）

問題 2-14 ▼ブロック三角行列の行列式(3)

次の行列式 $|D|$ をそれぞれ因数分解せよ.

(1) $\begin{vmatrix} 1-x & 1 & 1 & 1 \\ 1 & 1-x & 1 & 1 \\ 1 & 1 & 1-x & 1 \\ 1 & 1 & 1 & 1-x \end{vmatrix}$　(2) $\begin{vmatrix} a & -b & -a & b \\ b & a & -b & -a \\ c & -d & c & -d \\ d & c & d & c \end{vmatrix}$　(3) $\begin{vmatrix} a & -b & -c & -d \\ b & a & -d & c \\ c & d & a & -b \\ d & -c & b & a \end{vmatrix}$

●考え方●

(1) $\begin{vmatrix} A & B \\ B & A \end{vmatrix}$ の形である. (2) $\begin{vmatrix} A & -A \\ B & B \end{vmatrix}$ の形である. p. 62 問題 2-13, 練習問題 **2-13** を利用せよ.

解答

(1) $|D| = \begin{vmatrix} 1-x & 1 & 1 & 1 \\ 1 & 1-x & 1 & 1 \\ 1 & 1 & 1-x & 1 \\ 1 & 1 & 1 & 1-x \end{vmatrix} = \begin{vmatrix} A & B \\ B & A \end{vmatrix}$

$\underset{㋐}{=} |A-B||A+B|$

$\underset{㋑}{=} x^2 \cdot x(x-4)$

$= x^3(x-4)$ 答

(2) $|D| = \begin{vmatrix} a & -b & -a & b \\ b & a & -b & -a \\ c & -d & c & -d \\ d & c & d & c \end{vmatrix} = \begin{vmatrix} A & -A \\ B & -B \end{vmatrix} \underset{㋒}{=} 2^2 |A||B|$

$\underset{㋓}{=} 4(a^2+b^2)(c^2+d^2)$ 答

(3) $|D| = \begin{vmatrix} a & -b & -c & -d \\ b & a & -d & c \\ c & d & a & -b \\ d & -c & b & a \end{vmatrix} = \begin{vmatrix} A & -B \\ B & A \end{vmatrix}$

$\underset{㋔}{=} |A-iB||A+iB|$

$\underset{㋕}{=} (a^2+b^2+c^2+d^2)^2$ 答

ポイント

㋐ p. 62, 問題 2-13.

㋑ $|A+B| = \begin{vmatrix} 2-x & 2 \\ 2 & 2-x \end{vmatrix}$
$= (2-x)^2 - 4$
$= x(x-4)$

$|A-B| = \begin{vmatrix} -x & 0 \\ 0 & -x \end{vmatrix} = x^2$

㋒ p. 62, 練習問題 **2-13** (1) の形である.

㋓ $|A| = \begin{vmatrix} a & -b \\ b & a \end{vmatrix} = a^2+b^2$

$|B| = \begin{vmatrix} c & -d \\ d & c \end{vmatrix} = c^2+d^2$

㋔ p. 62, 練習問題 **2-13** (2) の形である.

㋕
$|A-iB| = \begin{vmatrix} a-ci & -(b+di) \\ b-di & a+ci \end{vmatrix}$
$= (a^2+c^2)+(b^2+d^2)$
$= a^2+b^2+c^2+d^2$

$|A+iB| = a^2+b^2+c^2+d^2$

練習問題　2-14　　解答 p. 219

次の行列式の値を求めよ.

(1) $\begin{vmatrix} 1 & 3 & 2 & 5 \\ 3 & 1 & 5 & 2 \\ 2 & 5 & 1 & 3 \\ 5 & 2 & 3 & 1 \end{vmatrix}$　(2) $\begin{vmatrix} 1 & -3 & -1 & 3 \\ 3 & 1 & -3 & -1 \\ 2 & -5 & 2 & -5 \\ 5 & 2 & 5 & 2 \end{vmatrix}$

コラム 2　◆線形写像の舞台

「線形代数」が大学の一般教養の科目に取り入れられるようになったのは今から 50 年くらい前である．

数学では，線形性とは集合の要素の間に，**加法**と**スカラー積**という 2 つの構造を与えたものである．そして線形性の与えられた集合を**線形空間**といい，線形空間と線形空間の間の写像を**線形写像**という．

線形写像は，線形性を保つ写像である．すなわち拡大したり，縮小したり，左右対称，上下反対にしたり，ある方向へ引き延ばしたり，縮めたり，回転させたりして写す写像のことである．

行列，ベクトル，行列式は，これらの線形写像を研究する中で，整えられ，発達してきた．「線形写像の概念は行列を用いて数で表現され行列の演算関係として表現されることになる．そして写像をベクトルで，線形写像の性質が行列式で表され行列式を通して検証可能となった」．

例えば，線形写像 A が 1 対 1 写像ならば，逆行列 A^{-1} があって，$A \cdot A^{-1}$ は単位行列となる．よって，$(\det A)(\det A^{-1}) = 1$ から $\det A \neq 0$ が成り立つ．これは逆も成り立って，$\det A \neq 0$ であれば，A は 1 対 1 写像となる．

このように，線形写像の定性的な性質が，行列式を通じて定量的に求めることができるようになった．

線形写像の舞台は，ベクトル，行列，行列式が絡み合って作り出されていく．

Chapter 3

n 元 1 次連立方程式

連立 1 次 n 次方程式の解法

① 余因子行列を用いる方法

② 掃き出し法

について学ぶ．また，連立方程式の解の判定についても学ぶ．

基本事項

Chapter 3 の目標は，n 元 1 次の連立方程式の解を求めることである．

Chapter 1 で 2 元 1 次の連立方程式（p. 12）

Chapter 2 で 3 元 1 次の連立方程式（p. 39）

を紹介した（クラメールの公式）．

連立方程式には，「一意解をもつ」「不定」「不能」の 3 種類の型がある．最も簡単な場合

$$ax = b$$

の 1 次の方程式の場合，

$$x = \begin{cases} \dfrac{b}{a} & (a \fallingdotseq 0 \text{の場合}) \\ \text{不定} & (a = 0,\ b = 0 \text{の場合}) \\ \text{解なし} & (a = 0,\ b \fallingdotseq 0 \text{の場合}) \end{cases}$$

となる．一般の場合も同様であるが状況は簡単ではない．解が「一意解をもつ」場合は，

（i）クラメールの公式

（ii）掃き出し法（消去法）

の 2 通りによって解くことができる．

解が一意的に定まらない場合は，係数行列の**階数（ランク）**の考え方が重要な役割を演じる．

行列の階数が計算できれば，n 次連立 1 次方程式が解をもつかどうか，さらに解をもつときに任意定数をいくつ含むかがわかる．すなわち，n 次連立 1 次方程式の解の状況を記述する問題は，行列の階数を計算することで解決する．

1 逆行列（余因子行列）（問題 3-1, 2）

2 次の正方行列の逆行列については，p. 13 で説明してある．一般の n 次の正方行列の逆行列は，

① 余因子行列

② 掃き出し法（p. 75）

によって求められる．

❶ 余因子行列

n 次の正方行列 $A=(a_{ij})$ に対して，A の (i, j) の余因子 A_{ij} を用いて行列 (A_{ij}) を作り，

$$\begin{pmatrix} A_{11} & A_{12} & \cdots & A_{1n} \\ A_{21} & A_{22} & \cdots & A_{2n} \\ \vdots & & \ddots & \vdots \\ A_{n1} & A_{n2} & \cdots & A_{nn} \end{pmatrix} \text{ の転置行列 } \quad \tilde{A}=\begin{pmatrix} A_{11} & A_{21} & \cdots & A_{n1} \\ A_{12} & A_{22} & \cdots & A_{n2} \\ \vdots & & \ddots & \vdots \\ A_{1n} & A_{2n} & \cdots & A_{nn} \end{pmatrix}$$

を考える．$\tilde{A}$ を A の**余因子行列**という．

このとき，

$$A\tilde{A}=\tilde{A}A=|A|E \qquad \cdots ⊛$$

が成り立つ．（証明）← **問題** 3-[1]，p. 76

⊛より次のことがいえる．

> 定理
>
> n 次正方行列 A において，A の逆行列 A^{-1} が存在する．⇔ $|A| \neq 0$
>
> このとき，
>
> $$A^{-1}=\frac{\tilde{A}}{|A|}$$

❷ 掃き出し法で逆行列を求める（➡ p. 75）．

2　行列の基本変形と階数(rank)（問題 3-[3], [4], [5], [6]）

p. 39 で 3 元 1 次の連立方程式を具体的に解いた．これを解くとき，未知数を減らす方向で式を変形し，簡単な方向を目指した．単純な形に変形しようとする“簡単化”を行列に対応させようとしたものが次の**行基本変形**である．

行基本変形とは連立 1 次方程式を解く際の式変形から，次にあげる最も基本的な 3 つを描出したものである．

多種多様な式変形が，この 3 つの組合せでできるということは驚きである．行基本変形を自由に扱えれば，連立 1 次方程式に関する問題の多くが解決していく．

❶ 行基本変形

行列に行う次のような操作を**行基本変形**という．

(ⅰ) 2つの行を入れ換える．

(ⅱ) 1つの行を c 倍する $(c \neq 0)$．

(ⅲ) 1つの行を c 倍したものを，他の行にたす（他の行から引いてもよい）．

《注意1》 列基本変形も列に関して同様に取り扱う．

《注意2》 行基本変形は行列式の計算法とは異なることに注意したい．例えば行を入れ換えると行列式の符号は変わる．

《注意3》 「行基本変形」という呼び方が一般的であるが，本書の Chapter 4 以降では，スペースの都合もあり，「行式変形」と呼んでいる箇所もある．

例

$$\begin{pmatrix} 5 & 2 & 7 \\ -3 & 4 & 1 \\ 1 & 2 & 3 \end{pmatrix} \xrightarrow[\substack{1\text{行と}3\text{行}\\\text{を入れ換え}}]{(\text{i})} \begin{pmatrix} 1 & 2 & 3 \\ -3 & 4 & 1 \\ 5 & 2 & 7 \end{pmatrix} \xrightarrow[2\text{行}+1\text{行}\times 3]{(\text{iii})} \begin{pmatrix} 1 & 2 & 3 \\ 0 & 10 & 10 \\ 5 & 2 & 7 \end{pmatrix}$$

$$\xrightarrow[2\text{行}\times\frac{1}{10}]{(\text{ii})} \begin{pmatrix} 1 & 2 & 3 \\ 0 & 1 & 1 \\ 5 & 2 & 7 \end{pmatrix} \xrightarrow[3\text{行}+1\text{行}\times(-5)]{(\text{iii})} \begin{pmatrix} 1 & 2 & 3 \\ 0 & 1 & 1 \\ 0 & -8 & -8 \end{pmatrix}$$

$$\xrightarrow[3\text{行}+2\text{行}\times 8]{(\text{iii})} \begin{pmatrix} 1 & 2 & 3 \\ 0 & 1 & 1 \\ 0 & 0 & 0 \end{pmatrix} \xrightarrow[1\text{行}+2\text{行}\times(-2)]{(\text{iii})} \begin{pmatrix} 1 & 0 & 1 \\ 0 & 1 & 1 \\ 0 & 0 & 0 \end{pmatrix}$$

行の基本変形によって，例えば，行列 A を次のような形の行列 B に変形することができる．

$$\begin{pmatrix} 1 & b_{12} & b_{13} & b_{14} & b_{15} & b_{16} & b_{17} \\ 0 & 0 & 1 & b_{24} & b_{25} & b_{26} & b_{27} \\ 0 & 0 & 0 & 1 & b_{35} & b_{36} & b_{37} \\ 0 & 0 & 0 & 0 & 0 & 1 & b_{47} \\ 0 & 0 & 0 & 0 & 0 & 0 & 0 \end{pmatrix}$$

すなわち，まずどの行にもはじめに0が並び（《注意》第1行は必ずしもそうはならない）しかも各行ではじめて0と異なる成分の現れる位置が下にいくほど右に後退するようにし，かつその0でない成分の先頭が1であるようにする．

この形を**階段形**という．

このような変形は常に可能である．それは次のようにする．

> まず行列 A において，各行の第 1 列成分をみてそれが 0 と異なる行 A_i を見いだし，それを第 1 行にもってきて a_{i1} で割り，$(1, b_{12}, b_{13}, \cdots)$ とする．そして残りの各行からこの行の適当な倍行を引いて第 1 列成分をすべて 0 にする．次に第 2 行以下について，第 2 列成分の 0 と異なる行をみる．そのとき，第 2 列成分がすべて 0 ならば，第 3 列成分が 0 と異なる行を見いだし，これを第 2 行にもってきて，$(0, 0, 1, b_{24}, \cdots)$ とする．そして残りの各行からこの行の適当な倍行を引いて，第 3 列成分をすべて 0 にする．

この操作を続けていけば，ついには前ページのような階段形に到達する．

この行列の基本変形は，ほぼ同じような方法で，

行列の階数，逆行列の計算，連立 1 次方程式の解法

などに用いられて，線形代数ではきわめて重要な考え方の 1 つである．

❷ 階数（rank）

行列 A は $m \times n$ 行列で $A \neq O$ とする．このとき，行列 A に基本変形を何回か行って次の形の行列に変形することができる．

$$A \longrightarrow \begin{pmatrix} E_r & X \\ O & O \end{pmatrix}$$

ここに，E_r は r 次の単位行列，X は適当な $r \times (n-r)$ 行列である．このとき，E_r の対角線上に並ぶ 1 の個数 r は，A の基本変形の仕方に関係なく一意に決まる．

この r を行列 A の**階数**（rank）といい，**rank A** と表す．p. 68 の 例 の行列の階数は rank $A = 2$ である．

一般に n 次の正方行列 A について，次が成り立つ．

rank $A = n$ ⇔ A は正則である．　⇔ A^{-1} が存在する．
　　　　　　　$(|A| \neq 0)$
rank $A < n$ ⇔ A は正則でない．　⇔ A^{-1} が存在しない．
　　　　　　　$(|A| = 0)$

3 n 次連立 1 次方程式の解法(1)(クラメールの公式)(問題 3-7)

余因子行列による逆行列の求め方は p. 67 で学んでいる．これを使って n 元連立 1 次方程式の解を求めてみよう．未知数 $x_1, x_2, \cdots, x_n$ に対して，次のような n 個の式からなる連立方程式が与えられたものとする．

$$\begin{cases} a_{11}x_1 + a_{12}x_2 + \cdots + a_{1n}x_n = b_1 \\ a_{21}x_1 + a_{22}x_2 + \cdots + a_{2n}x_n = b_2 \\ \quad\cdots \\ a_{n1}x_1 + a_{n2}x_2 + \cdots + a_{nn}x_n = b_n \end{cases} \quad \cdots ①$$

これを行列を用いて表すと，

$$\begin{pmatrix} a_{11} & a_{12} & \cdots & a_{1n} \\ a_{21} & a_{22} & \cdots & a_{2n} \\ & \cdots & & \\ a_{n1} & a_{n2} & \cdots & a_{nn} \end{pmatrix}\begin{pmatrix} x_1 \\ x_2 \\ \vdots \\ x_n \end{pmatrix} = \begin{pmatrix} b_1 \\ b_2 \\ \vdots \\ b_n \end{pmatrix} \quad \cdots ②$$

ここで，

$$A = \begin{pmatrix} a_{11} & a_{12} & \cdots & a_{1n} \\ a_{21} & a_{22} & \cdots & a_{2n} \\ & \cdots & & \\ a_{n1} & a_{n2} & \cdots & a_{nn} \end{pmatrix}$$ を**係数行列**という．

$$\boldsymbol{x} = \begin{pmatrix} x_1 \\ x_2 \\ \vdots \\ x_n \end{pmatrix}, \quad \boldsymbol{b} = \begin{pmatrix} b_1 \\ b_2 \\ \vdots \\ b_n \end{pmatrix}$$ とおくと，②は

$$A\boldsymbol{x} = \boldsymbol{b} \quad \cdots ③$$

と表せる．

A が正則，すなわち，$|A| \neq 0$ のとき，この方程式の解は次の**クラメールの公式**で求めることができる．

> **Memo** 特に $\boldsymbol{b} = \boldsymbol{o}$ のとき，$A\boldsymbol{x} = \boldsymbol{o} \cdots ③'$ という形をしたものを**同次連立 1 次方程式**という．$\boldsymbol{x} = \boldsymbol{o}$ は③′ の解である．これを**自明な解**という．
> 未知数の個数と方程式の個数が一致する同次連立 1 次方程式は，n 次正方行列 A に対して，
> A は正則 ⇔ $|A| \neq 0$ ⇔ $A\boldsymbol{x} = \boldsymbol{o}$ は自明な解以外の解をもたない，
> が成り立つ．

クラメールの公式

> $|A| \neq 0$ のとき，n 元 1 次の連立方程式③の解は
>
> $$x_i = \frac{|D_i|}{|A|} \quad (i = 1, 2, \cdots, n)$$
>
> （ただし $|D_i|$ は，行列 A の第 i 列に $\boldsymbol{b}$ を置いたものの行列式で
>
> $$|D_i| = \begin{vmatrix} a_{11} & a_{12} & \cdots & b_1 & \cdots & a_{1n} \\ a_{21} & a_{22} & \cdots & b_2 & \cdots & a_{2n} \\ \vdots & \vdots & & \vdots & & \vdots \\ a_{n1} & a_{n2} & \cdots & b_n & \cdots & a_{nn} \end{vmatrix}$$ ）

解説

$|A| \neq 0$ より，逆行列 A^{-1} は存在し，p. 67 の定理より，$A^{-1} = \dfrac{\widetilde{A}}{|A|}$ である．

$A\boldsymbol{x} = \boldsymbol{b}$ の辺々に左から A^{-1} を乗じると，

$$\boldsymbol{x} = A^{-1}\boldsymbol{b} = \frac{\widetilde{A}}{|A|}\boldsymbol{b}$$

$$\begin{pmatrix} x_1 \\ x_2 \\ \vdots \\ x_n \end{pmatrix} = \frac{1}{|A|}\begin{pmatrix} A_{11} & A_{21} & \cdots & A_{n1} \\ & \cdots & & \\ A_{1i} & A_{2i} & \cdots & A_{ni} \\ & \cdots & & \\ A_{1n} & A_{2n} & \cdots & A_{nn} \end{pmatrix}\begin{pmatrix} b_1 \\ b_2 \\ \vdots \\ b_n \end{pmatrix} \quad (i = 1, 2, \cdots, n)$$

ここで，$x_i = \dfrac{1}{|A|}(\underset{\sim\sim\sim}{b_1A_{1i} + b_2A_{2i} + \cdots + b_nA_{ni}})$

〜〜〜 は $|A|$ の i 列の余因子展開の式を表しており，〜〜〜 $= |D_i|$ となる．

$$x_i = \frac{|D_i|}{|A|} \quad (i = 1, 2, \cdots, n)$$

が得られる．

これで，Chapter 1，Chapter 2 の 2 次，3 次連立 1 次方程式のクラメールの公式の拡張ができた．クラメールの公式は形式的に美しい形をしており，覚えやすい公式である．

なお，n 元連立 1 次方程式の実践的な解法は，次に紹介する“掃き出し法”である．

例 $\begin{cases} x - y + z = -2 \\ 2x + y + 3z = 3 \quad \cdots ⊛ \\ x + 2y - z = 2 \end{cases}$

をクラメールの公式を用いて解くと,

$$|A| = \begin{vmatrix} 1 & -1 & 1 \\ 2 & 1 & 3 \\ 1 & 2 & -1 \end{vmatrix} = -9, \qquad |A_1| = \begin{vmatrix} -2 & -1 & 1 \\ 3 & 1 & 3 \\ 2 & 2 & -1 \end{vmatrix} = 9,$$

$$|A_2| = \begin{vmatrix} 1 & -2 & 1 \\ 2 & 3 & 3 \\ 1 & 2 & -1 \end{vmatrix} = -18, \qquad |A_3| = \begin{vmatrix} 1 & -1 & -2 \\ 2 & 1 & 3 \\ 1 & 2 & 2 \end{vmatrix} = -9$$

$$\therefore\ x = \frac{|A_1|}{|A|} = -1,\ y = \frac{|A_2|}{|A|} = 2,\ z = \frac{|A_3|}{|A|} = 1$$

4 n 次連立 1 次方程式の解法(2)(掃き出し法)(問題 3-8, 9, 10, 11)

❶ 掃き出し法（消去法）による 1 次方程式の解法

n 元 1 次方程式　$A\boldsymbol{x} = \boldsymbol{b}$ で，係数行列 A に，定数項の列ベクトル $\boldsymbol{b}$ を加えた行列 $(A \mid b)$ を

$$B = \left(\begin{array}{ccccc|c} a_{11} & a_{12} & a_{13} & \cdots & a_{1n} & b_1 \\ a_{21} & a_{22} & a_{23} & \cdots & a_{2n} & b_2 \\ & & \cdots & & & \vdots \\ a_{n1} & a_{n2} & a_{n3} & \cdots & a_{nn} & b_n \end{array}\right)$$ とおき，

B を拡大係数行列 とよぶ．

B を行基本変形をして，

$$(A \mid \boldsymbol{b}) \xrightarrow{\text{行基本変形}} (E \mid \boldsymbol{u})$$

その結果，解 $\boldsymbol{x} = \boldsymbol{u}$，すなわち $\begin{pmatrix} x_1 \\ x_2 \\ \vdots \\ x_n \end{pmatrix} = \begin{pmatrix} u_1 \\ u_2 \\ \vdots \\ u_n \end{pmatrix}$ としてすべての解が求まる．

⊛の例を一般の文字数を減らしての解法と拡大係数行列の変形を対比して並べてみる．比較することで，同じ変形をしていることが理解できると思う．

$$\begin{cases} x - y + z = -2 & \cdots① \\ 2x + y + 3z = 3 & \cdots② \\ x + 2y - z = 2 & \cdots③ \end{cases} \qquad \left(\begin{array}{ccc|c} 1 & -1 & 1 & -2 \\ 2 & 1 & 3 & 3 \\ 1 & 2 & -1 & 2 \end{array}\right)$$

② − ① × 2，③ − 1 より　　　2 行 − 1 行 × 2，3 行 − 1 行

$$\begin{cases} x - y + z = -2 & \cdots①' \\ 3y + z = 7 & \cdots②' \\ 3y - 2z = 4 & \cdots③' \end{cases} \qquad \left(\begin{array}{ccc|c} 1 & -1 & 1 & -2 \\ 0 & 3 & 1 & 7 \\ 0 & 3 & -2 & 4 \end{array}\right)$$

②′ ÷ 3，③′ ÷ 3　　　2 行 ÷ 3，3 行 ÷ 3

$$\begin{cases} x - y + z = -2 & \cdots①'' \\ y + \frac{1}{3}z = \frac{7}{3} & \cdots②'' \\ y - \frac{2}{3}z = \frac{4}{3} & \cdots③'' \end{cases} \qquad \left(\begin{array}{ccc|c} 1 & -1 & 1 & -2 \\ 0 & 1 & \frac{1}{3} & \frac{7}{3} \\ 0 & 1 & -\frac{2}{3} & \frac{4}{3} \end{array}\right)$$

①″ + ②″，②″ − ③″　　　1 行 + 2 行，2 行 − 3 行

$$\begin{cases} x + \frac{4}{3}z = \frac{1}{3} & \cdots①''' \\ y + \frac{1}{3}z = \frac{7}{3} & \cdots②''' \\ z = 1 & \cdots③''' \end{cases} \qquad \left(\begin{array}{ccc|c} 1 & 0 & \frac{4}{3} & \frac{1}{3} \\ 0 & 1 & \frac{1}{3} & \frac{7}{3} \\ 0 & 0 & 1 & 1 \end{array}\right)$$

①‴ − ③‴ × $\frac{4}{3}$，②‴ − ③‴ × $\frac{1}{3}$　　　1行 − 3行 × $\frac{4}{3}$，2行 − 3行 × $\frac{1}{3}$

$$\begin{cases} x = -1 \\ y = 2 \\ z = 1 \end{cases} \qquad \left(\begin{array}{ccc|c} 1 & 0 & 0 & -1 \\ 0 & 1 & 0 & 2 \\ 0 & 0 & 1 & 1 \end{array}\right)$$

❷ n 次連立 1 次の方程式の解の判定

係数行列 A，拡大係数行列 B の階数により連立 1 次方程式の解の判定は次の通りである．

（i）解をただ 1 組もつ（一意解をもつ）⇔ $\mathrm{rank}\,A = \mathrm{rank}\,B = n$
（ii）解を無数にもつ（不定）⇔ $\mathrm{rank}\,A = \mathrm{rank}\,B < n$
（iii）解をもたない　（不能）⇔ $\mathrm{rank}\,A \neq \mathrm{rank}\,B$

解説

B は A に列ベクトル $\boldsymbol{b}$ を 1 つだけ加えて得られる（$B = (A \mid \boldsymbol{b})$）．したがって，$\mathrm{rank}\,B$ は $\mathrm{rank}\,A$ か $\mathrm{rank}\,A + 1$ のいずれか一方になる．

（i）（一意解をもつ場合）

$(A \mid \boldsymbol{b}) \to (E \mid \boldsymbol{u})$

このとき，$\mathrm{rank}\, A = \mathrm{rank}\, E = n$ で既に最大の行数に達しているので，$\boldsymbol{u}$ を加えても階数は増えない．すなわち，$\mathrm{rank}\, B = \mathrm{rank}\, A = n$ となる．

（ii）（不定の場合）

$\mathrm{rank}\, A$ は元の行列 A の行数より真に小さく，$\boldsymbol{b}$ を加えると $\mathrm{rank}\, B$ がどうなるかというと，A のある行の成分がすべて 0 のとき，$\boldsymbol{b}$ のその行の成分が 0 のとき $\mathrm{rank}\, B$ は $\mathrm{rank}\, A$ に等しく，$\mathrm{rank}\, A = \mathrm{rank}\, B < n$ で，解を無数にもつ．

（iii）（不能の場合）

（ii）で $\boldsymbol{b}$ の成分が 0 でないとき，$\mathrm{rank}\, B = \mathrm{rank}\, A + 1$ となり，$\mathrm{rank}\, A \neq \mathrm{rank}\, B$ で解をもたない．なお，（iii）は（i），（ii）の対偶になっていることに注意したい．すなわち，不能な場合だけ階数にギャップが生じる．これにより解が存在するかの階数による判定法を得る．

$$r = n - \mathrm{rank}\, B$$

と置くとき（n：未知数の個数），r を方程式の**自由度**とよぶ．

r を用いて上の（i），（ii）を述べると

> $r = 0$ のとき，ただ 1 組の解をもち，
> $r > 0$ のとき，解を無数にもつ．

ことがいえる．

Memo $A = B$ のとき，$\boldsymbol{b} = 0$ でこれは同次連立 1 次方程式である（p. 70, **Memo**）．p. 70 の①は見かけ上，n 個の連立方程式が与えられているが，実質的な方程式の個数は，$\mathrm{rank}\, A = \mathrm{rank}\, B$ に等しくなる．

自由度 $r = n - \mathrm{rank}\, B$ が $r = 0$ のとき，未知数の個数と連立方程式の個数 n が一致し，解が 1 組に確定する．$r > 0$ のとき自由度があり，解が無数に存在する．

また，$\mathrm{rank}\, A \neq \mathrm{rank}\, B$ のとき，係数行列と拡大行列にギャップがあり，方程式を解くことができない．すなわち，解をもたない．

5　逆行列(掃き出し法)(問題 3-12)

n 次連立 1 次方程式を掃き出し法で解く方法と同じ要領で逆行列を求めることができる.

すなわち,

> n 次正方行列 A が正則なとき, $n\times 2n$ 行列 $(A\,|\,E)$ に行基本変形を用いて $(E\,|\,B)$ の形に直すことができる. $B=A^{-1}$ となる.

例

$A=\begin{pmatrix}3&1&2\\2&1&2\\4&2&3\end{pmatrix}$ の逆行列を掃き出し法（消去法）で求める.

$$\left(\begin{array}{ccc|ccc}3&1&2&1&0&0\\2&1&2&0&1&0\\4&2&3&0&0&1\end{array}\right)\xrightarrow[1\text{行}-2\text{行}]{}\left(\begin{array}{ccc|ccc}1&0&0&1&-1&0\\2&1&2&0&1&0\\4&2&3&0&0&1\end{array}\right)$$

$$\xrightarrow[3\text{行}-1\text{行}\times 4]{2\text{行}-1\text{行}\times 2}\left(\begin{array}{ccc|ccc}1&0&0&1&-1&0\\0&1&2&-2&3&0\\0&2&3&-4&4&1\end{array}\right)$$

$$\xrightarrow[3\text{行}-2\text{行}\times 2]{}\left(\begin{array}{ccc|ccc}1&0&0&1&-1&0\\0&1&2&-2&3&0\\0&0&-1&0&-2&1\end{array}\right)$$

$$\xrightarrow[3\text{行}\times(-1)]{}\left(\begin{array}{ccc|ccc}1&0&0&1&-1&0\\0&1&2&-2&3&0\\0&0&1&0&2&-1\end{array}\right)$$

$$\xrightarrow[2\text{行}-3\text{行}\times 2]{}\left(\begin{array}{ccc|ccc}1&0&0&1&-1&0\\0&1&0&-2&-1&2\\0&0&1&0&2&-1\end{array}\right)$$

$$\therefore\ A^{-1}=\begin{pmatrix}1&-1&0\\-2&-1&2\\0&2&-1\end{pmatrix}$$

問題 3-1 ▼逆行列(1)(余因子行列)

n 次正方行列 $A=(a_{ij})$ の余因子を A_{ij} とするとき, A の余因子行列 $\widetilde{A}$ に対して,

$$A\cdot\widetilde{A}=|A|E$$

が成り立つことを示せ.

●考え方●

$$A\cdot\widetilde{A}=\begin{pmatrix} a_{11} & a_{12} & \cdots & a_{1n} \\ a_{21} & a_{22} & \cdots & a_{2n} \\ \vdots & & & \\ a_{i1} & a_{i2} & \cdots & a_{in} \\ \vdots & & & \\ a_{n1} & a_{n2} & \cdots & a_{nn} \end{pmatrix}\begin{pmatrix} A_{11} & A_{21} & \cdots & A_{j1} & \cdots & A_{n1} \\ A_{12} & A_{22} & \cdots & A_{j2} & \cdots & A_{n2} \\ \vdots & & & & & \\ \vdots & & & & & \\ A_{1n} & A_{2n} & \cdots & A_{jn} & \cdots & A_{nn} \end{pmatrix} \quad \cdots①$$

2つの行列の積 (i,j) 成分を c_{ij} とおくと,

$$c_{ij}=a_{i1}A_{j1}+a_{i2}A_{j2}+\cdots+a_{in}A_{jn} \quad \cdots②$$

$i=j$ のときと $i\neq j$ のときの c_{ij} の意味を考えてみる.

解答

(i) $i=j$ のとき, ②は

$c_{ii}=a_{i1}A_{i1}+a_{i2}A_{i2}+\cdots+a_{in}A_{in}$ ㋐ $(i=1,2,3,\cdots,n)$

この右辺は, 行列式 $|A|$ の第 i 行による余因子展開に他ならなく㋑, $|A|$ に等しい.

$\therefore\ c_{ii}=|A| \quad (i=1,2,\cdots,n)$

(ii) $i\neq j$ のとき,

$c_{ij}=a_{i1}A_{j1}+a_{i2}A_{j2}+\cdots+a_{in}A_{jn}$ ㋒

上式は, A の j 行の成分 n 個を $a_{i1},a_{i2},\cdots,a_{in}$ で置き換えた行列 A_* を考えたとき㋓,

$|A_*|$ の j 行に関しての余因子展開に等しくなる.

$|A_*|$ は i 行と j 行が同じ成分であるから行列式の値は $|A_*|=0$

$\therefore\ c_{ij}=0 \quad (i\neq j)$ ㋔

以上(i), (ii)より

$$A\cdot\widetilde{A}=|A|E$$

ポイント

㋐ $a_{ik}\cdot A_{ik}$
↖↗ そろっている.

㋑ p. 48 参照.

㋒ $A_{j1},A_{j2},\cdots,A_{jn}$
j 行の余因子.

㋓ j 行に $a_{i1},a_{i2},\cdots,a_{in}$ がある行列を導入.
A_* の行列

$$A_*=\begin{pmatrix} a_{11} & a_{12} & \cdots & a_{1n} \\ \vdots & & & \\ a_{i1} & a_{i2} & \cdots & a_{in} \\ \vdots & & & \\ a_{i1} & a_{i2} & \cdots & a_{in} \\ \vdots & & & \\ a_{n1} & a_{n2} & \cdots & a_{nn} \end{pmatrix}\begin{matrix} \\ \\ \cdots i\text{行} \\ \\ \cdots j\text{行} \\ \\ \\ \end{matrix}$$

㋔ 対角成分以外はすべて 0 となり,

$$A\cdot\widetilde{A}=\begin{pmatrix} |A| & 0 & \cdots & 0 \\ 0 & |A| & \cdots & 0 \\ \vdots & & \ddots & \vdots \\ 0 & \cdots & 0 & |A| \end{pmatrix}$$

練習問題 3-1

解答 p. 219

n 次正方行列 A,B について

$$AB=E \Rightarrow BA=E$$

が成り立つことを示せ.

問題 3-2 ▼逆行列(2)(余因子行列)

次の行列について余因子行列を求め，正則なときは逆行列を求めよ．

(1) $A=\begin{pmatrix}1&1&2\\2&3&1\\1&2&1\end{pmatrix}$　　(2) $B=\begin{pmatrix}1&-1&1\\2&1&-1\\1&2&-2\end{pmatrix}$

●考え方●

A の (i, j) 成分の余因子 A_{ij} には符号 $(-1)^{i+j}$ がつく．余因子行列 $\widetilde{A}$ は

$$\widetilde{A}={}^t\begin{pmatrix}A_{11}&A_{12}&A_{13}\\A_{21}&A_{22}&A_{23}\\A_{31}&A_{32}&A_{33}\end{pmatrix},\quad |A|\neq 0 のとき,\quad A^{-1}=\frac{\widetilde{A}}{|A|}$$

解答

(1) $|A|=2$ よりAは正則である．㋐

$A_{11}=\begin{vmatrix}3&1\\2&1\end{vmatrix}=1$　$A_{12}=-\begin{vmatrix}2&1\\1&1\end{vmatrix}=-1$ ㋑　$A_{13}=\begin{vmatrix}2&3\\1&2\end{vmatrix}=1$

$A_{21}=-\begin{vmatrix}1&2\\2&1\end{vmatrix}=3$　$A_{22}=\begin{vmatrix}1&2\\1&1\end{vmatrix}=-1$　$A_{23}=-\begin{vmatrix}1&1\\1&2\end{vmatrix}=-1$ ㋑

$A_{31}=\begin{vmatrix}1&2\\3&1\end{vmatrix}=-5$　$A_{32}=-\begin{vmatrix}1&2\\2&1\end{vmatrix}=3$　$A_{33}=\begin{vmatrix}1&1\\2&3\end{vmatrix}=1$

$\widetilde{A}$ ㋒ $={}^t\begin{pmatrix}1&-1&1\\3&-1&-1\\-5&3&1\end{pmatrix}=\begin{pmatrix}1&3&-5\\-1&-1&3\\1&-1&1\end{pmatrix}$ 答　$\therefore\ A^{-1}=\dfrac{1}{2}\begin{pmatrix}1&3&-5\\-1&-1&3\\1&-1&1\end{pmatrix}$ 答

(2) $|B|=0$ であるから B は正則でなく，逆行列は存在しない．

$B_{11}=\begin{vmatrix}1&-1\\2&-2\end{vmatrix}=0$　$B_{12}=-\begin{vmatrix}2&-1\\1&-2\end{vmatrix}=3$　$B_{13}=\begin{vmatrix}2&1\\1&2\end{vmatrix}=3$

$B_{21}=-\begin{vmatrix}-1&1\\2&-2\end{vmatrix}=0$　$B_{22}=\begin{vmatrix}1&1\\1&-2\end{vmatrix}=-3$　$B_{23}=-\begin{vmatrix}1&-1\\1&2\end{vmatrix}=-3$

$B_{31}=\begin{vmatrix}-1&1\\1&-1\end{vmatrix}=0$　$B_{32}=-\begin{vmatrix}1&1\\2&-1\end{vmatrix}=3$　$B_{33}=\begin{vmatrix}1&-1\\2&1\end{vmatrix}=3$

$\therefore\ \widetilde{B}={}^t\begin{pmatrix}0&3&3\\0&-3&-3\\0&3&3\end{pmatrix}=\begin{pmatrix}0&0&0\\3&-3&3\\3&-3&3\end{pmatrix}$ 答

ポイント

㋐ サラスの方法より．

㋑ A_{12} の符号は $(-1)^{1+2}=-1$
A_{23} の符号は $(-1)^{2+3}=-1$
他も同様に考える．

㋒ $\widetilde{A}=\begin{pmatrix}A_{11}&A_{21}&A_{31}\\A_{12}&A_{22}&A_{32}\\A_{13}&A_{23}&A_{33}\end{pmatrix}$

練習問題　3-2　解答 p. 219

n 次正則行列 A の余因子行列 $\widetilde{A}$ の行列式は

$|\widetilde{A}|=|A|^{n-1}$　で与えられることを示せ．

問題 3-3 ▼行基本変形と階数(1)

次の行列の基本変形を行え.

(1) $A = \begin{pmatrix} 1 & 0 & -1 & 1 \\ -1 & 1 & 2 & -2 \\ 2 & 1 & -1 & 1 \end{pmatrix}$ (2) $B = \begin{pmatrix} 3 & -1 & 1 & 1 \\ -2 & 0 & -1 & -3 \\ 2 & -2 & 0 & -4 \end{pmatrix}$

●考え方●

p. 68 の行基本変形に従う. 例 を参考に.

解答

(1)

$$A=\begin{pmatrix} 1 & 0 & -1 & 1 \\ -1 & 1 & 2 & -2 \\ 2 & 1 & -1 & 1 \end{pmatrix} \xrightarrow[\text{2行}+\text{1行}]{㋐} \begin{pmatrix} 1 & 0 & -1 & 1 \\ 0 & 1 & 1 & -1 \\ 2 & 1 & -1 & 1 \end{pmatrix}$$

$$\xrightarrow[\text{3行}-\text{1行}\times 2]{㋑} \begin{pmatrix} 1 & 0 & -1 & 1 \\ 0 & 1 & 1 & -1 \\ 0 & 1 & 1 & -1 \end{pmatrix} \xrightarrow[\text{3行}-\text{2行}]{㋒} \begin{pmatrix} 1 & 0 & -1 & 1 \\ 0 & 1 & 1 & -1 \\ 0 & 0 & 0 & 0 \end{pmatrix}$$

$$\xrightarrow[\text{4列}+\text{3列}]{㋓} \begin{pmatrix} 1 & 0 & -1 & 0 \\ 0 & 1 & 1 & 0 \\ 0 & 0 & 0 & 0 \end{pmatrix} \xrightarrow[\text{3列}+\text{1列}]{㋔} \begin{pmatrix} 1 & 0 & 0 & 0 \\ 0 & 1 & 1 & 0 \\ 0 & 0 & 0 & 0 \end{pmatrix}$$

$$\xrightarrow[\text{3列}-\text{2列}]{㋕} \begin{pmatrix} 1 & 0 & 0 & 0 \\ 0 & 1 & 0 & 0 \\ 0 & 0 & 0 & 0 \end{pmatrix}$$ 答

(2)

$$B=\begin{pmatrix} 3 & -1 & 1 & 1 \\ -2 & 0 & -1 & -3 \\ 2 & -2 & 0 & -4 \end{pmatrix} \xrightarrow[\substack{\text{2行}\times 3+\text{1行}\times 2 \\ \text{3行}\times 3-\text{1行}\times 2}]{㋖} \begin{pmatrix} 3 & -1 & 1 & 1 \\ 0 & -2 & -1 & -7 \\ 0 & -4 & -2 & -14 \end{pmatrix} \xrightarrow[\text{3行}-\text{2行}\times 2]{}$$

$$\begin{pmatrix} 3 & -1 & 1 & 1 \\ 0 & -2 & -1 & -7 \\ 0 & 0 & 0 & 0 \end{pmatrix} \xrightarrow[\text{2行}\times -\frac{1}{2}]{\text{1行}\times 2-\text{2行}} \begin{pmatrix} 6 & 0 & 3 & 9 \\ 0 & 1 & \frac{1}{2} & \frac{7}{2} \\ 0 & 0 & 0 & 0 \end{pmatrix} \xrightarrow{\text{1行}\times\frac{1}{6}} \begin{pmatrix} 1 & 0 & \frac{1}{2} & \frac{3}{2} \\ 0 & 1 & \frac{1}{2} & \frac{7}{2} \\ 0 & 0 & 0 & 0 \end{pmatrix}$$ 答

ポイント

- ㋐ (2, 1)成分を 0 に.
- ㋑ (3, 1)成分を 0 に.
- ㋒ (3, 2)成分
  (3, 3)成分
  (3, 4)成分を 0 に.
- ㋓ (1, 4)成分
  (2, 4)成分を 0 に.
- ㋔ (1, 3)成分を 0 に.
- ㋕ (2, 3)成分を 0 に.
- ㋖ (2, 1)成分
  (3, 1)成分を 0 に.

練習問題 3-3 解答 p. 220

$A = \begin{pmatrix} 0 & 0 & 1 & -2 \\ 3 & -9 & 6 & 3 \\ -2 & 6 & -4 & -2 \end{pmatrix}$ を基本変形せよ.

問題 3-4 ▼行基本変形と階数(2)

次の行列の階数を求めよ．

(1) $A=\begin{pmatrix}1&2&-2\\2&5&2\\1&4&7\\1&3&3\end{pmatrix}$　(2) $B=\begin{pmatrix}2&-4&2&-3&6\\-1&2&-5&-1&0\\2&-4&-14&-13&18\\-5&10&-17&0&-6\end{pmatrix}$

●考え方●

行基本変形を繰り返し階段形に変形する．p. 68，p. 69 を参照．

解答

(1)
$$A=\begin{pmatrix}1&2&-2\\2&5&2\\1&4&7\\1&3&3\end{pmatrix}\xrightarrow{㋐}\begin{pmatrix}1&2&-2\\0&1&6\\0&2&9\\0&1&5\end{pmatrix}\xrightarrow{㋑}$$
$$\begin{pmatrix}1&2&-2\\0&1&6\\0&2&9\\0&0&1\end{pmatrix}\xrightarrow{㋒}\begin{pmatrix}1&2&-2\\0&1&6\\0&0&-3\\0&0&1\end{pmatrix}\xrightarrow{㋓}\begin{pmatrix}1&2&-2\\0&1&6\\0&0&-3\\0&0&0\end{pmatrix}$$

$\therefore\ \mathrm{rank}\,A=3$ 答

(2) 2 行 × −1 を 1 行に，1 行を 2 行にして，
$$B=\begin{pmatrix}1&-2&5&1&0\\2&-4&2&-3&6\\2&-4&-14&-13&18\\-5&10&-17&0&-6\end{pmatrix}\xrightarrow{㋔}\begin{pmatrix}1&-2&5&1&0\\0&0&-8&-5&6\\0&0&-24&-15&18\\0&0&8&5&-6\end{pmatrix}$$
$$\xrightarrow{㋕}\begin{pmatrix}1&-2&5&1&0\\0&0&-8&-5&6\\0&0&0&0&0\\0&0&0&0&0\end{pmatrix}$$

$\therefore\ \mathrm{rank}\,B=2$ 答

ポイント

㋐ 2 行 − 1 行 × 2
　3 行 − 1 行
　4 行 − 1 行
㋑ 4 行 × 2 − 3 行
㋒ 3 行 − 2 行 × 2
㋓ 3 行 × $\frac{1}{3}$ + 4 行
㋔ 2 行 − 1 行 × 2
　3 行 − 1 行 × 2
　4 行 + 1 行 × 5
㋕ 3 行 − 2 行 × 3
　4 行 + 2 行

上の行列は 2 列，4 列を入れ換え $\begin{pmatrix}E&X\\O&O\end{pmatrix}$ の形へ変形できる．実は階段行列の階段の数と階数が等しいことに着目すれば，階数を求めるには，後半部分の基本変形を省略してもかまわない．すなわち，行列の階数を求めるためには，行列を階段行列に変形すればよいのである．

練習問題　3-4　解答 p. 220

次の行列の階数を求めよ．
$$A=\begin{pmatrix}1&2&-3&2&1\\1&3&-3&2&0\\2&4&-6&3&4\\1&1&-4&1&6\end{pmatrix}$$

問題 3-5 ▼行基本変形と階数(3)

$$A=\begin{pmatrix}-1 & -2 & -3 & a-4 & -5 & -6\\ -1 & a-2 & 4 & 6 & 1 & 2\\ -2 & -4 & a-3 & 6 & -10 & -12\\ 1 & 2 & 3 & 4 & 5 & 6\end{pmatrix}$$ の階数を求めよ．

●考え方●

行基本変形を繰り返し階段形に変形する．a による場合分けが必要．

解答

1 行と 4 行を入れ替えて，

$$A=\begin{pmatrix}1 & 2 & 3 & 4 & 5 & 6\\ -1 & a-2 & 4 & 6 & 1 & 2\\ -2 & -4 & a-3 & 6 & -10 & -12\\ -1 & -2 & -3 & a-4 & -5 & -6\end{pmatrix}\begin{matrix}\\ \cdots ㋐\\ \cdots ㋑\\ \cdots ㋒\end{matrix}$$

$$=\begin{pmatrix}1 & 2 & 3 & 4 & 5 & 6\\ 0 & a & 7 & 10 & 6 & 8\\ 0 & 0 & a+3 & 14 & 0 & 0\\ 0 & 0 & 0 & a & 0 & 0\end{pmatrix}$$

3, 4, 5, 6 列を入れ換えて，

$$A=\begin{pmatrix}1 & 2 & 5 & 6 & 3 & 4\\ 0 & a & 6 & 8 & 7 & 10\\ 0 & 0 & 0 & 0 & a+3 & 14\\ 0 & 0 & 0 & 0 & 0 & a\end{pmatrix}$$

● $a=0$ のとき，$\mathrm{rank}\,A=3$．㋓　● $a=-3$ のとき，$\mathrm{rank}\,A=3$

実際 $a=-3$ のとき，

$$A=\begin{pmatrix}1 & 2 & 5 & 6 & 3 & 4\\ 0 & -3 & 6 & 8 & 7 & 10\\ 0 & 0 & 0 & 0 & 0 & 14\\ 0 & 0 & 0 & 0 & 0 & -3\end{pmatrix}\xrightarrow[4行+3行\times\frac{3}{14}]{}\begin{pmatrix}1 & 2 & 5 & 6 & 3 & 4\\ 0 & -3 & 6 & 8 & 7 & 10\\ 0 & 0 & 0 & 0 & 0 & 14\\ 0 & 0 & 0 & 0 & 0 & 0\end{pmatrix}$$

となり $\mathrm{rank}\,A=3$ となる．

● $a\neq 0$，$a\neq -3$ のとき，$\mathrm{rank}\,A=4$

$$\therefore\ \mathrm{rank}\,A=\begin{cases}4 & (a\neq 0,\ a\neq -3)\\ 3 & (a=0,\ a=3)\end{cases}$$ 答

ポイント

㋐ 2 行＋1 行
㋑ 3 行＋1 行×2
㋒ 4 行＋1 行
㋓

$$A=\begin{pmatrix}1 & 2 & 5 & 6 & 3 & 4\\ 0 & 0 & 6 & 8 & 7 & 10\\ 0 & 0 & 0 & 0 & 3 & 14\\ 0 & 0 & 0 & 0 & 0 & 0\end{pmatrix}$$

練習問題　3-5

解答 p. 220

次の行列の階数を求めよ．

(1) $A=\begin{pmatrix}2 & -1 & 2\\ a & 2 & -2\\ 4 & -2 & b\end{pmatrix}$　　(2) $B=\begin{pmatrix}a_1b_1 & a_1b_2 & \cdots & a_1b_n\\ a_2b_1 & a_2b_2 & \cdots & a_2b_n\\ a_3b_1 & a_3b_2 & \cdots & a_3b_n\\ & \cdots & & \\ a_nb_1 & a_nb_2 & \cdots & a_nb_n\end{pmatrix}$　$(a_1b_1\neq 0)$

問題 3-6 ▼行基本変形と階数(4)

$$A=\begin{pmatrix} 1 & -1 & 2 & 0 \\ -2 & 0 & -6 & -2 \\ 0 & 2 & 4 & 5 \\ 2 & -3 & 3 & -1 \end{pmatrix}$$ が正則であるか否かを調べよ.

●考え方●

4 次の正方行列 A が正則である. ⇔ A^{-1} が存在する. ⇔ $\mathrm{rank}\,A=4$

$\mathrm{rank}\,A<4$ のとき正則でない（p. 69 参照).

$\mathrm{rank}\,A$ を調べることにより, A が正則であるか否かを判定する.

解答

行基本変形により, A を階段形に変形する.

$$A=\begin{pmatrix} 1 & -1 & 2 & 0 \\ -2 & 0 & -6 & -2 \\ 0 & 2 & 4 & 5 \\ 2 & -3 & 3 & -1 \end{pmatrix}\xrightarrow{㋐}\begin{pmatrix} 1 & -1 & 2 & 0 \\ 0 & -2 & -2 & -2 \\ 0 & 2 & 4 & 5 \\ 0 & -1 & -1 & -1 \end{pmatrix}\cdots ⊛_1$$

$$\xrightarrow{㋑}\begin{pmatrix} 1 & -1 & 2 & 0 \\ 0 & -2 & -2 & -2 \\ 0 & 0 & 2 & 3 \\ 0 & 0 & 0 & 0 \end{pmatrix}\cdots ⊛_2$$

よって, $\mathrm{rank}\,A=3<4$ となり, A は正則でない. 答

（別解）$|A|=0$ を示してもよい. $⊛_1$ の段階で判定して㋒みる. 第 1 列に関して余因子展開すると（p. 48),

$$|A|=\begin{vmatrix} -2 & -2 & -2 \\ 2 & 4 & 5 \\ -1 & -1 & -1 \end{vmatrix}\underset{㋓}{=}8+10+4-8-10-4=0$$

よって, A は逆行列をもたなく, A は正則でない. 答

ポイント

㋐ 2 行 ＋ 1 行 × 2
　4 行 − 1 行 × 2

㋑ 4 行 × 2 − 2 行

㋒ $⊛_2$ まで変形すると 4 行がすべて 0 であるから,
　$|A|=0$（p. 46)
　となり, 逆行列をもたない.
　よって, A は正則でない.

㋓ サラスの方法.
　《注意》$⊛_2$ まで変形しなくても, $⊛_1$ の変形の途中で A が正則であるか否かがわかることもある.

練習問題　3-6　　　解答 p. 220

$$A=\begin{pmatrix} -1 & 3 & 0 & 0 & 0 \\ 1 & -1 & 1 & 3 & 0 \\ 2 & 4 & 3 & -1 & 1 \\ 1 & 0 & -2 & 4 & 2 \\ 0 & 2 & 1 & 0 & -1 \end{pmatrix}$$ が正則であるか否かを調べよ.

問題 3-7 ▼連立1次方程式の解法(1)(クラメールの公式)

次の連立1次方程式をクラメールの公式により解け.

(1) $\begin{cases} x + 3y = 1 \\ x + 4y = 2 \end{cases}$　　(2) $\begin{cases} x + 3y - 3z = -1 \\ -x - 3y + 2z = 2 \\ 2x + 2y - 3z = 3 \end{cases}$

●考え方●

係数行列の行列式の値が0でないことを示し，クラメールの公式を用いる(p. 71).

解答

(1) 係数行列 $|A| = \begin{vmatrix} 1 & 3 \\ 1 & 4 \end{vmatrix} \underset{㋐}{=} 1\cdot4 - 1\cdot3 = 1 \neq 0$

$|A_1| = \begin{vmatrix} 1 & 3 \\ 2 & 4 \end{vmatrix}_{㋑} = 4 - 6 = -2$,　$|A_2| = \begin{vmatrix} 1 & 1 \\ 1 & 2 \end{vmatrix}_{㋒} = 2 - 1 = 1$

クラメールの公式より,

$$x = \frac{|A_1|}{|A|} = \frac{-2}{1} = -2,\quad y = \frac{|A_2|}{|A|} = \frac{1}{1} = 1$$

$\therefore\ (x, y) = (-2, 1)$ 答

(2) 係数行列 $|A| = \begin{vmatrix} 1 & 3 & -3 \\ -1 & -3 & 2 \\ 2 & 2 & -3 \end{vmatrix} \underset{㋓}{=} -4 \neq 0$

$|A_1| = \begin{vmatrix} -1 & 3 & -3 \\ 2 & -3 & 2 \\ 3 & 2 & -3 \end{vmatrix} = -8$　$\boxed{-9+18-12-27+18+4}$

$|A_2| = \begin{vmatrix} 1 & -1 & -3 \\ -1 & 2 & 2 \\ 2 & 3 & -3 \end{vmatrix} = 8$　$\boxed{-6-4+9+12-6+3}$

$|A_3| = \begin{vmatrix} 1 & 3 & -1 \\ -1 & -3 & 2 \\ 2 & 2 & 3 \end{vmatrix} = 4$　$\boxed{-9+2+12-6+9-4}$

クラメールの公式より,

$$x = \frac{|A_1|}{|A|} = \frac{-8}{-4} = 2,\quad y = \frac{|A_2|}{|A|} = \frac{8}{-4} = -2,$$

$$z = \frac{|A_3|}{|A|} = \frac{4}{-4} = -1$$

$\therefore\ (x, y, z) = (2, -2, -1)$ 答

ポイント

㋐ サラスの方法

㋑ 係数行列の1列を $\begin{pmatrix} 1 \\ 2 \end{pmatrix}$ で置き換える.

㋒ 係数行列の2列を $\begin{pmatrix} 1 \\ 2 \end{pmatrix}$ で置き換える.

㋓ $|A|$
$= 9 + 12 + 6 - 18 - 9 - 4$
$= -4$

練習問題 3-7　　解答 p. 221

連立方程式 $\begin{cases} x - y + 2z = 8 \\ 2x + 3y + z = 5 \\ -x + 4y + 4z = 1 \end{cases}$ をクラメールの公式を用いて解け.

問題 3-8 ▼連立 1 次方程式の解法(2)(掃き出し法)

次の連立 1 次方程式を掃き出し法で求めよ.

$$\begin{cases} x+3y-3z=-1 \\ -x-3y+2z=2 \\ 2x+2y-3z=3 \end{cases}$$

●考え方●

拡大係数行列 $\left(\begin{array}{ccc|c} 1 & 3 & -3 & -1 \\ -1 & -3 & 2 & 2 \\ 2 & 2 & -3 & 3 \end{array}\right)$ に行基本変形をし, $\left(\begin{array}{ccc|c} 1 & 0 & 0 & u_1 \\ 0 & 1 & 0 & u_2 \\ 0 & 0 & 1 & u_3 \end{array}\right)$ の形に変形する. $(x, y, z)=(u_1, u_2, u_3)$ となる.

解答

拡大係数行列を A とする.

$$A \xrightarrow{㋐} \left(\begin{array}{ccc|c} 1 & 3 & -3 & -1 \\ 0 & 0 & -1 & 1 \\ 0 & -4 & 3 & 5 \end{array}\right) \xrightarrow{㋑} \left(\begin{array}{ccc|c} 1 & 3 & -3 & -1 \\ 0 & -4 & 3 & 5 \\ 0 & 0 & -1 & 1 \end{array}\right)$$

$$\xrightarrow{㋒} \left(\begin{array}{ccc|c} 1 & 3 & -3 & -1 \\ 0 & 1 & -\frac{3}{4} & -\frac{5}{4} \\ 0 & 0 & 1 & -1 \end{array}\right) \xrightarrow{㋓} \left(\begin{array}{ccc|c} 1 & 3 & -3 & -1 \\ 0 & 1 & 0 & -2 \\ 0 & 0 & 1 & -1 \end{array}\right)$$

$$\xrightarrow{㋔} \left(\begin{array}{ccc|c} 1 & 0 & -3 & 5 \\ 0 & 1 & 0 & -2 \\ 0 & 0 & 1 & -1 \end{array}\right) \xrightarrow{㋕} \left(\begin{array}{ccc|c} 1 & 0 & 0 & 2 \\ 0 & 1 & 0 & -2 \\ 0 & 0 & 1 & -1 \end{array}\right)$$

$\therefore\ (x, y, z)=(2, -2, -1)$ ㋖ 答

ポイント

㋐ 2 行 + 1 行
　3 行 − 1 行 × 2
㋑ 2 行, 3 行を入れ換える.
㋒ 2 行 ÷ (−4)
　3 行 × (−1)
㋓ 2 行 + 3 行 × $\frac{3}{4}$
㋔ 1 行 − 2 行 × 3
㋕ 1 行 + 3 行 × 3
㋖ 問題 3-7 (2) と同じ.
　クラメールの公式と掃き出し法を比較.

練習問題 3-8

解答 p. 221

次の連立 1 次方程式を掃き出し法で求めよ.

(1) $\begin{cases} x+2y+3z=1 \\ 3x+4y+5z=1 \\ 2x+4y-5z=-31 \end{cases}$

(2) $\begin{cases} x-y+2z+u=9 \\ 2x+y-z+3u=6 \\ x+3y+2z-2u=2 \\ -3x+z+4u=-3 \end{cases}$

問題 3-9 ▼連立1次方程式の解法(3)

次の連立方程式は解を有するかどうか判定せよ.

(1) $\begin{cases} 2x-3y+6z=3 \\ 4x-y+z=1 \\ 3x-2y+3z=4 \end{cases}$　　(2) $\begin{cases} x+2y-z=2 \\ 2x-3y+7z=-1 \\ -x+y+3z=6 \\ 5x+y-2z=0 \end{cases}$

●考え方●

係数行列，拡大係数行列の階数により，解の判定ができる（p. 73 参照）.

解答

係数行列を A，拡大係数行列を B とおく.

(1) $$B=\left(\begin{array}{ccc|c} 2 & -3 & 6 & 3 \\ 4 & -1 & 1 & 1 \\ 3 & -2 & 3 & 4 \end{array}\right) \xrightarrow{㋐} \left(\begin{array}{ccc|c} 1 & 1 & -3 & 1 \\ 0 & 5 & -11 & -5 \\ 3 & -2 & 3 & 4 \end{array}\right)$$

$$\xrightarrow{㋑} \left(\begin{array}{ccc|c} 1 & 1 & -3 & 1 \\ 0 & 5 & -11 & -5 \\ 0 & -5 & 12 & 1 \end{array}\right) \xrightarrow{㋒} \left(\begin{array}{ccc|c} 1 & 1 & -3 & 1 \\ 0 & 5 & -11 & -5 \\ 0 & 0 & 1 & -4 \end{array}\right)$$

よって，$\mathrm{rank}\,A=\mathrm{rank}\,B=3$ となり解は存在する.

(2) $$B=\left(\begin{array}{ccc|c} 1 & 2 & -1 & 2 \\ 2 & -3 & 7 & -1 \\ -1 & 1 & 3 & 6 \\ 5 & 1 & -2 & 0 \end{array}\right) \xrightarrow{㋓} \left(\begin{array}{ccc|c} 1 & 2 & -1 & 2 \\ 0 & -7 & 9 & -5 \\ 0 & 3 & 2 & 8 \\ 0 & -9 & 3 & -10 \end{array}\right)$$

$$\xrightarrow{㋔} \left(\begin{array}{ccc|c} 1 & 2 & -1 & 2 \\ 0 & 1 & -13 & -11 \\ 0 & 3 & 2 & 8 \\ 0 & -9 & 3 & -10 \end{array}\right) \xrightarrow{㋕} \left(\begin{array}{ccc|c} 1 & 2 & -1 & 2 \\ 0 & 1 & -13 & -11 \\ 0 & 0 & 41 & 41 \\ 0 & 0 & 9 & 14 \end{array}\right)$$

$$\xrightarrow{㋖} \left(\begin{array}{ccc|c} 1 & 2 & -1 & 2 \\ 0 & 1 & -13 & -11 \\ 0 & 0 & 1 & 1 \\ 0 & 0 & 9 & 14 \end{array}\right) \xrightarrow{㋗} \left(\begin{array}{ccc|c} 1 & 2 & -1 & 2 \\ 0 & 1 & -13 & -11 \\ 0 & 0 & 1 & 1 \\ 0 & 0 & 0 & 5 \end{array}\right)$$

$\mathrm{rank}\,A=3$,
$\mathrm{rank}\,B=4$
よって，解は存在しない. 答

ポイント

㋐ 1行 × −1 + 3行
　2行 − 1行 × 2
㋑ 3行 − 1行 × 3
㋒ 3行 + 2行
㋓ 2行 − 1行 × 2
　3行 + 1行
　4行 − 1行 × 5
㋔ 2行 × (−1) − 3行 × 2
㋕ 3行 − 2行 × 3
　4行 + 3行 × 3
㋖ 3行 ÷ 41
㋗ 4行 − 3行 × 9

練習問題 3-9　解答 p. 222

次の連立方程式は解を有するかどうか判定せよ.

(1) $\begin{cases} x+3y-z=1 \\ 2x+6y-2z=4 \end{cases}$　　(2) $\begin{cases} x+2y=1 \\ 2x+3y=1 \\ 3x+y=1 \end{cases}$

問題 3-⑩ ▼連立 1 次方程式の解法(4)

次の連立方程式を解け.

(1) $\begin{cases} x - y + 2z = 0 \\ -2x - y - 2z = 0 \\ 4x - 7y + 10z = 0 \end{cases}$ …①　(2) $\begin{cases} x + y + z = 3 \\ 3x + 2y - 2z = 5 \\ 6x + 5y + z = 14 \end{cases}$ …②

●考え方●

拡大係数行列を行基本変形を用いて簡単にし，その結果を用いて解を構成してみる.

解答

(1) 係数行列，拡大係数行列は等しく，それを A とおくと，

$$A = \begin{pmatrix} 1 & -1 & 2 \\ -2 & -1 & -2 \\ 4 & -7 & 10 \end{pmatrix} \xrightarrow{ア} \begin{pmatrix} 1 & -1 & 2 \\ 0 & -3 & 2 \\ 0 & -3 & 2 \end{pmatrix}$$

$$\xrightarrow{イ} \begin{pmatrix} 1 & -1 & 2 \\ 0 & 1 & -\frac{2}{3} \\ 0 & 0 & 0 \end{pmatrix} \xrightarrow{ウ} \begin{pmatrix} 1 & 0 & \frac{4}{3} \\ 0 & 1 & -\frac{2}{3} \\ 0 & 0 & 0 \end{pmatrix}$$ から，

① $\Leftrightarrow \begin{cases} x + \frac{4}{3}z = 0 \\ y - \frac{2}{3}z = 0 \end{cases}$ ㊓　$x = -\frac{4}{3}z,\ y = \frac{2}{3}z$ となり

$(x, y, z) = C(-4, 2, 3)$ 答

$\left(C\text{ は任意定数},\ C = \frac{z}{3}\right)$

(2) 拡大係数行列を B とすると，

$$B = \left(\begin{array}{ccc|c} 1 & 1 & 1 & 3 \\ 3 & 2 & -2 & 5 \\ 6 & 5 & 1 & 14 \end{array}\right) \xrightarrow{オ} \left(\begin{array}{ccc|c} 1 & 1 & 1 & 3 \\ 0 & -1 & -5 & -4 \\ 0 & -1 & -5 & -4 \end{array}\right)$$

$$\xrightarrow{カ} \left(\begin{array}{ccc|c} 1 & 1 & 1 & 3 \\ 0 & 1 & 5 & 4 \\ 0 & 0 & 0 & 0 \end{array}\right) \xrightarrow{キ} \left(\begin{array}{ccc|c} 1 & 0 & -4 & -1 \\ 0 & 1 & 5 & 4 \\ 0 & 0 & 0 & 0 \end{array}\right)$$

$\therefore$ rank A = rank $B = 2 < 3$ から解は無数にある.

よって，② $\Leftrightarrow \begin{cases} x - 4z = -1 \\ y + 5z = 4 \end{cases}$，$\begin{cases} x = 4z - 1 \\ y = -5z + 4 \end{cases}$　$\therefore \begin{pmatrix} x \\ y \\ z \end{pmatrix} = C\begin{pmatrix} 4 \\ -5 \\ 1 \end{pmatrix} + \begin{pmatrix} -1 \\ 4 \\ 0 \end{pmatrix}$ 答

（C は任意定数）

ポイント

㋐ 2 行 + 1 行 × 2
　3 行 − 1 行 × 4

㋑ 3 行 − 2 行，2 行 × $-\frac{1}{3}$

㋒ 1 行 + 2 行

㋓ rank A = rank $B = 2 < n$

$$\begin{pmatrix} 1 & 0 & \frac{4}{3} \\ 0 & 1 & -\frac{2}{3} \\ 0 & 0 & 0 \end{pmatrix}\begin{pmatrix} x \\ y \\ z \end{pmatrix} = \begin{pmatrix} 0 \\ 0 \\ 0 \end{pmatrix}$$

より，解は無数にある.

㋔ 2 行 − 1 行 × 3
　3 行 − 1 行 × 6

㋕ 2 行 × −1
　3 行 − 2 行

㋖ 1 行 − 2 行

練習問題　3-10

解答 p. 222

次の連立方程式が解をもつかどうかを調べよ.
また，解がある場合はその解を求めよ.

$$\begin{cases} x - 2y - 7z = 9 \\ 2x - y + z = 3 \\ x - 3y - 12z = 14 \end{cases}$$

問題 3-⑪ ▼**連立1次方程式の解法**

次の連立方程式が解をもつかどうかを調べよ．また，解がある場合はその解を求めよ．

$$\begin{cases} 3x - 7y + 14z - 8u = 24 \\ x - 4y + 3z - u = -2 \\ y + z - u = 6 \\ 2x - 15y - z + 5u = -46 \end{cases}$$

●考え方●

問題 3-⑩と同様な方法で考えてみる．

解答

係数行列，拡大係数行列をそれぞれ A, B とする．

$$B = \left(\begin{array}{cccc|c} 3 & -7 & 14 & -8 & 24 \\ 1 & -4 & 3 & -1 & -2 \\ 0 & 1 & 1 & -1 & 6 \\ 2 & -15 & -1 & 5 & -46 \end{array}\right) \xrightarrow{㋐}$$

$$\left(\begin{array}{cccc|c} 1 & -4 & 3 & -1 & -2 \\ 0 & 1 & 1 & -1 & 6 \\ 3 & -7 & 14 & -8 & 24 \\ 2 & -15 & -1 & 5 & -46 \end{array}\right) \xrightarrow{㋑} \left(\begin{array}{cccc|c} 1 & -4 & 3 & -1 & -2 \\ 0 & 1 & 1 & -1 & 6 \\ 0 & 5 & 5 & -5 & 30 \\ 0 & -7 & -7 & 7 & -42 \end{array}\right) \xrightarrow{㋒}$$

$$\left(\begin{array}{cccc|c} 1 & -4 & 3 & -1 & -2 \\ 0 & 1 & 1 & -1 & 6 \\ 0 & 0 & 0 & 0 & 0 \\ 0 & 0 & 0 & 0 & 0 \end{array}\right) \xrightarrow{㋓} \left(\begin{array}{cccc|c} 1 & 0 & 7 & -5 & 22 \\ 0 & 1 & 1 & -1 & 6 \\ 0 & 0 & 0 & 0 & 0 \\ 0 & 0 & 0 & 0 & 0 \end{array}\right)$$

ポイント

㋐ 1行，2行，3行を入れ換える．
㋑ 3行 − 1行 × 3
　 4行 − 1行 × 2
㋒ 3行 − 2行 × 5
　 4行 + 2行 × 7
㋓ 1行 + 2行 × 4

∴ $\text{rank}\, A = \text{rank}\, B = 2 < 4$ となり，解は無数に存在する． 答

その解は，（与式）⇔ $\begin{cases} x + 7z - 5u = 22 \\ y + z - u = 6 \end{cases}$，$\begin{cases} x = -7z + 5u + 22 \\ y = -z + u + 6 \end{cases}$

$$\begin{pmatrix} x \\ y \\ z \\ u \end{pmatrix} = s\begin{pmatrix} -7 \\ -1 \\ 1 \\ 0 \end{pmatrix} + t\begin{pmatrix} 5 \\ 1 \\ 0 \\ 1 \end{pmatrix} + \begin{pmatrix} 22 \\ 6 \\ 0 \\ 0 \end{pmatrix}$$ （s, t は任意定数） 答

練習問題　3-11 解答 p. 222

次の連立方程式を解け．

$$\begin{cases} x + z + 3v = 0 \\ x - 2y - 3z + v = 0 \\ 2x + 3y - 8u + v = 0 \\ 3x + y - z - 6u + 4v = 0 \end{cases}$$

問題 3-⑫ ▼逆行列（掃き出し法）

$A=\begin{pmatrix}0&7&0&-4\\-7&0&8&0\\0&-5&0&3\\8&0&-9&0\end{pmatrix}$ の逆行列を掃き出し法により求めよ．

●考え方●

A に E を加えた拡大係数行列を行基本変形をして $(E\mid u)$ の形に変形する（p. 72 参照）．

解答

$B=(A,E_4)$ とおくと，

$$B=\left(\begin{array}{cccc|cccc}0&7&0&-4&1&0&0&0\\-7&0&8&0&0&1&0&0\\0&-5&0&3&0&0&1&0\\8&0&-9&0&0&0&0&1\end{array}\right)$$

$$\xrightarrow{㋐}\left(\begin{array}{cccc|cccc}0&7&0&-4&1&0&0&0\\-7&0&8&0&0&1&0&0\\0&-5&0&3&0&0&1&0\\1&0&-1&0&0&1&0&1\end{array}\right)\xrightarrow{㋑}\left(\begin{array}{cccc|cccc}0&7&0&-4&1&0&0&0\\0&0&1&0&0&8&0&7\\0&-5&0&3&0&0&1&0\\1&0&-1&0&0&1&0&1\end{array}\right)$$

$$\xrightarrow[4行+2行]{1行+3行}\left(\begin{array}{cccc|cccc}0&2&0&-1&1&0&1&0\\0&0&1&0&0&8&0&7\\0&-5&0&3&0&0&1&0\\1&0&0&0&0&9&0&8\end{array}\right)\xrightarrow{3行+1行\times3}\left(\begin{array}{cccc|cccc}0&2&0&-1&1&0&1&0\\0&0&1&0&0&8&0&7\\0&1&0&0&3&0&4&0\\1&0&0&0&0&9&0&8\end{array}\right)$$

$$\xrightarrow[1行\times(-1)+3行\times2]{}\left(\begin{array}{cccc|cccc}0&0&0&1&5&0&7&0\\0&0&1&0&0&8&0&7\\0&1&0&0&3&0&4&0\\1&0&0&0&0&9&0&8\end{array}\right)\xrightarrow[2行,3行交換]{1行,4行交換}\left(\begin{array}{cccc|cccc}1&0&0&0&0&9&0&8\\0&1&0&0&3&0&4&0\\0&0&1&0&0&8&0&7\\0&0&0&1&5&0&7&0\end{array}\right)$$

$$\therefore\ A^{-1}=\begin{pmatrix}0&9&0&8\\3&0&4&0\\0&8&0&7\\5&0&7&0\end{pmatrix}$$ 答

ポイント

㋐ 4行＋2行
㋑ 2行＋4行×7

練習問題　3-12　解答 p. 223

$A=\begin{pmatrix}0&0&c&1\\0&b&1&0\\a&1&0&0\\1&0&0&0\end{pmatrix}$ の逆行列を掃き出し法により求めよ．

コラム 3 ◆関孝和「記号代数の創案」

ニュートンやライプニッツとほぼ同時期に活躍した関孝和は行列式や微分積分などをほぼ同じ時期に考えている．彼は，江戸時代の算木による代数学（**天元術**とよぶ）を大幅に改良して，記号を使う乗算式の代数学を作り出した．天元術は**図 1** のように算木を使って数を表し，方程式を解くときは算盤上に並べて解いた．しかし天元術を使って解ける方程式は数字に限られており，しかも未知数は x ただ 1 つといった一元方程式に限られていた．

天元術を大幅に改良した孝和は，加・減・乗の記号の傍らに文字を書きそえることによって（**傍書法**とよぶ）表現し（**図 2**），紙の上に記述したのである．これによって，最終的には変数の数が 2 種類以上で，文字記号を係数とする一般の整式の方程式を扱うことができるようになった．

（《注意》孝和の傍書法の記号は加・減・乗の 3 つだけで，除はなかった．
除は孝和の弟子である建部賢弘（かたひろ）によってつくられた．）

このようにして，彼は本質的には現代の代数学と同じ記号法にたどりついた．それから後の彼の進歩はめざましく，連立 2 元 1 次方程式，連立 3 元 1 次方程式の一般解の公式を得るのである．

3 次の行列式の考え方（**図 3**）がヨーロッパで求められたのは（サラスの方法）19 世紀なかばであり，孝和はそれに約 200 年先立っていたことになる．

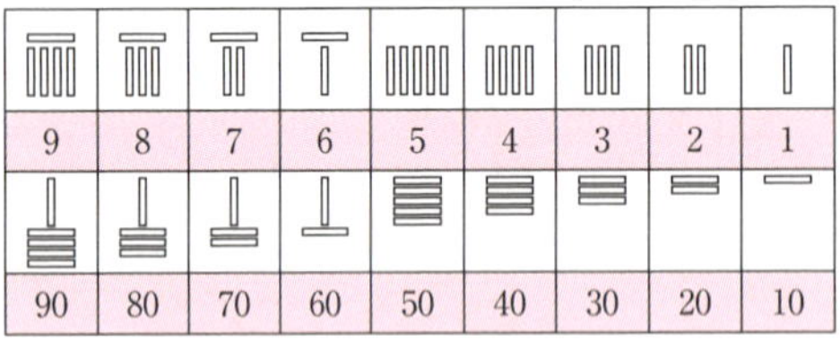

図 1　算木による数の表し方．方程式をとくときは算盤上に並べた．

$a+b$	丨甲丨乙
$ab-c$	丨甲乙丨̸丙
x^2	丨甲巾

（甲，乙，丙は変数 a, b, c に対応．
丨は＋に 丨̸ は－に対応する．
巾は 2 乗を表す．）

図 2　傍書法（加・減・乗の 1 例）

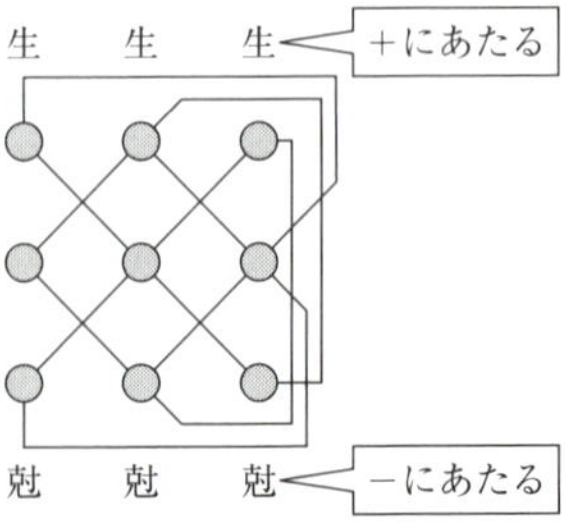

図 3　関孝和が示した行列式の展開法

Chapter 4

ベクトル空間 I

高校数学で学んだ平面ベクトル，空間ベクトルを復習する形で
ベクトル表現について確認をする．
そして，線形代数全般にわたって非常に重要な線形独立（1 次独立）と
線形従属（1 次従属）の概念を学び，線形独立性と行列の
階数との対応を調べる．
次に一様に広がった線形空間の部分集合である部分空間の
概念および次元の考え方を学び，行列との対応を試みる．

基本事項

高校数学で平面ベクトル，空間ベクトルの考え方は学んでいる．これを n 次元空間に拡張する．高校数学で取り扱った事項を復習しながら，整理をする．

1 平面および空間のベクトル（問題 4-[1], [2], [3]）

自然現象に現れる量（長さ，質量，温度，時間，… 等）の多くは，ある単位とこれを用いて測った数値で完全に表すことができる．このような量を**スカラー**という．これに対して速度や力のように単なる数値，すなわち大きさだけではなく，同時にその方向を示さなければならない量がある．方向と大きさを持つ量を**ベクトル**という．

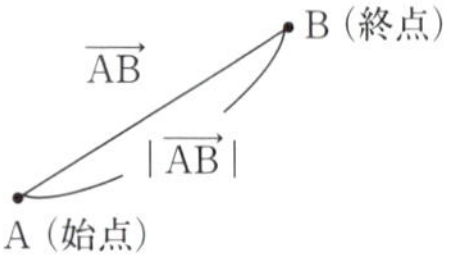

❶ ベクトルの表現

ベクトルは右の図のように，矢印をつけた線分で表し，$\overrightarrow{AB}$ または $\boldsymbol{a}$ などと書き，大きさを $|\overrightarrow{AB}|$ または $|\boldsymbol{a}|$ で表す．

- ゼロベクトル…大きさが0であるベクトルで $\vec{o}$ または $\boldsymbol{o}$ で表す．
- 単位ベクトル…大きさが1であるベクトルを**単位ベクトル**といい，$\boldsymbol{e}$ で表し，

$$\boldsymbol{e} = \frac{\boldsymbol{a}}{|\boldsymbol{a}|}$$ となる．

> **Memo** ベクトルの大きさを1にすることを**正規化する**といい，重要である．大きさ1のベクトル $\boldsymbol{e}$ を用いると，任意の長さをかけて，好きな大きさのベクトルを自由に作ることができる．

❷ ベクトルの和，差，実数倍

ベクトルに次のように和，差，実数倍を定義し，ベクトルの計算ができる構造を入れる．

こうして入れた構造を以後「線形な構造」とよび，この構造が与えられた集合を線形空間（またはベクトル空間）とよぶ．

定義1 加法

平面または空間の2つのベクトル $\boldsymbol{a} = \overrightarrow{PQ}$，$\boldsymbol{b} = \overrightarrow{QR}$ と表したとき，ベクトル $\overrightarrow{PR}$ を $\boldsymbol{a}$ と $\boldsymbol{b}$ の和といい，

$$\overrightarrow{PR} = \boldsymbol{a} + \boldsymbol{b}$$

によって定義する（平行四辺形の法則）．

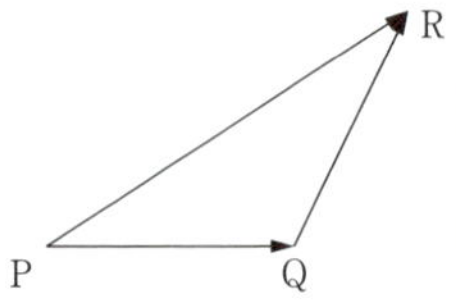

> **Memo**　上の定義は始点と終点が同じであるなら，いかようにも分解できることを意味する．すなわち，PからRに直線的に移動しても，PからQに行ってRにまわり道しても同じである．

また，ベクトル $\boldsymbol{a}$ に実数 c をかける演算を次のように定義する．

定義2　スカラー倍

$c\boldsymbol{a}$

・$c > 0$ のとき，$\boldsymbol{a}$ と同じ向きで長さが c 倍のベクトル

・$c < 0$ のとき，$\boldsymbol{a}$ と逆向きで長さが $|c|$ 倍のベクトル

・$c = 0$ のとき，$c\boldsymbol{a} = \boldsymbol{o}$（$\boldsymbol{o}$：ゼロベクトル）

として定義する．

加法とスカラー倍に関して次の基則が成り立つ．

(1) 加法　$\boldsymbol{a} + \boldsymbol{b} = \boldsymbol{b} + \boldsymbol{a}$　（交換則）

$(\boldsymbol{a} + \boldsymbol{b}) + \boldsymbol{c} = \boldsymbol{a} + (\boldsymbol{b} + \boldsymbol{c})$　（結合則）

$\boldsymbol{a} + \boldsymbol{o} = \boldsymbol{a}$　（単位元の存在）

(2) スカラー倍　$c(\boldsymbol{a} + \boldsymbol{b}) = c\boldsymbol{a} + c\boldsymbol{b}$　（分配則）

$(c + d)\boldsymbol{a} = c\boldsymbol{a} + d\boldsymbol{a}$　（分配則）

$(cd)\boldsymbol{a} = c(d\boldsymbol{a})$　（分配則）

加法の証明は下図から明らかである．

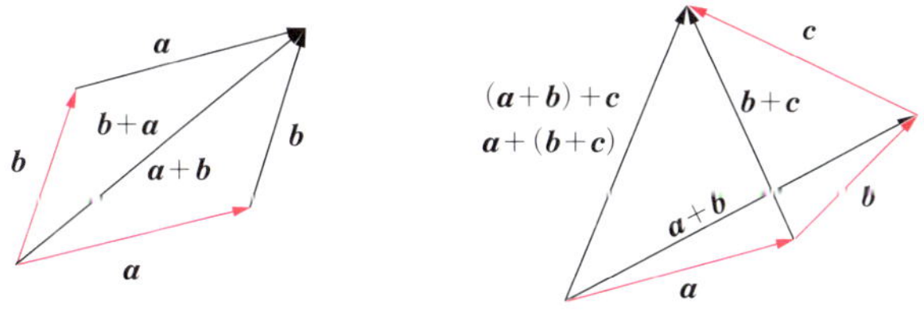

このようにして，平面または空間上のベクトルの集合に「線形な構造」が与えられ，平面または空間のベクトルの全体は線形空間を作る．線形空間とは，そのなかで加法とスカラー倍の演算が自由にできる集合であり，その要素がベクトルである．

❸ 平面，空間上の点の表現

定義1，2を用いて，平面，空間上のベクトルの分布を広げていくことができる．

(1) 平面上のベクトルの分解

平行でなくかつゼロベクトルでない，2つのベクトル $\boldsymbol{a}, \boldsymbol{b}$ は**1次独立なベクトル**とよび，平面上の任意なベクトル $\boldsymbol{p}$ が $\boldsymbol{a}, \boldsymbol{b}$ を用いて，

$$\boldsymbol{p} = s\boldsymbol{a} + t\boldsymbol{b} \quad (s, t：実数)$$

と表せる．

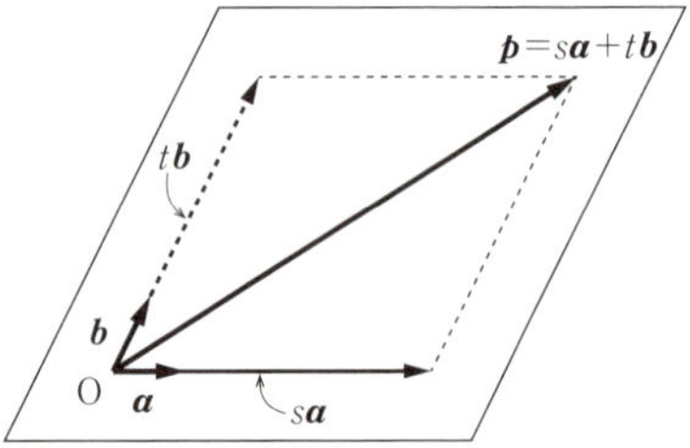

$\boldsymbol{p}$ の終点は，実数 s, t の値を任意に変化させると，2次元平面を描くことができる．この平面を2つのベクトル $\boldsymbol{a}$ と $\boldsymbol{b}$ **で張られた平面**とよぶ．

$\boldsymbol{a}, \boldsymbol{b}$ を1次独立なベクトルとするとき，次の(1), (2)が成り立つ．

> (1) 実数 s, t に対して，$s\boldsymbol{a} + t\boldsymbol{b} = \boldsymbol{o} \Leftrightarrow s = t = 0$
>
> (2) 実数 s, s', t, t' に対して，
>
> $$s\boldsymbol{a} + t\boldsymbol{b} = s'\boldsymbol{a} + t'\boldsymbol{b} \Leftrightarrow s = s',\ t = t'$$

(証明)

(1) (⇦) 明らかである．

(⇨) $s\boldsymbol{a} + t\boldsymbol{b} = \boldsymbol{o}$ …①であるとする．$s \neq 0$ であると仮定すると①から

$$\boldsymbol{a} = -\frac{t}{s}\boldsymbol{b}$$

となり，$\boldsymbol{a} /\!/ \boldsymbol{b}$ となり条件に反する．したがって $s = 0$．これと①より $t = 0$．

(2) $s\boldsymbol{a} + t\boldsymbol{b} = s'\boldsymbol{a} + t'\boldsymbol{b} \Leftrightarrow (s - s')\boldsymbol{a} + (t - t')\boldsymbol{b} = \boldsymbol{o}$ であるから(1)より示せる．

上の(2)より，次のことが結論づけられる．

> $\boldsymbol{a}, \boldsymbol{b}$ が1次独立なベクトルのとき，平面上の任意のベクトル $\boldsymbol{p}$ は，
>
> $$\boldsymbol{p} = s\boldsymbol{a} + t\boldsymbol{b} \quad (s, t は実数)$$
>
> の形に1通りに表される．

(2) 空間におけるベクトルの分解

平面上のベクトルの分解を用いて，空間におけるベクトルの表現が次のように拡張できる．

> 4 点 O, A, B, C は同一平面上にないとし，
>
> $\overrightarrow{\mathrm{OA}} = \boldsymbol{a}$，$\overrightarrow{\mathrm{OB}} = \boldsymbol{b}$，$\overrightarrow{\mathrm{OC}} = \boldsymbol{c}$ とすると，
>
> 空間の任意のベクトル $\boldsymbol{p}$ は，
>
> $\boldsymbol{p} = s\boldsymbol{a} + t\boldsymbol{b} + r\boldsymbol{c}$　(s, t, r は実数)
>
> の形に 1 通りに表される．

$s, t, r \neq 0$ のとき，下図のような**平行六面体**ができる．

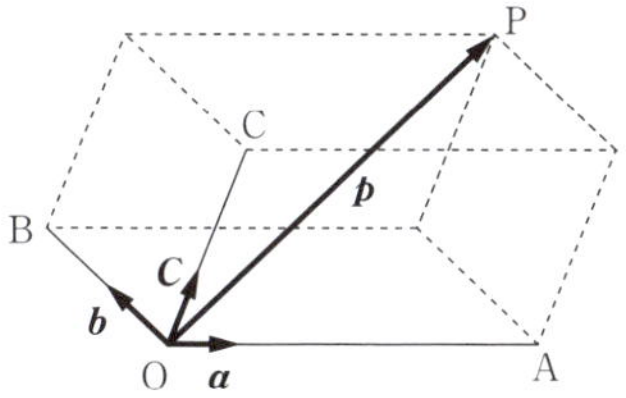

(3) 分点の位置ベクトル

異なる 2 点 A($\boldsymbol{a}$)，B($\boldsymbol{b}$) に対して，

- 線分 AB を $m : n$ ($m > 0$，$n > 0$) に**内分**する点を P($\boldsymbol{p}$) とすると，

$$\boldsymbol{p} = \frac{n}{m+n}\boldsymbol{a} + \frac{m}{m+n}\boldsymbol{b}$$

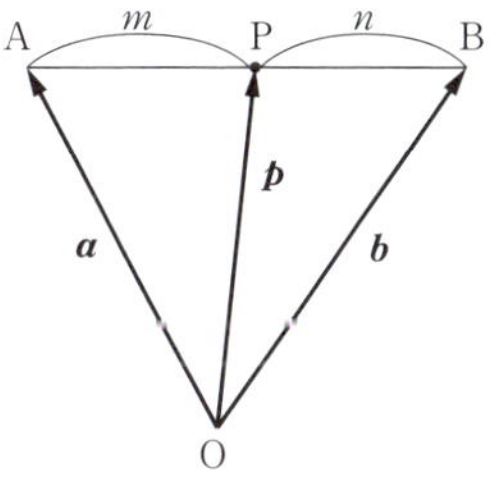

($\because$)

$$\boldsymbol{p} = \overrightarrow{\mathrm{OA}} + \frac{m}{m+n}\overrightarrow{\mathrm{AB}}$$

$$= \boldsymbol{a} + \frac{m}{m+n}(\boldsymbol{b} - \boldsymbol{a})$$

$$= \frac{n}{m+n}\boldsymbol{a} + \frac{m}{m+n}\boldsymbol{b}$$

- 線分 AB を $m : n$ ($m > 0$，$n > 0$，$m \neq n$) に**外分**する点を Q($\boldsymbol{q}$) とすると

$$\boldsymbol{q} = -\frac{n}{m-n}\boldsymbol{a} + \frac{m}{m-n}\boldsymbol{b}$$

例　△OAB に対して，辺 AB を，2：1 に内分する点を P，2：1 に外分する点を Q，1：3 に外分する点を R とすると，

$$\overrightarrow{\mathrm{OP}}=\frac{\overrightarrow{\mathrm{OA}}+2\overrightarrow{\mathrm{OB}}}{2+1}=\frac{1}{3}\overrightarrow{\mathrm{OA}}+\frac{2}{3}\overrightarrow{\mathrm{OB}}$$

$$\overrightarrow{\mathrm{OQ}}=\frac{-\overrightarrow{\mathrm{OA}}+2\overrightarrow{\mathrm{OB}}}{2-1}=-\overrightarrow{\mathrm{OA}}+2\overrightarrow{\mathrm{OB}}$$

$$\overrightarrow{\mathrm{OR}}=\frac{3\overrightarrow{\mathrm{OA}}-\overrightarrow{\mathrm{OB}}}{3-1}=\frac{3}{2}\overrightarrow{\mathrm{OA}}-\frac{1}{2}\overrightarrow{\mathrm{OB}}$$

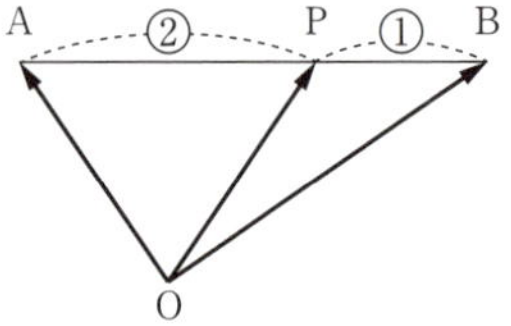

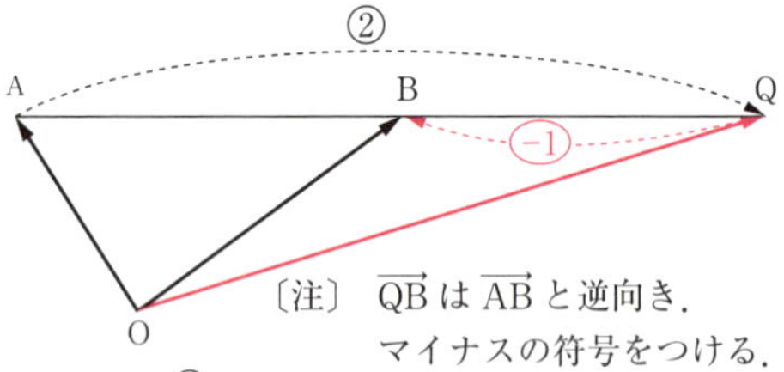

〔注〕 $\overrightarrow{\mathrm{QB}}$ は $\overrightarrow{\mathrm{AB}}$ と逆向き．マイナスの符号をつける．

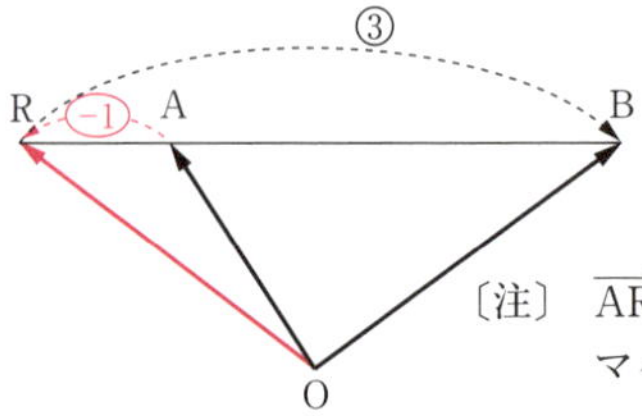

〔注〕 $\overrightarrow{\mathrm{AR}}$ は $\overrightarrow{\mathrm{AB}}$ と逆向き．マイナスの符号をつける．

❹ 座標の導入

p. 90，p. 91 で得られた線形空間を構成するベクトルは，「数」とは直接のつながりがない．この線形空間を数と結びつけるためには，平面に**座標**を導入する必要がある．

すなわち，空間上に直交する x 軸，y 軸，z 軸をとって座標平面とし，ベクトル $\overrightarrow{\mathrm{PQ}}$ の始点 P を座標原点におくと，ベクトルは終点 Q の位置だけで決まり，それは Q の座標 (a_1, a_2, a_3) として示される．このようにして $\overrightarrow{\mathrm{PQ}}$ と座標 (a_1, a_2, a_3) の対応がつく．$\overrightarrow{\mathrm{QR}}=(b_1, b_2, b_3)$ とおくと，

$$\overrightarrow{\mathrm{PQ}}+\overrightarrow{\mathrm{QR}}=\overrightarrow{\mathrm{PR}} \Leftrightarrow (a_1, a_2, a_3)+(b_1, b_2, b_3)=(a_1+b_1, a_2+b_2, a_3+b_3)$$
$$c\overrightarrow{\mathrm{PQ}} \Leftrightarrow c(a_1, a_2, a_3)=(ca_1, ca_2, ca_3)$$

となり，ベクトルの演算は，座標を通して線形空間になる．

座標を導入することのメリットは，例えば空間の n 個の動点を $\mathrm{P}_1, \mathrm{P}_2, \cdots, \mathrm{P}_n$ とすると，n 個の動点の動きを幾何的に把握することは不可能であるが，各点に座標を $p_k=(a_k, b_k, c_k)$ として導入すると，n 個の点は $(a_1, b_1, c_1, \cdots, a_k, b_k, c_k, \cdots, a_n, b_n, c_n)$ と $3n$ 次元の線形空間の点として表現できることにある．

❺ ベクトルの内積

高校数学で，位置関係を数量化するものとして次のように内積が定義された（n 次元空間での内積は Chapter 5 で取り扱う）．

(1) 内積の定義

> ベクトル $\boldsymbol{a}(\neq \boldsymbol{o})$，$\boldsymbol{b}(\neq \boldsymbol{o})$ の内積 $\boldsymbol{a}\cdot\boldsymbol{b}$ を，$\boldsymbol{a}\cdot\boldsymbol{b}$ のなす角を θ $(0 \leqq \theta \leqq \pi)$ として，次のように定める．
>
> $$\boldsymbol{a}\cdot\boldsymbol{b} = |\boldsymbol{a}||\boldsymbol{b}|\cos\theta$$

(2) 内積と成分

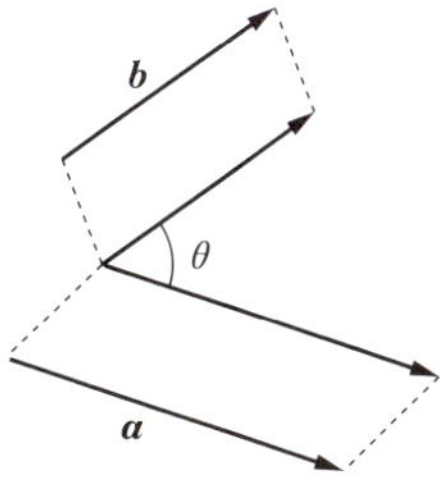

㋑ $\boldsymbol{a} = (a_1, a_2)$，$\boldsymbol{b} = (b_1, b_2)$ のとき，

$$\boldsymbol{a}\cdot\boldsymbol{b} = a_1b_1 + a_2b_2$$

㋺ $\boldsymbol{a} = (a_1, a_2, a_3)$，$\boldsymbol{b} = (b_1, b_2, b_3)$ のとき，

$$\boldsymbol{a}\cdot\boldsymbol{b} = a_1b_1 + a_2b_2 + a_3b_3$$

2 つのベクトルのなす角を θ とすると，$(0 \leqq \theta \leqq \pi)$

$$\cos\theta = \frac{\vec{a}\cdot\vec{b}}{|\vec{a}||\vec{b}|} = \frac{a_1b_1 + a_2b_2 + a_3b_3}{\sqrt{a_1^2 + a_2^2 + a_3^2}\sqrt{b_1^2 + b_2^2 + b_3^2}}$$

$\boldsymbol{a} \neq \boldsymbol{o}$，$\boldsymbol{b} \neq \boldsymbol{o}$ のとき，

$$\boldsymbol{a} \perp \boldsymbol{b} \Leftrightarrow \boldsymbol{a}\cdot\boldsymbol{b} = 0 \Leftrightarrow a_1b_1 + a_2b_2 + a_3b_3 = 0$$

> **例題**
>
> $|\boldsymbol{a}| = 3$，$|\boldsymbol{b}| = 1$，$|\boldsymbol{a} + \boldsymbol{b}| = \sqrt{13}$ とする．
> $\boldsymbol{a}\cdot\boldsymbol{b}$ および $\boldsymbol{a}$ と $\boldsymbol{b}$ のなす角 θ $(0 \leqq \theta \leqq \pi)$ を求めよ．

（解）$13 = |\boldsymbol{a} + \boldsymbol{b}|^2 = |\boldsymbol{a}|^2 + |\boldsymbol{b}|^2 + 2\boldsymbol{a}\cdot\boldsymbol{b}$

$$= 9 + 1 + 2\boldsymbol{a}\cdot\boldsymbol{b} \qquad \therefore\ \boldsymbol{a}\cdot\boldsymbol{b} = \frac{3}{2} \quad \cdots(\text{答})$$

$$\cos\theta = \frac{\boldsymbol{a}\cdot\boldsymbol{b}}{|\boldsymbol{a}||\boldsymbol{b}|} = \frac{\frac{3}{2}}{3\cdot 1} = \frac{1}{2} \qquad \therefore\ \theta = \frac{\pi}{3} \quad \cdots(\text{答})$$

2 線形結合，線形独立，線形従属（問題 4-4, 5, 6）

線形代数全般にわたって非常に重要な線形独立（1 次独立），線形従属（1 次従属）の概念を定義する．

❶ 線形結合，線形独立，線形従属

定義1　線形結合

ベクトル $\boldsymbol{a}$ がベクトル $\boldsymbol{a}_1, \boldsymbol{a}_2, \cdots, \boldsymbol{a}_k$ によって，

$$\boldsymbol{a} = c_1\boldsymbol{a}_1 + c_2\boldsymbol{a}_2 + \cdots + c_k\boldsymbol{a}_k$$

のように表されるとき，$\boldsymbol{a}$ を $\boldsymbol{a}_1, \boldsymbol{a}_2, \cdots, \boldsymbol{a}_k$ の**線形結合**または**1 次結合**という．

定義2

k 個のベクトルの組 $\boldsymbol{a}_1, \boldsymbol{a}_2, \cdots, \boldsymbol{a}_k$ が**線形独立**（1 次独立）であるとは，実数の組 $c_1, c_2, \cdots, c_k$ が

$$c_1\boldsymbol{a}_1 + c_2\boldsymbol{a}_2 + \cdots + c_k\boldsymbol{a}_k = \boldsymbol{o} \quad \cdots ①$$

をみたすならば，必ず $c_1 = c_2 = \cdots = c_k = 0$ となることをいう．また，ベクトルの組 $\boldsymbol{a}_1, \boldsymbol{a}_2, \cdots, \boldsymbol{a}_k$ が**線形従属**とは，少なくともひとつは 0 でない実数の組 $c_1, c_2, \cdots, c_k$ で①をみたすものが存在することをいう．

線形独立と線形従属を定める命題は，互いに他の否定になっている．つまり，ベクトルの組は線形独立（1 次独立）か線形従属（1 次従属）であるかのどちらかである．

例

3 個のベクトル　$\boldsymbol{a}_1 = \begin{pmatrix} 1 \\ -2 \\ 1 \end{pmatrix}, \ \boldsymbol{a}_2 = \begin{pmatrix} 1 \\ -1 \\ -1 \end{pmatrix}, \ \boldsymbol{a}_3 = \begin{pmatrix} 1 \\ -3 \\ 3 \end{pmatrix}$

を考えると，$\boldsymbol{a}_2 = 2\boldsymbol{a}_1 - \boldsymbol{a}_3$ であるから，この $\boldsymbol{a}_1, \boldsymbol{a}_2, \boldsymbol{a}_3$ は線形従属である．

Memo　平面上の任意のベクトル $\boldsymbol{p}$ は 1 次独立なベクトル $\boldsymbol{a}, \boldsymbol{b}$ を用いて，$\boldsymbol{p} = s\boldsymbol{a} + t\boldsymbol{b}$（$s, t$：実数）と表せた（p. 92）．また，空間上の任意のベクトル $\boldsymbol{p}$ は 1 次独立のベクトル $\boldsymbol{a}, \boldsymbol{b}, \boldsymbol{c}$ を用いて，$\boldsymbol{p} = s\boldsymbol{a} + t\boldsymbol{b} + r\boldsymbol{c}$（$s, t, r$：実数）と表せた（p. 93）．1 次独立のベクトルの個数を 2 個, 3 個, $\cdots$, k 個と拡張したものが上の 定義1 である．

次の命題が成り立つ．

> 命題 1
> n 次元ベクトル $\boldsymbol{a}_1, \boldsymbol{a}_2, \cdots, \boldsymbol{a}_k$ が線形独立であり，n 次元ベクトル $\boldsymbol{a}$ が $\boldsymbol{a}_1, \boldsymbol{a}_2, \cdots, \boldsymbol{a}_k$ の線形結合で表されるとき，その表し方は一意的である．

証明　ベクトル $\boldsymbol{a}$ が $\boldsymbol{a}_1, \boldsymbol{a}_2, \cdots, \boldsymbol{a}_k$ の線形結合として，

$$\boldsymbol{a} = s_1\boldsymbol{a}_1 + s_2\boldsymbol{a}_2 + \cdots + s_k\boldsymbol{a}_k = t_1\boldsymbol{a}_1 + t_2\boldsymbol{a}_2 + \cdots + t_k\boldsymbol{a}_k$$

と 2 通りに表されたとする．このとき，

$$(s_1 - t_1)\boldsymbol{a}_1 + (s_2 - t_2)\boldsymbol{a}_2 + \cdots + (s_k - t_k)\boldsymbol{a}_k = \boldsymbol{o}$$

を得る．

$\boldsymbol{a}_1, \boldsymbol{a}_2, \cdots, \boldsymbol{a}_k$ は線形独立であるから，

$$s_1 - t_1 = 0,\ s_2 - t_2 = 0,\ \cdots,\ s_k - t_k = 0$$

$$\therefore\ s_1 = t_1,\ s_2 = t_2,\ \cdots,\ s_k = t_k$$

となり，表し方はただ 1 通りしかない．■

命題 1 から次の命題 2 が成り立つ．

> 命題 2
> n 次元ベクトル $\boldsymbol{a}_1, \boldsymbol{a}_2, \cdots, \boldsymbol{a}_k$ が線形独立であるとする．
> (1) n 次元ベクトル $\boldsymbol{b}$ について，$\boldsymbol{a}_1, \boldsymbol{a}_2, \cdots, \boldsymbol{a}_k, \boldsymbol{b}$ が線形従属であるならば，$\boldsymbol{b}$ は $\boldsymbol{a}_1, \boldsymbol{a}_2, \cdots, \boldsymbol{a}_k$ の線形結合として一意的に表される．
> (2) n 次元ベクトル $\boldsymbol{b}$ が $\boldsymbol{a}_1, \boldsymbol{a}_2, \cdots, \boldsymbol{a}_k$ の線形結合として表されないならば，$\boldsymbol{a}_1, \boldsymbol{a}_2, \cdots, \boldsymbol{a}_k, \boldsymbol{b}$ が線形独立である．

証明 → 問題 4-6（p. 108）

例　次の 3 つのベクトル $\boldsymbol{a}_1, \boldsymbol{a}_2, \boldsymbol{a}_3$ が線形独立か線形従属かを調べよ．

$$\boldsymbol{a}_1 = \begin{pmatrix} 1 \\ 2 \\ 1 \\ 1 \end{pmatrix},\ \boldsymbol{a}_2 = \begin{pmatrix} 2 \\ 5 \\ 4 \\ 3 \end{pmatrix},\ \boldsymbol{a}_3 = \begin{pmatrix} -2 \\ 2 \\ 7 \\ 3 \end{pmatrix}$$

（解）　$c_1\boldsymbol{a}_1 + c_2\boldsymbol{a}_2 + c_3\boldsymbol{a}_3 = \boldsymbol{o} \cdots$ ①を c_1, c_2, c_3 を未知数とする方程式とみて，$c_1 = c_2 = c_3 = 0$ 以外の解をもつかどうかを調べればよい．

①は

$$\begin{pmatrix} 1 & 2 & -2 \\ 2 & 5 & 2 \\ 1 & 4 & 7 \\ 1 & 3 & 3 \end{pmatrix}\begin{pmatrix} c_1 \\ c_2 \\ c_3 \end{pmatrix} = \begin{pmatrix} 0 \\ 0 \\ 0 \\ 0 \end{pmatrix}$$

と書くことができる．係数行列の階数は 3 である（p. 79 **問題** 3-4(1)）．よって自明な解 $c_1 = c_2 = c_3 = 0$ しかもたない．

$\therefore$ $\boldsymbol{a}_1, \boldsymbol{a}_2, \boldsymbol{a}_3$ は線形独立（1 次独立）である．

この例題の解答は，与えられたベクトルが線形独立かどうかを判定する一般的な方法を提示する．

次にこのことを整理する．

❷ 線形独立性と行列の階数

線形独立の条件より，k 個の n 次元ベクトル $\boldsymbol{a}_1, \boldsymbol{a}_2, \cdots, \boldsymbol{a}_k$ が線形独立であることは，$c_1, c_2, \cdots, c_k$ を未知数とする方程式

$$c_1\boldsymbol{a}_1 + c_2\boldsymbol{a}_2 + \cdots + c_k\boldsymbol{a}_k = \boldsymbol{o} \quad \cdots(*)$$

が自明な解しかもたないことと同値である．

$$(*) \Leftrightarrow (\boldsymbol{a}_1, \boldsymbol{a}_2, \cdots, \boldsymbol{a}_k)\begin{pmatrix} c_1 \\ c_2 \\ \vdots \\ c_k \end{pmatrix} = \boldsymbol{o}$$

ここで $A = (\boldsymbol{a}_1, \boldsymbol{a}_2, \cdots, \boldsymbol{a}_k)$ とおくと A は n 行 k 列の行列である．この方程式が自明でない解をもつためには，

$\operatorname{rank} A <$ 未知数の個数（ここでは k）が必要十分であり，自明な解しかもたないためには，

$\operatorname{rank} A = k$　が必要十分となる．

以上をまとめると，

> **定理 1**
>
> $A = (\boldsymbol{a}_1, \boldsymbol{a}_2, \cdots, \boldsymbol{a}_k)$ とするとき，
>
> $\boldsymbol{a}_1, \boldsymbol{a}_2, \cdots, \boldsymbol{a}_k$ が線形独立 $\Leftrightarrow$ $\operatorname{rank} A = k$

特に $k=n$ すなわち行列 $(\boldsymbol{a}_1, \boldsymbol{a}_2, \cdots, \boldsymbol{a}_k)$ が正方行列のときは，階数が n に一致することと，行列が正則行列であることは同値であるから，次のことが成り立つ．

> 定理 2
>
> A を n 次正方行列とし，$A=(\boldsymbol{a}_1, \boldsymbol{a}_2, \cdots, \boldsymbol{a}_n)$ のとき，
>
> $\boldsymbol{a}_1, \boldsymbol{a}_2, \cdots, \boldsymbol{a}_n$ は線形独立
>
> $\Leftrightarrow$ A は正則である．$\Leftrightarrow$ $|A| \neq 0$
>
> $\Leftrightarrow$ 同次連立 1 次方程式 $A\boldsymbol{x}=\boldsymbol{o}$ は自明な解しかもたない．

例題

$\boldsymbol{a}_1=\begin{pmatrix}1\\-1\\2\end{pmatrix}$, $\boldsymbol{a}_2=\begin{pmatrix}3\\-3\\2\end{pmatrix}$, $\boldsymbol{a}_3=\begin{pmatrix}-3\\2\\-3\end{pmatrix}$ が線形独立か線形従属か判定せよ．

(解)　$c_1\boldsymbol{a}_1+c_2\boldsymbol{a}_2+c_3\boldsymbol{a}_3=\boldsymbol{o}$ …① を c_1, c_2, c_3 を未知数とする方程式とみて，$c_1=c_2=c_3=0$ 以外の解をもつかどうか調べればよい．

$$① \Leftrightarrow \begin{pmatrix}1&3&-3\\-1&-3&2\\2&2&-3\end{pmatrix}\begin{pmatrix}c_1\\c_2\\c_3\end{pmatrix}=\begin{pmatrix}0\\0\\0\end{pmatrix}$$

$A=(\boldsymbol{a}_1, \boldsymbol{a}_2, \boldsymbol{a}_3)=\begin{pmatrix}1&3&-3\\-1&-3&2\\2&2&-3\end{pmatrix}$ とおくと，

$|A|=-4 \neq 0$ (p. 82 問題 3-7, (2)参照) となり，A は正則行列である．

$\therefore$ $\boldsymbol{a}_1, \boldsymbol{a}_2, \boldsymbol{a}_3$ は線形独立．

よって，$c_1=c_2=c_3=0$ となる．

3　部分空間（問題 4-8, 9, 10）

❶ 部分空間

空間内のベクトルの集合（部分集合）の中でも直線や平面のように，一様に拡がった状態で分布しているベクトルの集合が重要になる．“一様に拡がった状態”の部分集合を代数の言葉のみで表現したものが次の定義である．

定義 部分空間

空間 $\boldsymbol{R}^n$ の部分集合 V に対し

(1) $\boldsymbol{a}, \boldsymbol{b} \in V \quad \Rightarrow \quad \boldsymbol{a}+\boldsymbol{b} \in V$

(2) $\boldsymbol{a} \in V, k \in R \quad \Rightarrow \quad k\boldsymbol{a} \in V$

という条件が成立するとき，V を $\boldsymbol{R}^n$ の**部分空間**という．

“一様に拡がった” を表現しているのが条件(1), (2)である．部分空間の条件(2)で $k=0$ とすると，$o \in V$ となる．したがって，$\boldsymbol{R}^n$ の部分空間は必ず $\boldsymbol{o}$ を要素とする．

また，(2)の条件で $k=-1$ とするとき，$\boldsymbol{a} \in V$ のとき $-\boldsymbol{a} \in V$ となる．したがって，$\boldsymbol{R}^n$ の部分空間 V は $\boldsymbol{a}$ を要素とすれば，必ずその逆ベクトル $-\boldsymbol{a}$ も要素とする．

集合 $\boldsymbol{R}^n$ 自身は部分空間の条件(1), (2)をみたす．よって $\boldsymbol{R}^n$ 自身も $\boldsymbol{R}^n$ の部分空間である．これは $\boldsymbol{R}^n$ の中で1番大きな部分空間となる．一方，一番小さい部分空間は $\boldsymbol{o}$ だけからなる要素が1つだけの集合である．

次に，より一般的な部分空間を導入する．

それは空間内にいくつかのベクトルを配置し，これらを拡大・縮小したり，足し合わせたりすることで，ベクトルの分布を広げていく．すなわち，

$\boldsymbol{a}_1, \boldsymbol{a}_2, \cdots, \boldsymbol{a}_k \in \boldsymbol{R}^n$ が与えられたとき，

その線形結合 $c_1\boldsymbol{a}_1 + c_2\boldsymbol{a}_2 + \cdots + c_k\boldsymbol{a}_k$ の全体は $\boldsymbol{R}^n$ の部分空間になる．

$$W = \{c_1\boldsymbol{a}_1 + c_2\boldsymbol{a}_2 + \cdots + c_k\boldsymbol{a}_k \mid c_i \in R\}$$

を $\boldsymbol{a}_1, \boldsymbol{a}_2, \cdots, \boldsymbol{a}_k$ **により生成された部分空間**という．

❷ 交空間，和空間

$W_1, W_2, \cdots, W_r, \cdots$ はベクトル空間 V の部分空間とする．このとき，$W_1 \cap W_2 \cap \cdots \cap W_r \cap \cdots$ を**交空間**（**交わり**）という．

また，和集合から作られる部分空間，

$$W_1 + W_2 + \cdots + W_r = \{x_1 + x_2 + \cdots + x_r \mid x_1 \in W_1, x_2 \in W_2, \cdots, x_r \in W_r\}$$

を**和空間**という．

4　基底および次元（問題 4-11, 12, 13, 14, 15）

❶ 基底

線形空間を V とする．V が**有限生成的**であるとは，V の中に有限個のベクトル $\boldsymbol{a}_1, \boldsymbol{a}_2, \cdots, \boldsymbol{a}_l$ があって，V のどんなベクトルも，$\boldsymbol{a}_1, \boldsymbol{a}_2, \cdots, \boldsymbol{a}_l$ の 1 次結合として表されることである．このとき，V は $\boldsymbol{a}_1, \boldsymbol{a}_2, \cdots, \boldsymbol{a}_l$ から生成されるという．

線形空間 V が $\boldsymbol{a}_1, \boldsymbol{a}_2, \cdots, \boldsymbol{a}_l$ から生成されているとする．$\boldsymbol{a}_1, \boldsymbol{a}_2, \cdots, \boldsymbol{a}_l$ を順にみていくと，$\boldsymbol{a}_1, \boldsymbol{a}_2$ は 1 次独立でも，$\boldsymbol{a}_3$ は $\boldsymbol{a}_1, \boldsymbol{a}_2$ の 1 次結合として表されることがある．

このとき，$\{\boldsymbol{a}_1, \boldsymbol{a}_2, \cdots, \boldsymbol{a}_l\}$ のなかから a_3 は除いておく．こうして前のものの 1 次結合して表される a_i を除いていくと，最後に $\{\boldsymbol{e}_1, \boldsymbol{e}_2, \cdots, \boldsymbol{e}_n\}$ という 1 次独立なベクトルが残る．この $\{\boldsymbol{e}_1, \boldsymbol{e}_2, \cdots, \boldsymbol{e}_n\}$ は次の性質をもつ．

> V のどんな $\boldsymbol{x}$ をとっても次のようにただ 1 通りに表される．
>
> $$\boldsymbol{x} = s_1\boldsymbol{e}_1 + s_2\boldsymbol{e}_2 + \cdots + s_n\boldsymbol{e}_n$$

このとき，線形空間 V を**有限次元の線形空間**といい，$\{\boldsymbol{e}_1, \boldsymbol{e}_2, \cdots, \boldsymbol{e}_n\}$ を V の**基底**という．

これをまとめると，

基底の条件

> $\boldsymbol{e}_1, \boldsymbol{e}_2, \cdots, \boldsymbol{e}_n$ が V の基底
>
> $\Leftrightarrow$ $\boldsymbol{e}_1, \boldsymbol{e}_2, \cdots, \boldsymbol{e}_n$ は線形独立
>
> このとき，V の任意の $\boldsymbol{x}$ は $\boldsymbol{e}_1, \boldsymbol{e}_2, \cdots, \boldsymbol{e}_n$ の線形結合で表せる．

一般に $\boldsymbol{R}^n$ は，n 個の実数の組 $(\alpha_1, \alpha_2, \cdots, \alpha_n)$ からなる線形空間であり，その基底ベクトル

$$\boldsymbol{e}_1 = (1, 0, \cdots, 0),\ \boldsymbol{e}_2 = (0, 1, 0, \cdots, 0),\ \cdots,\ \boldsymbol{e}_n = (0, 0, \cdots, 0, 1)$$

によって，

$$\alpha_1\boldsymbol{e}_1 + \alpha_2\boldsymbol{e}_2 + \cdots + \alpha_n\boldsymbol{e}_n \quad \text{と表される．}$$

❷ 次元

上の基底を用いて線形空間 V の**次元**が次のように定義される．

定義

ベクトル空間 V において，基底を与えるベクトル $\boldsymbol{e}_1, \boldsymbol{e}_2, \cdots, \boldsymbol{e}_n$ の個数 n を V の次元といい，

$$n = \dim V$$

と表す．

次の定理が成り立つ．

定理

V を $\boldsymbol{R}^n$ の部分空間とするとき，

(1) $\dim V$ より多くの要素は線形従属である．

(2) V の次元を k とするとき，k 個のベクトル $\boldsymbol{a}_1, \boldsymbol{a}_2, \cdots, \boldsymbol{a}_k$ が線形独立ならば，$\boldsymbol{a}_1, \boldsymbol{a}_2, \cdots, \boldsymbol{a}_k$ は V の基底になる．

証明 問題 4-7 (p. 109)

この定理より，次元は次の性質をもつ．

V_1, V_2 を $\boldsymbol{R}^n$ の部分空間とするとき，

① $V_1 \subset V_2 \Rightarrow \dim V_1 \leqq \dim V_2$

② $V_1 \subset V_2$ かつ $\dim V_1 = \dim V_2 \Rightarrow V_1 = V_2$

③ $\dim(V_1 + V_2) = \dim V_1 + \dim V_2 - \dim(V_1 \cap V_2)$

①, ②は **練習問題 4-7** (p. 109)

❸ 同次連立 1 次方程式の解空間

A を実 (m, n) 行列，$\operatorname{rank} A = r$ とするとき，同次連立 1 次方程式

$$A\boldsymbol{x} = \boldsymbol{o}$$

の解空間全体の集合は，n 次元実列ベクトル全体のつくる線形空間の $n - r$ 次元部分空間をつくる．この部分空間の**基底**を，この同次連立 1 次方程式の**基本解**という．

行に関する基本変形で

$$A \longrightarrow \begin{pmatrix} E_r & K \\ O & O \end{pmatrix},\ K = (t_1, t_2, \cdots, t_{n-r}) \text{ のとき，}$$

$$\begin{pmatrix} -t_1 \\ \boldsymbol{e}_1 \end{pmatrix}, \begin{pmatrix} -t_2 \\ \boldsymbol{e}_2 \end{pmatrix}, \cdots, \begin{pmatrix} -t_{n-r} \\ \boldsymbol{e}_{n-r} \end{pmatrix} \qquad \left(\boldsymbol{e}_i = {}^t(\overbrace{0, \cdots, 1}^{i}, 0, \cdots, 0) \ \ n - r \text{ 次元列ベクトル} \right)$$

が 1 組の基本解を与える．

問題 4-1 ▼平面ベクトル(1) 高校数学

平行四辺形 OACB は，$\mathrm{OA}=\sqrt{2}$，$\mathrm{OB}=1$，$\angle\mathrm{AOB}=45^\circ$ を満たしている．辺 OA を 2：1 に内分する点を D，直線 OC と直線 BD の交点を P，点 A から直線 OC へ下ろした垂線の足を Q とする．$\overrightarrow{\mathrm{OA}}=\boldsymbol{a}$，$\overrightarrow{\mathrm{OB}}=\boldsymbol{b}$ として次の問に答えよ．

(1) $\overrightarrow{\mathrm{OP}}$ を $\boldsymbol{a},\boldsymbol{b}$ を用いて表せ．

(2) $\overrightarrow{\mathrm{OQ}}$ を $\boldsymbol{a},\boldsymbol{b}$ を用いて表せ．

●考え方●

(1) P が直線 OC，BD 上にあることに注目して，共線条件を用いる．

(2) $\overrightarrow{\mathrm{AQ}}\perp\overrightarrow{\mathrm{OC}}\Leftrightarrow\overrightarrow{\mathrm{AQ}}\cdot\overrightarrow{\mathrm{OC}}=0$ を用いる．

解答

(1) P は直線 OP 上の点であるから

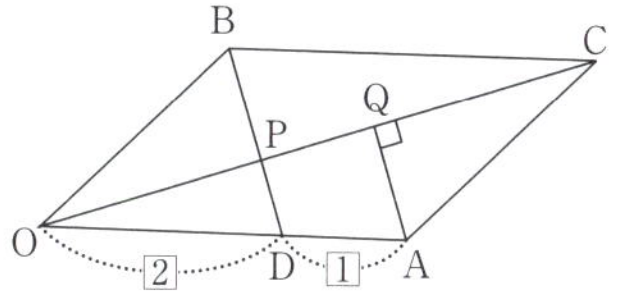

$\overrightarrow{\mathrm{OP}}=k\overrightarrow{\mathrm{OC}}$ ㋐

$=k(\boldsymbol{a}+\boldsymbol{b})$

$=k\boldsymbol{a}+k\boldsymbol{b}$ …①

一方，P は直線 BD 上の点であるから，

$\overrightarrow{\mathrm{OP}}=\overrightarrow{\mathrm{OB}}+t\overrightarrow{\mathrm{BD}}=\overrightarrow{\mathrm{OB}}+t(\overrightarrow{\mathrm{OD}}-\overrightarrow{\mathrm{OB}})$

$=(1-t)\boldsymbol{b}+t\cdot\left(\dfrac{2}{3}\boldsymbol{a}\right)=\dfrac{2}{3}t\boldsymbol{a}+(1-t)\boldsymbol{b}$ …② ㋑

$\boldsymbol{a},\boldsymbol{b}$ は 1 次独立なベクトルであるから，①,②より

$k=\dfrac{2t}{3}$ かつ $k=1-t$ ㋒　これより，$k=\dfrac{2}{5}$，$t=\dfrac{3}{5}$

①に代入して，$\overrightarrow{\mathrm{OP}}=\dfrac{2}{5}(\boldsymbol{a}+\boldsymbol{b})$ 答

(2) $\boldsymbol{a}\cdot\boldsymbol{b}=|\boldsymbol{a}||\boldsymbol{b}|\cos45^\circ=\sqrt{2}\cdot1\cdot\dfrac{1}{\sqrt{2}}=1$

$\overrightarrow{\mathrm{OQ}}=s(\boldsymbol{a}+\boldsymbol{b})$ ㋓　$\overrightarrow{\mathrm{AQ}}=\overrightarrow{\mathrm{OQ}}-\overrightarrow{\mathrm{OA}}=(s-1)\boldsymbol{a}+s\boldsymbol{b}$

$\overrightarrow{\mathrm{AQ}}\perp\overrightarrow{\mathrm{OC}}$ より，$\overrightarrow{\mathrm{AQ}}\cdot\overrightarrow{\mathrm{OC}}=0\Leftrightarrow\{(s-1)\boldsymbol{a}+s\boldsymbol{b}\}\cdot(\boldsymbol{a}+\boldsymbol{b})=0$

$(s-1)|\boldsymbol{a}|^2+s|\boldsymbol{b}|^2+(2s-1)\boldsymbol{a}\cdot\boldsymbol{b}=0$，$2(s-1)+s+(2s-1)=0$ ㋔

$\therefore\ s=\dfrac{3}{5}$　　$\therefore\ \overrightarrow{\mathrm{OQ}}=\dfrac{3}{5}(\boldsymbol{a}+\boldsymbol{b})$ 答

ポイント

㋐ OACB は平行四辺形より，$\boldsymbol{c}=\boldsymbol{a}+\boldsymbol{b}$

㋑ $\overrightarrow{\mathrm{OD}}=\dfrac{2}{3}\boldsymbol{a}$

㋒ ①,②の $\boldsymbol{a},\boldsymbol{b}$ の係数を比較．

㋓ Q は直線 OC 上にあるから，$\overrightarrow{\mathrm{OQ}}=s\overrightarrow{\mathrm{OC}}$

㋔ $5s=3$，$s=\dfrac{3}{5}$

練習問題　4-1 解答 p. 223

3 辺 BC，CA，AB の長さがそれぞれ 7，5，3 の△ ABC があり，△ ABC の内心を I とする．$\overrightarrow{\mathrm{AI}}$ を $\overrightarrow{\mathrm{AB}},\overrightarrow{\mathrm{AC}}$ を用いて表せ．

問題 4-2 ▼平面ベクトル(2) 　**高校数学**

(1) 平面上に3点O，A，Bが与えられているとき，三角形OABの面積Sは，
$S=\frac{1}{2}\sqrt{|\overrightarrow{OA}|^2|\overrightarrow{OB}|^2-(\overrightarrow{OA}\cdot\overrightarrow{OB})^2}$ で与えられることを示せ．

(2) 平面上に3点A(1,2)，B(3,4)，C(4,1)が与えられているとき，△ABCの面積を求めよ．

●考え方●

(1) $\angle AOB=\theta$とおくと，$S=\frac{1}{2}|\overrightarrow{OA}||\overrightarrow{OB}|\sin\theta$，$0<\theta<\pi$より，$\sin\theta>0$で$\sin\theta=\sqrt{1-\cos^2\theta}$．

(2) (1)にあてはめる．

解答

(1) $\angle AOB=\theta$とおくと，$0<\theta<\pi$で，内積より

$$\cos\theta=\frac{\boldsymbol{a}\cdot\boldsymbol{b}}{|\boldsymbol{a}||\boldsymbol{b}|},\quad \sin\theta=\sqrt{1-\cos^2\theta}$$

$$=\sqrt{1-\frac{(\vec{a}\cdot\vec{b})^2}{|\boldsymbol{a}|^2|\boldsymbol{b}|^2}}=\frac{\sqrt{|\boldsymbol{a}|^2|\boldsymbol{b}|^2-(\boldsymbol{a}\cdot\boldsymbol{b})^2}}{|\boldsymbol{a}||\boldsymbol{b}|}$$

$$\therefore\ S=\frac{1}{2}|\boldsymbol{a}||\boldsymbol{b}|\cdot\sin\theta=\frac{1}{2}|\boldsymbol{a}||\boldsymbol{b}|\cdot\frac{\sqrt{|\boldsymbol{a}|^2|\boldsymbol{b}|^2-(\boldsymbol{a}\cdot\boldsymbol{b})^2}}{|\boldsymbol{a}||\boldsymbol{b}|}$$

$$=\frac{1}{2}\sqrt{|\overrightarrow{OA}|^2|\overrightarrow{OB}|^2-(\overrightarrow{OA}\cdot\overrightarrow{OB})^2}\ ㋐$$

(2) $\overrightarrow{AB}=(2,2)$，$|\overrightarrow{AB}|^2=4+4=8$

$\overrightarrow{AC}=(3,-1)$，$|\overrightarrow{AC}|^2=9+1=10$

$\overrightarrow{AB}\cdot\overrightarrow{AC}=2\cdot3+2\cdot(-1)=4$ ㋑

(1)を適用して，

$$S=\frac{1}{2}\sqrt{|\overrightarrow{AB}|^2|\overrightarrow{AC}|^2-(\overrightarrow{AB}\cdot\overrightarrow{AC})^2}=\frac{1}{2}\sqrt{8\cdot10-4^2}$$

$=4$ ㋒ 答

ポイント

㋐ 重要な面積公式．

㋑ Aを始点としてとらえる．(1)を適用する．

$S=\frac{1}{2}\sqrt{|\overrightarrow{AB}|^2|\overrightarrow{AC}|^2-(\overrightarrow{AB}\cdot\overrightarrow{AC})^2}$

㋒ O(0,0)，A(a_1,a_2)，B(b_1,b_2)のとき，

$S=\frac{1}{2}|a_1b_2-a_2b_1|$

となる．これを用いると

$S=\frac{1}{2}|2\cdot(-1)-2\cdot3|$

$=4$

練習問題 4-2 　解答 p. 223

平面上に三角形OABがあり，$|\overrightarrow{OA}|=2$，$|\overrightarrow{OB}|=3$かつ$\overrightarrow{OA}$と$\overrightarrow{OB}$のなす角が$\frac{\pi}{3}$である．lは点Aを通り$\overrightarrow{OA}$が法線ベクトルである直線，mは$\angle AOB$を二等分する直線とし，lとmの交点をPとする．$\overrightarrow{OP}$を$\overrightarrow{OA}$, $\overrightarrow{OB}$を用いて表せ．

問題 4-③ ▼**空間ベクトル** 　**高校数学**

四面体 OABC において，辺 OA を 2：1 に内分する点を D，辺 OC の中点を E，三角形 ABC の重心を G とする．また直線 OG と平面 BDE の交点を P とし，$\overrightarrow{\mathrm{OA}}=\boldsymbol{a}$，$\overrightarrow{\mathrm{OB}}=\boldsymbol{b}$，$\overrightarrow{\mathrm{OC}}=\boldsymbol{c}$ とおく．

(1) $\overrightarrow{\mathrm{OP}}$ を $\boldsymbol{a}, \boldsymbol{b}, \boldsymbol{c}$ を用いて表せ．

(2) 直線 CP と平面 OAB の交点を Q とするとき，$\overrightarrow{\mathrm{OQ}}$ を $\boldsymbol{a}, \boldsymbol{b}$ を用いて表せ．

●考え方●

G は △ABC の重心である．$\overrightarrow{\mathrm{OG}}=\dfrac{1}{3}(\boldsymbol{a}+\boldsymbol{b}+\boldsymbol{c})$ と表せる．

P は直線 OG 上の点である．$\overrightarrow{\mathrm{OP}}=t\overrightarrow{\mathrm{OG}}$

解答

(1) $\overrightarrow{\mathrm{OG}}=\dfrac{1}{3}(\boldsymbol{a}+\boldsymbol{b}+\boldsymbol{c})$

P は直線 OG 上の点であることから，

$\overrightarrow{\mathrm{OP}}=t\overrightarrow{\mathrm{OG}}=\dfrac{t}{3}(\boldsymbol{a}+\boldsymbol{b}+\boldsymbol{c})$

$\boldsymbol{a}=\dfrac{3}{2}\overrightarrow{\mathrm{OD}}$，$\boldsymbol{b}=\overrightarrow{\mathrm{OB}}$，$\boldsymbol{c}=2\overrightarrow{\mathrm{OE}}$ を上式に代入して，

$\overrightarrow{\mathrm{OP}}=\dfrac{t}{3}\left(\dfrac{3}{2}\overrightarrow{\mathrm{OD}}+\overrightarrow{\mathrm{OB}}+2\overrightarrow{\mathrm{OE}}\right)$

P は平面 DBE 上の点であるから，㋐ 係数は足して 1 となることから，

$\dfrac{t}{3}\left(\dfrac{3}{2}+1+2\right)=1$，$\dfrac{3}{2}t=1$，$t=\dfrac{2}{3}$

$\therefore\ \overrightarrow{\mathrm{OP}}=\dfrac{2}{9}(\boldsymbol{a}+\boldsymbol{b}+\boldsymbol{c})$ 答

(2) $\overrightarrow{\mathrm{OQ}}=\overrightarrow{\mathrm{OC}}+s\overrightarrow{\mathrm{CP}}$ ㋑ $=(1-s)\overrightarrow{\mathrm{OC}}+s\overrightarrow{\mathrm{OP}}$

$=\dfrac{2}{9}s\boldsymbol{a}+\dfrac{2}{9}s\boldsymbol{b}+\left(1-\dfrac{7}{9}s\right)\boldsymbol{c}$

Q は平面 OAB 上の点より $\boldsymbol{c}$ の係数=0 から

$1-\dfrac{7}{9}s=0$，$s=\dfrac{9}{7}$

$\therefore\ \overrightarrow{\mathrm{OQ}}=\dfrac{2}{7}\boldsymbol{a}+\dfrac{2}{7}\boldsymbol{b}$ 答

ポイント

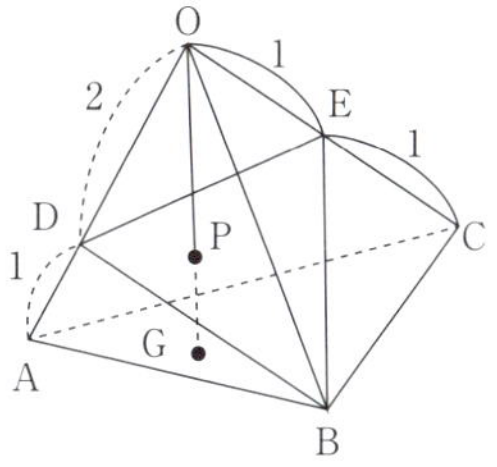

㋐ 一般に P が平面 ABC 上の点のとき，
$\overrightarrow{\mathrm{OP}}=l\overrightarrow{\mathrm{OA}}+m\overrightarrow{\mathrm{OB}}+n\overrightarrow{\mathrm{OC}}$
$l+m+n=1$
である．

㋑

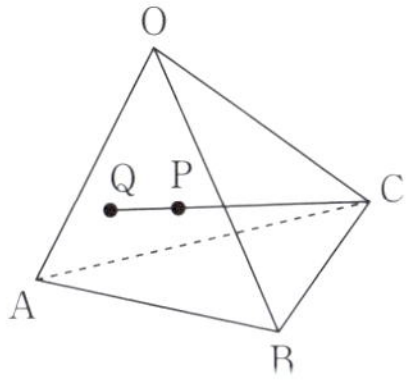

Q は直線 CP 上の点である．

練習問題　4-3 　解答 p. 224

xyz 空間に 3 点 A$(-3, 2, -1)$，B$(-1, 0, 0)$，C$(1, 0, -1)$ を通る平面 α と点 P$(2, 6, -3)$ がある．

(1) 点 P から平面 α に下ろした垂線の足を H とするとき，点 H の座標を求めよ．

(2) 四面体 PABC の体積を求めよ．

問題 4-4 ▼線形独立，線形従属(1)

次のベクトルは線形独立か線形従属か判定せよ．

(1) $\boldsymbol{a}=\begin{pmatrix}1\\2\\1\end{pmatrix},\ \boldsymbol{b}=\begin{pmatrix}1\\1\\-1\end{pmatrix}$　　(2) $\boldsymbol{a}=\begin{pmatrix}1\\4\\3\end{pmatrix},\ \boldsymbol{b}=\begin{pmatrix}1\\2\\1\end{pmatrix},\ \boldsymbol{c}=\begin{pmatrix}1\\-2\\-3\end{pmatrix}$

●考え方●

(1) ベクトル $\boldsymbol{a}, \boldsymbol{b}$ の線形関係式 $s\boldsymbol{a}+t\boldsymbol{b}=\boldsymbol{o}$ …① が自明な解をもつか，自明な解以外の解をもつか．

(2) ベクトル $\boldsymbol{a}, \boldsymbol{b}, \boldsymbol{c}$ の線形関係式 $s\boldsymbol{a}+t\boldsymbol{b}+r\boldsymbol{c}=\boldsymbol{o}$ …② を考える．

解答

(1) ①は s, t を未知数とする同次連立 1 次方程式

$$\begin{cases} s+t=0 \\ 2s+t=0 \\ s-t=0 \end{cases}$$ ㋐

と同値である．これを解いて，$s=t=0$．すなわち自明な解のみである．

∴ ベクトル $\boldsymbol{a}, \boldsymbol{b}$ は線形独立．㋑ 答

(別解)　$A=(\boldsymbol{a}, \boldsymbol{b})$ とするとき，

$$A=\begin{pmatrix}1&1\\2&1\\1&-1\end{pmatrix},\quad \mathrm{rank}\,A=2$$ ㋒

$\mathrm{rank}\,A=2=$ 未知数の個数 ㋓　∴ $\boldsymbol{a}, \boldsymbol{b}$ は線形独立．

(2) ②は s, t, r を未知数とする同次連立 1 次方程式

$$\begin{cases} s+t+r=0 \\ 4s+2t-2r=0 \\ 3s+t-3r=0 \end{cases}$$

係数行式 A は $A=\begin{pmatrix}1&1&1\\4&2&-2\\3&1&-3\end{pmatrix}$

$$|A|=\begin{vmatrix}1&1&1\\4&2&-2\\3&1&-3\end{vmatrix}=\begin{vmatrix}1&1&1\\0&-2&-6\\0&-2&-6\end{vmatrix}=0$$ ㋔

よって，②は自明な解以外の解をもつ．　∴ $\boldsymbol{a}, \boldsymbol{b}, \boldsymbol{c}$ は線形従属．答

ポイント

㋐ 第 1, 3 式で
　$s=t=0$
　これは第 2 式もみたす．

㋑ p. 96 定義 2.

㋒ 行式変形をすると，
$$A\to\begin{pmatrix}1&1\\0&-1\\0&-2\end{pmatrix}\to\begin{pmatrix}1&1\\0&-1\\0&0\end{pmatrix}$$
　∴ $\mathrm{rank}\,A=2$

㋓ p. 98 定理 1.

㋔ 行式変形をする．
　$|A|=0 \Leftrightarrow$ ②は自明な解以外をもつ
　(p. 99, 定理 2).

練習問題 4-4　　解答 p. 224

次のベクトルは線形独立か線形従属か判定せよ．

(1) $(2, -3, 1)$, $(-1, 2, -3)$, $(5, -6, -5)$

(2) $(1, 3, -2)$, $(4, 2, -2)$, $(-1, -2, 3)$

問題 4-5 ▼線形独立，線形従属(2)

$\boldsymbol{a}_1=\begin{pmatrix}1\\-1\\0\end{pmatrix}$, $\boldsymbol{a}_2=\begin{pmatrix}1\\-1\\2\end{pmatrix}$, $\boldsymbol{a}_3=\begin{pmatrix}2\\1\\3\end{pmatrix}$ は $\boldsymbol{R}^3$ の基底を作り得ることを示し，次のベクトルを基底 $\{\boldsymbol{a}_1, \boldsymbol{a}_2, \boldsymbol{a}_3\}$ の線形結合で表せ．

(1) $(1, 3, -6)$　　(2) $(1, 0, -3)$

●考え方●

$\boldsymbol{a}_1, \boldsymbol{a}_2, \boldsymbol{a}_3$ が1次独立なベクトルであることを示せばよい．
この底に関する座標とは，座標を (a, b, c) と表すと，

$$s\boldsymbol{a}_1+t\boldsymbol{a}_2+r\boldsymbol{a}_3=(a, b, c)$$

となるように，s, t, r を定める．

解答

ベクトル $\boldsymbol{a}_1, \boldsymbol{a}_2, \boldsymbol{a}_3$ の線形関係式 $s\boldsymbol{a}_1+t\boldsymbol{a}_2+r\boldsymbol{a}_3=0$ ㋐ は

$$\begin{cases} s+t+2r=0 \\ -s-t+r=0 \\ 2t+3r=0 \end{cases}$$

であり，係数行列 A は

$$A=\begin{pmatrix}1&1&2\\-1&-1&1\\0&2&3\end{pmatrix}\quad |A|=\begin{vmatrix}1&1&2\\0&0&3\\0&2&3\end{vmatrix}㋑=\begin{vmatrix}0&3\\2&3\end{vmatrix}=-6\neq 0$$

よって，$\boldsymbol{a}_1, \boldsymbol{a}_2, \boldsymbol{a}_3$ は一次独立なベクトル．

(1) $(a, b, c)=(1, 3, -6)$ ㋒ のとき，

$$|A_1|=\begin{vmatrix}1&1&2\\3&-1&1\\-6&2&3\end{vmatrix}=-20,\quad |A_2|=\begin{vmatrix}1&1&2\\-1&3&1\\0&-6&3\end{vmatrix}=30,\quad |A_3|=\begin{vmatrix}1&1&1\\-1&-1&3\\0&2&-6\end{vmatrix}=-8$$

から，$s=\dfrac{|A_1|}{|A|}=\dfrac{10}{3}$, $t=\dfrac{|A_2|}{|A|}=-5$, $r=\dfrac{|A_3|}{|A|}=\dfrac{4}{3}$ ㋓

$$\therefore\ (1, 3, -6)=\frac{10}{3}\boldsymbol{a}_1-5\boldsymbol{a}_2+\frac{4}{3}\boldsymbol{a}_3$$ 答

(2) $(a, b, c)=(1, 0, -3)$ のとき，方程式を解けば $s=\dfrac{7}{3}$, $t=-2$, $r=\dfrac{1}{3}$ を得る．　$\therefore\ (1, 0, -3)=\dfrac{7}{3}\boldsymbol{a}_1-2\boldsymbol{a}_2+\dfrac{1}{3}\boldsymbol{a}_3$ 答

ポイント

㋐ p.106 問題 4-4 と同じ方法．
㋑ 第2行＋第1行
第1列が $\begin{pmatrix}1\\0\\0\end{pmatrix}$ の形で行列式の次数を低下させる．
p. 55 問題 2-6 参照．
㋒ $\begin{cases} s+t+2r=1 \\ -s-t+r=3 \\ 2t+3r=-6 \end{cases}$
㋓ クラメールの公式（p. 71）を用いる．

練習問題　4-5　　解答 p. 224

$\boldsymbol{a}_1=\begin{pmatrix}1\\2\\1\\-3\end{pmatrix}$, $\boldsymbol{a}_2=\begin{pmatrix}-1\\1\\3\\0\end{pmatrix}$, $\boldsymbol{a}_3=\begin{pmatrix}2\\-1\\2\\1\end{pmatrix}$, $\boldsymbol{a}_4=\begin{pmatrix}1\\3\\-2\\4\end{pmatrix}$ が $\boldsymbol{R}^4$ において1組の基底になることを示し，$(9, 6, 2, -3)$ を基底 $\{\boldsymbol{a}_1, \boldsymbol{a}_2, \boldsymbol{a}_3, \boldsymbol{a}_4\}$ の線形結合で表せ．

問題 4-6 ▼線形独立，線形従属(3)(命題2の証明)

n 次元ベクトル $\boldsymbol{a}_1, \boldsymbol{a}_2, \cdots, \boldsymbol{a}_k$ が線形独立であるとする．このとき，次の(1), (2)が成り立つ．

(1) n 次元ベクトル $\boldsymbol{b}$ について，$\boldsymbol{a}_1, \boldsymbol{a}_2, \cdots, \boldsymbol{a}_k, \boldsymbol{b}$ が線形従属であるならば，$\boldsymbol{b}$ は $\boldsymbol{a}_1, \boldsymbol{a}_2, \cdots, \boldsymbol{a}_k$ の線形結合として一意的に表される．

(2) n 次元ベクトル $\boldsymbol{b}$ が $\boldsymbol{a}_1, \boldsymbol{a}_2, \cdots, \boldsymbol{a}_k$ の線形結合として表されないならば，$\boldsymbol{a}_1, \boldsymbol{a}_2, \cdots, \boldsymbol{a}_k, \boldsymbol{b}$ は線形独立である．

●考え方●

$\boldsymbol{a}_1, \boldsymbol{a}_2, \cdots, \boldsymbol{a}_k, \boldsymbol{b}$ が線形従属 $\Leftrightarrow$ $c_1\boldsymbol{a}_1 + c_2\boldsymbol{a}_2 + \cdots + c_k\boldsymbol{a}_k + t\boldsymbol{b} = \boldsymbol{o}$ …㊍ 自明でない線形関係式㊍をみたす．$t = 0$ と仮定して示してみよ．

解答

(1) $\boldsymbol{a}_1, \boldsymbol{a}_2, \cdots, \boldsymbol{a}_k, \boldsymbol{b}$ が線形従属であるとき，自明でない線形関係式㊍で，$t = 0$ であると仮定すると,㋐

$$c_1\boldsymbol{a}_1 + c_2\boldsymbol{a}_2 + \cdots + c_k\boldsymbol{a}_k = 0$$

$\boldsymbol{a}_1, \boldsymbol{a}_2, \cdots, \boldsymbol{a}_k$ は線形独立であるから，

$$c_1 = c_2 = \cdots = c_k = 0$$

これは㊍が自明でない線形関係式であることに矛盾．㋑ よって $t \neq 0$ で，

$$\boldsymbol{b} = \left(-\frac{c_1}{t}\right)\boldsymbol{a}_1 + \left(-\frac{c_2}{t}\right)\boldsymbol{a}_2 + \cdots + \left(-\frac{c_k}{t}\right)\boldsymbol{a}_k$$

となり，ベクトル $\boldsymbol{b}$ は $\boldsymbol{a}_1, \boldsymbol{a}_2, \cdots, \boldsymbol{a}_k$ の線形結合として表される（この表し方が一意的であることは命題1㋒で成り立つ）．

(2) (1)の対偶命題㋓であり，(1)が真であることから成り立つ．

ポイント

㋐ 背理法．

㋑ $c_1 = c_2 = \cdots = c_k = t = 0$ となり $\boldsymbol{a}_1, \boldsymbol{a}_2, \cdots, \boldsymbol{a}_k, \boldsymbol{b}$ 線形独立になり矛盾．

㋒ p. 97 に証明あり．

㋓ 命題 $p \to q$ が真のとき，$\overline{q} \to \overline{p}$ は真．

練習問題 4-6 解答 p. 224

ベクトル $\boldsymbol{a}_1, \boldsymbol{a}_2, \boldsymbol{a}_3$ が線形独立ならば，$\boldsymbol{a}_1 + \boldsymbol{a}_2$, $\boldsymbol{a}_2 + \boldsymbol{a}_3$, $\boldsymbol{a}_3 + \boldsymbol{a}_1$ もまた線形独立であることを示せ．

問題 4-7 ▼線形独立，線形従属(4)

V を $\boldsymbol{R}^n$ の部分空間とするとき，次が成り立つことを示せ．㋐

(1) $\dim V$ より多くの要素は線形従属である．

(2) V の次元を k とするとき，k 個のベクトル $\boldsymbol{a}_1, \boldsymbol{a}_2, \cdots, \boldsymbol{a}_k$ が線形独立ならば，$\boldsymbol{a}_1, \boldsymbol{a}_2, \cdots, \boldsymbol{a}_k$ は V の基底になる．

●考え方●

$\dim V = k$ とすると，定義より V の基底は $\boldsymbol{e}_1, \boldsymbol{e}_2, \cdots, \boldsymbol{e}_k$ と選べる．

$k < l$ のとき，$u_1, u_2, \cdots, u_l \in V$ はどうなるか．

解答

(1) $\dim V = k$ とし，$\boldsymbol{e}_1, \boldsymbol{e}_2, \cdots, \boldsymbol{e}_k$ を基底とする．

$u_1, u_2, \cdots, u_l \in V$ とするとき，これらのベクトルは $\boldsymbol{e}_1, \boldsymbol{e}_2, \cdots, \boldsymbol{e}_k$ の線形結合で表せる．

$k < l$ ならば，$u_1, u_2, \cdots, u_l$ は線形従属である．

よって，$\dim V$ より多くの要素は線形従属．

(2) $\boldsymbol{a} \in V$ とすると，(1)より $\boldsymbol{a}, \boldsymbol{a}_1, \cdots, \boldsymbol{a}_k$ ㋑ は線形従属である．したがって，0 でない数を含む $c_0, c_1, \cdots, c_k$ によって，

$$c_0\boldsymbol{a} + c_1\boldsymbol{a}_1 + c_2\boldsymbol{a}_2 + \cdots + c_k\boldsymbol{a}_k = \boldsymbol{o}$$

となる．$c_0 = 0$ と仮定すると，㋒ $c_1, c_2, \cdots, c_k$ の中に 0 でない数があり，

$$c_1\boldsymbol{a}_1 + c_2\boldsymbol{a}_2 + \cdots + c_k\boldsymbol{a}_k = \boldsymbol{o}$$

$c_1, c_2, \cdots, c_k$ の中に 0 でない数があり，

$\boldsymbol{a}_1, \boldsymbol{a}_2, \cdots, \boldsymbol{a}_k$ が線形独立であることに矛盾．㋒　$\therefore\ c_0 \neq 0$

$$\therefore\ \boldsymbol{a} = -\left(\frac{c_1}{c_0}\boldsymbol{a}_1 + \frac{c_2}{c_0}\boldsymbol{a}_2 + \cdots + \frac{c_k}{c_0}\boldsymbol{a}_k\right)$$

と $\boldsymbol{a}_1, \boldsymbol{a}_2, \cdots, \boldsymbol{a}_k$ の線形結合で表せる．

ポイント

㋐ p. 102 定理の証明．

㋑ $k+1$ 個の要素で(1)が適用できる．

㋒ 背理法による証明．

練習問題　4-7　　解答 p. 225

V_1, V_2 を $\boldsymbol{R}^n$ の部分空間とするとき，

(1) $V_1 \subset V_2 \Rightarrow \dim V_1 \leqq \dim V_2$

(2) $V_1 \subset V_2$ かつ $\dim V_1 = \dim V_2 \Rightarrow V_1 = V_2$

が成り立つことを示せ．

問題 4-8 ▼部分空間(1)

$\boldsymbol{R}^3$ の元 (x_1, x_2, x_3) で次の性質をもつ全体 V は $\boldsymbol{R}^3$ の部分空間であるか.

(1) $x_1 = 0$

(2) $x_1 + x_2 + x_3 = 10$

●考え方●

V の任意の元 $\boldsymbol{a}, \boldsymbol{b}$ を選んできて, $\boldsymbol{a} + \boldsymbol{b} \in V$, $k\boldsymbol{a} \in V$ をみたすかどうかチェックする (p. 100).

解答

$\boldsymbol{a} = (a_1, a_2, a_3)$, $\boldsymbol{b} = (b_1, b_2, b_3)$ を V からとる.

(1) $x_1 = 0$ のとき, 上の $\boldsymbol{a}, \boldsymbol{b}$ で $a_1 = 0$, $b_1 = 0$ から

$\boldsymbol{a} + \boldsymbol{b}$ の x 成分 $= a_1 + b_1 = 0$ $\quad \therefore \boldsymbol{a} + \boldsymbol{b} \in V$ ㋐

$k\boldsymbol{a} = (ka_1, ka_2, ka_3) = (0, ka_2, ka_3)$ $\quad \therefore k\boldsymbol{a} \in V$ ㋑

よって, V は $\boldsymbol{R}^3$ の部分空間である. 答

(2) $\boldsymbol{a}, \boldsymbol{b}$ が $a_1 + a_2 + a_3 = 10$, $b_1 + b_2 + b_3 = 10$ をみたすとき,

$\boldsymbol{a} + \boldsymbol{b} = (a_1 + b_1, a_2 + b_2, a_3 + b_3)$ は

$(a_1 + b_1) + (a_2 + b_2) + (a_3 + b_3)$

$= (a_1 + a_2 + a_3) + (b_1 + b_2 + b_3) = 20 \neq 10$

$\therefore \boldsymbol{a} + \boldsymbol{b} \notin V$ ㋒

よって, V は $\boldsymbol{R}^3$ の部分空間でない. 答

ポイント

㋐ $\boldsymbol{a} + \boldsymbol{b}$ の x 成分が 0 になることより, $\boldsymbol{a} + \boldsymbol{b}$ は V の元となる.

㋑ $k\boldsymbol{a}$ の x 成分が 0 になることより, $k\boldsymbol{a}$ は V の元となる.

㋒ $k \neq 1$ のとき,

$k\boldsymbol{a} = (ka_1, ka_2, ka_3)$

$k(a_1 + a_2 + a_3) = k \neq 10$

より

$k\boldsymbol{a} \notin V$

を用いてもよい.

《注意》 p. 100 より $\boldsymbol{R}^n$ の部分空間は $\boldsymbol{o}$ を要素とする. $(0, 0, 0)$ は平面 $x_1 + x_2 + x_3 = 10$ 上にのっていない. よって V は $\boldsymbol{R}^3$ の部分空間でないとしてもよい.

練習問題 4-8 　　解答 p. 225

$\boldsymbol{R}^4$ の元 (x_1, x_2, x_3, x_4) で次の性質をもつ全体 V は $\boldsymbol{R}^4$ の部分空間であるか.

(1) $x_1 = x_2 = x_3 = x_4$

(2) ${x_1}^{2n} + {x_2}^{2n} + {x_3}^{2n} + {x_4}^{2n} = 1$ (n : 自然数)

問題 4-9 ▼部分空間(2)

$\boldsymbol{R}^n$ の元 $(x_1, x_2, \cdots, x_n)$ で次の性質をもつ全体 V は $\boldsymbol{R}^n$ の部分空間であるか.

(1) $x_1 + x_2 + \cdots + x_n = 0$

(2) $x_1{}^5 + x_2{}^5 + \cdots + x_n{}^5 = 0$

●考え方●

問題 4-8を拡張した問題であり，同様に考えてみる.

解答

$\boldsymbol{a} = (a_1, a_2, \cdots, a_n)$，$\boldsymbol{b} = (b_1, b_2, \cdots, b_n)$ を V からとる.

(1) $\boldsymbol{a} + \boldsymbol{b} = (a_1 + b_1, a_2 + b_2, \cdots, a_n + b_n)$

$k\boldsymbol{a} = (ka_1, ka_2, \cdots, ka_n)$

・$(a_1 + b_1) + (a_2 + b_2) + \cdots + (a_n + b_n)$

$= \underbrace{(a_1 + a_2 + \cdots + a_n)}_{㋐} + \underbrace{(b_1 + b_2 + \cdots + b_n)}_{㋐} = 0$

$\therefore\ \boldsymbol{a} + \boldsymbol{b} \in V$

・$ka_1 + ka_2 + \cdots + ka_n = k(a_1 + a_2 + \cdots + a_n) = 0$

$\therefore\ k\boldsymbol{a} \in V$

よって，V は $\boldsymbol{R}^4$ の部分空間 答

(2) $\left.\begin{array}{l} a_1 = 1,\ a_2 = -1,\ a_3 = a_4 = \cdots = a_n = 0 \\ b_1 = 1,\ b_2 = 0,\ b_3 = -1,\ b_4 = b_5 = \cdots = b_n = 0 \end{array}\right\}$ ㋑

と選ぶと

$(a_1 + b_1)^5 + (a_2 + b_2)^5 + \cdots + (a_n + b_n)^5$

$= (1 + 1)^5 + (-1 + 0)^5 + (0 - 1)^5 = 32 - 1 - 1 = 30 \neq 0$

$\therefore\ \boldsymbol{a} + \boldsymbol{b} \notin V$

よって，V は $\boldsymbol{R}^4$ の部分空間でない. 答

ポイント

㋐ $\boldsymbol{a} \in V$，$\boldsymbol{b} \in V$ より
$a_1 + a_2 + \cdots + a_n = 0$
$b_1 + b_2 + \cdots + b_n = 0$

㋑ $a_1{}^5 + a_2{}^5 + \cdots + a_n{}^5$
$= 1 + (-1) = 0$
より $\boldsymbol{a} \in V$
$b_1{}^5 + b_2{}^5 + \cdots + b_n{}^5$
$= 1 + (-1) = 0$
より $\boldsymbol{b} \in V$

練習問題 4-9

解答 p. 225

A を実 (m, n) 行列とするとき，次の集合 V は $\boldsymbol{R}^n$ の部分空間であるか.

(1) $A\boldsymbol{x} = \boldsymbol{o}$ の解 $\boldsymbol{x}$ の全体.

(2) $A\boldsymbol{x} = \boldsymbol{c}\ (\neq \boldsymbol{o})$ の解 $\boldsymbol{x}$ の全体.

問題 4-10 ▼部分空間(3)

次の集合 V は，要素が実数である n 次実正方行列全体の作るベクトル空間の部分空間か．

(1) 正則行列全体　　　(2) 非正則行列全体

(3) 対角成分が 0 である行列の全体

(4) べき零行列（$X^k = O$ となる k が存在するもの）全体

●考え方●

(1) 正則行列 ⇔ 逆行列が存在する行列．零行列に着目してみよ．

(2) 非正則行列 ⇔ 逆行列が存在しない行列．

(4) 正則行列はべき零行列にならない．

解答

(1) 零行列 $O \notin V$ ㋐ であるから，V は部分空間でない．答

(2) $n = 2$ のとき，$A = \begin{pmatrix} 1 & 0 \\ 0 & 0 \end{pmatrix}$，$B = \begin{pmatrix} 0 & 0 \\ 0 & 1 \end{pmatrix}$ と選ぶと $A \in V$ ㋑，$B \in V$

$A + B = \begin{pmatrix} 1 & 0 \\ 0 & 1 \end{pmatrix}$ は正則行列となり，$A + B \notin V$

よって，V は部分空間でない．答

(3) A, B の対角成分が 0 なら，$A + B$, kA の対角成分も 0 になる．　$\therefore\ A + B \in V$，$kA \in V$

よって，V は部分空間である．答

(4) $n = 2$ のとき，$A = \begin{pmatrix} 0 & 1 \\ 0 & 0 \end{pmatrix}$，$B = \begin{pmatrix} 0 & 0 \\ 1 & 0 \end{pmatrix}$ とおくと，$A^2 = O$，$B^2 = O$ より，$A^2 \in V$，$B^2 \in V$

$A + B = \begin{pmatrix} 0 & 1 \\ 1 & 0 \end{pmatrix}$ は正則であるから，べき零にならない．㋒

$\therefore\ A + B \notin V$，よって，$V$ は部分空間でない．答

ポイント

㋐ 単位行列 E は $E \in V$ であり $-E \in V$

これより

$E + (-E) = O \notin V$

となり加法について閉じていない．

㋑ $\det A = 0$ より A は非正則行列．

㋒ $C = \begin{pmatrix} 0 & 1 \\ 1 & 0 \end{pmatrix}$ が $C^n = O$ …① となると仮定する．C^{-1} は存在し①の辺々に $(C^{-1})^{n-1}$ を乗じると $C = O$ となり矛盾．C はべき零にならない．

練習問題　4-10　解答 p. 225

$\boldsymbol{R}$ で定義されている実数値関数全体の作る線形空間において，次の部分集合 V は部分空間か．

(1) 奇関数全体，偶関数全体

(2) $f(x) \geqq 0$ をみたす関数全体

問題 4-11 ▼部分空間(4)(部分空間の次元と基底)

$\boldsymbol{R}^4$ において

$\boldsymbol{a}_1 = (1, 1, 0, 1)$, $\boldsymbol{a}_2 = (3, 4, -1, 2)$

$\boldsymbol{a}_3 = (1, 2, -1, 0)$, $\boldsymbol{a}_4 = (2, 4, -2, 0)$

の生成する部分空間を V とするとき，V の次元を求め，V の基底となる組をすべて選び出せ.

●考え方●

$A = (\boldsymbol{a}_1\ \boldsymbol{a}_2\ \boldsymbol{a}_3\ \boldsymbol{a}_4)$ の行列を考える.

行列 A の階数 $=$ V の次元 $=$ V の1組の生成元に含まれる線形独立の最大個数

$=$ 線形独立なベクトルの極大集合が1組の基底

解答

$$A = \begin{pmatrix} 1 & 3 & 1 & 2 \\ 1 & 4 & 2 & 4 \\ 0 & -1 & -1 & -2 \\ 1 & 2 & 0 & 0 \end{pmatrix}$$ とおき，A の階数を求める.

A の行式変形を行うと，

$$\begin{pmatrix} 1 & 3 & 1 & 2 \\ 1 & 4 & 2 & 4 \\ 0 & -1 & -1 & -2 \\ 1 & 2 & 0 & 0 \end{pmatrix} \xrightarrow{㋐} \begin{pmatrix} 1 & 3 & 1 & 2 \\ 0 & 1 & 1 & 2 \\ 0 & -1 & -1 & -2 \\ 0 & -1 & -1 & -2 \end{pmatrix} \xrightarrow{㋑}$$

$$\begin{pmatrix} 1 & 3 & 1 & 2 \\ 0 & 1 & 1 & 2 \\ 0 & 0 & 0 & 0 \\ 0 & 0 & 0 & 0 \end{pmatrix} \xrightarrow{㋒} \begin{pmatrix} 1 & 0 & -2 & -4 \\ 0 & 1 & 1 & 2 \\ 0 & 0 & 0 & 0 \\ 0 & 0 & 0 & 0 \end{pmatrix}$$

$\therefore$ $\mathrm{rank}\, A = 2$ だから $\dim V = 2$ 答

$\boldsymbol{a}_4 = 2 \times \boldsymbol{a}_3$ になることから，V の基底は $\{\boldsymbol{a}_3, \boldsymbol{a}_4\}$ を除く，$\boldsymbol{a}_1, \boldsymbol{a}_2, \boldsymbol{a}_3, \boldsymbol{a}_4$, から2個をとった組はすべて線形独立㋓. したがって，それらは基底. 答

ポイント

㋐ 2行 − 1行
4行 − 1行

㋑ 3行 + 2行
4行 + 2行

㋒ 1行 − 2行 × 3

㋓ $(\boldsymbol{a}_1, \boldsymbol{a}_2)$, $(\boldsymbol{a}_1, \boldsymbol{a}_3)$
$(\boldsymbol{a}_1, \boldsymbol{a}_4)$, $(\boldsymbol{a}_2, \boldsymbol{a}_3)$
$(\boldsymbol{a}_2, \boldsymbol{a}_4)$
の5通り.

練習問題 4-11　解答 p. 225

$\boldsymbol{R}^4$ において, 次のベクトルの組の生成する部分空間 V の次元と基底を1組求めよ.

$\boldsymbol{a}_1 = (1, 0, 2, -2)$, $\boldsymbol{a}_2 = (-1, 2, -3, 0)$, $\boldsymbol{a}_3 = (2, 4, 3, -6)$,

$\boldsymbol{a}_4 = (0, 5, -1, -2)$

問題 4-⑫▼部分空間(5)(部分空間の次元と基底)

$\boldsymbol{a}_1=(1,2,-2,2)$, $\boldsymbol{a}_2=(-1,3,-11,0)$, $\boldsymbol{a}_3=(2,-1,5,-2)$ の生成する $\boldsymbol{R}^4$ の部分空間を V とする．次のベクトルのうちから V の生成元となるものを選べ．
$\boldsymbol{b}_1=(1,7,-15,4)$, $\boldsymbol{b}_2=(3,1,3,0)$, $\boldsymbol{b}_3=(3,-4,16,-2)$, $\boldsymbol{b}_4=(2,-1,3,0)$.

●考え方●

$(\boldsymbol{a}_1\ \boldsymbol{a}_2\ \boldsymbol{a}_3 \mid \boldsymbol{b}_1\ \boldsymbol{b}_2\ \boldsymbol{b}_3\ \boldsymbol{b}_4)$ の行列を考え行式変形を行い，行列 $A=(\boldsymbol{a}_1\ \boldsymbol{a}_2\ \boldsymbol{a}_3)$, $B=(\boldsymbol{b}_1\ \boldsymbol{b}_2\ \boldsymbol{b}_3)$ の $\mathrm{rank}\,A$, $\mathrm{rank}\,B$ および次元を求めてみよ．

解答

行式変形を行うと，

$$\left(\begin{array}{ccc|cccc} 1 & -1 & 2 & 1 & 3 & 3 & 2 \\ 2 & 3 & -1 & 7 & 1 & -4 & -1 \\ -2 & -11 & 5 & -15 & 3 & 16 & 3 \\ 2 & 0 & -2 & 4 & 0 & -2 & 0 \end{array}\right) \xrightarrow[2\text{行}-1\text{行}\times 2]{\substack{3\text{行}+2\text{行}\\ 4\text{行}-2\text{行}}} \left(\begin{array}{ccc|cccc} 1 & -1 & 2 & 1 & 3 & 3 & 2 \\ 0 & 5 & -5 & 5 & -5 & -10 & -5 \\ 0 & -8 & 4 & -8 & 4 & 12 & 2 \\ 0 & -3 & -1 & -3 & -1 & 2 & 1 \end{array}\right)$$

$$\xrightarrow[\substack{3\text{行}+\text{②行}\times 8\\ 4\text{行}+\text{②行}\times 3}]{\substack{2\text{行}\div 5\\ =\text{②行}\text{とする}}} \left(\begin{array}{ccc|cccc} 1 & -1 & 2 & 1 & 3 & 3 & 2 \\ 0 & 1 & -1 & 1 & -1 & -2 & -1 \\ 0 & 0 & -4 & 0 & -4 & -4 & -6 \\ 0 & 0 & -4 & 0 & -4 & -4 & -2 \end{array}\right) \xrightarrow[4\text{行}-3\text{行}]{} \left(\begin{array}{ccc|cccc} 1 & -1 & 2 & 1 & 3 & 3 & 2 \\ 0 & 1 & -1 & 1 & -1 & -2 & -1 \\ 0 & 0 & -4 & 0 & -4 & -4 & -6 \\ 0 & 0 & 0 & 0 & 0 & 0 & 4 \end{array}\right)$$

$$\xrightarrow[3\text{行}\div -4]{} \left(\begin{array}{ccc|cccc} 1 & -1 & 2 & 1 & 3 & 3 & 2 \\ 0 & 1 & -1 & 1 & -1 & -2 & -1 \\ 0 & 0 & 1 & 0 & 1 & 1 & \frac{3}{2} \\ 0 & 0 & 0 & 0 & 0 & 0 & 4 \end{array}\right) \xrightarrow[2\text{行}+3\text{行}]{1\text{行}+2\text{行}} \left(\begin{array}{ccc|cccc} 1 & 0 & 1 & 2 & 2 & 1 & 1 \\ 0 & 1 & 0 & 1 & 0 & -1 & \frac{1}{2} \\ 0 & 0 & 1 & 0 & 1 & 1 & \frac{3}{2} \\ 0 & 0 & 0 & 0 & 0 & 0 & 4 \end{array}\right)$$

$$\xrightarrow[]{1\text{行}-3\text{行}} \left(\begin{array}{ccc|cccc} 1 & 0 & 0 & 2 & 1 & 0 & -\frac{1}{2} \\ 0 & 1 & 0 & 1 & 0 & -1 & \frac{1}{2} \\ 0 & 0 & 1 & 0 & 1 & 1 & \frac{3}{2} \\ 0 & 0 & 0 & 0 & 0 & 0 & 4 \end{array}\right)$$

この結果から
$\boldsymbol{b}_1=2\boldsymbol{a}_1+\boldsymbol{a}_2$, $\boldsymbol{b}_2=\boldsymbol{a}_1+\boldsymbol{a}_3$, $\boldsymbol{b}_3=-\boldsymbol{a}_2+\boldsymbol{a}_3$
と表せ，$\boldsymbol{b}_1, \boldsymbol{b}_2, \boldsymbol{b}_3 \in V$
$\boldsymbol{b}_4$ は $\boldsymbol{a}_1, \boldsymbol{a}_2, \boldsymbol{a}_3$ の線形結合にならない．
$\therefore\ \boldsymbol{b}_4 \notin V$

W を $\boldsymbol{b}_1, \boldsymbol{b}_2, \boldsymbol{b}_3$ の生成する部分空間とするとき，$W \subset V$ 上の基本変形の結果から，$\boldsymbol{a}_1, \boldsymbol{a}_2, \boldsymbol{a}_3$ および $\boldsymbol{b}_1, \boldsymbol{b}_2, \boldsymbol{b}_3$ はそれぞれ線形独立で，$\dim V=\dim W=3$
$\therefore\ W=V_3$, V の生成元は $\boldsymbol{b}_1, \boldsymbol{b}_2, \boldsymbol{b}_3$ 答

練習問題 4-12 解答 p. 226

$\boldsymbol{a}_1=(-1,0,2)$, $\boldsymbol{a}_2=(3,1,-1)$, $\boldsymbol{a}_3=(1,1,3)$, $\boldsymbol{a}_4=(7,2,-4)$ の張る $\boldsymbol{R}^3$ の部分空間を V とする．$\boldsymbol{b}_1=(2,1,1)$, $\boldsymbol{b}_2=(6,-1,-7)$ は V を生成しないことを示せ．

問題 4-13 ▼同次連立1次方程式の解空間

同次連立1次方程式

$$\begin{cases} x_1 \qquad + 2x_3 + x_4 = 0 \\ \qquad x_2 + x_3 + 2x_4 = 0 \\ x_1 + 3x_2 + 5x_3 + 7x_4 = 0 \\ x_1 + x_2 + 3x_3 + 3x_4 = 0 \end{cases} \cdots ⊛$$

の解空間のつくる $\boldsymbol{R}^4$ の部分空間 V の次元と基底を求めよ．
また，このときの任意の解を求めよ．

●考え方●

係数行列を行式変形を行い，$A = \begin{pmatrix} Er & K \\ O & O \end{pmatrix}$ の形に変形．rank A を求める．
$\dim V = 4 - \text{rank}\, A$ となる（p. 102 参照）．

解答

係数行列を

$$A = \begin{pmatrix} 1 & 0 & 2 & 1 \\ 0 & 1 & 1 & 2 \\ 1 & 3 & 5 & 7 \\ 1 & 1 & 3 & 3 \end{pmatrix}$$ とおき，行式変形を行うと，

$$A \xrightarrow[ア]{} \begin{pmatrix} 1 & 0 & 2 & 1 \\ 0 & 1 & 1 & 2 \\ 0 & 3 & 3 & 6 \\ 0 & 1 & 1 & 2 \end{pmatrix} \xrightarrow[イ]{} \begin{pmatrix} 1 & 0 & 2 & 1 \\ 0 & 1 & 1 & 2 \\ 0 & 3 & 3 & 6 \\ 0 & 0 & 0 & 0 \end{pmatrix} \xrightarrow[ウ]{} \begin{pmatrix} 1 & 0 & 2 & 1 \\ 0 & 1 & 1 & 2 \\ 0 & 0 & 0 & 0 \\ 0 & 0 & 0 & 0 \end{pmatrix} \quad \text{rank}\, A = 2$$

$\therefore \dim V = 4 - 2 = 2$ 答

方程式⊛は $\begin{cases} x_1 + 2x_3 + x_4 = 0 \\ x_2 + x_3 + 2x_4 = 0 \end{cases}$ と同値．$x_3 = s,\ x_4 = t$ （エ）とおくと，⊛の任意の解は

$$\begin{cases} x_1 = -2s - t \\ x_2 = -s - 2t \\ x_3 = s \\ x_4 = t \end{cases} \quad \therefore \begin{pmatrix} x_1 \\ x_2 \\ x_3 \\ x_4 \end{pmatrix} = s \begin{pmatrix} -2 \\ -1 \\ 1 \\ 0 \end{pmatrix} + t \begin{pmatrix} -1 \\ -2 \\ 0 \\ 1 \end{pmatrix} \ (s, t：実数)$$ 答

$$\boldsymbol{a}_1 = \begin{pmatrix} -2 \\ -1 \\ 1 \\ 0 \end{pmatrix},\quad \boldsymbol{a}_2 = \begin{pmatrix} -1 \\ -2 \\ 0 \\ 1 \end{pmatrix}$$

は V の生成系を与える．これらは線形独立（∵ $x_1 = x_2 = x_3 = x_4 = 0$ とすると $s = t = 0$）．ゆえに，$\boldsymbol{a}_1, \boldsymbol{a}_2$ が V の1組の基底（の1例）である．

ポイント

- ㋐ 3行－1行，4行－1行．
- ㋑ 4行－3行 × $\frac{1}{3}$
- ㋒ 3行－2行 × 3
- ㋓ $\dim V = 2$ であるから，解が2つの基底を用いて表せる．

練習問題 4-13　　解答 p. 226

同次連立1次方程式 $$\begin{cases} x_1 - 2x_2 + x_3 - 2x_4 + 3x_5 = 0 \\ x_1 - 2x_2 + 2x_3 - x_4 + 2x_5 = 0 \\ 2x_1 - 4x_2 + 7x_3 + x_4 + x_5 = 0 \end{cases}$$

の解全体の作る $\boldsymbol{R}^5$ の部分空間 V の次元と基底を求めよ．

問題 4-14 ▼和空間，交空間の基底(1)

同次連立 1 次方程式

$$\begin{cases} x_1 + x_2 + x_3 - 3x_4 = 0 \\ x_1 + x_2 - 3x_3 + x_4 = 0 \end{cases}, \quad \begin{cases} x_1 - 3x_2 + x_3 + x_4 = 0 \\ -3x_1 + x_2 + x_3 + x_4 = 0 \end{cases}$$

の解空間のつくる $\boldsymbol{R}^4$ の部分空間をそれぞれ V_1, V_2 とする．

(1) V_1 および V_2 の次元および基底の 1 つを求めよ．

(2) $V_1 + V_2$ の次元および基底の 1 つを求めよ．

●考え方●

(1) 係数行列を A_1, A_2 とし，$\operatorname{rank} A_1, \operatorname{rank} A_2$ から $\dim V_1, \dim V_2$ を求め，基底を確定する．

(2) (1)の基底を用いた行列を B とし，$\operatorname{rank} B$ を求め，$\dim(V_1 + V_2)$ を求める．

解答

(1) $A_1 = \begin{pmatrix} 1 & 1 & 1 & -3 \\ 1 & 1 & -3 & 1 \end{pmatrix}$ とおき，行式変形を行うと，

$$A_1 \underset{㋐}{=} \begin{pmatrix} 1 & 1 & 1 & -3 \\ 0 & 0 & -4 & 4 \end{pmatrix} \underset{㋑}{\to} \begin{pmatrix} 1 & 1 & 1 & -3 \\ 0 & 0 & 1 & -1 \end{pmatrix}$$

$$\underset{㋒}{\to} \begin{pmatrix} 1 & 1 & 0 & -2 \\ 0 & 0 & 1 & -1 \end{pmatrix} \quad \operatorname{rank} A_1 = 2$$

$\therefore\ \dim V_1 = 4 - 2 = 2$ 答

V_1 の定義する連立方程式は $\begin{cases} x_1 + x_2 - 2x_4 = 0 \\ x_3 - x_4 = 0 \end{cases}$

と同値．基底の 1 つは，㋓ ${}^t(-1\ 1\ 0\ 0)$, ${}^t(2\ 0\ 1\ 1)$ 答

$$A_2 = \begin{pmatrix} 1 & -3 & 1 & 1 \\ -3 & 1 & 1 & 1 \end{pmatrix} \underset{㋔}{\to} \begin{pmatrix} 1 & -3 & 1 & 1 \\ 0 & -8 & 4 & 4 \end{pmatrix}$$

$$\underset{㋕}{\to} \begin{pmatrix} 1 & 0 & -\frac{1}{2} & -\frac{1}{2} \\ 0 & 1 & -\frac{1}{2} & -\frac{1}{2} \end{pmatrix} \quad \operatorname{rank} A_2 = 2$$

$\therefore\ \dim V_2 = 4 - 2 = 2$ 答

V_2 の基底として，${}^t(1\ 1\ 2\ 0)$, ${}^t(1\ 1\ 0\ 2)$ ㋖ 答 がとれる．

(2) (1)でとった基底を並べて作った行列を B とおき，B を行基本変形で㋗簡約化すると，

$$B \underset{㋗}{\to} \begin{pmatrix} 1 & 0 & 0 & 2 \\ 0 & 1 & 0 & 2 \\ 0 & 0 & 1 & -1 \\ 0 & 0 & 0 & 0 \end{pmatrix}$$

$\operatorname{rank} B = \dim(V_1 + V_2) = 3$ 答

基底は ${}^t(1\ 0\ 0\ 0)$, ${}^t(0\ 1\ 0\ 0)$, ${}^t(0\ 0\ 1\ 0)$

に相等する最初の 1, 2, 3 列のベクトルが線形独立．

基底の 1 つは，${}^t(-1\ 1\ 0\ 0)$, ${}^t(2\ 0\ 1\ 1)$, ${}^t(1\ 1\ 2\ 0)$ 答

ポイント

㋐ 2 行 − 1 行

㋑ 2 行 × $-\frac{1}{4}$

㋒ 1 行 − 2 行

㋓ $x_2 = s$, $x_4 = t$ とおくと，s, t：実数．

$$\begin{pmatrix} x_1 \\ x_2 \\ x_3 \\ x_4 \end{pmatrix} = s\begin{pmatrix} -1 \\ 1 \\ 0 \\ 0 \end{pmatrix} + t\begin{pmatrix} 2 \\ 0 \\ 1 \\ 1 \end{pmatrix}$$

基底

㋔ 2 行 + 1 行 × 3

㋕ 2 行 × $-\frac{1}{8}$
その後，1 行 + 2 行 × 3

㋖ (1)と同様な方法で求める．

㋗ 行基本変形は p. 226 に記す．

練習問題 4-14 解答 p. 227

問題 4-14 において，$V_1 \cap V_2$ の次元および基底の 1 つを求めよ．

問題 4-⑮ ▼和空間，交空間の基底(2)

$$\boldsymbol{a}_1=\begin{pmatrix}1\\0\\1\\2\end{pmatrix},\ \boldsymbol{a}_2=\begin{pmatrix}1\\-1\\2\\1\end{pmatrix},\ \boldsymbol{a}_3=\begin{pmatrix}1\\-3\\4\\-1\end{pmatrix},\ \boldsymbol{b}_1=\begin{pmatrix}1\\1\\0\\3\end{pmatrix},\ \boldsymbol{b}_2=\begin{pmatrix}2\\1\\3\\5\end{pmatrix},\ \boldsymbol{b}_3=\begin{pmatrix}0\\1\\1\\1\end{pmatrix}$$

のとき，$\boldsymbol{a}_1, \boldsymbol{a}_2, \boldsymbol{a}_3$ および $\boldsymbol{b}_1, \boldsymbol{b}_2, \boldsymbol{b}_3$ が生成する $\boldsymbol{R}^4$ の部分空間をそれぞれ V_a, V_b とする．このとき，$V_a + V_b$ および $V_a \cap V_b$ の次元と 1 つの基底を求めよ．

●考え方●

$A = (\boldsymbol{a}_1\ \boldsymbol{a}_2\ \boldsymbol{a}_3)$，$B = (\boldsymbol{b}_1\ \boldsymbol{b}_2\ \boldsymbol{b}_3)$ とおくと，$V_a + V_b$ は $\boldsymbol{a}_1, \boldsymbol{a}_2, \boldsymbol{a}_3, \boldsymbol{b}_1, \boldsymbol{b}_2, \boldsymbol{b}_3$ で生成され，$(\boldsymbol{a}_1\ \boldsymbol{a}_2\ \boldsymbol{a}_3 \mid \boldsymbol{b}_1\ \boldsymbol{b}_2\ \boldsymbol{b}_3)$ 行列を考え，行式変形を行う．

解答

$$(\boldsymbol{a}_1\ \boldsymbol{a}_2\ \boldsymbol{a}_3 \mid \boldsymbol{b}_1\ \boldsymbol{b}_2\ \boldsymbol{b}_3) = \left(\begin{array}{ccc|ccc}1&1&1&1&2&0\\0&-1&-3&1&1&1\\1&2&4&0&3&1\\2&1&-1&3&5&1\end{array}\right)$$

の行式変形を行うと，

$$\underset{㋐}{\to}\left(\begin{array}{ccc|ccc}1&1&1&1&2&0\\0&-1&-3&1&1&1\\0&1&3&-1&1&1\\0&-1&-3&1&1&1\end{array}\right)\underset{㋑}{\to}\left(\begin{array}{ccc|ccc}1&1&1&1&2&0\\0&-1&-3&1&1&1\\0&0&0&0&2&2\\0&0&0&0&0&0\end{array}\right)$$

$$\underset{㋒}{\to}\left(\begin{array}{ccc|ccc}1&1&1&1&2&0\\0&1&3&-1&-1&-1\\0&0&0&0&1&1\\0&0&0&0&0&0\end{array}\right)\underset{㋓}{\to}\left(\begin{array}{ccc|ccc}1&0&-2&2&3&1\\0&1&3&-1&-1&-1\\0&0&0&0&1&1\\0&0&0&0&0&0\end{array}\right)$$

$$\underset{㋔}{\to}\left(\begin{array}{ccc|ccc}1&0&-2&2&2&0\\0&1&3&-1&0&0\\0&0&0&0&1&1\\0&0&0&0&0&0\\ \uparrow&\uparrow&\uparrow&\uparrow&\uparrow&\uparrow\\ \boldsymbol{a}_1&\boldsymbol{a}_2&\boldsymbol{a}_3&\boldsymbol{b}_1&\boldsymbol{b}_2&\boldsymbol{b}_3\end{array}\right)$$

よって，$\mathrm{rank}(A \mid B) = \dim(V_a + V_b) = 3$ 答

となるから，

$(\boldsymbol{a}_1, \boldsymbol{a}_2, \boldsymbol{b}_3)$ は $V_a + V_b$ の基底の 1 列．

ポイント

㋐ 3 行 − 1 行
　4 行 − 1 行 × 2
㋑ 3 行 + 2 行
　4 行 − 2 行
㋒ 2 行 × (−1)
　3 行 × $\left(\dfrac{1}{2}\right)$
㋓ 1 行 − 2 行
㋔ 1 行 − 3 行
　2 行 + 3 行
㋕ $\boldsymbol{a}_1 \in V_a$，$\boldsymbol{b}_1 \in V_b$ は自明．

次に，$V_a \cap V_b$ は，$\mathrm{rank}\,A = \dim V_a = 2$，$\mathrm{rank}\,B = \dim V_b = 3$ より

$\dim(V_a \cap V_b) = \dim V_a + \dim V_b - \dim(V_a + V_b) = 2 + 3 - 3 = 2$ 答

上の基本変形より，$\boldsymbol{a}_3 = -2\boldsymbol{a}_1 + 3\boldsymbol{a}_2$，$\boldsymbol{b}_1 = 2\boldsymbol{a}_1 - \boldsymbol{a}_2$，$\boldsymbol{b}_2 = 2\boldsymbol{a}_1 + \boldsymbol{b}_3$，$\boldsymbol{b}_1 \in V_a$ ㋕，

$\boldsymbol{a}_1 = \dfrac{1}{2}(\boldsymbol{b}_2 - \boldsymbol{b}_3) \in V_b$ ㋕　$\therefore\ \boldsymbol{a}_1, \boldsymbol{b}_1 \in V_a \cap V_b$

$\boldsymbol{a}_1, \boldsymbol{b}_1$ は明らかに線形独立だから $(\boldsymbol{a}_1, \boldsymbol{b}_1)$ は $V_a \cap V_b$ の基底 答

練習問題　4-15　解答 p. 227

問題 4-⑮ のベクトルについて，$\boldsymbol{a}_2, \boldsymbol{b}_1, \boldsymbol{a}_3$ および $\boldsymbol{a}_1, \boldsymbol{b}_3, \boldsymbol{b}_2$ が生成する $\boldsymbol{R}^4$ の部分空間をそれぞれ W_1, W_2 とする．$W_1 + W_2$ および $W_1 \cap W_2$ の次元と 1 つの基底を求めよ．

コラム4 ◆20世紀数学の源流――フレードホルムからヒルベルトへ！

20世紀前半の最大の数学者の1人といわれるドイツの数学者ヒルベルトは，1900年のパリの国際会議のおり，23題の数学上の問題を提起し，新しい世紀の数学の研究目標を示した．彼はこの講演の1年後から10年にわたり積分方程式の研究に没頭する．

積分方程式とは，振動に関する問題と密接に関係している関数方程式で，例えば $\varphi(x)$，$K(x,t)$ を既知の関数として，

$$\lambda\int_a^x K(x,t)f(t)dt = \varphi(x) \quad \cdots①$$

を考える．

もし，λ を適当にとったとき，この関係をみたすような $f(x)$ が存在するならば，$f(x)$ を具体的に求めよ，という問題が提起される．これは，「フレードホルムの積分方程式」とよばれている．

①は定積分の中に未知の関数 $f(x)$ を含み，微分や積分を使って求めることが困難になる．フレードホルムはこの積分方程式を

「連立1次方程式の極限の形」*

でとらえたのである．この発想にヒルベルトは触発され，積分方程式を展開する場として，ユークリッド空間の概念を拡張した無限次元の線形空間を導入するのである（これをヒルベルト空間とよぶ）．彼は，代数と解析が出合う場を無限の中に求めたのである．"無限こそ数学を統合する場ではないか？"の問いかけの元に，10年にわたる積分方程式の研究の成果が，1912年に280ページの大著『線形積分方程式の一般理論概要』として発表された．

ここに書かれた内容は，**20世紀数学の新しい幕明け**を告げるものとなった．

《注意》 コラム6 新しい解析学の方向（ヒルベルトとフレードホルム積分方程式）も参照．

* スウェーデンの数学者フレードホルムは，①を解くのに連立1次方程式を解く「クラメールの解法」に注目し，方程式の個数をしだいに増やしていく．そして，行列式の次数を高め，無限まで運び，積分方程式の解をとらえるのである．

Chapter 5

ベクトル空間 II

ベクトルの積演算，ベクトルの内積，外積を学びそれを利用する形で，
直線，平面の方程式を取り扱う．
また，Chapter 4 で取り扱った線形空間から線形空間への
"線形写像" について詳しく学ぶ．

基本事項

1 内積（問題 5-1, 2, 3, 4, 5）

❶ 内積の定義および性質

実ベクトル空間 V での**内積**とは，$\boldsymbol{a}, \boldsymbol{b}, \boldsymbol{c} \in V$ に対し，実数 $\boldsymbol{a}\cdot\boldsymbol{b}$ を対応させる演算で次の条件をみたす．$k \in R$

(i)	$\boldsymbol{a}\cdot\boldsymbol{b} = \boldsymbol{b}\cdot\boldsymbol{a}$	（交換の法則）
(ii)	$(\boldsymbol{a}+\boldsymbol{b})\cdot\boldsymbol{c} = \boldsymbol{a}\cdot\boldsymbol{c} + \boldsymbol{b}\cdot\boldsymbol{c}$	（分配の法則）
(iii)	$(k\boldsymbol{a})\cdot\boldsymbol{b} = \boldsymbol{a}\cdot(k\boldsymbol{b}) = k(\boldsymbol{a}\cdot\boldsymbol{b})$	（結合の法則）
(iv)	$\boldsymbol{a} \neq 0 \Rightarrow \boldsymbol{a}\cdot\boldsymbol{a} > 0$	

内積を使って $\boldsymbol{a}$ の長さ $|\boldsymbol{a}|$ を $|\boldsymbol{a}| = \sqrt{\boldsymbol{a}\cdot\boldsymbol{a}}$ （$\geqq 0$）で定義すると，次の関係が成り立つ．

(i)	$|\boldsymbol{a}\cdot\boldsymbol{b}| \leqq |\boldsymbol{a}||\boldsymbol{b}|$	（シュワルツの不等式）
(ii)	$|\boldsymbol{a}+\boldsymbol{b}| \leqq |\boldsymbol{a}| + |\boldsymbol{b}|$	（三角不等式）

（∵）(i) $\boldsymbol{b} = \boldsymbol{0}$ なら等号が成り立つ．

$|\boldsymbol{b}| \neq 0$ のとき，任意の実数 t に対して，

$(\boldsymbol{a}+t\boldsymbol{b})\cdot(\boldsymbol{a}+t\boldsymbol{b}) \geqq 0$ であり，

$(\boldsymbol{a}+t\boldsymbol{b})(\boldsymbol{a}+t\boldsymbol{b}) = \underbrace{(\boldsymbol{b}\cdot\boldsymbol{b})t^2 + 2(\boldsymbol{a}\cdot\boldsymbol{b})t + \boldsymbol{a}\cdot\boldsymbol{a}}_{㋐} \geqq 0$

㋐は t の 2 次式であり，常に $\geqq 0$ であるから，㋐ $= 0$ の判別式を D とすると，

$$\frac{D}{4} = (\boldsymbol{a}\cdot\boldsymbol{b})^2 - (\boldsymbol{a}\cdot\boldsymbol{a})(\boldsymbol{b}\cdot\boldsymbol{b}) \leqq 0 \text{ から } |\boldsymbol{a}\cdot\boldsymbol{b}| \leqq \sqrt{(\boldsymbol{a}\cdot\boldsymbol{a})(\boldsymbol{b}\cdot\boldsymbol{b})}$$

$$\therefore\ |\boldsymbol{a}\cdot\boldsymbol{b}| \leqq |\boldsymbol{a}||\boldsymbol{b}|$$

シュワルツの不等式は，内積と長さとの根本的な関係を与えており，この不等式からベクトルの長さに関する基本的な不等式である三角不等式を導くことができる．

(ii)（∵）$|\boldsymbol{a}+\boldsymbol{b}|^2 = (\boldsymbol{a}+\boldsymbol{b})\cdot(\boldsymbol{a}+\boldsymbol{b}) = \boldsymbol{a}\cdot\boldsymbol{a} + \underbrace{2\boldsymbol{a}\cdot\boldsymbol{b}}_{㋑} + \boldsymbol{b}\cdot\boldsymbol{b}$

$\leqq |\boldsymbol{a}|^2 + \underbrace{2|\boldsymbol{a}||\boldsymbol{b}|}_{㋑} + |\boldsymbol{b}|^2 = (|\boldsymbol{a}| + |\boldsymbol{b}|)^2$

㋑にシュワルツの不等式

$\therefore\ |\boldsymbol{a}+\boldsymbol{b}| \leqq |\boldsymbol{a}| + |\boldsymbol{b}|$ ■

これは，三角形の2辺の長さの和は他の1辺の長さより大きいという命題が n 項ベクトルに対しても成り立つことを意味している．

シュワルツの不等式より，2つの n 項ベクトル $\boldsymbol{a}, \boldsymbol{b}$（ただし，$\boldsymbol{a} \neq \boldsymbol{o}$，$\boldsymbol{b} \neq \boldsymbol{o}$）に対して，

$$\frac{|\boldsymbol{a}\cdot\boldsymbol{b}|}{|\boldsymbol{a}||\boldsymbol{b}|} \leqq 1 \text{ で } \frac{\boldsymbol{a}\cdot\boldsymbol{b}}{|\boldsymbol{a}||\boldsymbol{b}|} \text{ は}-1\text{ 以上 }1\text{ 以下の数である．}$$

したがって，

$$\cos\theta = \frac{\boldsymbol{a}\cdot\boldsymbol{b}}{|\boldsymbol{a}||\boldsymbol{b}|}$$

となる θ $(0 \leqq \theta \leqq \pi)$ がただ1つ定まる．この θ を n 項ベクトル $\boldsymbol{a}\cdot\boldsymbol{b}$ **のなす角**という．$\boldsymbol{a}, \boldsymbol{b}$ のなす角が $\frac{\pi}{2}$ のとき，$\boldsymbol{a}, \boldsymbol{b}$ は**直交する**といって，$\boldsymbol{a} \perp \boldsymbol{b}$ と表す．

《注意》p. 95 の高校数学で習ったベクトルの内積の定義の拡張になっている．

また，$\boldsymbol{a} = (a_1, a_2, \cdots, a_n) \in \boldsymbol{R}^n$

$\boldsymbol{b} = (b_1, b_2, \cdots, b_n) \in \boldsymbol{R}^n$ で，

$$\boldsymbol{a}\cdot\boldsymbol{b} = a_1b_1 + a_2b_2 + \cdots + a_nb_n$$

と定義すると，これは内積の公理（p. 120）をすべてみたし，内積となる．

《注意》ここから内積を定義する参考書も多い．

❷ ベクトルの正射影

$\boldsymbol{a}$ と $\boldsymbol{b}$ が与えられたとき，$\boldsymbol{b}$ に垂直な方向から光が射しているとき，$\boldsymbol{a}$ が $\boldsymbol{b}$ に落とす影を正射影といい，その長さは

$|\boldsymbol{a}|\cos\theta$

で表される．

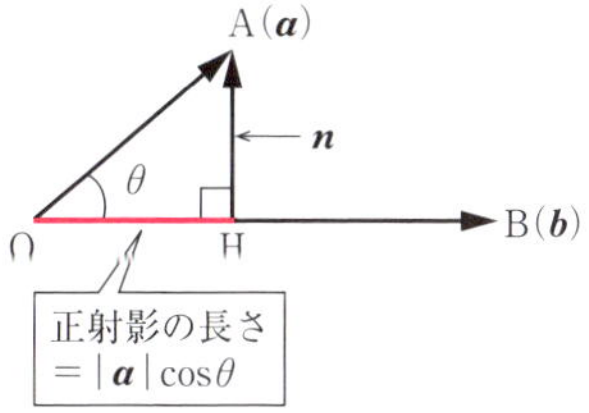

$\overrightarrow{\mathrm{OA}} = \boldsymbol{a}$，$\overrightarrow{\mathrm{OB}} = \boldsymbol{b}$ のとき，A から直線 OB におろした垂線の足を H とすると，単位ベクトル $\frac{\boldsymbol{b}}{|\boldsymbol{b}|}$ を用いると，$\mathrm{OH} = |\boldsymbol{a}|\cos\theta = \frac{\boldsymbol{a}\cdot\boldsymbol{b}}{|\boldsymbol{b}|}$

であり，

$$\therefore\ \overrightarrow{\mathrm{OH}} = \underbrace{\frac{\boldsymbol{a}\cdot\boldsymbol{b}}{|\boldsymbol{b}|}}_{\text{OH の長さ}} \underbrace{\left(\frac{\boldsymbol{b}}{|\boldsymbol{b}|}\right)}_{\text{単位ベクトル}} = \frac{\boldsymbol{a}\cdot\boldsymbol{b}}{|\boldsymbol{b}|^2}\boldsymbol{b}$$

よって，$\boldsymbol{a}$ と 垂直なベクトル $\boldsymbol{n} = \overrightarrow{\mathrm{HA}}$ は

$$\boldsymbol{n} = \overrightarrow{\mathrm{HA}} = \overrightarrow{\mathrm{OA}} - \overrightarrow{\mathrm{OH}} = \boldsymbol{a} - \frac{\boldsymbol{a}\cdot\boldsymbol{b}}{|\boldsymbol{b}|^2}\boldsymbol{b}$$

と導ける．

Memo ベクトルの正射影の考え方は，計量線形空間 $\boldsymbol{R}^n$ における1組の正規直交でない基底を正規直交基底に変換するとき（次に取り扱う）役に立つ．

❸ シュミットの正規直交化法

V を計量線形空間 $\boldsymbol{R}^n$ の部分集合で $\boldsymbol{o} \notin V$ とする．V の任意の相異なる2元 $\boldsymbol{a}, \boldsymbol{b}$ がつねに直交するとき，V を直交系という．直交系 V のベクトルがすべて単位ベクトルであるとき，V を正規直交系という．

定理 1

V が計量線形空間の直交系であるとき，V から有限個のベクトル $\boldsymbol{a}_1, \boldsymbol{a}_2, \cdots, \boldsymbol{a}_r$ をどのようにとっても線形独立である．

定理 2　シュミットの直交化法

V が計量線形空間の直交系であるとき，V から有限個の線形独立のベクトル $\boldsymbol{a}_1, \boldsymbol{a}_2, \cdots, \boldsymbol{a}_r$ から正規直交系 $\boldsymbol{e}_1, \boldsymbol{e}_2, \cdots, \boldsymbol{e}_r$ を次の手順で作ることができる．

$$\boldsymbol{b}_1 = \boldsymbol{a}_1 \qquad \boldsymbol{e}_1 = \frac{\boldsymbol{b}_1}{|\boldsymbol{b}_1|}$$

$$\boldsymbol{b}_2 = \boldsymbol{a}_2 - (\boldsymbol{a}_2\cdot\boldsymbol{e}_1)\boldsymbol{e}_1 \qquad \boldsymbol{e}_2 = \frac{\boldsymbol{b}_2}{|\boldsymbol{b}_2|}$$

$$\boldsymbol{b}_3 = \boldsymbol{a}_3 - (\boldsymbol{a}_3\cdot\boldsymbol{e}_1)\boldsymbol{e}_1 - (\boldsymbol{a}_3\cdot\boldsymbol{e}_2)\boldsymbol{e}_2 \qquad \boldsymbol{e}_3 = \frac{\boldsymbol{b}_3}{|\boldsymbol{b}_3|}$$

$$\cdots \qquad \cdots$$

$$\boldsymbol{b}_r = \boldsymbol{a}_r - (\boldsymbol{a}_r\cdot\boldsymbol{e}_1)\boldsymbol{e}_1 - (\boldsymbol{a}_r\cdot\boldsymbol{e}_2)\boldsymbol{e}_2 - \cdots - (\boldsymbol{a}_r\cdot\boldsymbol{e}_{r-1})\boldsymbol{e}_{r-1} \qquad \boldsymbol{e}_r = \frac{\boldsymbol{b}_r}{|\boldsymbol{b}_r|}$$

《注意》V を r 次元計量線形空間とするとき，V の r 個のベクトル $\boldsymbol{e}_1, \boldsymbol{e}_2, \cdots, \boldsymbol{e}_r$ は V の基底となる．

定理 2の過程を以下説明しよう．

(ア)　$\boldsymbol{a}_1 \to \boldsymbol{e}_1$　　(イ)　$\boldsymbol{a}_2 \to \boldsymbol{e}_2$　　(ウ)　$\boldsymbol{a}_3 \to \boldsymbol{e}_3$

の変換は図的なイメージでつかめ理解しやすいと思う．それ以降(エ) $\boldsymbol{a}_4 \to \boldsymbol{e}_4$, $\cdots$, $\boldsymbol{a}_r \to \boldsymbol{e}_r$ は(ア), (イ), (ウ)の構造の拡張となる．

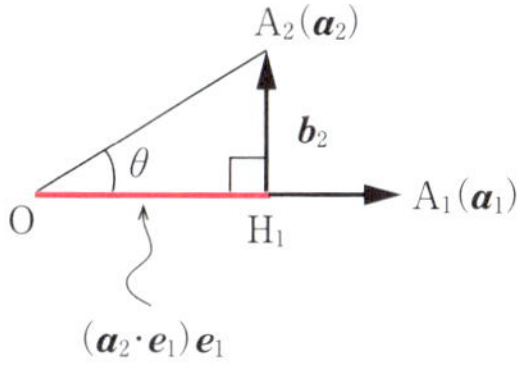

(ア)　$\boldsymbol{e}_1$ は $\boldsymbol{a}_1$ の単位ベクトルである．

(イ)　$\boldsymbol{b}_2$ はベクトルの正射影の性質（p. 121）から，

$\overrightarrow{\mathrm{H_1A_2}} = \boldsymbol{b}_2 = \boldsymbol{a}_2 - (\boldsymbol{a}_2 \cdot \boldsymbol{e}_1)\boldsymbol{e}_1$ となる．

$\boldsymbol{e}_2$ は $\boldsymbol{b}_2$ の単位ベクトル．$|\boldsymbol{e}_1| = |\boldsymbol{e}_2| = 1$ かつ $\boldsymbol{e}_1 \cdot \boldsymbol{e}_2 = 0$ で $\boxed{\boldsymbol{e}_1 \perp \boldsymbol{e}_2}$ が成り立つ（問題 5-4）．

(ウ)　$\boldsymbol{b}_3 = \boldsymbol{a}_3 - (\boldsymbol{a}_3 \cdot \boldsymbol{e}_1)\boldsymbol{e}_1 - (\boldsymbol{a}_3 \cdot \boldsymbol{e}_2)\boldsymbol{e}_2$

$\overrightarrow{\mathrm{OH_1}} = |\overrightarrow{\mathrm{OH_1}}|\boldsymbol{e}_1 = (\boldsymbol{a}_3 \cdot \boldsymbol{e}_1)\boldsymbol{e}_1$

$\overrightarrow{\mathrm{OH_2}} = |\overrightarrow{\mathrm{OH_2}}|\boldsymbol{e}_2 = (\boldsymbol{a}_3 \cdot \boldsymbol{e}_2)\boldsymbol{e}_2$

$\overrightarrow{\mathrm{OH_3}} = \overrightarrow{\mathrm{OH_1}} + \overrightarrow{\mathrm{OH_2}}$

$= (\boldsymbol{a}_3 \cdot \boldsymbol{e}_1)\boldsymbol{e}_1 + (\boldsymbol{a}_3 \cdot \boldsymbol{e}_2)\boldsymbol{e}_2$

$\therefore\ \boldsymbol{b}_3 = \overrightarrow{\mathrm{H_3A_3}} = \overrightarrow{\mathrm{OA_3}} - \overrightarrow{\mathrm{OH_3}}$

$= \boldsymbol{a}_3 - \underline{(\boldsymbol{a}_3 \cdot \boldsymbol{e}_1)\boldsymbol{e}_1} - \underline{(\boldsymbol{a}_3 \cdot \boldsymbol{e}_2)\boldsymbol{e}_2}$

$\overrightarrow{\mathrm{OH_1}}$：正射影　　$\overrightarrow{\mathrm{OH_2}}$：正射影

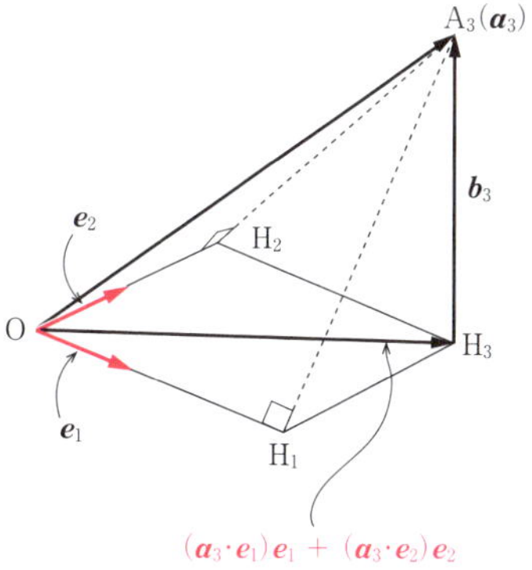

$$\boldsymbol{e}_3 = \frac{\boldsymbol{b}_3}{|\boldsymbol{b}_3|}$$

この考え方を続けて，

(エ)　$\boldsymbol{b}_r = \boldsymbol{a}_r - (\boldsymbol{a}_r \cdot \boldsymbol{e}_1)\boldsymbol{e}_1 - (\boldsymbol{a}_r \cdot \boldsymbol{e}_2)\boldsymbol{e}_2 - \cdots - (\boldsymbol{a}_r \cdot \boldsymbol{e}_{r-1})\boldsymbol{e}_{r-1}$

$$\boldsymbol{e}_r = \frac{\boldsymbol{b}_r}{|\boldsymbol{b}_r|}$$

が得られる．

例 1　$\boldsymbol{a}_1 = (1, 2)$，$\boldsymbol{a}_2 = (-1, 1)$ のベクトルから正規直交系をつくれ．

（解）$\boldsymbol{b}_1 = \boldsymbol{a}_1$，$|\boldsymbol{b}_1| = \sqrt{5}$ であるから，$\boldsymbol{e}_1 = \dfrac{\boldsymbol{b}_1}{|\boldsymbol{b}_1|} = \dfrac{1}{\sqrt{5}}(1, 2)$

$\boldsymbol{a}_2 \cdot \boldsymbol{e}_1 = -\dfrac{1}{\sqrt{5}} + \dfrac{2}{\sqrt{5}} = \dfrac{1}{\sqrt{5}}$ となるから，

$\boldsymbol{b}_2 = \boldsymbol{a}_2 - (\boldsymbol{a}_2 \cdot \boldsymbol{e}_1)\boldsymbol{e}_1 = (-1, 1) - \dfrac{1}{\sqrt{5}} \cdot \dfrac{1}{\sqrt{5}}(1, 2) = \left(-\dfrac{6}{5}, \dfrac{3}{5}\right)$

$\therefore\ \boldsymbol{e}_2 = \dfrac{\boldsymbol{b}_2}{|\boldsymbol{b}_2|} = \left(-\dfrac{2}{\sqrt{5}}, \dfrac{1}{\sqrt{5}}\right)$

以上より，$\boldsymbol{e}_1 = \dfrac{1}{\sqrt{5}}(1, 2)$，$\boldsymbol{e}_2 = \dfrac{1}{\sqrt{5}}(-2, 1)$　…(答)

例2　$\boldsymbol{a}_1=(2,1,2)$，$\boldsymbol{a}_2=(1,1,0)$，$\boldsymbol{a}_3=(1,5,1)$

のベクトルから正規直交系をつくれ．

（解）

$$\boldsymbol{e}_1=\frac{\boldsymbol{a}_1}{|\boldsymbol{a}_1|}=\frac{1}{3}\boldsymbol{a}_1=\left(\frac{2}{3},\frac{1}{3},\frac{2}{3}\right)$$

$$\boldsymbol{b}_2=\boldsymbol{a}_2-(\boldsymbol{a}_2\cdot\boldsymbol{e}_1)\boldsymbol{e}_1=(1,1,0)-1\cdot\left(\frac{2}{3},\frac{1}{3},\frac{2}{3}\right)=\left(\frac{1}{3},\frac{2}{3},-\frac{2}{3}\right)$$

$$\therefore\ \boldsymbol{e}_2=\frac{\boldsymbol{b}_2}{|\boldsymbol{b}_2|}=\left(\frac{1}{3},\frac{2}{3},-\frac{2}{3}\right)$$

$$\boldsymbol{b}_3=\boldsymbol{a}_3-(\boldsymbol{a}_3\cdot\boldsymbol{e}_1)\boldsymbol{e}_1-(\boldsymbol{a}_3\cdot\boldsymbol{e}_2)\boldsymbol{e}_2$$

$$=(1,5,1)-3\left(\frac{2}{3},\frac{1}{3},\frac{2}{3}\right)-3\left(\frac{1}{3},\frac{2}{3},-\frac{2}{3}\right)=(-2,2,1)$$

$$\therefore\ \boldsymbol{e}_3=\frac{\boldsymbol{b}_3}{|\boldsymbol{b}_3|}=\left(-\frac{2}{3},\frac{2}{3},\frac{1}{3}\right)$$

以上より，

$$\boldsymbol{e}_1=\left(\frac{2}{3},\frac{1}{3},\frac{2}{3}\right),\ \boldsymbol{e}_2=\left(\frac{1}{3},\frac{2}{3},-\frac{2}{3}\right),\ \boldsymbol{e}_3=\left(-\frac{2}{3},\frac{2}{3},\frac{1}{3}\right)\quad\cdots(\text{答})$$

が求めるベクトル．

Memo　正規直交基底は非常に扱いやすい基底である．

例えば，$\boldsymbol{p}$ を $\boldsymbol{a}_1,\boldsymbol{a}_2,\cdots,\boldsymbol{a}_n$ の1次結合で表そうとすると，

$$\boldsymbol{p}=x_1\boldsymbol{a}_1+x_2\boldsymbol{a}_2+\cdots+x_n\boldsymbol{a}_n=0$$

という連立一次方程式をいちいち解いて，未知数 $x_1,x_2,\cdots,x_n$ を求めなければならない．

しかし，$\boldsymbol{a}_1,\boldsymbol{a}_2,\cdots,\boldsymbol{a}_n$ が正規直交基底だとすると，

$$\boldsymbol{p}=(\boldsymbol{p}\cdot\boldsymbol{a}_1)\boldsymbol{a}_1+(\boldsymbol{p}\cdot\boldsymbol{a}_2)\boldsymbol{a}_2+\cdots+(\boldsymbol{p}\cdot\boldsymbol{a}_n)\boldsymbol{a}_n$$

というように，各 $\boldsymbol{a}_i$ の係数は $\boldsymbol{p}$ との内積 $\boldsymbol{p}\cdot\boldsymbol{a}_i$ を計算すればよいことになる．

この係数の計算方法は，後に学ぶ「フーリエ解析」の原型となり，フーリエ級数展開による近似計算で，決定的な役割を果たす．

2 外積（問題 5-6, 7, 8, 9）

❶ 外積の定義

空間ベクトル $\boldsymbol{a} = (a_1, a_2, a_3)$，$\boldsymbol{b} = (b_1, b_2, b_3)$ に対して，空間ベクトル $\boldsymbol{a} \times \boldsymbol{b}$ を次のように定義する．

$$\boldsymbol{a} \times \boldsymbol{b} = \left(\begin{vmatrix} a_2 & a_3 \\ b_2 & b_3 \end{vmatrix}, \begin{vmatrix} a_3 & a_1 \\ b_3 & b_1 \end{vmatrix}, \begin{vmatrix} a_1 & a_2 \\ b_1 & b_2 \end{vmatrix} \right) = (a_2b_3 - a_3b_2, a_3b_1 - a_1b_3, a_1b_2 - a_2b_1)$$

これを $\boldsymbol{a}, \boldsymbol{b}$ の外積（あるいはベクトル積）という．

基本ベクトル $\boldsymbol{i} = (1, 0, 0)$，$\boldsymbol{j} = (0, 1, 0)$，$\boldsymbol{k} = (0, 0, 1)$ を用いて，次のように行列式1つで $\boldsymbol{a} \times \boldsymbol{b} = \begin{vmatrix} \boldsymbol{i} & \boldsymbol{j} & \boldsymbol{k} \\ a_1 & a_2 & a_3 \\ b_1 & b_2 & b_3 \end{vmatrix}$ と表すと覚えやすい．

Memo　基本ベクトルに関して，
$\boldsymbol{i} \times \boldsymbol{i} = \boldsymbol{j} \times \boldsymbol{j} = \boldsymbol{k} \times \boldsymbol{k} = \boldsymbol{o}$，$\boldsymbol{i} \times \boldsymbol{j} = -\boldsymbol{j} \times \boldsymbol{i} = \boldsymbol{k}$，$\boldsymbol{j} \times \boldsymbol{k} = -\boldsymbol{k} \times \boldsymbol{j} = \boldsymbol{i}$，$\boldsymbol{k} \times \boldsymbol{i} = -\boldsymbol{i} \times \boldsymbol{k} = \boldsymbol{j}$ が成り立ち，結果は循環的になっている．

定義からわかるように，$\boldsymbol{a} \times \boldsymbol{b} = -\boldsymbol{b} \times \boldsymbol{a}$ が成り立つ．すなわち，外積に対して交換の法則は成り立たない．しかし，分配の法則は成り立つ．外積は次の演算法則をみたす．

（i）$\boldsymbol{a} \times \boldsymbol{a} = \boldsymbol{o}$
（ii）$\boldsymbol{a} \times \boldsymbol{b} = -\boldsymbol{b} \times \boldsymbol{a}$
（iii）$\lambda\boldsymbol{a} \times \boldsymbol{b} = \boldsymbol{a} \times \lambda\boldsymbol{b} = \lambda(\boldsymbol{a} \times \boldsymbol{b})$　（λ：スカラー）
（iv）$\boldsymbol{a} \times (\boldsymbol{b} + \boldsymbol{c}) = \boldsymbol{a} \times \boldsymbol{b} + \boldsymbol{a} \times \boldsymbol{c}$
　　$(\boldsymbol{a} + \boldsymbol{b}) \times \boldsymbol{c} = \boldsymbol{a} \times \boldsymbol{c} + \boldsymbol{b} \times \boldsymbol{c}$　（分配の法則）

❷ 外積の幾何的意味

定義から次の性質をみたす．

定理

（i）$(\boldsymbol{a} \times \boldsymbol{b}) \cdot \boldsymbol{a} = 0$，$(\boldsymbol{a} \times \boldsymbol{b}) \cdot \boldsymbol{b} = 0$
（ii）$|\boldsymbol{a} \times \boldsymbol{b}| = |\boldsymbol{a}||\boldsymbol{b}| \sin\theta$　（θ は $\boldsymbol{a}, \boldsymbol{b}$ のなす角，$0 \leqq \theta \leqq \pi$）

（証明）　問題 5-7（p. 140）

(ⅰ)において，$\boldsymbol{a} \times \boldsymbol{b}$ は $\boldsymbol{a}, \boldsymbol{b}$ のいずれにも垂直であることを示しており，ベクトル $\boldsymbol{a} \times \boldsymbol{b}$ の大きさは，$\boldsymbol{a}, \boldsymbol{b}$ を隣り合う２辺とする平行四辺形の面積に等しくなることを意味する．図的には右図のようになる．向きは $\boldsymbol{a}$ から $\boldsymbol{b}$ の向きに右ねじを回すとき（回転角は小さいほうをとる），ねじの進む向きとする．

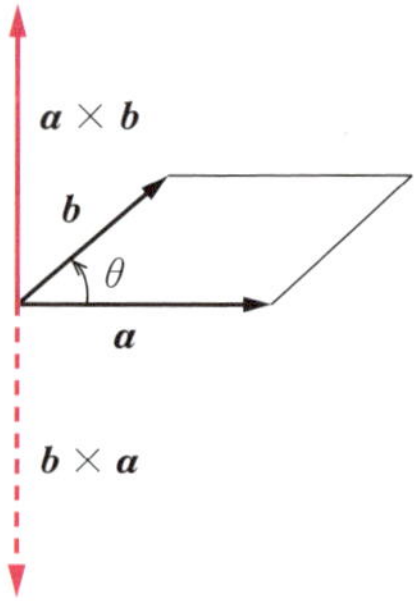

❸ スカラー３重積

３つのベクトル $\boldsymbol{a} = (a_1, a_2, a_3)$，$\boldsymbol{b} = (b_1, b_2, b_3)$，$\boldsymbol{c} = (c_1, c_2, c_3)$ に対し，$\boldsymbol{a}\cdot(\boldsymbol{b} \times \boldsymbol{c})$，$(\boldsymbol{a} \times \boldsymbol{b})\cdot\boldsymbol{c}$ を考える．

$\boldsymbol{a}\cdot(\boldsymbol{b} \times \boldsymbol{c})$ はベクトル $\boldsymbol{a}$ とベクトル $\boldsymbol{b} \times \boldsymbol{c}$ の内積であるから，これはスカラーである．

$$\boldsymbol{b} \times \boldsymbol{c} = \begin{vmatrix} i & j & k \\ b_1 & b_2 & b_3 \\ c_1 & c_2 & c_3 \end{vmatrix} = \begin{vmatrix} b_2 & b_3 \\ c_2 & c_3 \end{vmatrix} \boldsymbol{i} + \begin{vmatrix} b_3 & b_1 \\ c_3 & c_1 \end{vmatrix} \boldsymbol{j} + \begin{vmatrix} b_1 & b_2 \\ c_1 & c_2 \end{vmatrix} \boldsymbol{k}$$

$$= \begin{vmatrix} b_2 & b_3 \\ c_2 & c_3 \end{vmatrix} \boldsymbol{i} - \begin{vmatrix} b_1 & b_3 \\ c_1 & c_3 \end{vmatrix} \boldsymbol{j} + \begin{vmatrix} b_1 & b_2 \\ c_1 & c_2 \end{vmatrix} \boldsymbol{k}$$

であるから

$$\boldsymbol{a}\cdot(\boldsymbol{b} \times \boldsymbol{c}) = a_1 \begin{vmatrix} b_2 & b_3 \\ c_2 & c_3 \end{vmatrix} - a_2 \begin{vmatrix} b_1 & b_3 \\ c_1 & c_3 \end{vmatrix} + a_3 \begin{vmatrix} b_1 & b_2 \\ c_1 & c_2 \end{vmatrix}$$

$$\therefore\ \boldsymbol{a}\cdot(\boldsymbol{b} \times \boldsymbol{c}) = \begin{vmatrix} a_1 & a_2 & a_3 \\ b_1 & b_2 & b_3 \\ c_1 & c_2 & c_3 \end{vmatrix} \underset{※}{=} \begin{vmatrix} a_1 & b_1 & c_1 \\ a_2 & b_2 & c_2 \\ a_3 & b_3 & c_3 \end{vmatrix}$$

※行列式の基本性質
転置不変性（p. 45）．

行列式の各行を**循環的**に交換しても，その値は変わらないから

$$\boxed{\boldsymbol{a}\cdot(\boldsymbol{b} \times \boldsymbol{c}) = \boldsymbol{b}\cdot(\boldsymbol{c} \times \boldsymbol{a}) = \boldsymbol{c}\cdot(\boldsymbol{a} \times \boldsymbol{b})}$$

が成り立つ．上式を $[\boldsymbol{a}\ \boldsymbol{b}\ \boldsymbol{c}]$ と書き，これを**グラスマンの記号**という．

$$[\boldsymbol{a}\ \boldsymbol{b}\ \boldsymbol{c}]^2 = \{\boldsymbol{a}\cdot(\boldsymbol{b} \times \boldsymbol{c})\}^2$$

$$= \begin{vmatrix} \boldsymbol{a}\cdot\boldsymbol{a} & \boldsymbol{a}\cdot\boldsymbol{b} & \boldsymbol{a}\cdot\boldsymbol{c} \\ \boldsymbol{b}\cdot\boldsymbol{a} & \boldsymbol{b}\cdot\boldsymbol{b} & \boldsymbol{b}\cdot\boldsymbol{c} \\ \boldsymbol{c}\cdot\boldsymbol{a} & \boldsymbol{c}\cdot\boldsymbol{b} & \boldsymbol{c}\cdot\boldsymbol{c} \end{vmatrix} \text{ が成り立つ．}$$

（証明）（問題 5-8）(2)（p. 141）で $\boldsymbol{x} = \boldsymbol{a}$，$\boldsymbol{y} = \boldsymbol{b}$，$\boldsymbol{z} = \boldsymbol{c}$ とおく．

次に $(\boldsymbol{a}\times\boldsymbol{b})\cdot\boldsymbol{c}$ の幾何学的意味を考えてみる．

$\boldsymbol{a}\times\boldsymbol{b}$ と $\boldsymbol{c}$ との作る角を θ とすれば，内積の定義より

$$(\boldsymbol{a}\times\boldsymbol{b})\cdot\boldsymbol{c}=|\boldsymbol{a}\times\boldsymbol{b}||\boldsymbol{c}|\cos\theta$$

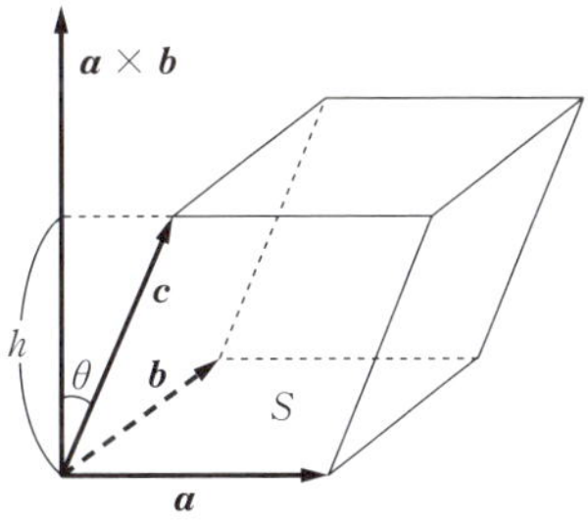

これは，$\boldsymbol{a}, \boldsymbol{b}, \boldsymbol{c}$ を3辺とする平行六面体を作ったとき，$|\boldsymbol{a}\times\boldsymbol{b}|$ は，$\boldsymbol{a}, \boldsymbol{b}$ の作る平行四辺形の面積に等しい．$|\boldsymbol{c}|\cos\theta$ は図の h に等しく，平行六面体の高さに等しい．

すなわち，$(\boldsymbol{a}\times\boldsymbol{b})\cdot\boldsymbol{c}$ は3つのベクトル $\boldsymbol{a}$, $\boldsymbol{b}, \boldsymbol{c}$ を3辺とする**平行六面体の体積**を表す．

❹ ベクトル3重積

ベクトル $\boldsymbol{a}, \boldsymbol{b}, \boldsymbol{c}$ に対し，$\boldsymbol{a}\times(\boldsymbol{b}\times\boldsymbol{c})$, $(\boldsymbol{a}\times\boldsymbol{b})\times\boldsymbol{c}$ をベクトル3重積という．

$\boldsymbol{a}\times(\boldsymbol{b}\times\boldsymbol{c})$ はベクトル $\boldsymbol{a}$ とベクトル $\boldsymbol{b}\times\boldsymbol{c}$ との外積であるから，ベクトルである．一般に $\boldsymbol{a}\times(\boldsymbol{b}\times\boldsymbol{c})$ と $(\boldsymbol{a}\times\boldsymbol{b})\times\boldsymbol{c}$ は異なる．ベクトル3重積については次の関係が成り立つ．

$$\boldsymbol{a}\times(\boldsymbol{b}\times\boldsymbol{c})=(\boldsymbol{a}\cdot\boldsymbol{c})\boldsymbol{b}-(\boldsymbol{a}\cdot\boldsymbol{b})\boldsymbol{c}$$
$$(\boldsymbol{a}\times\boldsymbol{b})\times\boldsymbol{c}=(\boldsymbol{a}\cdot\boldsymbol{c})\boldsymbol{b}-(\boldsymbol{b}\cdot\boldsymbol{c})\boldsymbol{a}$$

（証明）問題 5-9（p. 142）

これを使うと，ベクトル3重積の計算が簡単にできる．

3　ベクトルと図形（問題 5-10, 11, 12）

空間内の直線の方程式，平面の方程式は，媒介変数表示による表現と方程式による表現の2通りがある．

❶ 直線の方程式

（i）ベクトル方程式

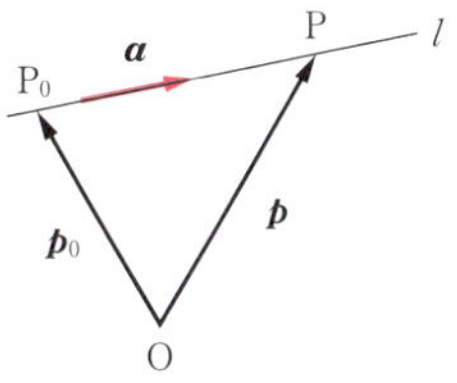

点 P_0 を通り，ベクトル $\boldsymbol{a}$ $(\neq\boldsymbol{o})$ に平行な直線 l 上の動点を $\mathrm{P}(\boldsymbol{p})$ とすると，

$$\boldsymbol{p}=\boldsymbol{p}_0+t\boldsymbol{a}\quad(t：実数)\quad\cdots①$$

①を l の**ベクトル方程式**といい，$\boldsymbol{a}$ を l の**方向ベクトル**という．

ここで座標空間において，$P_0(x_0, y_0, z_0)$，$\boldsymbol{a} = (a, b, c)$，$P(x, y, z)$ とすると，①は

$$\begin{cases} x = x_0 + at \\ y = y_0 + bt \quad \cdots ② \\ z = z_0 + ct \end{cases}$$

と表せる．②を l の**媒介変数表示**という．

（ii）方程式による表現

②式の3式からパラメータ t を消去すると，$abc \neq 0$ のとき，直線の方程式は

$$\frac{x - x_0}{a} = \frac{y - y_0}{b} = \frac{z - z_0}{c} \quad \cdots ③$$

と表される．

《注意》$abc = 0$ のとき，例えば，$a = 0$ のとき，分子 $= x - x_0 = 0$ と定める．他が0のときも同様．

❷ 平面の方程式

（i）ベクトル方程式(1)

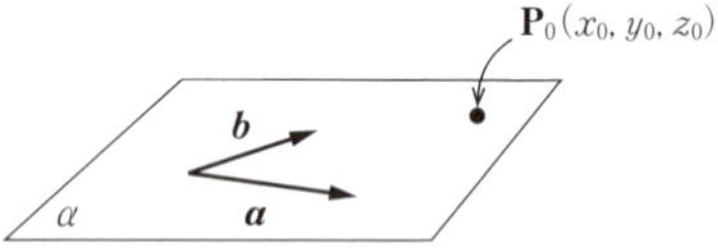

点 $P_0(x_0, y_0, z_0)$ を通り，平行でない2つのベクトル $\boldsymbol{a}(\neq \boldsymbol{0})$，$\boldsymbol{b}(\neq \boldsymbol{0})$ の両方に平行な平面 α 上に点 $P(\boldsymbol{p})$ があるとは，

$$\boldsymbol{p} = \boldsymbol{p}_0 + s\boldsymbol{a} + t\boldsymbol{b} \quad \cdots ①$$

をみたす実数 s, t が存在することと同値である．

①を α の**ベクトル方程式**といい，s, t を媒介変数という．

（ii）ベクトル方程式(2)

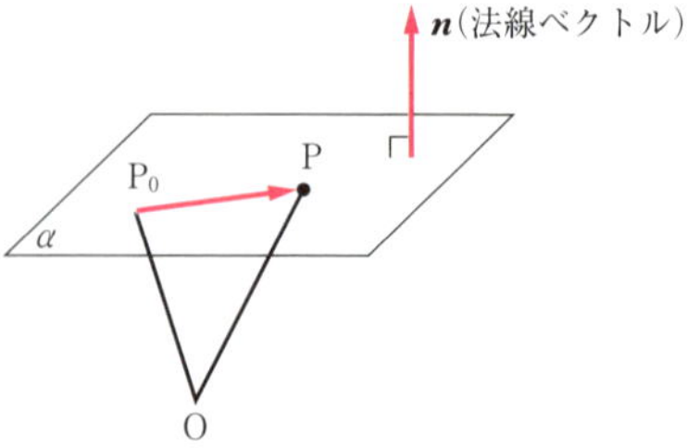

点 $P_0(\boldsymbol{p}_0)$ を通り，ベクトル $\boldsymbol{n}$ $(\neq \boldsymbol{o})$ に垂直な平面 α 上に点 $P(\boldsymbol{p})$ があるとは，

$$\boldsymbol{n} \cdot (\boldsymbol{p} - \boldsymbol{p}_0) = 0 \quad \cdots ②$$

が成り立つことと同値である．

②を α のベクトル方程式といい，$\boldsymbol{n}$ を α の**法線ベクトル**という．

（iii）方程式による表現

座標空間において，$P_0(x_0, y_0, z_0)$，$\boldsymbol{n} = (a, b, c)$，$P(x, y, z)$ とすると，

②から次の方程式③が得られる．

$$a(x-x_0)+b(y-y_0)+c(z-z_0)=0 \quad \cdots③$$

これは，点 P_0 を通り，$\boldsymbol{n}$ を法線ベクトルとする**平面の方程式**である．

③で $d=ax_0+by_0+cz_0$ とすると

$$\boxed{ax+by+cz=d} \quad \cdots④$$

法線ベクトル (a,b,c)

となり，④は $\boldsymbol{n}$ を法線ベクトルとする平面の方程式である．

逆に④の形の方程式は平面を表し，

> $a \neq 0$ のとき，それは $\boldsymbol{a}=(-b,a,0)$，$\boldsymbol{b}=(-c,0,a)$ によって張られる．

（証明）　**問題** 5-⑫（p. 145）

平面は通常④の形の方程式で表す．

（iv）行列式による表現

ベクトル方程式①（p. 128）において，平面 π 上の任意の点を $P(x,y,z)$，定点を $P_0(x_0,y_0,z_0)$，ベクトル $\boldsymbol{a}=(a_1,a_2,a_3)$，$\boldsymbol{b}=(b_1,b_2,b_3)$ で張られるものとすると，P が π に属するための必要十分条件は，$\overrightarrow{P_0P}$，$\boldsymbol{a}$，$\boldsymbol{b}$ が線形従属になることである．

よって，

$$\det[\overrightarrow{P_0P}\ \boldsymbol{a}\ \boldsymbol{b}]=\begin{vmatrix} x-x_0 & a_1 & b_1 \\ y-y_0 & a_2 & b_2 \\ z-z_0 & a_3 & b_3 \end{vmatrix}=0$$

$$\Leftrightarrow \begin{vmatrix} a_2 & b_2 \\ a_3 & b_3 \end{vmatrix}(x-x_0)-\begin{vmatrix} a_1 & b_1 \\ a_3 & b_3 \end{vmatrix}(y-y_0)+\begin{vmatrix} a_1 & b_1 \\ a_2 & b_2 \end{vmatrix}(z-z_0)=0$$

$a=\begin{vmatrix} a_2 & b_2 \\ a_3 & b_3 \end{vmatrix}$，$b=-\begin{vmatrix} a_1 & b_1 \\ a_3 & b_3 \end{vmatrix}$，$c=\begin{vmatrix} a_1 & b_1 \\ a_2 & b_2 \end{vmatrix}$ とおくと，

$$\boxed{a(x-x_0)+b(y-y_0)+c(z-z_0)=0} \quad \cdots③$$

を得る．

（v）点と平面の距離

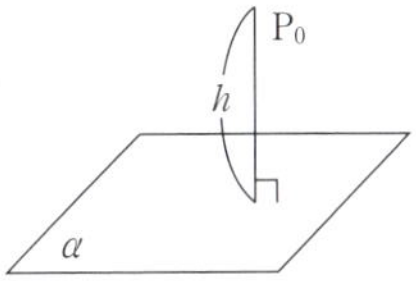

点 $P_0(x_0,y_0,z_0)$ と平面 α：$ax+by+cz+d=0$ の距離を h とすると，

$$\boxed{h=\frac{|ax_0+by_0+cz_0+d|}{\sqrt{a^2+b^2+c^2}}}$$

4 線形写像（問題 5-13, 14, 15, 16, 17, 18）

❶ 線形写像

（i）線形写像の定義

V, W をそれぞれ $\boldsymbol{R}^n, \boldsymbol{R}^m$ の線形空間（ベクトル空間）とする．

> 定義
>
> 写像 $f: V \to W$ が次の条件(1), (2)をみたすとき，
> f を V から W への**線形写像**という．
>
> (1) $f(x_1 + x_2) = f(x_1) + f(x_2) \quad (x_1, x_2 \in V)$
>
> (2) $f(kx) = kf(x) \quad (x_1 \in V,\ k \in R)$

(1), (2)をまとめて $f(c_1x_1 + c_2x_2) = c_1f(x_1) + c_2f(x_2) \ (c_1, c_2 \in R)$ を線形写像の定義としてもよい．

（ii）単射・全射

(1) 写像 $f: V \longrightarrow W$ について，$x, x' \in V$ が $f(x) = f(x')$ を満たすならば $x = x'$ である．このとき，f は**単射**という．

(2) $y \in W$ のどの要素 y についても，$f(x) = y$ を満たす V の要素 x が y に応じて必ずとれるとき f は**全射**であるという．すなわち，$f(V) = W$ をみたす．

(3) f が単射かつ全射であるとき，f を**同形写像**という．

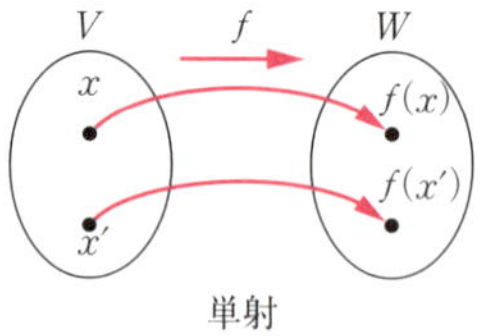

単射

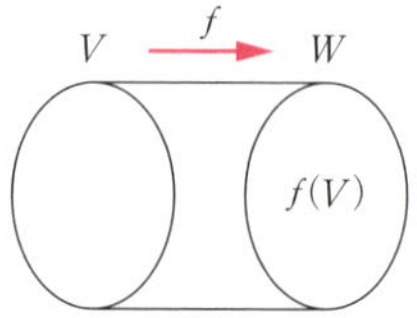

全射

（iii）線形写像と表現行列

> 定義
>
> 線形写像 $f: \boldsymbol{R}^n \to \boldsymbol{R}^m$ に対して，(m, n) 型の行列 A がただ 1 つ定まり，
>
> $$\boldsymbol{x}' = f(\boldsymbol{x}) = A\boldsymbol{x} \quad (\boldsymbol{x} \in \boldsymbol{R}^n,\ \boldsymbol{x}' \in \boldsymbol{R}^m)$$
>
> この行列 A を，線形写像 f の**表現行列**という．

合成写像の表現行列は次のようになる．

2つの写像 $f:\boldsymbol{R}^n \to \boldsymbol{R}^m$，$g:\boldsymbol{R}^m \to \boldsymbol{R}^l$ の表現行列をそれぞれ A, B とすると，合成写像 $g\circ f:\boldsymbol{R}^n \to \boldsymbol{R}^l$ の表現行列は $B\cdot A$ となる．

例

$f:\boldsymbol{R}^3 \to \boldsymbol{R}^2$ で，$(x, y, z) \in \boldsymbol{R}^3$，$(x', y') \in \boldsymbol{R}^2$ のとき，

$\begin{pmatrix} x \\ y \\ z \end{pmatrix} \xrightarrow{f} \begin{pmatrix} x-3y \\ y+2z \end{pmatrix}$ に対して，f の表現行列 A は，

$$\begin{pmatrix} x' \\ y' \end{pmatrix} = \begin{pmatrix} 1 & -3 & 0 \\ 0 & 1 & 2 \end{pmatrix}\begin{pmatrix} x \\ y \\ z \end{pmatrix} \text{ から } \quad A = \begin{pmatrix} 1 & -3 & 0 \\ 0 & 1 & 2 \end{pmatrix} \text{ となる．}$$

（iv）全射・単射と表現行列の関係

$f:V \to W$ の線形写像の表現行列を A とおくと，

$\mathrm{rank}\,A = \dim W \Leftrightarrow f$：全射
$\mathrm{rank}\,A = \dim V \Leftrightarrow f$：単射

が成り立つ．

❷ 線形写像の核と像

線形写像があればその核および像とよばれる部分空間が自然に定まる．$x \in V$ のとき，V の元の像全体の集合を V の f による**像**（Image）といい，$\mathrm{Im}\,f$ と表す．また，$f^{-1}(\boldsymbol{o})$ すなわち W の零ベクトル $\boldsymbol{o}$ にうつる V のベクトル全体の集合を f の**核**（Kernel）といい，$\mathrm{Ker}\,f$ と表す．$\mathrm{Im}\,f$ と $\mathrm{Ker}\,f$ を図示すると下図となる．

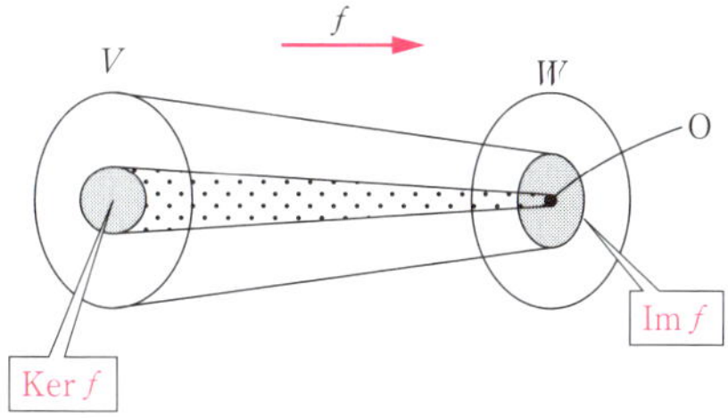

$\mathrm{Ker}\,f$ は V の部分集合で，$\mathrm{Im}\,f$ は W の部分集合となることに注意する．特に，f に対応する行列を A とすれば，$\mathrm{Ker}\,f$ は連立1次方程式の解空間に他ならない．すなわち，

$\mathrm{Ker}\, f = \{x \in \boldsymbol{R}^n \mid A\boldsymbol{x} = \boldsymbol{o}\}$

$\boldsymbol{o} \in V$，$\boldsymbol{o} \in W$ であるから線形写像の核と像はいずれも空集合でない．

また，f が全射であることと，$\mathrm{Im}\, f = W$ であることと同値であることに注意する．

$\mathrm{Ker}\, f$ と $\mathrm{Im}\, f$ の大切な性質を以下まとめておく．

命題 1

$V \in \boldsymbol{R}^n$，$W \in \boldsymbol{R}^m$

(1) $\mathrm{Ker}\, f$ は V の部分空間である．

(2) $\mathrm{Im}\, f$ は W の部分空間である．

（証明）問題 5-⑮（p. 148）

命題 2

$\boldsymbol{a}_1, \cdots, \boldsymbol{a}_l \in V$ とする．

(1) f が単射であることと，$\mathrm{Ker}\, f = \{\boldsymbol{o}\}$ とは同値である．

(2) $f(\boldsymbol{a}_1), f(\boldsymbol{a}_2), \cdots, f(\boldsymbol{a}_l)$ が 1 次独立（線形独立）ならば，$\boldsymbol{a}_1, \boldsymbol{a}_2, \cdots, \boldsymbol{a}_l$ は 1 次独立である．

(3) f が単射のとき，$\boldsymbol{a}_1, \boldsymbol{a}_2, \cdots, \boldsymbol{a}_l$ が 1 次独立（線形独立）ならば，$f(\boldsymbol{a}_1), f(\boldsymbol{a}_2), \cdots, f(\boldsymbol{a}_l)$ は 1 次独立（線形独立）である．

（証明）**練習問題 5-15**（p. 148）

❸ 線形写像の階数と次元定理

有限次元ベクトル空間 V から W への線形写像

$$f : V \to W$$

に対して，表現行列を A とし，$\mathrm{rank}\, f$，$\mathrm{null}\, f$ を次のように定義する．

定義

$\mathrm{rank}\, f = \dim(\mathrm{Im}\, f) = \mathrm{rank}\, A = \{A$ の列ベクトルで生成する空間$\}$

$\mathrm{null}\, f = \dim(\mathrm{Ker}\, f) = \{A\boldsymbol{x} = \boldsymbol{o}$ の解空間$\}$

次元定理とよばれる次の定理は大切で，$\mathrm{rank}\, f$ または $\mathrm{null}\, f$ のどちらかの次元を求めることで他を決定することができる．

次元定理

$V \in \boldsymbol{R}^n$, $W \in \boldsymbol{R}^n$
線形写像 $f: V \to W$ について
$$\dim V = \dim(\mathrm{Ker}\, f) + \underset{\substack{\| \\ \mathrm{rank}\, A}}{\dim(\mathrm{Im}\, f)}$$
が成り立つ．

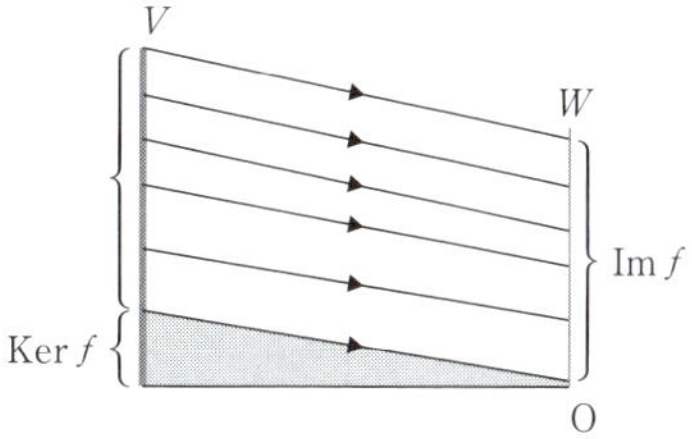

証明

$\dim(\mathrm{Ker}\, f) = k$ とすると，$\mathrm{Ker}\, f$ の基底を $\{\boldsymbol{a}_1, \boldsymbol{a}_2, \cdots, \boldsymbol{a}_k\}$① と選べる．$\dim V = n$ であるから，①の基底に $n-k$ 個 $\boldsymbol{a}_{k+1}, \boldsymbol{a}_{k+2}, \cdots, \boldsymbol{a}_n$ をつけ加えて，V の基底を $\{\boldsymbol{a}_1, \boldsymbol{a}_2, \cdots, \boldsymbol{a}_k, \boldsymbol{a}_{k+1}, \cdots, \boldsymbol{a}_n\}$ と選ぶことができる．

$\boldsymbol{x}' \in \mathrm{Im}\, f$ とすると，$\boldsymbol{x}' = f(x)$ となる $x \in V$ があり，
$$\boldsymbol{x} = c_1\boldsymbol{a}_1 + \cdots + c_k\boldsymbol{a}_k + c_{k+1}\boldsymbol{a}_{k+1} + \cdots + c_n\boldsymbol{a}_n$$
と表せるから，f の線形性より
$$\boldsymbol{x}' = f(\boldsymbol{x}) = \underbrace{c_1 f(\boldsymbol{a}_1) + c_2 f(\boldsymbol{a}_2) + \cdots + c_k f(\boldsymbol{a}_k)}_{\mathrm{Ker}\, f \text{ の元より } f(\boldsymbol{a}_i) = \boldsymbol{o}\ (1 \leqq i \leqq k)} + \underbrace{c_{k+1} f(\boldsymbol{a}_{k+1}) + \cdots + c_n f(\boldsymbol{a}_n)}_{\text{残る}}$$
$$= c_{k+1} f(\boldsymbol{a}_{k+1}) + c_{k+2} f(\boldsymbol{a}_{k+2}) + \cdots + c_n f(\boldsymbol{a}_n)$$
よって，$\mathrm{Im}\, f$ は $f(\boldsymbol{a}_{k+1}), f(\boldsymbol{a}_{k+2}), \cdots, f(\boldsymbol{a}_n)$② によって生成される．

次に②が1次独立であることを示す．

(∵) $s_{k+1} f(\boldsymbol{a}_{k+1}) + s_{k+2} f(\boldsymbol{a}_{k+2}) + \cdots + s_n f(\boldsymbol{a}_n) = \boldsymbol{o}$ とおくと，線形性より
$$f(s_{k+1}\boldsymbol{a}_{k+1} + s_{k+2}\boldsymbol{a}_{k+2} + \cdots + s_n\boldsymbol{a}_n) = \boldsymbol{o} \text{ から}$$
$$s_{k+1}\boldsymbol{a}_{k+1} + s_{k+2}\boldsymbol{a}_{k+2} + \cdots + s_n\boldsymbol{a}_n \in \mathrm{Ker}\, f$$
$\mathrm{Ker}\, f$ の基底は $\{\boldsymbol{a}_1, \boldsymbol{a}_2, \cdots, \boldsymbol{a}_k\}$ であるから
$$s_{k+1}\boldsymbol{a}_{k+1} + s_{k+2}\boldsymbol{a}_{k+2} + \cdots + s_n\boldsymbol{a}_n = t_1\boldsymbol{a}_1 + t_2\boldsymbol{a}_2 + \cdots + t_k\boldsymbol{a}_k \text{ と表せ，}$$
$$t_1\boldsymbol{a}_1 + t_2\boldsymbol{a}_2 + \cdots + t_k\boldsymbol{a}_k - s_{k+1}\boldsymbol{a}_{k+1} - s_{k+2}\boldsymbol{a}_{k+2} - \cdots - s_n\boldsymbol{a}_n = \boldsymbol{o}$$
$\boldsymbol{a}_1, \boldsymbol{a}_2, \cdots, \boldsymbol{a}_k, \boldsymbol{a}_{k+1}, \cdots, \boldsymbol{a}_n$ は V の1次独立な基底であり，
$$\therefore\ t_1 = t_2 = \cdots = t_k = s_{k+1} = \cdots = s_n = 0 \text{ が成り立ち，}$$
②は1次独立である．　$\therefore\ \dim(\mathrm{Im}\, f) = n - k$

以上より，$\dim(\mathrm{Ker}\, f) + \dim(\mathrm{Im}\, f) = k + (n-k) = n = \dim V$ となる．■

問題 5-1 ▼内積(1)

$\boldsymbol{R}^4$ において，内積を次式で与える．$\boldsymbol{a}\cdot\boldsymbol{b}=\sum_{i=1}^{4}a_ib_i$

(1) $\boldsymbol{a}_1=(0,-7,2b,-5)$，$\boldsymbol{a}_2=(a,b,1,-2)$，$\boldsymbol{a}_3=(-1,1,a,c)$ のどの2つをとっても直交するように a,b,c を定めよ．

(2) これらを正規化した単位ベクトルを求めよ．

(3) $\boldsymbol{a}=\boldsymbol{a}_2+\boldsymbol{a}_3$，$\boldsymbol{b}=2\boldsymbol{a}_1-\boldsymbol{a}_2$ とするとき，$\cos^{-1}\dfrac{\boldsymbol{a}\cdot\boldsymbol{b}}{|\boldsymbol{a}||\boldsymbol{b}|}$ を求めよ．

●考え方●

(1) $\boldsymbol{a}\cdot\boldsymbol{b}=0$，$\boldsymbol{b}\cdot\boldsymbol{c}=0$，$\boldsymbol{c}\cdot\boldsymbol{a}=0$ となるように a,b,c を定める．

(2) 単位ベクトルを $\boldsymbol{e}_i$ とすると，$\boldsymbol{e}_i=\dfrac{\boldsymbol{a}_i}{|\boldsymbol{a}_i|}\ (i=1,2,3)$ である．

(3) $\boldsymbol{a},\boldsymbol{b}$ のなす角を θ とすると，$\cos\theta=\dfrac{\boldsymbol{a}\cdot\boldsymbol{b}}{|\boldsymbol{a}||\boldsymbol{b}|}$ $\therefore\ \theta=\cos^{-1}\dfrac{\boldsymbol{a}\cdot\boldsymbol{b}}{|\boldsymbol{a}||\boldsymbol{b}|}$.

解答

(1) $\boldsymbol{a}_1\cdot\boldsymbol{a}_2=-7b+2b+10=-5b+10=0,\ b=2$

$\boldsymbol{a}_1\cdot\boldsymbol{a}_3=\underset{㋐}{-7+2ab-5c}=4a-5c-7=0\cdots①$

$\boldsymbol{a}_2\cdot\boldsymbol{a}_3=-a+b+a-2c=b-2c=0,\ c=\dfrac{b}{2}=1$

①に $c=1$ を代入して，$a=3$

$\therefore\ (a,b,c)=(3,2,1)$ 答

(2) $\boldsymbol{a}_1=(0,-7,4,-5)$，$\underset{㋑}{|\boldsymbol{a}_1|^2=90}$，$|\boldsymbol{a}_1|=3\sqrt{10}$

$\boldsymbol{a}_2=(3,2,1,-2)$，$\underset{㋑}{|\boldsymbol{a}_2|^2=18}$，$|\boldsymbol{a}_2|=3\sqrt{2}$

$\boldsymbol{a}_3=(-1,1,3,1)$，$\underset{㋑}{|\boldsymbol{a}_3|^2=12}$，$|\boldsymbol{a}_3|=2\sqrt{3}$

それぞれの単位ベクトルを $\boldsymbol{e}_i\ (i=1,2,3)$ とおくと，

$\underset{㋒}{\boldsymbol{e}_1=\dfrac{1}{3\sqrt{10}}(0,-7,4,-5)}$，$\boldsymbol{e}_2=\dfrac{1}{3\sqrt{2}}(3,2,1,-2)$，$\boldsymbol{e}_3=\dfrac{1}{2\sqrt{3}}(-1,1,3,1)$ 答

(3) $\boldsymbol{a}=\boldsymbol{a}_2+\boldsymbol{a}_3=(3,2,1,-2)+(-1,1,3,1)=(2,3,4,-1)$，$|\boldsymbol{a}|=\sqrt{30}$

$\boldsymbol{b}=2\boldsymbol{a}_1-\boldsymbol{a}_2=(0,-14,8,-10)-(3,2,1,-2)=(-3,-16,7,-8)$，

$|\boldsymbol{b}|=3\sqrt{42}$

$\boldsymbol{a}\cdot\boldsymbol{b}=-6-48+28+8=-18$

$\therefore\ \cos^{-1}\dfrac{\boldsymbol{a}\cdot\boldsymbol{b}}{|\boldsymbol{a}||\boldsymbol{b}|}=\cos^{-1}\dfrac{-18}{\sqrt{30}\cdot3\sqrt{42}}=\cos^{-1}\dfrac{-1}{\sqrt{35}}$ 答

ポイント

㋐ $b=2$ を代入．

㋑ $|\boldsymbol{a}_1|^2=49+16+25=90$

$|\boldsymbol{a}_2|^2=9+4+1+4=18$

$|\boldsymbol{a}_3|^2=1+1+9+1=12$

㋒ $\boldsymbol{e}_1=\dfrac{\boldsymbol{a}}{|\boldsymbol{a}_1|}$

練習問題 5-1 解答 p. 228

$\boldsymbol{a}=(1,3,2)$，$\boldsymbol{b}=(2,-1,4)$ について，

(1) $\boldsymbol{b}$ の $\boldsymbol{a}$ 上への正射影ベクトルを求めよ．

(2) (1)の正射影ベクトルを用いて，$\boldsymbol{a}$ と垂直な単位ベクトルを1つ求めよ．

問題 5-2 ▼内積(2)

$\boldsymbol{R}^4$ において $\boldsymbol{a} = (1, 2, 3, 1)$ の次の部分空間 V への正射影を求めよ.

$\boldsymbol{a}_1 = (1, -1, 0, 0)$, $\boldsymbol{a}_2 = (0, 1, 1, 0)$, $\boldsymbol{a}_3 = (0, -1, 0, 1)$

の生成する部分空間 V.

●考え方●

$\boldsymbol{b} \in V$ を $\boldsymbol{a}$ の V への正射影とするとき, $\boldsymbol{b} = p\boldsymbol{a}_1 + q\boldsymbol{a}_2 + r\boldsymbol{a}_3$ と表せ,

$(\boldsymbol{a} - \boldsymbol{b})\cdot\boldsymbol{a}_i = 0$ $(i = 1, 2, 3)$ $\Leftrightarrow$ $\boldsymbol{a}_i\cdot\boldsymbol{b} = \boldsymbol{a}_i\cdot\boldsymbol{a}$ …㊟ となる.

解答

$\boldsymbol{b} \in V$ とすると, V は $\boldsymbol{a}_1, \boldsymbol{a}_2, \boldsymbol{a}_3$ で生成されることから, $\boldsymbol{b}$ は $\boldsymbol{a}_1, \boldsymbol{a}_2, \boldsymbol{a}_3$ を用いて,

$$\boldsymbol{b} = p\boldsymbol{a}_1 + q\boldsymbol{a}_2 + r\boldsymbol{a}_3 \text{ と表せる.}$$

$\boldsymbol{b}$ は $\boldsymbol{a}$ の正射影ベクトルであるから,

$(\boldsymbol{a} - \boldsymbol{b})$ は $\boldsymbol{a}_i$ に垂直で $(\boldsymbol{a} - \boldsymbol{b})\cdot\boldsymbol{a}_i = 0$

$$\Leftrightarrow \boldsymbol{a}_i\cdot\boldsymbol{b} = \boldsymbol{a}_i\cdot\boldsymbol{a} \quad \cdots㊟$$

が成り立つ.

$$㊟ \Leftrightarrow \begin{cases} |\boldsymbol{a}_1|^2 p + (\boldsymbol{a}_1\cdot\boldsymbol{a}_2)q + (\boldsymbol{a}_3\cdot\boldsymbol{a}_1)r = \boldsymbol{a}_1\cdot\boldsymbol{a} \\ (\boldsymbol{a}_1\cdot\boldsymbol{a}_2)p + |\boldsymbol{a}_2|^2 q + (\boldsymbol{a}_2\cdot\boldsymbol{a}_3)r = \boldsymbol{a}_2\cdot\boldsymbol{a} \quad \cdots㋐ \\ (\boldsymbol{a}_3\cdot\boldsymbol{a}_1)p + (\boldsymbol{a}_2\cdot\boldsymbol{a}_3)q + |\boldsymbol{a}_3|^2 r = \boldsymbol{a}_3\cdot\boldsymbol{a} \end{cases}$$

$$\Leftrightarrow \begin{cases} 2p - q + r = -1 & \cdots① \\ -p + 2q - r = 5 & \cdots② \\ p - q + 2r = -1 & \cdots③ \end{cases} \quad ㋑$$

①＋②より, ②×2＋③より $\begin{cases} p + q = 4 \\ -p + 3q = 9 \end{cases}$ 両式を解いて,

$$q = \frac{13}{4},\ p = \frac{3}{4} \quad \therefore\ (p, q, r) = \left(\frac{3}{4}, \frac{13}{4}, \frac{3}{4}\right)$$

$$\therefore\ \boldsymbol{b} = \frac{3}{4}\boldsymbol{a}_1 + \frac{13}{4}\boldsymbol{a}_2 + \frac{3}{4}\boldsymbol{a}_3$$

$$= \frac{3}{4}(1, -1, 0, 0) + \frac{13}{4}(0, 1, 1, 0) + \frac{3}{4}(0, -1, 0, 1)$$

$$= \left(\frac{3}{4}, \frac{7}{4}, \frac{13}{4}, \frac{3}{4}\right) \quad \text{答}$$

ポイント

㋐ $|\boldsymbol{a}_1|^2 = 2$, $|\boldsymbol{a}_2|^2 = 2$

$|\boldsymbol{a}_3|^2 = 2$

$\boldsymbol{a}_1\cdot\boldsymbol{a}_2 = -1$

$\boldsymbol{a}_2\cdot\boldsymbol{a}_3 = -1$

$\boldsymbol{a}_3\cdot\boldsymbol{a}_1 = 1$

$\boldsymbol{a}_1\cdot\boldsymbol{a} = -1$

$\boldsymbol{a}_2\cdot\boldsymbol{a} = 5$

$\boldsymbol{a}_3\cdot\boldsymbol{a} = -1$

㋑ 行列で表現すると,

$$\begin{pmatrix} 2 & -1 & 1 \\ -1 & 2 & -1 \\ 1 & -1 & 2 \end{pmatrix}\begin{pmatrix} p \\ q \\ r \end{pmatrix} = \begin{pmatrix} -1 \\ 5 \\ -1 \end{pmatrix}$$

拡大係数列

$$\left(\begin{array}{ccc|c} 2 & -1 & 1 & -1 \\ -1 & 2 & -1 & 5 \\ 1 & -1 & 2 & -1 \end{array}\right)$$

を行式変形してもよい.

練習問題　5-2

解答 p. 228

$a_1 = (1, 2, -1, -2)$, $a_2 = (-1, 1, 2, 3)$ の生成する $\boldsymbol{R}^4$ の部分空間を V とするとき, $\boldsymbol{a} = (-7, 7, 1, 0)$ の V への正射影ベクトル $\boldsymbol{b}$ を求めよ.

問題 5-3 ▼内積(3)

(1) n 次正方行列全体のつくる線形空間 V において，$A \in V$，$B \in V$ に対して，$A \cdot B = \mathrm{tr}({}^t\!AB)$ と定義すると，これは内積であることを示せ．

(2) 区間 $[-1, 1]$ で連続な実数値関数全体の作る実ベクトル空間を W とする．$f, g \in W$ に対して，$f \cdot g = \int_{-1}^{1} f(x)g(x)dx$ と定義すると，これは内積であることを示せ．

●考え方●

p. 120 の内積の公理（4 つの性質）をすべてみたすかをチェックする．

解答

(1) •$A \cdot B = \mathrm{tr}({}^t\!AB) = \mathrm{tr}({}^t({}^t\!AB)) = \mathrm{tr}({}^t\!B\,{}^t({}^t\!A))$ ㋐

$= \mathrm{tr}({}^t\!BA) = B \cdot A$ …㋑

•$(A_1 + A_2) \cdot B = \mathrm{tr}({}^t(A_1 + A_2)B) = \mathrm{tr}(({}^t\!A_1 + {}^t\!A_2)B)$

$= \mathrm{tr}({}^t\!A_1B + {}^t\!A_2B)$

$= \mathrm{tr}({}^t\!A_1B) + \mathrm{tr}({}^t\!A_2B)$

$= A_1 \cdot B + A_2B$ …㋒

•$(cA) \cdot B = \mathrm{tr}({}^t(cA)B) = \mathrm{tr}(c\,{}^t\!AB) = c\,\mathrm{tr}({}^t\!AB)$

$= cA \cdot B$ ㋓

•$A \neq 0$ ならば，$A \cdot A = \mathrm{tr}({}^t\!AA) = \sum_{i,j=1}^{n} a_{ij}^2 > 0$

以上より，内積の公理をみたす．

(2) •$f \cdot g = \int_{-1}^{1} f(x)g(x)dx = \int_{-1}^{1} g(x)f(x)dx = g \cdot f$ …㋔

•$(f_1 + f_2) \cdot g = \int_{-1}^{1} (f_1 + f_2)(x)g(x)dx = \int_{-1}^{1} f_1(x)g(x)dx + \int_{-1}^{1} f_2(x)g(x)dx$

$= f_1 \cdot g + f_2 \cdot g$ …㋕

•$(cf) \cdot g = \int_{-1}^{1} (cf)(x)g(x)dx = c\int_{-1}^{1} f(x)g(x)dx = c(f \cdot g)$ …㋖

•$f \neq 0$ とすると，$f(x) \neq 0$ なる点の近くでは，つねに $\{f(x)\}^2 > 0$ であるから

$$f \cdot f = \int_{-1}^{1} \{f(x)\}^2 dx > 0$$

以上より，内積の公理をみたす．

ポイント

㋐ $\mathrm{tr}\,A$ はトレース A (p. 11)
$A = (a_{ij})$ のとき，

$\mathrm{tr}\,A = a_{11} + a_{22} + \cdots + a_{nn}$
$\mathrm{tr}(A + B) = \mathrm{tr}\,A + \mathrm{tr}\,B$
$\mathrm{tr}(AB) = \mathrm{tr}(BA)$
$\mathrm{tr}({}^t\!A) = \mathrm{tr}\,A$

㋑ 交換の法則．
㋒ 分配の法則．
㋓ 結合の法則．
C は実数．
㋔ 交換の法則．
㋕ 分配の法則．
㋖ 結合の法則．

練習問題 5-3

解答 p. 228

問題 5-3 の (2) で $f \cdot g = \int_{0}^{1} f(x)g(x)dx$ と定義すると，これは内積であるか．

問題 5-4 ▼シュミットの正規直交化法(1)

V を n 次元ベクトル空間とし，$\{\boldsymbol{a}_1, \boldsymbol{a}_2, \cdots, \boldsymbol{a}_n\}$ をその一つの基底とする．

(1) ベクトル $\boldsymbol{e}_1, \boldsymbol{e}_2$ を以下のように定める．

$$\boldsymbol{e}_1 = \frac{\boldsymbol{a}_1}{|\boldsymbol{a}_1|}, \quad \boldsymbol{b}_2 = \boldsymbol{a}_2 - (\boldsymbol{a}_2 \cdot \boldsymbol{e}_1)\boldsymbol{e}_1, \quad \boldsymbol{e}_2 = \frac{\boldsymbol{b}_2}{|\boldsymbol{b}_2|}$$

ベクトル $\boldsymbol{e}_1$ と $\boldsymbol{e}_2$ が直交することを示せ．

(2) (1)の方法を一般化し，互いに直交するベクトル $\boldsymbol{e}_1, \boldsymbol{e}_2 \cdots, \boldsymbol{e}_{r-1}$ が構成できたとして，さらにこれらすべてに直交する $\boldsymbol{e}_r$ を定める式を求めよ．ただし $r \leqq n$ とする．

●考え方●

(1) $\boldsymbol{e}_1 \cdot \boldsymbol{e}_2 = 0$ を示せばよい．

(2) $\boldsymbol{a}_r$ の $\boldsymbol{e}_1, \boldsymbol{e}_2 \cdots, \boldsymbol{e}_{r-1}$ が張る部分空間への正射影したベクトルは，

$$(\boldsymbol{a}_r \cdot \boldsymbol{e}_1)\boldsymbol{e}_1 + (\boldsymbol{a}_r \cdot \boldsymbol{e}_2)\boldsymbol{e}_2 + \cdots + (\boldsymbol{a}_r \cdot \boldsymbol{e}_{r-1})\boldsymbol{e}_{r-1}$$

である．

解答

(1) $|\boldsymbol{e}_1|^2 = 1$ より，

$$\boldsymbol{e}_1 \cdot \boldsymbol{e}_2 = \boldsymbol{e}_1 \cdot \underbrace{\frac{\boldsymbol{b}_2}{|\boldsymbol{b}_2|}}_{㋐} = \boldsymbol{e}_1 \cdot \frac{1}{|\boldsymbol{b}_2|}\underbrace{\{\boldsymbol{a}_2 - (\boldsymbol{a}_2 \cdot \boldsymbol{e}_1)\boldsymbol{e}_1\}}_{㋐}$$

$$= \frac{1}{|\boldsymbol{b}_2|}\underbrace{(\boldsymbol{e}_1 \cdot \boldsymbol{a}_2 - \boldsymbol{a}_2 \cdot \boldsymbol{e}_1)}_{㋑} = 0$$

よって，$\boldsymbol{e}_1, \boldsymbol{e}_2$ は直交する．

(2) $\boldsymbol{a}_r$ の $\boldsymbol{e}_1, \boldsymbol{e}_2 \cdots, \boldsymbol{e}_{r-1}$ が張る部分空間への正射影したベクトルを $\boldsymbol{p}_{r-1}$ とおくと，

$$\boldsymbol{p}_{r-1} = \underbrace{(\boldsymbol{a}_r \cdot \boldsymbol{e}_1)\boldsymbol{e}_1}_{㋒} + (\boldsymbol{a}_r \cdot \boldsymbol{e}_2)\boldsymbol{e}_2 + \cdots + \underbrace{(\boldsymbol{a}_r \cdot \boldsymbol{e}_{r-1})\boldsymbol{e}_{r-1}}_{㋓}$$

であり，

$$\underbrace{\boldsymbol{b}_r = \boldsymbol{a}_r - \boldsymbol{p}_{r-1}}_{㋔}$$

$$= \boldsymbol{a}_r - (\boldsymbol{a}_r \cdot \boldsymbol{e}_1)\boldsymbol{e}_1 - (\boldsymbol{a}_r \cdot \boldsymbol{e}_2)\boldsymbol{e}_2 - \cdots - (\boldsymbol{a}_r \cdot \boldsymbol{e}_{r-1})\boldsymbol{e}_{r-1}$$

とすれば，$\underbrace{\boldsymbol{b}_r \text{ は，} \boldsymbol{e}_1, \boldsymbol{e}_2 \cdots, \boldsymbol{e}_{r-1}}_{㋕}$ とすべて直交する．

これを正規化したものを $\boldsymbol{e}_r = \dfrac{\boldsymbol{b}_r}{|\boldsymbol{b}_r|}$ とする．

ポイント

㋐ $\boldsymbol{b}_2 = \boldsymbol{a}_2 - (\boldsymbol{a}_2 \cdot \boldsymbol{e}_1)\boldsymbol{e}_1$ を代入．

㋑ $(\boldsymbol{a}_2 \cdot \boldsymbol{e}_1)\underbrace{\boldsymbol{e}_1 \cdot \boldsymbol{e}_1}_{=1} = \boldsymbol{a}_2 \cdot \boldsymbol{e}_1$

$\boldsymbol{e}_1 \cdot \boldsymbol{a}_2 = \boldsymbol{a}_2 \cdot \boldsymbol{e}_1$ より

㋒ $\boldsymbol{a}_r$ の $\boldsymbol{e}_1$ 上への正射影ベクトル．

㋓ $\boldsymbol{a}_r$ の $\boldsymbol{e}_{r-1}$ 上への正射影ベクトル．

㋔

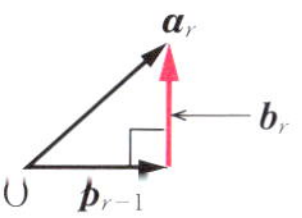

㋕ 例えば，

$\boldsymbol{b}_r \cdot \boldsymbol{e}_1 = \boldsymbol{a}_r \cdot \boldsymbol{e}_1 - (\boldsymbol{a}_r \cdot \boldsymbol{e}_1)\underbrace{|\boldsymbol{e}_1|^2}_{=1}$

$= 0$

他も同様で

$\boldsymbol{b}_r \cdot \boldsymbol{e}_k = 0$

$(k = 1, 2, \cdots, r-1)$

練習問題　5-4

解答 p. 228

V を 3 次元ベクトル空間とし，その基底 $\boldsymbol{a}_1 = (1, 1, 1)$，$\boldsymbol{a}_2 = (1, -2, 1)$，$\boldsymbol{a}_3 = (1, 2, 3)$ を正規直交化せよ．

問題 5-5 ▼シュミットの正規直交化法(2)

$\boldsymbol{a}_1=(1,0,1,0)$, $\boldsymbol{a}_2=(0,1,1,0)$, $\boldsymbol{a}_3=(0,1,0,1)$, $\boldsymbol{a}_4=(1,0,1,1)$

を直交化し，$\boldsymbol{R}^4$ の正規直交基底を求めよ.

●考え方●

$\{\boldsymbol{a}_1,\boldsymbol{a}_2,\boldsymbol{a}_3,\boldsymbol{a}_4\}$ を用いて，直交基底 $\{\boldsymbol{b}_1,\boldsymbol{b}_2,\boldsymbol{b}_3,\boldsymbol{b}_4\}$ を

$$\boldsymbol{b}_1=\boldsymbol{a}_1,\ \boldsymbol{b}_2=\boldsymbol{a}_2-\frac{\boldsymbol{a}_2\cdot\boldsymbol{b}_1}{|\boldsymbol{b}_1|^2}\boldsymbol{b}_1,\ \boldsymbol{b}_3=\boldsymbol{a}_3-\frac{\boldsymbol{a}_3\cdot\boldsymbol{b}_1}{|\boldsymbol{b}_1|^2}\boldsymbol{b}_1-\frac{\boldsymbol{a}_3\cdot\boldsymbol{b}_2}{|\boldsymbol{b}_2|^2}\boldsymbol{b}_2,$$

$$\boldsymbol{b}_4=\boldsymbol{a}_4-\frac{\boldsymbol{a}_4\cdot\boldsymbol{b}_1}{|\boldsymbol{b}_1|^2}\boldsymbol{b}_1-\frac{\boldsymbol{a}_4\cdot\boldsymbol{b}_2}{|\boldsymbol{b}_2|^2}\boldsymbol{b}_2-\frac{\boldsymbol{a}_4\cdot\boldsymbol{b}_3}{|\boldsymbol{b}_3|^2}\boldsymbol{b}_3$$ と求めて，$\boldsymbol{b}_1,\boldsymbol{b}_2,\boldsymbol{b}_3,\boldsymbol{b}_4$ を正規化する.

解答

$$\boldsymbol{b}_1=\boldsymbol{a}_1=(1,0,1,0)$$

$$\boldsymbol{b}_2=\boldsymbol{a}_2-\underbrace{\frac{\boldsymbol{a}_2\cdot\boldsymbol{b}_1}{|\boldsymbol{b}_1|^2}}_{㋐}\boldsymbol{b}_1=(0,1,1,0)-\frac{1}{2}(1,0,1,0)$$

$$=\left(-\frac{1}{2},1,\frac{1}{2},0\right)$$

$$\boldsymbol{b}_3=\boldsymbol{a}_3-\underbrace{\frac{\boldsymbol{a}_3\cdot\boldsymbol{b}_1}{|\boldsymbol{b}_1|^2}}_{㋑\ =0}\boldsymbol{b}_1-\underbrace{\frac{\boldsymbol{a}_3\cdot\boldsymbol{b}_2}{|\boldsymbol{b}_2|^2}}_{㋒}\boldsymbol{b}_2$$

$$=(0,1,0,1)-\frac{2}{3}\left(-\frac{1}{2},1,\frac{1}{2},0\right)=\left(\frac{1}{3},\frac{1}{3},-\frac{1}{3},1\right)$$

$$\boldsymbol{b}_4=\boldsymbol{a}_4-\underbrace{\frac{\boldsymbol{a}_4\cdot\boldsymbol{b}_1}{|\boldsymbol{b}_1|^2}}_{㋓}\boldsymbol{b}_1-\underbrace{\frac{\boldsymbol{a}_4\cdot\boldsymbol{b}_2}{|\boldsymbol{b}_2|^2}}_{㋔\ =0}\boldsymbol{b}_2-\underbrace{\frac{\boldsymbol{a}_4\cdot\boldsymbol{b}_3}{|\boldsymbol{b}_3|^2}}_{㋕}\boldsymbol{b}_3$$

$$=(1,0,1,1)-1(1,0,1,0)-\frac{3}{4}\left(\frac{1}{3},\frac{1}{3},-\frac{1}{3},1\right)$$

$$=\left(-\frac{1}{4},-\frac{1}{4},\frac{1}{4},\frac{1}{4}\right)$$

したがって，これらベクトルを正規して，

$$\begin{cases}\boldsymbol{e}_1=\left(\dfrac{1}{\sqrt{2}},0,\dfrac{1}{\sqrt{2}},0\right),\ \boldsymbol{e}_2=\left(-\dfrac{1}{\sqrt{6}},\dfrac{2}{\sqrt{6}},\dfrac{1}{\sqrt{6}},0\right)\\ \boldsymbol{e}_3=\left(\dfrac{1}{2\sqrt{3}},\dfrac{1}{2\sqrt{3}},-\dfrac{1}{2\sqrt{3}},\dfrac{3}{2\sqrt{3}}\right),\ \boldsymbol{e}_4=\left(-\dfrac{1}{2},-\dfrac{1}{2},\dfrac{1}{2},\dfrac{1}{2}\right)\end{cases}$$ 答

ポイント

㋐ $|\boldsymbol{b}_1|^2=2$
$\quad\boldsymbol{a}_2\cdot\boldsymbol{b}_1=1$

㋑ $\boldsymbol{a}_3\cdot\boldsymbol{b}_1=0$

㋒ $\boldsymbol{a}_3\cdot\boldsymbol{b}_2=1$
$\quad|\boldsymbol{b}_2|^2=\frac{1}{4}+1+\frac{1}{4}=\frac{3}{2}$

㋓ $\boldsymbol{a}_4\cdot\boldsymbol{b}_1=2$

㋔ $\boldsymbol{a}_4\cdot\boldsymbol{b}_2=0$

㋕ $\boldsymbol{a}_4\cdot\boldsymbol{b}_3=1$
$\quad|\boldsymbol{b}_3|^2=\frac{1}{9}+\frac{1}{9}+\frac{1}{9}+1=\frac{4}{3}$

㋖ $\boldsymbol{e}_1=\frac{\boldsymbol{b}_1}{|\boldsymbol{b}_1|}$, $\boldsymbol{e}_2=\frac{\boldsymbol{b}_2}{|\boldsymbol{b}_2|}$
$\quad\boldsymbol{e}_3=\frac{\boldsymbol{b}_3}{|\boldsymbol{b}_3|}$, $\boldsymbol{e}_4=\frac{\boldsymbol{b}_4}{|\boldsymbol{b}_4|}$
$\quad|\boldsymbol{b}_1|=\sqrt{2}$, $|\boldsymbol{b}_2|=\sqrt{\frac{3}{2}}$
$\quad|\boldsymbol{b}_3|=\frac{2}{\sqrt{3}}$, $|\boldsymbol{b}_4|=\frac{1}{2}$

練習問題 5-5

解答 p. 228

$\boldsymbol{a}_1=(2,1,0,3)$, $\boldsymbol{a}_2=(-4,5,0,1)$, $\boldsymbol{a}_3=(1,1,1,-1)$ は直交系であることを確かめよ．また，$\boldsymbol{a}_1,\boldsymbol{a}_2,\boldsymbol{a}_3$ を正規直交系にせよ.

問題 5-6 ▼外積(1)… 外積の計算

$\boldsymbol{a}=(2,-3,5)$，$\boldsymbol{b}=(-1,2,-3)$のとき，次の計算をせよ．

(1) $\boldsymbol{a}\times\boldsymbol{b}$

(2) $(\boldsymbol{a}+3\boldsymbol{b})\times(\boldsymbol{a}-\boldsymbol{b})$

(3) $\boldsymbol{a}$と$\boldsymbol{b}$に直交する単位ベクトル

(4) $(\boldsymbol{a}\cdot\boldsymbol{b})^2+(\boldsymbol{a}\times\boldsymbol{b})\cdot\{(\boldsymbol{a}+3\boldsymbol{b})\times(\boldsymbol{a}-\boldsymbol{b})\}$

●考え方●

p. 125 の外積の定義に従って計算する．

解答

(1) $\boldsymbol{a}\times\boldsymbol{b}=\underset{㋐}{\begin{vmatrix}\boldsymbol{i} & \boldsymbol{j} & \boldsymbol{k}\\ 2 & -3 & 5\\ -1 & 2 & -3\end{vmatrix}}$

$\underset{㋑}{=}\underset{㋒}{\begin{vmatrix}-3 & 5\\ 2 & -3\end{vmatrix}}\boldsymbol{i}-\begin{vmatrix}2 & 5\\ -1 & -3\end{vmatrix}\boldsymbol{j}+\begin{vmatrix}2 & -3\\ -1 & 2\end{vmatrix}\boldsymbol{k}$

$=-\boldsymbol{i}+\boldsymbol{j}+\boldsymbol{k}=(-1,1,1)$ 答

(2) $(\boldsymbol{a}+3\boldsymbol{b})\times(\boldsymbol{a}-\boldsymbol{b})$

$\underset{㋓}{=}\underbrace{\boldsymbol{a}\times\boldsymbol{a}}_{0}-\boldsymbol{a}\times\boldsymbol{b}+\underset{㋔}{3\boldsymbol{b}\times\boldsymbol{a}}-\underbrace{3\boldsymbol{b}\times\boldsymbol{b}}_{0}$

$=-4(\boldsymbol{a}\times\boldsymbol{b})\underset{㋕}{=}-4(-1,1,1)=(4,-4,-4)$ 答

(3) $\boldsymbol{a},\boldsymbol{b}$に直交する単位ベクトルは外積を用いて，

$\pm\dfrac{\boldsymbol{a}\times\boldsymbol{b}}{\underset{㋖}{|\boldsymbol{a}\times\boldsymbol{b}|}}=\pm\dfrac{1}{\sqrt{3}}(-1,1,1)$ 答

(4) $\boldsymbol{a}\cdot\boldsymbol{b}=-2-6-15=-23$から$(\boldsymbol{a}\cdot\boldsymbol{b})^2=(-23)^2=529$

(1), (2)の結果から，

$(\boldsymbol{a}\times\boldsymbol{b})\cdot\{(\boldsymbol{a}+3\boldsymbol{b})\times(\boldsymbol{a}-\boldsymbol{b})\}=(-1,1,1)\cdot(4,-4,-4)$

$=-4-4-4=-12$

$\therefore\ (\boldsymbol{a}\cdot\boldsymbol{b})^2+(\boldsymbol{a}\times\boldsymbol{b})\cdot\{(\boldsymbol{a}+3\boldsymbol{b})\times(\boldsymbol{a}-\boldsymbol{b})\}=529-12=517$ 答

ポイント

㋐ $\boldsymbol{i},\boldsymbol{j},\boldsymbol{k}$は基本ベクトル
$\boldsymbol{i}=(1,0,0)$
$\boldsymbol{j}=(0,1,0)$
$\boldsymbol{k}=(0,0,1)$

㋑ 1行に関する余因子展開（p. 48 参照）．

㋒ サラスの方法より，
$\begin{vmatrix}-3 & 5\\ 2 & -3\end{vmatrix}=9-10=-1$

㋓ 外積の演算法則（p. 125）．

㋔ $\boldsymbol{b}\times\boldsymbol{a}=-\boldsymbol{a}\times\boldsymbol{b}$

㋕ (1)より

㋖ $|\boldsymbol{a}\times\boldsymbol{b}|=\sqrt{1+1+1}=\sqrt{3}$

練習問題　5-6　解答 p. 229

$\boldsymbol{a}+\boldsymbol{b}+\boldsymbol{c}=\boldsymbol{0}$のとき，$\boldsymbol{a}\times\boldsymbol{b}=\boldsymbol{b}\times\boldsymbol{c}=\boldsymbol{c}\times\boldsymbol{a}$が成り立つことを示せ．

問題 5-7 ▼外積(2)

線形独立の空間ベクトル $\boldsymbol{a}, \boldsymbol{b}, \boldsymbol{c}$ を $\boldsymbol{a} = (a_1, a_2, a_3)$，$\boldsymbol{b} = (b_1, b_2, b_3)$，$\boldsymbol{c} = (c_1, c_2, c_3)$ とするとき，次が成り立つことを示せ．

(1) $(\boldsymbol{a} \times \boldsymbol{b}) \cdot \boldsymbol{a} = 0$，$(\boldsymbol{a} \times \boldsymbol{b}) \cdot \boldsymbol{b} = 0$

(2) $|\boldsymbol{a} \times \boldsymbol{b}| = |\boldsymbol{a}||\boldsymbol{b}|\sin\theta$

(3) $|(\boldsymbol{a} \times \boldsymbol{b}) \cdot \boldsymbol{c}|$ は $\boldsymbol{a}, \boldsymbol{b}, \boldsymbol{c}$ で張られる平行六面体の体積に等しい．

●考え方●　これは，p. 125 の 定理 の証明である．

(1) 外積，内積の定義に従い $(\boldsymbol{a} \times \boldsymbol{b}) \cdot \boldsymbol{a}$ を計算してみよ．

(2) $|\boldsymbol{a}|^2|\boldsymbol{b}|^2\sin^2\theta$ を計算してみよ．

(3) $|(\boldsymbol{a} \times \boldsymbol{b}) \cdot \boldsymbol{c}|$ を幾何的に解釈するとどうなるか．

解答

(1) $\boldsymbol{a} \times \boldsymbol{b} \underset{㋐}{=} \begin{vmatrix} \boldsymbol{i} & \boldsymbol{j} & \boldsymbol{k} \\ a_1 & a_2 & a_3 \\ b_1 & b_2 & b_3 \end{vmatrix}$

$= (a_2b_3 - a_3b_2, a_3b_1 - a_1b_3, a_1b_2 - a_2b_1)$

$\therefore$ $(\boldsymbol{a} \times \boldsymbol{b}) \cdot \boldsymbol{a}$

$= (a_2b_3 - a_3b_2)a_1 + (a_3b_1 - a_1b_3)a_2 + (a_1b_2 - a_2b_1)a_3$

$= (a_1a_2b_3 - a_1a_3b_2) + (a_2a_3b_1 - a_1a_2b_3)$

$+ (a_1a_3b_2 - a_2a_3b_1) = 0$ ㋑

同様にして，$(\boldsymbol{a} \times \boldsymbol{b}) \cdot \boldsymbol{b} = 0$ ㋑

(2) $|\boldsymbol{a}|^2|\boldsymbol{b}|^2\sin^2\theta = |\boldsymbol{a}|^2|\boldsymbol{b}|^2(1 - \cos^2\theta)$ ㋒

$= |\boldsymbol{a}|^2|\boldsymbol{b}|^2\left(1 - \dfrac{(\boldsymbol{a} \cdot \boldsymbol{b})^2}{|\boldsymbol{a}|^2|\boldsymbol{b}|^2}\right) = |\boldsymbol{a}|^2|\boldsymbol{b}|^2 - (\boldsymbol{a} \cdot \boldsymbol{b})^2$ ㋒

$= (a_1^2 + a_2^2 + a_3^2)(b_1^2 + b_2^2 + b_3^2) - (a_1b_1 + a_2b_2 + a_3b_3)^2$ ㋓

$= (a_2b_3 - a_3b_2)^2 + (a_3b_1 - a_1b_3)^2 + (a_1b_2 - a_2b_1)^2$

$= |\boldsymbol{a} \times \boldsymbol{b}|^2$

$\therefore$ $|\boldsymbol{a} \times \boldsymbol{b}| = |\boldsymbol{a}||\boldsymbol{b}|\sin\theta$ ⋯㋔

(3) $|(\boldsymbol{a} \times \boldsymbol{b}) \cdot \boldsymbol{c}| = |\boldsymbol{a} \times \boldsymbol{b}||\boldsymbol{c}|\cos\theta$

$|\boldsymbol{a} \times \boldsymbol{b}|$ は(2)より，平行六面体の底面積であり，また $|\boldsymbol{c}|\cos\theta$ は高さとなるから，$|(\boldsymbol{a} \times \boldsymbol{b}) \cdot \boldsymbol{c}|$ は平行六面体の体積に等しい．

ポイント

㋐ 外積の定義（p. 125）．

㋑ (1) の結果は，$\boldsymbol{a} \times \boldsymbol{b}$ が $\boldsymbol{a}, \boldsymbol{b}$ のいずれにも垂直で，$\boldsymbol{a}, \boldsymbol{b}$ の作る平面に垂直となることを示している．

㋒ 内積の定義による（p. 121）．

㋓ 展開して整理すると

$= (a_2^2b_3^2 + a_3^2b_2^2 - 2a_2a_3b_2b_3)$
$+ (a_3^2b_1^2 + a_1^2b_3^2 - 2a_3a_1b_1b_3)$
$+ (a_1^2b_2^2 + a_2^2b_1^2 - 2a_1a_2b_1b_2)$

㋔

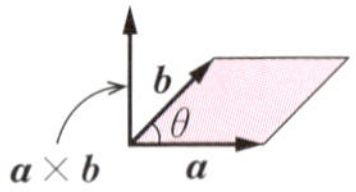

$\boldsymbol{a} \times \boldsymbol{b}$ の大きさは，$\boldsymbol{a}, \boldsymbol{b}$ のつくる平行四辺形の面積に等しいことを示している．

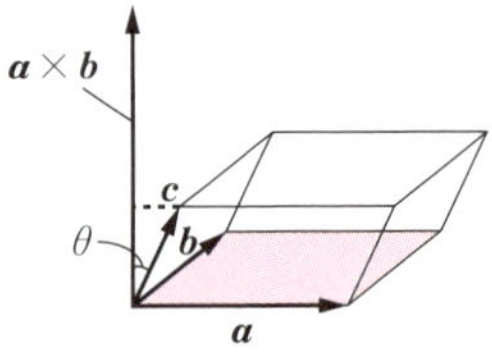

練習問題 5-7　解答 p. 229

$\boldsymbol{a} = (x, -3, -1)$，$\boldsymbol{b} = (1, 4, y)$ のとき，$(2\boldsymbol{a} - \boldsymbol{b}) \times (3\boldsymbol{a} + 2\boldsymbol{b}) = (70, 21, 77)$ をみたす x, y の値を定め，このとき $\boldsymbol{a}, \boldsymbol{b}$ のつくる平行四辺形の面積を求めよ．

問題 5-8 ▼スカラー３重積

(1) A(0,2,1)，B(1,0,−1)，C(1,−1,2) のとき，OA，OB，OC を３辺とする平行六面体の体積を求めよ．

(2) グラスマンの記号で $[\boldsymbol{a},\boldsymbol{b},\boldsymbol{c}]$，$[\boldsymbol{x},\boldsymbol{y},\boldsymbol{z}]$ とスカラー３重積を表すとき，

$$[\boldsymbol{a},\boldsymbol{b},\boldsymbol{c}][\boldsymbol{x},\boldsymbol{y},\boldsymbol{z}]=\begin{vmatrix}\boldsymbol{a}\cdot\boldsymbol{x} & \boldsymbol{a}\cdot\boldsymbol{y} & \boldsymbol{a}\cdot\boldsymbol{z}\\ \boldsymbol{b}\cdot\boldsymbol{x} & \boldsymbol{b}\cdot\boldsymbol{y} & \boldsymbol{b}\cdot\boldsymbol{z}\\ \boldsymbol{c}\cdot\boldsymbol{x} & \boldsymbol{c}\cdot\boldsymbol{y} & \boldsymbol{c}\cdot\boldsymbol{z}\end{vmatrix}$$

が成り立つことを示せ．

●考え方●

(1) $\boldsymbol{a},\boldsymbol{b},\boldsymbol{c}$ と置いたとき，問題 5-7 (3) より，平行六面体の体積は $|\boldsymbol{a}\cdot(\boldsymbol{b}\times\boldsymbol{c})|$ である．

(2) $\boldsymbol{a},\boldsymbol{b},\boldsymbol{c}$；$\boldsymbol{x},\boldsymbol{y},\boldsymbol{z}$ を成分を用いて表し，$[\boldsymbol{a},\boldsymbol{b},\boldsymbol{c}]$，$[\boldsymbol{x},\boldsymbol{y},\boldsymbol{z}]$ を行列を使って表してみよ．

解答

(1) $[\boldsymbol{a},\boldsymbol{b},\boldsymbol{c}]=\underset{㋐}{\boldsymbol{a}\cdot(\boldsymbol{b}\times\boldsymbol{c})}\underset{㋑}{=}\begin{vmatrix}0 & 2 & 1\\ 1 & 0 & -1\\ 1 & -1 & 2\end{vmatrix}$

$\underset{㋒}{=}-2-1-4=-7$

よって，求める体積を V とすると，

$V=|-7|=7$ 答

(2) $\boldsymbol{a}=(a_1,a_2,a_3)$，$\boldsymbol{b}=(b_1,b_2,b_3)$，$\boldsymbol{c}=(c_1,c_2,c_3)$

$\boldsymbol{x}=(x_1,x_2,x_3)$，$\boldsymbol{y}=(y_1,y_2,y_3)$，$\boldsymbol{z}=(z_1,z_2,z_3)$

とおくと，

$$[\boldsymbol{a},\boldsymbol{b},\boldsymbol{c}]=\begin{vmatrix}a_1 & a_2 & a_3\\ b_1 & b_2 & b_3\\ c_1 & c_2 & c_3\end{vmatrix}\qquad[\boldsymbol{x},\boldsymbol{y},\boldsymbol{z}]=\begin{vmatrix}x_1 & x_2 & x_3\\ y_1 & y_2 & y_3\\ z_1 & z_2 & z_3\end{vmatrix}$$

$$[\boldsymbol{a},\boldsymbol{b},\boldsymbol{c}][\boldsymbol{x},\boldsymbol{y},\boldsymbol{z}]=\begin{vmatrix}a_1 & a_2 & a_3\\ b_1 & b_2 & b_3\\ c_1 & c_2 & c_3\end{vmatrix}\underset{㋓}{\begin{vmatrix}x_1 & x_2 & x_3\\ y_1 & y_2 & y_3\\ z_1 & z_2 & z_3\end{vmatrix}}$$

$$=\begin{vmatrix}a_1 & a_2 & a_3\\ b_1 & b_2 & b_3\\ c_1 & c_2 & c_3\end{vmatrix}\underset{㋓}{\begin{vmatrix}x_1 & y_1 & z_1\\ x_2 & y_2 & z_2\\ x_3 & y_3 & z_3\end{vmatrix}}\underset{㋔}{=}\begin{vmatrix}\boldsymbol{a}\cdot\boldsymbol{x} & \boldsymbol{a}\cdot\boldsymbol{y} & \boldsymbol{a}\cdot\boldsymbol{z}\\ \boldsymbol{b}\cdot\boldsymbol{x} & \boldsymbol{b}\cdot\boldsymbol{y} & \boldsymbol{b}\cdot\boldsymbol{z}\\ \boldsymbol{c}\cdot\boldsymbol{x} & \boldsymbol{c}\cdot\boldsymbol{y} & \boldsymbol{c}\cdot\boldsymbol{z}\end{vmatrix}$$

ポイント

㋐ $\boldsymbol{a}=(0,2,1)$
$\boldsymbol{b}=(1,0,-1)$
$\boldsymbol{c}=(1,-1,2)$

㋑ スカラー３重積 p.126 参照．

㋒ サラスの方法．

㋓ A,B が正方行列のとき
$|AB|=|A||B|$ (p.49)
また，$|{}^tA|=|A|$
(転置不変性)である．

㋔ １行 × １列の計算は，
$a_1x_1+a_2x_2+a_3x_3=\boldsymbol{a}\cdot\boldsymbol{x}$
他も同様．

練習問題　5-8　　解答 p. 229

３辺を表すベクトルを $\boldsymbol{a},\boldsymbol{b},\boldsymbol{c}$，それぞれの長さを a,b,c，$(\boldsymbol{b},\boldsymbol{c})$；$(\boldsymbol{c},\boldsymbol{a})$；$(\boldsymbol{a},\boldsymbol{b})$ のなす角をそれぞれ α,β,γ とするとき，平行六面体の体積 V が

$V=abc\sqrt{1+2\cos\alpha\cos\beta\cos\gamma-\cos^2\alpha-\cos^2\beta-\cos^2\gamma}$ となることを示せ．

問題 5-9 ▼ベクトル３重積

(1) $\boldsymbol{a} = (a_1, a_2, a_3)$，$\boldsymbol{b} = (b_1, b_2, b_3)$，$\boldsymbol{c} = (c_1, c_2, c_3)$のとき

$$\boldsymbol{a} \times (\boldsymbol{b} \times \boldsymbol{c}) = (\boldsymbol{a}\cdot\boldsymbol{c})\boldsymbol{b} - (\boldsymbol{a}\cdot\boldsymbol{b})\boldsymbol{c}$$

が成り立つことを示せ．

(2) $\boldsymbol{a} = (1, 2, 1)$，$\boldsymbol{b} = (2, -1, 1)$，$\boldsymbol{c} = (-1, 1, 2)$のとき，

$\boldsymbol{a} \times (\boldsymbol{b} \times \boldsymbol{c})$，$(\boldsymbol{a} \times \boldsymbol{b}) \times \boldsymbol{c}$を求めよ．

●考え方●

(1) $\boldsymbol{b} \times \boldsymbol{c}$はベクトルである．$\boldsymbol{d} = \boldsymbol{b} \times \boldsymbol{c} = (d_1, d_2, d_3)$と置いて，$\boldsymbol{a} \times \boldsymbol{d}$を計算してみる．

(2) (1)を活用してみよ．p. 127 を参照．

解答

(1) $\boldsymbol{d} = \boldsymbol{b} \times \boldsymbol{c} = (d_1, d_2, d_3)$ ㋐ とおくと，

$$\boldsymbol{a} \times (\boldsymbol{b} \times \boldsymbol{c}) = \boldsymbol{a} \times \boldsymbol{d} = \begin{vmatrix} \boldsymbol{i} & \boldsymbol{j} & \boldsymbol{k} \\ a_1 & a_2 & a_3 \\ d_1 & d_2 & d_3 \end{vmatrix}$$

$$= \begin{vmatrix} a_2 & a_3 \\ d_2 & d_3 \end{vmatrix}\boldsymbol{i} - \begin{vmatrix} a_1 & a_3 \\ d_1 & d_3 \end{vmatrix}\boldsymbol{j} + \begin{vmatrix} a_1 & a_2 \\ d_1 & d_2 \end{vmatrix}\boldsymbol{k}$$

$$= \underbrace{(a_2d_3 - a_3d_2)}_{①}\boldsymbol{i} + \underbrace{(a_3d_1 - a_1d_3)}_{②}\boldsymbol{j} + \underbrace{(a_1d_2 - a_2d_1)}_{③}\boldsymbol{k}$$

$$\underbrace{a_2d_3 - a_3d_2}_{①} = a_2(b_1c_2 - b_2c_1) - \underbrace{a_3(b_3c_1 - b_1c_3)}_{㋑}$$

$$= \underbrace{(a_1c_1 + a_2c_2 + a_3c_3)}_{㋒}b_1 - \underbrace{(a_1b_1 + a_2b_2 + a_3b_3)}_{㋓}c_1$$

$$= (\boldsymbol{a}\cdot\boldsymbol{c})b_1 - (\boldsymbol{a}\cdot\boldsymbol{b})c_1$$

同様に，

$$\underbrace{a_3d_1 - a_1d_3}_{②} = (\boldsymbol{a}\cdot\boldsymbol{c})b_2 - (\boldsymbol{a}\cdot\boldsymbol{b})c_2$$

$$\underbrace{a_1d_2 - a_2d_1}_{③} = (\boldsymbol{a}\cdot\boldsymbol{c})b_3 - (\boldsymbol{a}\cdot\boldsymbol{b})c_3$$

$$\therefore\ \boldsymbol{a} \times (\boldsymbol{b} \times \boldsymbol{c}) = (\boldsymbol{a}\cdot\boldsymbol{c})\boldsymbol{b} - (\boldsymbol{a}\cdot\boldsymbol{b})\boldsymbol{c} \quad ■$$

(2) (1)を利用して，$\boldsymbol{a} \times (\boldsymbol{b} \times \boldsymbol{c}) = \underbrace{(\boldsymbol{a}\cdot\boldsymbol{c})}_{㋔}\boldsymbol{b} - \underbrace{(\boldsymbol{a}\cdot\boldsymbol{b})}_{㋔}\boldsymbol{c}$

$$= 3(2, -1, 1) - (-1, 1, 2) = (7, -4, 1) \quad 答$$

$$(\boldsymbol{a} \times \boldsymbol{b}) \times \boldsymbol{c} = (\boldsymbol{a}\cdot\boldsymbol{c})\boldsymbol{b} - (\boldsymbol{b}\cdot\boldsymbol{c})\boldsymbol{a}$$

$$= 3(2, -1, 1) + 1(1, 2, 1) = (7, -1, 4) \quad 答$$

ポイント

㋐ $\boldsymbol{d} = \begin{vmatrix} \boldsymbol{i} & \boldsymbol{j} & \boldsymbol{k} \\ b_1 & b_2 & b_3 \\ c_1 & c_2 & c_3 \end{vmatrix}$

$= (b_2c_3 - b_3c_2)\boldsymbol{i}$
$+ (b_3c_1 - b_1c_3)\boldsymbol{j}$
$+ (b_1c_2 - b_2c_1)\boldsymbol{k}$

$d_1 = b_2c_3 - b_3c_2$
$d_2 = b_3c_1 - b_1c_3$
$d_3 = b_1c_2 - b_2c_1$

㋑ $a_1b_1c_1 - a_1b_1c_1$ をつけ加え，b_1, c_1 について整理．

㋒ $\boldsymbol{a}\cdot\boldsymbol{c}$に等しい．

㋓ $\boldsymbol{a}\cdot\boldsymbol{b}$に等しい．

㋔ $\boldsymbol{a}\cdot\boldsymbol{c} = -1 + 2 + 2 = 3$
$\boldsymbol{a}\cdot\boldsymbol{b} = 2 - 2 + 1 = 1$

練習問題 5-9　　解答 p. 229

$\boldsymbol{a} = (1, 0, -1)$，$\boldsymbol{b} = (0, 2, 1)$，$\boldsymbol{c} = (1, -1, 2)$のとき，$\boldsymbol{a} \times (\boldsymbol{b} \times \boldsymbol{c})$，$(\boldsymbol{a} \times \boldsymbol{b}) \times \boldsymbol{c}$を求めよ．

問題 5-⑩ ▼直線および平面(1)

xyz 空間に，4点 A$(1,1,-2)$，B$(1,-1,2)$，C$(-1,2,0)$，D$(3,3,3)$がある．

(1) 3点 A, B, C を通る平面を α とする．α の方程式を求めよ．

(2) 点 D と α の距離を h とする．h の値を求めよ．

(3) 四面体 ABCD の体積を V とする．V の値を求めよ．

●考え方●

(1) α の法線ベクトルを $\boldsymbol{n}$ とすると $\boldsymbol{n} \mathbin{/\!/} \overrightarrow{\mathrm{AB}} \times \overrightarrow{\mathrm{AC}}$ から $\boldsymbol{n}$ を決定してみよ．

(2) 点と平面の距離公式 (p. 129) を用いる．

解答

(1) $\overrightarrow{\mathrm{AB}} = (0,-2,4)$，$\overrightarrow{\mathrm{AC}} = (-2,1,2)$

$\underset{㋐}{\overrightarrow{\mathrm{AB}} \times \overrightarrow{\mathrm{AC}}} = (-8,-8,-4) \mathbin{/\!/} (2,2,1)$

α の法線ベクトルを $\boldsymbol{n}$ とすると $\underset{㋑}{\boldsymbol{n} = (2,2,1)}$ と選べる．α は点 A を通り $\boldsymbol{n}$ に垂直であるから

$$2\cdot(x-1) + 2\cdot(y-1) + 1\cdot(z+2) = 0$$

$$\therefore\ \alpha : 2x + 2y + z - 2 = 0 \quad \text{答}$$

(2) 点と平面の距離公式より，

$$h = \frac{|2\cdot3 + 2\cdot3 + 3 - 2|}{\sqrt{2^2 + 2^2 + 1^2}} = \frac{13}{3} \quad \text{答}$$

(3) △ABC の面積を S とすると，

$$S = \frac{1}{2}\sqrt{\underset{㋒}{|\overrightarrow{\mathrm{AB}}|^2|\overrightarrow{\mathrm{AC}}|^2 - (\overrightarrow{\mathrm{AB}}\cdot\overrightarrow{\mathrm{AC}})^2}} = \frac{1}{2}\sqrt{20\cdot9 - 6^2}$$

$$= \frac{1}{2}\sqrt{144} = 6$$

$$\therefore\ V = \frac{1}{3}\cdot S\cdot h = \frac{1}{3}\cdot6\cdot\frac{13}{3} = \frac{26}{3} \quad \text{答}$$

ポイント

㋐ $\begin{vmatrix} \boldsymbol{i} & \boldsymbol{j} & \boldsymbol{k} \\ 0 & -2 & 4 \\ -2 & 1 & 2 \end{vmatrix}$
$= -8\boldsymbol{i} - 8\boldsymbol{j} - 4\boldsymbol{k}$

㋑ $\boldsymbol{n} = (p, q, r)$
とすると
$\boldsymbol{n}\cdot\overrightarrow{\mathrm{AB}} = 0$，$\boldsymbol{n}\cdot\overrightarrow{\mathrm{AC}} = 0$
から
$\begin{cases} -2q + 4r = 0 \\ -2p + q + 2r = 0 \end{cases}$
$(p, q, r) = (2, 2, 1)$
と決定してもよい．

㋒ $|\overrightarrow{\mathrm{AB}}|^2 = 0^2 + (-2)^2 + 4^2$
$= 20$
$|\overrightarrow{\mathrm{AC}}|^2 = (-2)^2 + 1^2 + 2^2$
$= 9$
$\overrightarrow{\mathrm{AB}}\cdot\overrightarrow{\mathrm{AC}} = (-2)\cdot1 + 4\cdot2$
$= 6$

(別解) (1) $\alpha : ax + by + cz = d$ とおくと，A, B, C が α 上の点より，それぞれ式に代入して，

$\begin{cases} a + b - 2c = d \\ a - b + 2c = d \\ -a + 2b = d \end{cases}$ を解いて，$a = d$，$b = d$，$c = \frac{1}{2}d$ $(d \neq 0)$
$d = 2$ とおくと，$(a, b, c) = (2, 2, 1)$

$$\therefore\ \alpha : 2x + 2y + z - 2 = 0$$

練習問題　5-10　　　解答 p. 229

$$g : \frac{x - x_0}{l} = \frac{y - y_0}{m} = \frac{z - z_0}{n},\quad \pi : ax + by + cz + d = 0$$

とするとき，直線 g と平面 π とが平行であるための条件を求めよ．

問題 5-11 ▼直線および平面(2)

(1) 4点 A(1, 1, −2), B(1, −1, 2), C(−1, 2, 0), D(3, 3, 3) が同一平面上にあるかを行列式を用いて判定せよ.

(2) 3点 A(1, 1, −2), B(1, −1, 2), C(−1, 2, 0) を通る平面の方程式を行列式を利用して求めよ.

●考え方●

問題 5-10と同じ座標である.

(1) ・4点 A, B, C, D が**同一平面上の点** ⇔ $\overrightarrow{AB}, \overrightarrow{AC}, \overrightarrow{AD}$ が線形従属

⇔ $\det[\overrightarrow{AB}\ \overrightarrow{AC}\ \overrightarrow{AD}] = \mathbf{0}$

・4点 A, B, C, D が**同一平面上の点でない** ⇔ $\overrightarrow{AB}, \overrightarrow{AC}, \overrightarrow{AD}$ が線形独立

⇔ $\det[\overrightarrow{AB}\ \overrightarrow{AC}\ \overrightarrow{AD}] \neq \mathbf{0}$

$\det[\overrightarrow{AB}\ \overrightarrow{AC}\ \overrightarrow{AD}]$ によって判定できる.

解答

(1) $\overrightarrow{AB} = (0, -2, 4)$, $\overrightarrow{AC} = (-2, 1, 2)$, $\overrightarrow{AD} = (2, 2, 5)$

$\det[\overrightarrow{AB}\ \overrightarrow{AC}\ \overrightarrow{AD}]$

$$= \begin{vmatrix} 0 & -2 & 2 \\ -2 & 1 & 2 \\ 4 & 2 & 5 \end{vmatrix} \underset{㋐}{=} -16-8-8-20 = -52 \neq 0$$

$\overrightarrow{AB}, \overrightarrow{AC}, \overrightarrow{AD}$ は線形独立で, A, B, C, D は同一平面上にない.㋑

(2) 点 X(x, y, z) が平面 ABC に属するための必要十分条件は,

$\overrightarrow{AX} = (x-1, y-1, z+2)$, $\overrightarrow{AB} = (0, -2, 4)$

$\overrightarrow{AC} = (-2, 1, 2)$

が線形従属であること, すなわち,

$$\det[\overrightarrow{AX}\ \overrightarrow{AB}\ \overrightarrow{AC}] = \begin{vmatrix} x-1 & 0 & -2 \\ y-1 & -2 & 1 \\ z+2 & 4 & 2 \end{vmatrix}$$

$$\underset{㋒}{=} \begin{vmatrix} -2 & 1 \\ 4 & 2 \end{vmatrix}(x-1) - \begin{vmatrix} 0 & -2 \\ 4 & 2 \end{vmatrix}(y-1) + \begin{vmatrix} 0 & -2 \\ -2 & 1 \end{vmatrix}(z+2) = 0$$

$\therefore\ 2x + 2y + z - 2 = 0$ 答

ポイント

㋐ サラスの方法.

1行に関する余因子展開で表すと,

$= 2\begin{vmatrix} -2 & 2 \\ 4 & 5 \end{vmatrix} + 2\begin{vmatrix} -2 & 1 \\ 4 & 2 \end{vmatrix}$

$= 2(-18) + 2(-8)$

$= -52 \neq 0$

㋑ 問題 5-10より平面 α は

$\alpha : 2x + 2y + z - 2 = 0$

D(3, 3, 3) が α 上にないことが確かめられる.

㋒ 1列に関する余因子.

練習問題 5-11 解答 p. 230

3点 A(3, 1, −1), B(2, −1, 3), C(−1, 2, 1) を通る平面の方程式を行列式を利用して求めよ.

問題 5-⑫ ▼直線および平面(3)

$\pi : ax+by+cz+d=0\ (a \neq 0)$ の表す図形は，ベクトル

$$\boldsymbol{a}=(-b, a, 0),\ \boldsymbol{b}=(-c, 0, a)$$

で張られる平面であることを示せ．

●考え方●

π 上の定点を $P_0(x_0, y_0, z_0)$，任意の点を $P(x, y, z)$ とすると，

$$\begin{cases} ax+by+cz+d=0 & \cdots ① \\ ax_0+by_0+cz_0+d=0 & \cdots ② \end{cases}$$

をみたす．辺々を引いた式で考えてみよ．

解答

「考え方」の①，②式の辺々を引くと，

$$a(x-x_0)+b(y-y_0)+c(z-z_0)=0 \quad \cdots ㋐$$

$x-x_0,\ y-y_0,\ z-z_0$ は同次方程式 $aX+bY+cZ=0$ の解である．㋑

$a \neq 0$ より，

$$X=-\frac{b}{a}Y-\frac{c}{a}Z$$

$Y=sa,\ Z=ta\ (s, t：実数)$ とおくと，$X=-bs-ct$

よって，$\begin{pmatrix} X \\ Y \\ Z \end{pmatrix}=\underset{㋒}{\begin{pmatrix} -b \\ a \\ 0 \end{pmatrix}}s+\underset{㋒}{\begin{pmatrix} -c \\ 0 \\ a \end{pmatrix}}t=s\boldsymbol{a}+t\boldsymbol{b}$

$$\therefore \begin{pmatrix} x-x_0 \\ y-y_0 \\ z-z_0 \end{pmatrix}=s\boldsymbol{a}+t\boldsymbol{b},\quad \begin{pmatrix} x \\ y \\ z \end{pmatrix}=\underset{\text{定点 }P_0}{\begin{pmatrix} x_0 \\ y_0 \\ z_0 \end{pmatrix}}+s\boldsymbol{a}+t\boldsymbol{b}$$

よって，π は点 P_0 を通りベクトル $\boldsymbol{a}, \boldsymbol{b}$ ㋓ で張られる平面である．■

ポイント

㋐ 同次方程式である．

㋑ $a \neq 0$ であるから X を Y, Z を用いて表す．

㋒ $\boldsymbol{a}=\begin{pmatrix} -b \\ a \\ 0 \end{pmatrix}$，$\boldsymbol{b}=\begin{pmatrix} -c \\ 0 \\ a \end{pmatrix}$ とおく．

㋓ $\boldsymbol{a}, \boldsymbol{b}$ を作るのに，π で $c=0$ とおき，(a, b) に垂直なベクトル $(-b, a)$ を選ぶ．
次に $b=0$ とおき，(a, c) に垂直なベクトル $(-c, a)$ を選ぶと，簡単に求めることができる．

練習問題　5-12　解答 p. 230

$\boldsymbol{a}=(3, a, b)$，$\boldsymbol{b}=(-1, c, 3)$ が平面 $5x+11y-2z-5=0$ を張るという．a, b, c の値を求めよ．

問題 5-13 ▼線形写像(1)

次の写像 $f : \boldsymbol{R}^2 \to \boldsymbol{R}^2$ は線形写像か.

(1) $f\begin{pmatrix} x \\ y \end{pmatrix} = \begin{pmatrix} x+y \\ xy \end{pmatrix}$　　(2) $f\begin{pmatrix} x \\ y \end{pmatrix} = \begin{pmatrix} x+y \\ x-y \end{pmatrix}$

●考え方●

p. 130 の線形写像の条件

$$f : V \to W \text{ は線形写像} \Leftrightarrow \begin{cases} f(\boldsymbol{x}+\boldsymbol{y}) = f(\boldsymbol{x}) + f(\boldsymbol{y}) & \cdots① \\ f(k\boldsymbol{x}) = kf(\boldsymbol{x}) & \cdots② \end{cases}$$

が満たされるかを調べる.

解答

(1) $\boldsymbol{x} = \begin{pmatrix} x_1 \\ x_2 \end{pmatrix}$, $\boldsymbol{y} = \begin{pmatrix} y_1 \\ y_2 \end{pmatrix}$ とおくと, ①をみたすか調べる.

$$f(\boldsymbol{x}+\boldsymbol{y}) = f\left(\begin{pmatrix} x_1 \\ x_2 \end{pmatrix} + \begin{pmatrix} y_1 \\ y_2 \end{pmatrix}\right) = f\begin{pmatrix} x_1+y_1 \\ x_2+y_2 \end{pmatrix}_{ア}$$

$$= \begin{pmatrix} (x_1+y_1)+(x_2+y_2) \\ (x_1+y_1)(x_2+y_2) \end{pmatrix} = \begin{pmatrix} x_1+x_2+y_1+y_2 \\ x_1x_2+y_1y_2+x_1y_2+x_2y_1 \end{pmatrix}_{イ}$$

$$f(\boldsymbol{x}) + f(\boldsymbol{y}) = \begin{pmatrix} x_1+x_2 \\ x_1x_2 \end{pmatrix} + \begin{pmatrix} y_1+y_2 \\ y_1y_2 \end{pmatrix}$$

$$= \begin{pmatrix} x_1+x_2+y_1+y_3 \\ x_1x_2+y_1y_2 \end{pmatrix}_{イ}$$

$f(\boldsymbol{x}+\boldsymbol{y}) \neq f(\boldsymbol{x}) + f(\boldsymbol{y})$ であるから線形写像でない. 答

(2) 線形写像である. 答

(∵) ①, ②が成り立つことを示す.

$\boldsymbol{x} = \begin{pmatrix} x_1 \\ x_2 \end{pmatrix}$, $\boldsymbol{y} = \begin{pmatrix} y_1 \\ y_2 \end{pmatrix}$

$$\begin{cases} f(\boldsymbol{x}+\boldsymbol{y}) = f\begin{pmatrix} x_1+y_1 \\ x_2+y_2 \end{pmatrix} = \begin{pmatrix} x_1+x_2+y_1+y_2 \\ x_1-x_2+y_1-y_2 \end{pmatrix} \\ f(\boldsymbol{x}) + f(\boldsymbol{y}) = \begin{pmatrix} x_1+x_2 \\ x_1-x_2 \end{pmatrix} + \begin{pmatrix} y_1+y_2 \\ y_1-y_2 \end{pmatrix} = \begin{pmatrix} x_1+x_2+y_1+y_2 \\ x_1-x_2+y_1-y_2 \end{pmatrix} \end{cases} \cdots ウ$$

よって, ①をみたす.

$$f(k\boldsymbol{x}) = f\begin{pmatrix} kx_1 \\ kx_2 \end{pmatrix} = \begin{pmatrix} k(x_1+x_2) \\ k(x_1-x_2) \end{pmatrix} = k\begin{pmatrix} x_1+x_2 \\ x_1-x_2 \end{pmatrix} = kf(\boldsymbol{x}) \quad \cdots エ$$

よって, ②をみたす. 以上より, f は線形写像.

ポイント

㋐ x_1+y_1 が x
x_2+y_2 が y にあたる.

㋑ 第 2 成分が異なる. 成立しないとわかれば満たさない反例を 1 つ示しておけばよい.
例えば
$\boldsymbol{x} = \begin{pmatrix} 1 \\ 0 \end{pmatrix}$, $\boldsymbol{y} = \begin{pmatrix} 0 \\ 1 \end{pmatrix}$
のとき,
$f(\boldsymbol{x}+\boldsymbol{y}) = \begin{pmatrix} 2 \\ 1 \end{pmatrix}$
$f(\boldsymbol{x}) + f(\boldsymbol{y}) = \begin{pmatrix} 2 \\ 0 \end{pmatrix}$
$\therefore f(\boldsymbol{x}+\boldsymbol{y}) \neq f(\boldsymbol{x}) + f(\boldsymbol{y})$

㋒ $f(\boldsymbol{x}+\boldsymbol{y}) = f(\boldsymbol{x}) + f(\boldsymbol{y})$ となり①をみたす.

㋓ $f(k\boldsymbol{x}) = kf(\boldsymbol{x})$ となり②をみたす.

練習問題　5-13　解答 p. 230

$f : \boldsymbol{R}^3 \to \boldsymbol{R}^2$ における次の写像は線形写像か.

(1) $f\begin{pmatrix} x \\ y \\ z \end{pmatrix} = \begin{pmatrix} x+y-2z \\ x-y \end{pmatrix}$　　(2) $f\begin{pmatrix} x \\ y \\ z \end{pmatrix} = \begin{pmatrix} 3x-z \\ y+2 \end{pmatrix}$

問題 5-⑭ ▼線形写像(2)（表現行列の決定）

(1) 線形写像 $f: \boldsymbol{R}^2 \to \boldsymbol{R}^2$, $\boldsymbol{x} \mapsto A\boldsymbol{x}$ により

$\begin{pmatrix}2\\1\end{pmatrix} \to \begin{pmatrix}1\\3\end{pmatrix}$, $\begin{pmatrix}3\\1\end{pmatrix} \to \begin{pmatrix}5\\2\end{pmatrix}$ であるとき，行列 A を求めよ．

(2) 線形写像 $f: \boldsymbol{R}^3 \to \boldsymbol{R}^2$, $\boldsymbol{x} \mapsto A\boldsymbol{x}$ により

$\begin{pmatrix}1\\2\\1\end{pmatrix} \to \begin{pmatrix}0\\1\end{pmatrix}$, $\begin{pmatrix}1\\3\\2\end{pmatrix} \to \begin{pmatrix}1\\0\end{pmatrix}$, $\begin{pmatrix}2\\1\\1\end{pmatrix} \to \begin{pmatrix}5\\7\end{pmatrix}$ であるとき，行列 A を求めよ．

●考え方●

(1) A を用いて表すと，$A\begin{pmatrix}2\\1\end{pmatrix} = \begin{pmatrix}1\\3\end{pmatrix}$, $A\begin{pmatrix}3\\1\end{pmatrix} = \begin{pmatrix}5\\2\end{pmatrix}$, $A\begin{pmatrix}2&3\\1&1\end{pmatrix} = \begin{pmatrix}1&5\\3&2\end{pmatrix}$ となる．

(2) (1)と同様に表してみよ．

解答

(1) $f(\boldsymbol{x}) = A\boldsymbol{x}$ であるから，条件から

$$A\begin{pmatrix}2\\1\end{pmatrix} = \begin{pmatrix}1\\3\end{pmatrix},\quad A\begin{pmatrix}3\\1\end{pmatrix} = \begin{pmatrix}5\\2\end{pmatrix}$$

$$\therefore\ \underbrace{A\begin{pmatrix}2&3\\1&1\end{pmatrix} = \begin{pmatrix}1&5\\3&2\end{pmatrix}}_{㋐}$$

$\begin{pmatrix}2&3\\1&1\end{pmatrix}^{-1} \underset{㋑}{=} -\begin{pmatrix}1&-3\\-1&2\end{pmatrix} = \begin{pmatrix}-1&3\\1&-2\end{pmatrix}$ を上式の右側から乗じて，

$$A = \begin{pmatrix}1&5\\3&2\end{pmatrix}\begin{pmatrix}-1&3\\1&-2\end{pmatrix} = \begin{pmatrix}4&-7\\-1&5\end{pmatrix}$$ 答

(2) 条件から

$$A\begin{pmatrix}1\\2\\1\end{pmatrix} = \begin{pmatrix}0\\1\end{pmatrix},\quad A\begin{pmatrix}1\\3\\2\end{pmatrix} = \begin{pmatrix}1\\0\end{pmatrix},\quad A\begin{pmatrix}2\\1\\1\end{pmatrix} = \begin{pmatrix}5\\7\end{pmatrix}$$

これらを1つで表して，

$$\underbrace{A\begin{pmatrix}1&1&2\\2&3&1\\1&2&1\end{pmatrix}}_{㋒} = \begin{pmatrix}0&1&5\\1&0&7\end{pmatrix}$$

$$\therefore\ A = \begin{pmatrix}0&1&5\\1&0&7\end{pmatrix}\begin{pmatrix}1&1&2\\2&3&1\\1&2&1\end{pmatrix}^{-1} = \frac{1}{2}\begin{pmatrix}0&1&5\\1&0&7\end{pmatrix}\begin{pmatrix}1&3&-5\\-1&-1&3\\1&-1&1\end{pmatrix} = \begin{pmatrix}2&-3&4\\4&-2&1\end{pmatrix}$$ 答

ポイント

㋐ 1つにまとめる．
$f(\boldsymbol{a}_1) = \boldsymbol{b}_1$, $f(\boldsymbol{a}_2) = \boldsymbol{b}_2$ のとき，
$A\boldsymbol{a}_1 = \boldsymbol{b}_1$, $A\boldsymbol{a}_2 = \boldsymbol{b}_2$
$A[\boldsymbol{a}_1\ \boldsymbol{a}_2] = [\boldsymbol{b}_1\ \boldsymbol{b}_2]$

㋑ $\begin{vmatrix}2&3\\1&1\end{vmatrix} = 2-3 = -1$

㋒ p. 77 において，
$\begin{pmatrix}1&1&2\\2&3&1\\1&2&1\end{pmatrix}^{-1} = \frac{1}{2}\begin{pmatrix}1&3&-5\\-1&-1&3\\1&-1&1\end{pmatrix}$
と求めているので参照してほしい．

練習問題　5-14　解答 p. 230

線形写像 $f: \boldsymbol{R}^3 \to \boldsymbol{R}^3$, $\boldsymbol{x} \to A\boldsymbol{x}$ により

$\begin{pmatrix}0\\1\\1\end{pmatrix} \to \begin{pmatrix}0\\2\\0\end{pmatrix}$, $\begin{pmatrix}1\\0\\1\end{pmatrix} \to \begin{pmatrix}2\\0\\-2\end{pmatrix}$, $\begin{pmatrix}1\\1\\0\end{pmatrix} \to \begin{pmatrix}0\\-2\\0\end{pmatrix}$ のとき，行列 A を求めよ．

問題 5-15 ▼線形写像の核と像(1)

$V = \boldsymbol{R}^n$, $W \in \boldsymbol{R}^m$ $f : V \to W$, f を線形写像とするとき，次を証明せよ.

(1) $f(\boldsymbol{o}) = \boldsymbol{o}$

(2) $\mathrm{Ker} f$ は V の部分空間である.

(3) $\mathrm{Im} f$ は W の部分空間である.

●考え方●

(1) $\boldsymbol{a} \in V$, $\boldsymbol{o} \in V$ に対して，$\boldsymbol{a} = \boldsymbol{a} + \boldsymbol{o}$ から $f(\boldsymbol{a}) = f(\boldsymbol{a} + \boldsymbol{o})$

f の線形性の活用.

(2) $\mathrm{Ker} f \subset V$ を示すためには，$\boldsymbol{v}_1, \boldsymbol{v}_2 \in \mathrm{Ker} f$ のとき，実数 c_1, c_2 を用いて，$c_1\boldsymbol{v}_1 + c_2\boldsymbol{v}_2$ が $c_1\boldsymbol{v}_1 + c_2\boldsymbol{v}_2 \in \mathrm{Ker} f$ を示せばよい.

(p. 100 の部分空間(1), (2)のチェックを $c_1\boldsymbol{v}_1 + c_2\boldsymbol{v}_2$ の 1 つで表現)

解答

(1) $\boldsymbol{a} \in V$, $\boldsymbol{o} \in V$ に対して，

$f(\boldsymbol{a}) = f(\boldsymbol{a} + \boldsymbol{o}) \underset{㋐}{=} f(\boldsymbol{a}) + f(\boldsymbol{o})$ …①

①の辺々に $-f(\boldsymbol{a})$ をたして，$\boldsymbol{o} = f(\boldsymbol{o})$

(2) $\boldsymbol{v}_1, \boldsymbol{v}_2 \in \mathrm{Ker} f$, $c_1, c_2 \in \boldsymbol{R}$ とするとき，

$f(c_1\boldsymbol{v}_1 + c_2\boldsymbol{v}_2) \underset{㋑}{=} c_1 f(\boldsymbol{v}_1) + c_2 f(\boldsymbol{v}_2) \underset{㋒}{=} c_1 \cdot \boldsymbol{o} + c_2 \cdot \boldsymbol{o} = \boldsymbol{o}$

$f(c_1\boldsymbol{v}_1 + c_2\boldsymbol{v}_2) = \boldsymbol{o}$ から $c_1\boldsymbol{v}_1 + c_2\boldsymbol{v}_2 \in \mathrm{Ker} f$ ㋓

$\therefore$ $\mathrm{Ker} f$ は V の部分空間.

(3) $w_1, w_2 \in \mathrm{Im} f$ とすると，$\boldsymbol{v}_1, \boldsymbol{v}_2 \in V$ に対して

$\boldsymbol{w}_1 = f(\boldsymbol{v}_1)$, $\boldsymbol{w}_2 = f(\boldsymbol{v}_2)$.

c_1, c_2 が実数のとき，$c_1 w_1 + c_2 w_2 \in \mathrm{Im} f$ を示す.

$c_1 w_1 + c_2 w_2 \underset{㋔}{=} c_1 f(\boldsymbol{v}_1) + c_2 f(\boldsymbol{v}_2) = f(\underbrace{c_1\boldsymbol{v}_1 + c_2\boldsymbol{v}_2}_{㋕}) \in f(V)$

$\therefore$ $\mathrm{Im} f$ は W の部分空間.

ポイント

㋐ 線形性の活用. ①の両辺は W のベクトルであることに注意.

㋑ f の線形性.

㋒ $\boldsymbol{v}_1, \boldsymbol{v}_2 \in \mathrm{Ker} f$ より，$f(\boldsymbol{v}_1) = \boldsymbol{o}$, $f(\boldsymbol{v}_2) = \boldsymbol{o}$

㋓ 部分空間の定義 $c_1\boldsymbol{v}_1 + c_2\boldsymbol{v}_2$ が $\mathrm{Ker} f$ の集合をはみ出さない.

㋔ f の線形性.

㋕ $c_1\boldsymbol{v}_1 + c_2\boldsymbol{v}_2$ は $\boldsymbol{v}_1, \boldsymbol{v}_2$ の線形結合. $\therefore$ $c_1\boldsymbol{v}_1 + c_2\boldsymbol{v}_2 \in V$

練習問題 5-15 (p. 132 命題 2 の証明) 解答 p. 231

$\boldsymbol{v}_1, \boldsymbol{v}_2, \cdots, \boldsymbol{v}_l \in V$ のとき，次を証明せよ.

(1) f が単射 $\Leftrightarrow$ $\mathrm{Ker} f = \{\boldsymbol{o}\}$

(2) $f(\boldsymbol{v}_1), f(\boldsymbol{v}_2), \cdots, f(\boldsymbol{v}_l)$ が 1 次独立 $\to$ $\boldsymbol{v}_1, \boldsymbol{v}_2, \cdots, \boldsymbol{v}_l$ は 1 次独立.

(3) f : 単射，$\boldsymbol{v}_1, \boldsymbol{v}_2, \cdots, \boldsymbol{v}_l$ が 1 次独立 $\to$ $f(\boldsymbol{v}_1), f(\boldsymbol{v}_2), \cdots, f(\boldsymbol{v}_l)$ は 1 次独立.

問題 5-16 ▼線形写像の核と像(2)

行列 $\begin{pmatrix} 1 & 1 & 1 \\ -1 & -1 & -1 \\ 3 & 3 & 3 \end{pmatrix}$ で与えられる $\boldsymbol{R}^3 \to \boldsymbol{R}^3$ の線形写像を f とする．

(1) f の像 $\mathrm{Im} f$ と核 $\mathrm{Ker} f$ の次元および基底を求めよ．

(2) $\mathrm{Im} f$ および $\mathrm{Ker} f$ で表される図形は何か．

●考え方●

f を表す表現行列を A とおき，行式変形を行い $\mathrm{rank}\, A$ を求める．$f: V \to W$ とすると，$\mathrm{rank}\, A = \dim(\mathrm{Im} f)$，次元定理より，$\dim(\mathrm{Ker} f) = \underset{\overset{\|}{3}}{\dim V} - \dim(\mathrm{Im} f)$ である．

解答

(1) $A = \begin{pmatrix} 1 & 1 & 1 \\ -1 & -1 & -1 \\ 3 & 3 & 3 \end{pmatrix} \underset{㋐}{\to} \begin{pmatrix} 1 & 1 & 1 \\ 0 & 0 & 0 \\ 0 & 0 & 0 \end{pmatrix}$　$\mathrm{rank}\, A = 1$

$\therefore\ \dim(\mathrm{Im} f) = 1$，$\dim(\mathrm{Ker} f) = 3 - 1 = 2$ 答

$\mathrm{Im} f$ の基底は ${}^t(1\ \ -1\ \ 3)$㋑ 答

$\mathrm{Ker} f$ の基底は，$\boldsymbol{x} = (x_1, x_2, x_3)$ とおくと，

$A\boldsymbol{x} = \boldsymbol{o} \Leftrightarrow \boxed{x_1 + x_2 + x_3 = 0}$　…①

①で $x_2 = -s$，$x_3 = -t$ とおくと，$x_1 = s + t$

よって，基底は ${}^t(1\ \ -1\ \ 0)$，${}^t(1\ \ 0\ \ -1)$㋒ 答

(2) (1)より $\dim(\mathrm{Im} f) = 1$㋓ であることより，$\mathrm{Im} f$ の集合は，原点を通り方向ベクトル $(1, -1, 3)$ の直線となる．$(x_1', x_2', x_3') \in W$ とすると，

$$\frac{x_1'}{1} = \frac{x_2'}{-1} = \frac{x_3'}{3}$$ 答

$\mathrm{Ker} f$ の集合は，$\dim(\mathrm{Ker} f) = 2$ であることより，原点を通り，法線ベクトル $(1, 1, 1)$㋔ の平面となる．

①より　$x_1 + x_2 + x_3 = 0$ 答

ポイント

㋐ 2行＋1行
3行－1行×3

㋑ $\begin{pmatrix} 1 \\ 0 \\ 0 \end{pmatrix}$ に対応する $\begin{pmatrix} 1 \\ -1 \\ 3 \end{pmatrix}$ が基底の1つ．

㋒ $x_1 = s + t$，$x_2 = -s$，$x_3 = -t$ より

$\begin{pmatrix} x_1 \\ x_2 \\ x_3 \end{pmatrix} = s\begin{pmatrix} 1 \\ -1 \\ 0 \end{pmatrix} + t\begin{pmatrix} 1 \\ 0 \\ -1 \end{pmatrix}$

基底

㋓ 1次元であるから集合は $\boldsymbol{R}_3$ の中の直線となる．

㋔ ${}^t(1\ \ -1\ \ 0)$
${}^t(1\ \ 0\ \ -1)$ の作る平面の法線ベクトルは

$\begin{vmatrix} i & j & k \\ 1 & -1 & 0 \\ 1 & 0 & -1 \end{vmatrix} = i + j + k$

より $(1, 1, 1)$ としてもよい．

練習問題　5-16　解答 p. 231

行列 $\begin{pmatrix} 1 & 3 & -3 \\ -1 & -3 & 2 \\ 2 & 2 & -3 \end{pmatrix}$ で与えられる $\boldsymbol{R}^3 \to \boldsymbol{R}^3$ の線形写像を f とする．

f の像 $\mathrm{Im} f$ および核 $\mathrm{Ker} f$ の次元および基底を求めよ．

問題 5-17 ▼線形写像の核と像(3)

$A=\begin{pmatrix} 2 & -4 & 2 & -3 & 6 \\ -1 & 2 & -5 & -1 & 0 \\ 2 & -4 & -14 & -13 & 18 \\ -5 & 10 & -17 & 0 & -6 \end{pmatrix}$ に対応する線形写像 $f:\boldsymbol{R}^5\to\boldsymbol{R}^4$ について，$\mathrm{Im}f$，$\mathrm{Ker}f$ の次元を求めよ．また，それぞれの基底を1組求めよ．

●考え方●

A を行式変形する（Chapter 3. p. 79 問題 3-4 (2)を参照）．$\mathrm{rank}\,A=2$ となる．

解答

A を行式変形すると，$\begin{pmatrix} 1 & -2 & 5 & 1 & 0 \\ 0 & 0 & -8 & -5 & 6 \\ 0 & 0 & 0 & 0 & 0 \\ 0 & 0 & 0 & 0 & 0 \end{pmatrix}$ …⊛

$\mathrm{rank}\,A=2$ となる　$\therefore\ \dim(\mathrm{Im}f)=2$ 答

$\therefore\ \dim(\mathrm{Ker}f)=5-2=3$ 答

基本変形をみればわかるように，A の第1列，第5列は1次独立（線形独立）であるから，

$\begin{pmatrix} 2 \\ -1 \\ 2 \\ -5 \end{pmatrix},\ \begin{pmatrix} 6 \\ 0 \\ 18 \\ -6 \end{pmatrix}$ が $\mathrm{Im}f$ の基底である． 答

$\mathrm{Ker}f$ の基底は同次連立1次方程式 $A\boldsymbol{x}=\boldsymbol{0}$ の基本解．

⊛を用いて，

$\begin{cases} x_1-2x_2+5x_3+x_4=0 \\ -8x_3-5x_4+6x_5=0 \end{cases}$，　$x_3=-\dfrac{5}{8}x_4+\dfrac{3}{4}x_5$

これを解いて，

$x_4=-8t$，$x_5=4u$ とおくと，$x_3=5t+3u$

$x_2=s$ とおくと，$x_1=2s-5(5t+3u)-(-8t)=2s-17t-15u$

$\begin{pmatrix} 2 \\ 1 \\ 0 \\ 0 \\ 0 \end{pmatrix},\ \begin{pmatrix} -17 \\ 0 \\ 5 \\ -8 \\ 0 \end{pmatrix},\ \begin{pmatrix} -15 \\ 0 \\ 3 \\ 0 \\ 4 \end{pmatrix}$ が基本解で，これが求める $\mathrm{Ker}f$ の基底である． 答

ポイント

㋐ p. 79 問題 3-4

㋑ 第1列，3列
第1列，4列
または第2, 3
第2, 4
第2, 5
でもかまわない．第1列，5列を選ぶと第3列，4列は1列，5列を用いて表すことができる．

㋒

$\begin{pmatrix} x_1 \\ x_2 \\ x_3 \\ x_4 \\ x_5 \end{pmatrix}=\begin{pmatrix} 2s-17t-15u \\ s \\ 5t+3u \\ -8t \\ 4u \end{pmatrix}$

$=s\begin{pmatrix} 2 \\ 1 \\ 0 \\ 0 \\ 0 \end{pmatrix}+t\begin{pmatrix} -17 \\ 0 \\ 5 \\ -8 \\ 0 \end{pmatrix}+u\begin{pmatrix} -15 \\ 0 \\ 3 \\ 0 \\ 4 \end{pmatrix}$

練習問題　5-17　　解答 p. 231

(1) 行列 $\begin{pmatrix} 1 & 3 & 1 \\ 2 & 4 & 3 \end{pmatrix}$ で与えられる $\boldsymbol{R}^3\to\boldsymbol{R}^2$ の線形写像を f とする．

(2) 行列 $(n\ \ n-1\ \cdots\ 2\ \ 1)$ で与えられる $\boldsymbol{R}^n\to\boldsymbol{R}^1$ の線形写像を f とする．

$\mathrm{Im}f$ および $\mathrm{Ker}f$ の基底を求めよ．

問題 5-18 ▼線形写像の核と像(4)

表現行列が次の行列 A であるような線形写像 f は，全射，単射，全単射のいずれであるか．

(1) $\begin{pmatrix} 1 & 1 & 1 \\ -1 & -1 & -1 \\ 3 & 3 & 3 \end{pmatrix}$ $(f : \boldsymbol{R}^3 \to \boldsymbol{R}^3)$
(問題 5-16)

(2) $\begin{pmatrix} 1 & 3 & -3 \\ -1 & -3 & 2 \\ 2 & 2 & -3 \end{pmatrix}$ $(f : \boldsymbol{R}^3 \to \boldsymbol{R}^3)$
(練習問題 5-16)

(3) $\begin{pmatrix} 2 & -4 & 2 & -3 & 6 \\ -1 & 2 & -5 & -1 & 0 \\ 2 & -4 & -14 & -13 & 18 \\ -5 & 10 & -17 & 0 & -6 \end{pmatrix}$ $(f : \boldsymbol{R}^5 \to \boldsymbol{R}^4)$
(問題 5-17)

●考え方●

$f : V \to W$ の線形写像の表現行列を A とおくと，

$\mathrm{rank}\,A = \dim W \Leftrightarrow f$：全射

$\mathrm{rank}\,A = \dim V \Leftrightarrow f$：単射　である．

解答

(1) (p. 149, 問題 5-16)　$\mathrm{rank}\,A = 1$ ㋐ $(\dim V = 3,\ \dim W = 3)$ より，f は全射でも単射でもない．答

(2) (p. 149, 練習問題 5-16)　$\mathrm{rank}\,A = 3$ より

$\mathrm{rank}\,A = 3 = \dim V = \dim W$ ㋑

より，f は全単射（同型写像）答

(3) (p. 150, 問題 5-17)　$\mathrm{rank}\,A = 2$ $(\dim V = 5,\ \dim W = 4)$ ㋒

より，f は全射でも単射でもない．答

ポイント

㋐ $\dim(\mathrm{Ker}\,f) = 2$ であるから，f は単射でない．
$\mathrm{rank}\,A \neq \dim W$
より f は全射でない．

㋑ $\mathrm{rank}\,A = \dim V$ より
f：単射．
$\mathrm{rank}\,A = \dim W$ より
f：全射．

㋒ $\mathrm{rank}\,A \neq \dim V$
$\mathrm{rank}\,A \neq \dim W$
から f は全射でも単射でもない．

練習問題　5-18　　解答 p. 232

表現行列が次の行列 A であるような線形写像 f は，全射，単射，全単射のいずれであるか．

(1) $\begin{pmatrix} 0 & 1 & 1 \\ 1 & 0 & 1 \\ 1 & 1 & 0 \end{pmatrix}$ $(f : \boldsymbol{R}^3 \to \boldsymbol{R}^3)$　　(2) $\begin{pmatrix} 1 & 2 & 1 \\ 2 & 1 & 8 \\ 3 & 4 & 7 \\ 4 & 6 & 8 \end{pmatrix}$ $(f : \boldsymbol{R}^3 \to \boldsymbol{R}^4)$

コラム 5 ◆実数，複素数，四元数から多元数の世界へ！

実数は 1 を単位にして測る．複素数には $1, i$ なる 2 つの単位がある．ハミルトンは $1, i, j, k$ の 4 つの単位となる四元数を発見した（コラム 1，p. 36）．

ここで単位の数を $1, i, j, k, \cdots$ のように多くして数を拡大するということが自然に考えられる．ドイツの**グラスマン**は $\boldsymbol{e}_1, \boldsymbol{e}_2, \cdots, \boldsymbol{e}_n$ なる n 個の単位をもつ数系を考察した．これは今日，多元数とよばれている．多元数への拡張は一見簡単そうに思われるが，普通の演算法則を保ちながら拡張することはできない．

例えば，実数から複素数に移るとき，複素数の大小関係は捨てざるを得なかった．複素数からさらに拡張して多元数をつくろうとすると，**交換法則**を犠牲にする．四元数で $ij = -ji$ であった．このような数の大系が計算に不便であることは言うまでもない．それゆえ，19 世紀中頃に誕生した多元数は長い間そのまま放置された．ところが 21 世紀に入ってから，代数学における表現論の展開，物理学におけるディラック方程式の発見などによって，多元数は不可欠の数として再登場したのである．

交換不可能な数は行列を用いてうまく表現される．このことから今日では，多元数論は行列論で処理されるようになった．量子力学で点の位置とか，運動量を 1 つの行列で表そうとする画期的な着想も，多元数の観点から見ると，自然な帰結であったのかもしれない．

Chapter 6

固有値問題

線形写像を行列の理論を通じて展開する．
行列の固有値，固有方程式について学び，それに付随する
固有ベクトル，固有空間を確定する．そしてこれらや
適当な正則行列を用いて“対角化”を実行する．

基本事項

1 行列の固有値（問題 6-1, 2, 3, 4, 5）

Chapter 1（p. 15）で 2 行 2 列の行列の固有値および対角化を取り上げた．Chapter 6 は固有値の考えを一般的に拡張する．これによって，線形写像の理論が行列という表現を通して方程式と深くかかわってくる．

今まで線形写像は実数線形空間 $\boldsymbol{R}^n$ で考えてきた．ところが，下で定義する固有方程式の解は実数解だけでなく，複素数の解も含んできて，線形写像を複素線形空間 $\boldsymbol{C}^n$ で考える必要が出てくる．

ここで新しい記号を導入する．今まで使ってきた実数全体の集合 $\boldsymbol{R}$，複素数全体の集合 $\boldsymbol{C}$ に対して，$\boldsymbol{R}$ と $\boldsymbol{C}$ を共通に表す記号として $\boldsymbol{K}$ を使う．すなわち，$\boldsymbol{K}$ と書いたらそれは $\boldsymbol{R}$ または $\boldsymbol{C}$ を表し，しかも一連の議論の中ではつねに一方だけを表す．

$\boldsymbol{K}$ の元を成分とする n 項列ベクトル全体を $\boldsymbol{K}^n$ と書く．

❶ 固有値

(1) 固有値，固有多項式の定義

定義

$\boldsymbol{K}$ 上の線形空間 V の線形写像を f とする．$\boldsymbol{K}$ の元 λ に対して，V の $\boldsymbol{o}$ でない元 $\boldsymbol{x}$ が存在して，

$$f(\boldsymbol{x}) = \lambda \boldsymbol{x}$$

が成り立つとき，$\boldsymbol{x}$ を**固有ベクトル**，λ をこの固有ベクトルに対する**固有値**という．

さらに，固有ベクトル全部と $\boldsymbol{o}$ を合わせた集合

$$W(\lambda) = \{\boldsymbol{x} \mid f(\boldsymbol{x}) = \lambda \boldsymbol{x}\}$$

を固有値 λ に属する固有空間という．

f の表現行列を $A = (a_{ij})$ とすると，この定義に対応して，

$$A\boldsymbol{x} = \lambda \boldsymbol{x}$$

をみたす $\boldsymbol{x} \neq \boldsymbol{o}$ があるとき，$\boldsymbol{x}$ を行列 A の固有ベクトル，λ を A の固有値という．

これを成分で表すと，

$$\begin{pmatrix} a_{11} & a_{12} & \cdots & a_{1n} \\ a_{21} & a_{22} & \cdots & a_{2n} \\ & \cdots & & \\ a_{n1} & a_{n2} & \cdots & a_{nn} \end{pmatrix}\begin{pmatrix} x_1 \\ x_2 \\ \vdots \\ x_n \end{pmatrix} = \lambda\begin{pmatrix} x_1 \\ x_2 \\ \vdots \\ x_n \end{pmatrix}$$

$A\boldsymbol{x} = \lambda\boldsymbol{x}$，$\boldsymbol{x} \neq \boldsymbol{o} \Leftrightarrow (A - \lambda E)\boldsymbol{x} = \boldsymbol{o}$，$\boldsymbol{x} \neq \boldsymbol{o}$ から $(A - \lambda E)^{-1}$ は存在しない．すなわち，

$$|A - \lambda E| = 0 \quad \cdots ⊛$$

$|A - \lambda E|$ を A の**固有多項式**（または特性多項式）という．λ の n 次方程式 $|A - \lambda E| = 0$ を A の**固有方程式**という．A の固有値 λ を求めるには固有方程式を解けばよい．

固有ベクトル $\boldsymbol{x}$ は

$$(A - \lambda E)\begin{pmatrix} x_1 \\ x_2 \\ \vdots \\ x_n \end{pmatrix} = \boldsymbol{o} \Leftrightarrow \begin{cases} (a_{11} - \lambda)x_1 + a_{12}x_2 + \cdots + a_{1n}x_n = 0 \\ a_{21}x_1 + (a_{22} - \lambda)x_2 + \cdots + a_{2n}x_n = 0 \\ \quad\cdots\cdots \\ a_{n1}x_1 + a_{n2}x_2 + \cdots + (a_{nn} - \lambda)x_n = 0 \end{cases}$$

より，連立1次同次方程式の自明でない解を求めることになる．

例　$A = \begin{pmatrix} 0 & 1 \\ -1 & 0 \end{pmatrix}$ の固有値は $\begin{vmatrix} -\lambda & 1 \\ -1 & -\lambda \end{vmatrix} = \lambda^2 + 1 = 0$ より $\lambda = \pm i$.

対応する固有ベクトルは，$\lambda = i$ のとき $\begin{pmatrix} 1 \\ i \end{pmatrix}$，$\lambda = -i$ のとき $\begin{pmatrix} 1 \\ -i \end{pmatrix}$

この 例 のように，実数を成分とする行列であっても，固有値や固有ベクトルが実数の範囲で存在しないことがある．しかし，複素数の範囲で考えれば必ず固有値と固有ベクトルをもつ．

λ が行列 A の固有値であるための条件は，次のようにまとめられる．

> 定理 1
>
> λ が行列 A の固有値 $\Leftrightarrow |A - \lambda E| = 0$

λ を複素数の範囲で考えると，A の固有値 λ は重解も含めて n 個ある．また，A が実行列で，その固有値が実数ならば，固有ベクトルの成分はすべて実数であり，虚数の固有値に属する固有ベクトルは必ず虚数の成分をもっている．

(2) 固有値の図形的な把握

$A = \begin{pmatrix} 1 & 4 \\ 1 & -2 \end{pmatrix}$ の固有値は $\begin{vmatrix} 1-\lambda & 4 \\ 1 & -2-\lambda \end{vmatrix} = \lambda^2 + \lambda - 6 = 0$ から $\lambda_1 = 2$, $\lambda_2 = -3$. このときの固有ベクトルの 1 つは $\boldsymbol{x}_1 = \begin{pmatrix} 4 \\ 1 \end{pmatrix}$, $\boldsymbol{x}_2 = \begin{pmatrix} -1 \\ 1 \end{pmatrix}$ で $P = \begin{pmatrix} 4 & -1 \\ 1 & 1 \end{pmatrix}$ とおくと, $P^{-1}AP = \begin{pmatrix} 2 & 0 \\ 0 & -3 \end{pmatrix}$ となる（p. 16 参照）. これを図形的に把握するとどうなるか？

固有ベクトル $\boldsymbol{x}_1$, $\boldsymbol{x}_2$ について,

$$\boxed{A\boldsymbol{x}_1 = 2\boldsymbol{x}_1,\ A\boldsymbol{x}_2 = -3\boldsymbol{x}_2}$$

であり, A の表す 1 次変換は, $\boldsymbol{x}_1$ 方向に 2 倍, $\boldsymbol{x}_2$ 方向は反対の向きに 3 倍の拡大である.

例えば, 平面上のベクトル $\boldsymbol{x} = \boldsymbol{x}_1 + \boldsymbol{x}_2$ は, A に表す 1 次変換によって,

$$A\boldsymbol{x} = 2\boldsymbol{x}_1 - 3\boldsymbol{x}_2 = \begin{pmatrix} 11 \\ -1 \end{pmatrix} \text{ に移される.}$$

このように行列の対角化によって, 1 次変換の様子が明らかになる. これを図で表すと次のようになる.

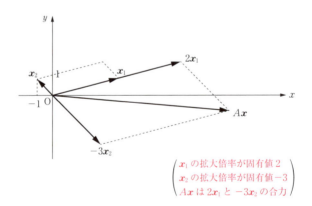

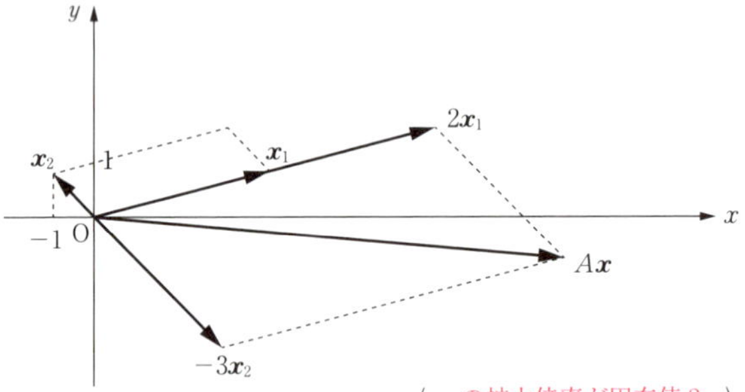

（$\boldsymbol{x}_1$ の拡大倍率が固有値 2
$\boldsymbol{x}_2$ の拡大倍率が固有値 −3
$A\boldsymbol{x}$ は $2\boldsymbol{x}_1$ と $-3\boldsymbol{x}_2$ の合力）

この例の性質は, n 次の正方行列 A に関しても同様に成り立つ. すなわち, 各々の固有ベクトル $\boldsymbol{x}_j$ に対しては

$$A\boldsymbol{x}_j = \lambda_j \boldsymbol{x}_j$$

であるから, A が表す 1 次変換は, $\boldsymbol{x}_j$ 方向に λ_j 倍の伸縮になっている.

❷ 最小多項式

x の多項式 $f(x) = a_0x^n + a_1x^{n-1} + \cdots + a_n$ において，x の代りに行列 A をおき，定数項 a_n の代りに a_nE をおいた行列 A の多項式を
$f(A) = a_0A^n + a_1A^{n-1} + \cdots + a_nE$ で表す．

定理

n 次正方行列 A が与えられたとき，$f(A) = O$ となるような最低次の多項式

$$\mu(x) = x^m + a_1x^{m-1} + \cdots + a_m \quad \cdots ① \quad (\text{最高次の係数は}1)$$

とすれば $\mu(x)$ は A によって一意に決まる．

証明　$\mu_1(x) = x^m + b_1x^{m-1} + \cdots + b_m \quad (\neq \mu(x)) \quad \cdots ②$
に対して，$\mu_1(A) = 0$ となれば，①，②より

$$\mu(x) - \mu_1(x) = (a_1 - b_1)x^{m-1} + \cdots + a_m - b_m$$

は $m-1$ 次の多項式で，$\mu(A) - \mu_1(A) = \boldsymbol{o}$ となり $\mu(A) = 0$ となる最低次の次数が m であることに反する．よって，$\mu(x)$ は A によって一意に決まる．■

この $\mu(x)$ を行列 A の**最小多項式**という．ある多項式 $f(x)$ に対して

$f(A) = \boldsymbol{O}$ ならば $f(x)$ は $\mu(x)$ で割り切れる．

最小多項式の求め方を整理すると，

n 次正方行列 A の異なる固有値を $\lambda_1, \lambda_2, \cdots, \lambda_r$；固有方程式を

$$\gamma_A(x) = (x-\lambda_1)^{n_1}\cdot(x-\lambda_2)^{n_2}\cdot\cdots\cdot(x-\lambda_r)^{n_r}$$

のとき，A の最小多項式は次の形である．

《注意》$\left(\begin{array}{l} n_1, n_2, \cdots, n_r \text{ は正の整数で固有値 } \lambda_1, \lambda_2, \cdots, \lambda_r \text{ の重複度といい,} \\ n_1 + n_2 + \cdots + n_r = n = \dim V \end{array}\right)$

$$\mu_A(x) = (x-\lambda_1)^{m_1}(x-\lambda_2)^{m_2}\cdots(x-\lambda_r)^{m_r}$$

$$1 \leqq m_1 \leqq n_1, \cdots, 1 \leqq m_r \leqq n_r$$

明らかに，固有多項式 $\gamma_A(x)$ が（$\boldsymbol{C}$ において）重解をもたなければ

$$\boxed{\mu_A(x) = \gamma_A(x)}$$

である．

《注意》固有値の個数を数えるときには，重複度を込めて数えることが多い．すなわち固有値の重複度が m のとき，λ が m 個あると考える．2 次方程式の重解を 2 個と数えるのと同じである．

例

（i） $A=\begin{pmatrix}0 & -1\\ 1 & 0\end{pmatrix}$ の固有多項式は $\underline{\gamma_A(x)=x^2+1}=(x-i)(x+i)$ で，

重解をもたない．最小多項式は，$\underline{\mu_A(x)=x^2+1}$．

（ii） $A=\begin{pmatrix}a & 1\\ 0 & a\end{pmatrix}$，$B=\begin{pmatrix}a & 0\\ 0 & a\end{pmatrix}$ のとき，固有方程式は等しく，

$\underline{\gamma_A(x)=\gamma_B(x)=(x-a)^2}$

最小多項式は固有方程式の因数を 1 つ 1 つためすことによりチェックする．

・$A=\begin{pmatrix}a & 1\\ 0 & a\end{pmatrix}$ のとき，$A-aE=\begin{pmatrix}0 & 1\\ 0 & 0\end{pmatrix}\neq\boldsymbol{O}$

$(A-aE)^2=\boldsymbol{O}$ となるから $\underline{\mu_A(x)=(x-a)^2}$

・$B=\begin{pmatrix}a & 0\\ 0 & a\end{pmatrix}$ のとき，$B-aE=\boldsymbol{O}$ となるから $\underline{\mu_B(x)=(x-a)}$

❸ ケーリー・ハミルトンの定理

p. 14 で 2 次の正方行列 $A=\begin{pmatrix}a & b\\ c & d\end{pmatrix}$ について，ケーリー・ハミルトンの定理を取り扱った．それは，A の固有多項式 $\gamma_A(x)=x^2-(a+d)x+ad-bc$ に対して，x に A を代入したとき，

$$\gamma_A(A)=\underbrace{A^2-(a+d)A+(ad-bc)E}_{㋐}=\boldsymbol{O}$$

が成り立つというものであった．証明は，上式の左辺㋐を計算すれば，すぐ確かめられる．これを n 次の正方行列 A に拡張したものが，次の定理である．

> **定理** （ケーリー・ハミルトンの定理）
>
> n 次の正方行列 A の固有多項式が
>
> $$\gamma_A(x)=x^n+c_1x^{n-1}+\cdots+c_n$$
>
> のとき，x に A を代入すると，㋑
>
> $$\boldsymbol{A^n+c_1A^{n-1}+\cdots+c_nE=O}$$
>
> が成り立つ．

《注意》㋑ $\gamma_A(x)$ の定数項 c_n は c_nE に置き換える．

証明 は参考書，『齋藤正彦 線型代数学』（東京図書）p. 210 を参照．

次ページの 例 で 3 次の正方行列について示す．

ケーリー・ハミルトンの定理の系として，

> **系**
>
> 任意の n 次正方行列 A は $f(A) = \boldsymbol{O}$ をみたす多項式 $f(x)$ を必ずもつ．

がいえる．ケーリー・ハミルトンの定理は $\boldsymbol{O}$ となる多項式が必ず存在することを保証する定理といえる．

$f(A) = \boldsymbol{O}$ が成り立つことより，p. 157 の最小多項式 $\mu_A(x)$ が一意的に定まることにつながり，A の最小多項式 $\mu_A(x)$ は固有多項式 $\gamma_A(x)$ を割り切ることができる（このことからも $\mu_A(x)$ は高々 n 次の多項式であることがわかる）．

> **例**
>
> 3 次の正方行列 A の固有値を $\lambda_1, \lambda_2, \lambda_3$ とし，固有多項式を $\gamma_A(x) = (x - \lambda_1)(x - \lambda_2)(x - \lambda_3)$ とおくとき，$\gamma_A(A)$ は
>
> $$\gamma_A(A) = (A - \lambda_1 E)(A - \lambda_2 E)(A - \lambda_3 E) = \boldsymbol{O}$$
>
> となる．

証明

A は適当な正則行列 P により，$P^{-1}AP = \begin{pmatrix} \lambda_1 & y & z \\ 0 & \lambda_2 & w \\ 0 & 0 & \lambda_3 \end{pmatrix}$ …⊛と変形できる．

$(A - \lambda_1 E)(A - \lambda_2 E)(A - \lambda_3 E)$ の左側から P^{-1}，右側からP を乗じて，

$$P^{-1}(A - \lambda_1 E)(A - \lambda_2 E)(A - \lambda_3 E)P$$

$$= \underbrace{P^{-1}(A - \lambda_1 E)P}_{㋐} \cdot \underbrace{P^{-1}(A - \lambda_2 E)P}_{㋐} \cdot \underbrace{P^{-1}(A - \lambda_3 E)P}_{㋐}$$

$$= (P^{-1}AP - \lambda_1 E)(P^{-1}AP - \lambda_2 E)(P^{-1}AP - \lambda_3 E) \quad \cdots ㋑$$

$$= \underbrace{\begin{pmatrix} 0 & y & z \\ 0 & \lambda_2 - \lambda_1 & w \\ 0 & 0 & \lambda_3 - \lambda_1 \end{pmatrix} \begin{pmatrix} \lambda_1 - \lambda_2 & y & z \\ 0 & 0 & w \\ 0 & 0 & \lambda_3 - \lambda_2 \end{pmatrix} \begin{pmatrix} \lambda_1 - \lambda_3 & y & z \\ 0 & \lambda_2 - \lambda_3 & w \\ 0 & 0 & 0 \end{pmatrix}}_{㋒} = \boldsymbol{O}$$

㋐ $P^{-1}(A - \lambda_1 E)P = P^{-1}AP - \lambda_1 E$ 他の〜も同様．
㋑ ⊛の利用．
㋒ 計算すると O になる．

$\therefore \ P^{-1}(A - \lambda_1 E)(A - \lambda_2 E)(A - \lambda_3 E)P = O$

左側から P，右側から P^{-1} を乗じて，

$(A - \lambda_1 E)(A - \lambda_2 E)(A - \lambda_3 E) = P\boldsymbol{O}P^{-1} = \boldsymbol{O}$ となる．■

《注意》n 次の正方行列のケーリー・ハミルトンの定理の証明も上の 例 と同じようにしてできる．

2 対角化（問題 6-1, 2, 3, 4, 5）

❶ 対角化の定義と性質

定義

n 次の正方行列 A に対して，適当な正則行列 P によって

$$P^{-1}AP = \begin{pmatrix} \lambda_1 & & & O \\ & \lambda_2 & & \\ & & \ddots & \\ O & & & \lambda_n \end{pmatrix}$$ と対角行列にすることができるとき，

A は P で**対角化可能**であるという．

$\lambda_1, \lambda_2, \cdots, \lambda_n$ の固有ベクトルを $\boldsymbol{x}_1, \boldsymbol{x}_2, \cdots, \boldsymbol{x}_n$ とし，これを列ベクトルとして並べた行列を $P = (\boldsymbol{x}_1 \quad \boldsymbol{x}_2 \quad \cdots \quad \boldsymbol{x}_n)$ とする．固有値 $\lambda_1, \lambda_2, \cdots, \lambda_n$ が異なるとき，次のことがいえる．

定理

n 次正方行列 A の相異なる n 個の固有値 $\lambda_1, \lambda_2, \cdots, \lambda_n$ の固有ベクトル $\boldsymbol{x}_1, \boldsymbol{x}_2, \cdots, \boldsymbol{x}_n$ は 1 次独立（線形独立）である．

証明　数学的帰納法で示す．

$n = 1$ のとき，$\boldsymbol{x}_1 \neq \boldsymbol{o}$ に対して，$c_1\boldsymbol{x}_1 = \boldsymbol{o}$ とするとき，$c_1 = 0$ となり成り立つ．$n = k - 1$ のとき，成り立つと仮定する．すなわち，

$\boldsymbol{x}_1, \boldsymbol{x}_2, \cdots, \boldsymbol{x}_{k-1}$ が 1 次独立である．

$n = k$ のとき，

$\boldsymbol{x}_1, \boldsymbol{x}_2, \cdots, \boldsymbol{x}_{k-1}, \boldsymbol{x}_k$ が 1 次従属であるとすると，

$\boldsymbol{x}_k = c_1\boldsymbol{x}_1 + c_2\boldsymbol{x}_2 + \cdots + c_{k-1}\boldsymbol{x}_{k-1}$　…①　と表される．

①式に A をかけると，$A\boldsymbol{x}_i = \lambda_i\boldsymbol{x}_i$ $(i = 1, 2, \cdots, k)$ より，

$$A\boldsymbol{x}_k = c_1A\boldsymbol{x}_1 + c_2A\boldsymbol{x}_2 + \cdots + c_{k-1}A\boldsymbol{x}_{k-1}$$

$$\Leftrightarrow \quad \lambda_k\boldsymbol{x}_k = c_1\lambda_1\boldsymbol{x}_1 + c_2\lambda_2\boldsymbol{x}_2 + \cdots + c_{k-1}\lambda_{k-1}\boldsymbol{x}_{k-1} \quad \cdots②$$

①式に λ_k をかけると，

$$\lambda_k\boldsymbol{x}_k = c_1\lambda_k\boldsymbol{x}_1 + c_2\lambda_k\boldsymbol{x}_2 + \cdots + c_{k-1}\lambda_k\boldsymbol{x}_{k-1} \quad \cdots③$$

② − ③ より

$$o = c_1(\lambda_1 - \lambda_k)\boldsymbol{x}_1 + c_2(\lambda_2 - \lambda_k)\boldsymbol{x}_2 + \cdots + c_{k-1}(\lambda_{k-1} - \lambda_k)\boldsymbol{x}_{k-1}$$

仮定より $\boldsymbol{x}_1, \boldsymbol{x}_2, \cdots, \boldsymbol{x}_{k-1}$ が1次独立であることと，固有値が相異なることから，$c_1 = c_2 = \cdots = c_{k-1} = 0$ となり，①より $\boldsymbol{x}_k = \boldsymbol{o}$ となり，$\boldsymbol{x}_k$ が固有ベクトルであることに矛盾．

よって，$\boldsymbol{x}_1, \boldsymbol{x}_2, \cdots, \boldsymbol{x}_k$ は1次独立となり，$n = k$ のときも成り立ち，すべての自然数 n で成り立つ．■

上の結果から，

n 次正方行列 A が相異なる n 個の固有値 $\lambda_1, \lambda_2, \cdots, \lambda_n$ をもてば，その固有ベクトル $\boldsymbol{x}_1, \boldsymbol{x}_2, \cdots, \boldsymbol{x}_n$ は1次独立である．したがって，$\boldsymbol{K}^n$ の一組の基底として，固有ベクトルの集合 $\{\boldsymbol{x}_1, \boldsymbol{x}_2, \cdots, \boldsymbol{x}_n\}$ を考えることができる．

このとき，

$$A\boldsymbol{x}_1 = \lambda_1\boldsymbol{x}_1,\ A\boldsymbol{x}_2 = \lambda_2\boldsymbol{x}_2,\ \cdots,\ A\boldsymbol{x}_n = \lambda_n\boldsymbol{x}_n \quad \cdots ⊛$$

1次独立な固有ベクトル $\boldsymbol{x}_1, \boldsymbol{x}_2, \cdots, \boldsymbol{x}_n$ を列ベクトルで並べた行列 P を

$$P = (\boldsymbol{x}_1\ \boldsymbol{x}_2\ \boldsymbol{x}_3\ \cdots\ \boldsymbol{x}_n)$$

とおくと，P は正則行列で

$$A(\boldsymbol{x}_1\ \boldsymbol{x}_2\ \cdots\ \boldsymbol{x}_n) = (\lambda_1\boldsymbol{x}_1\ \lambda_2\boldsymbol{x}_2\ \cdots\ \lambda_n\boldsymbol{x}_n)$$

$$\Leftrightarrow A(\boldsymbol{x}_1\ \boldsymbol{x}_2\ \cdots\ \boldsymbol{x}_n) = (\boldsymbol{x}_1\ \boldsymbol{x}_2\ \cdots\ \boldsymbol{x}_n)\begin{pmatrix} \lambda_1 & & & O \\ & \lambda_2 & & \\ & & \ddots & \\ O & & & \lambda_n \end{pmatrix}$$

$$AP = P\begin{pmatrix} \lambda_1 & & & O \\ & \lambda_2 & & \\ & & \ddots & \\ O & & & \lambda_n \end{pmatrix}$$

$$\therefore\quad P^{-1}AP = \begin{pmatrix} \lambda_1 & & & O \\ & \lambda_2 & & \\ & & \ddots & \\ O & & & \lambda_n \end{pmatrix}$$

と対角化できる．

n 次正方行列 A が対角化可能である必要十分条件をまとめると次のようになる．

$\boxed{\boldsymbol{K} = \boldsymbol{C}}$ の場合，$\lambda_1, \lambda_2, \cdots, \lambda_r$ を複素正方行列 A の相異なるすべての固有値．

V_i は，λ_i に対する A の固有空間．

とするとき，

> **定理**
>
> （i）A は対角化可能で，次の形の対角行列に相似である．
>
> $$\begin{pmatrix} D_1 & & & O \\ & D_2 & & \\ & & \ddots & \\ O & & & D_r \end{pmatrix} \quad \text{ここに，} \quad D_i = \begin{pmatrix} \lambda_i & & O \\ & \ddots & \\ O & & \lambda_i \end{pmatrix} \quad (i = 1, 2, \cdots, r)$$
>
> （ii）$V = V_1 \oplus V_2 \oplus \cdots \oplus V_r$
>
> （iii）$\dim V_1 + \dim V_2 + \cdots + \dim V_r = n$
>
> （iv）固有多項式 $\gamma_A(x)$ が固有値 λ_i の重複度を $m_i (= \dim V_i)$ とすると
>
> $$\gamma_A(x) = (x - \lambda_1)^{m_1} \cdot (x - \lambda_2)^{m_2} \cdot \cdots \cdot (x - \lambda_r)^{m_r}$$

$\boxed{\boldsymbol{K} = \boldsymbol{R}}$ の場合．

A の固有値がすべて実数のとき，上の定理が適用される．A の相異なるすべての固有値 $\lambda_1, \lambda_2, \cdots, \lambda_r$ に対して $m_i = \dim V_i =$（A の固有方程式の解としての λ_i の重複度）

$$n = m_1 + m_2 + \cdots + m_r$$

ならば，A は対角化可能である．

3 対称行列の対角化（問題 6-[7], [8], [9]）

❶ 直交行列

n 次正方行列 A が $\boxed{A \cdot {}^tA = {}^tA \cdot A = E}$ …㊟ をみたす（転置行列が逆行列になっている）とき，A を直交行列といった（p. 7 参照）．

$\boldsymbol{R}^n$ の正規直交基底 $\{\boldsymbol{v}_1, \boldsymbol{v}_2, \cdots, \boldsymbol{v}_n\}$ を列ベクトル成分にもつ行列を $A = \{\boldsymbol{v}_1, \boldsymbol{v}_2, \cdots, \boldsymbol{v}_n\}$ とすると，A は㊟をみたし直交行列となる．この直交行列を表現行列にもつ線形変換

$$f : \boldsymbol{R}^n \to \boldsymbol{R}^n$$

を特に**直交変換**という．

直交変換 f においては，$\boldsymbol{R}^n$ の任意の元 $\boldsymbol{a}$，$\boldsymbol{b}$ に対して内積が保存される．

定理

(1)　$\boldsymbol{a}\cdot\boldsymbol{b} = f(\boldsymbol{a})\cdot f(\boldsymbol{b})$　　（内積の保存）

(2)　$|\boldsymbol{a}| = |f(\boldsymbol{a})|$　　（大きさの保存）

(3)　$\boldsymbol{a}$ と $\boldsymbol{b}$ のなす角と $f(\boldsymbol{a})$ と $f(\boldsymbol{b})$ のなす角が等しい（角の保存）.

証明

(1)　$f(\boldsymbol{a}) = A\boldsymbol{a}$, $f(\boldsymbol{b}) = A\boldsymbol{b}$

$$f(\boldsymbol{a})\cdot f(\boldsymbol{b}) = \underset{\text{内積}}{(A\boldsymbol{a})\cdot(A\boldsymbol{b})} = {}^t(A\boldsymbol{a})A\boldsymbol{b} \overset{{}^t(AB)={}^tB{}^tA\text{ による}}{=} {}^t\boldsymbol{a}\underset{\underset{E}{\parallel}}{{}^tAA}\boldsymbol{b} = {}^t\boldsymbol{a}\boldsymbol{b} = \underset{\text{内積}}{\boldsymbol{a}\cdot\boldsymbol{b}}$$

(2)　(1)の $\boldsymbol{b}$ に $\boldsymbol{a}$ を代入して，$\boldsymbol{a}\cdot\boldsymbol{a} = f(\boldsymbol{a})\cdot f(\boldsymbol{a})$

$$\Leftrightarrow |\boldsymbol{a}|^2 = |f(\boldsymbol{a})|^2 \qquad \therefore\ |\boldsymbol{a}| = |f(\boldsymbol{a})|$$

(3)　$\boldsymbol{a}$ と $\boldsymbol{b}$ のなす角を θ $(0 \leqq \theta \leqq \pi)$，$f(\boldsymbol{a})$ と $f(\boldsymbol{b})$ のなす角を θ' $(0 \leqq \theta' \leqq \pi)$ とおくと，

(1) より $|\boldsymbol{a}||\boldsymbol{b}|\cos\theta = |f(\boldsymbol{a})||f(\boldsymbol{b})|\cos\theta'$

(2) より $|\boldsymbol{a}| = |f(\boldsymbol{a})|$, $|\boldsymbol{b}| = |f(\boldsymbol{b})|$ より $\cos\theta = \cos\theta'$　$\therefore\ \theta = \theta'$

（直交変換 f では“大きさ”と“なす角”が保存される.）

f を $\boldsymbol{C}^n \to \boldsymbol{C}^n$ で考える.

f の表現行列 A が**ユニタリ行列**のとき，f を**ユニタリ変換**という（ユニタリ行列の定義は p. 9 参照）.

f が直交変換，ユニタリ変換である必要十分条件は f が内積を保存することであり，内積を保存する変換ということで，次のように定義してもよい.

定義

(1)　$\boldsymbol{R}^n$ の線形変換 f により内積が不変であるとき，すなわち

$$f(\boldsymbol{a})\cdot f(\boldsymbol{b}) = \boldsymbol{a}\cdot\boldsymbol{b} \qquad \boldsymbol{a} \in \boldsymbol{R}^n,\ \boldsymbol{b} \in \boldsymbol{R}^n$$

が成り立つとき，f を**直交変換**という.

(2)　$\boldsymbol{C}^n$ の線形変換 f により内積が不変であるとき，すなわち

$$f(\boldsymbol{a})\cdot f(\boldsymbol{b}) = \boldsymbol{a}\cdot\boldsymbol{b} \qquad \boldsymbol{a} \in \boldsymbol{C}^n,\ \boldsymbol{b} \in \boldsymbol{C}^n$$

が成り立つとき，f を**ユニタリ変換**という.

❷ 対称行列の対角化

実学に現れる多くの行列は対称行列になっている場合が多く，対称行列の対角化は重要である．n 次正方行列 A が ${}^tA = A$ をみたすとき，A を対称行列といった（p. 6 参照）．

対称行列は，具体的には，下に示すように対角線に関して成分が対称に並ぶ．

$$A = \begin{pmatrix} a_{11} & a_{12} & \cdots & a_{1n} \\ a_{12} & a_{22} & \cdots & a_{2n} \\ \vdots & \vdots & & \vdots \\ a_{1n} & \cdots & & a_{nn} \end{pmatrix}$$

対角線

対称行列を成分で表すと

$$a_{ij} = a_{ji}$$
$$(i, j = 1, 2, \cdots, n)$$

次の定理が成り立つ．

> **定理**
>
> 1. n 次の実対称行列の固有値はすべて実数である．
> 2. n 次の対称行列の異なる固有値に対する固有ベクトルは直交する．

証明 **問題** 6-8 p. 175

定理の 2 の性質により，n 次の実対称行列は直交行列により対角化できる．

n 次の実対称行列 A が n 個の異なる固有値 $\lambda_1, \lambda_2, \cdots, \lambda_n$ をもち，それに対応する固有ベクトルを $\boldsymbol{x}_1, \boldsymbol{x}_2, \cdots, \boldsymbol{x}_n$ とおくと，$\boldsymbol{x}_1, \boldsymbol{x}_2, \cdots \boldsymbol{x}_n$ は 1 次独立（p. 160 の定理）で，

$$A\boldsymbol{x}_1 = \lambda_1\boldsymbol{x}_1,\ \ A\boldsymbol{x}_2 = \lambda_2\boldsymbol{x}_2,\ \ \cdots,\ \ A\boldsymbol{x}_n = \lambda_n\boldsymbol{x}_n$$

とおけ，p. 161 と同様にして，

$$A(\boldsymbol{x}_1\ \boldsymbol{x}_2\ \cdots\ \boldsymbol{x}_n) = (\boldsymbol{x}_1\ \boldsymbol{x}_2\ \cdots\ \boldsymbol{x}_n)\begin{pmatrix} \lambda_1 & & & O \\ & \lambda_2 & & \\ & & \ddots & \\ O & & & \lambda_n \end{pmatrix}$$

ここで，$x_i \perp x_j\ (i \neq j)$ より $x_1, x_2, \cdots, x_n$ は互いに直交する．

よって，$|\boldsymbol{x}_1| = |\boldsymbol{x}_2| = \cdots = |\boldsymbol{x}_n| = 1$ のものをとると，固有単位ベクトル $\boldsymbol{x}_1, \boldsymbol{x}_2, \cdots, \boldsymbol{x}_n$ は $\boldsymbol{R}^n$ の一組の正規直交基底となる．このことより，次の定理が言える．

定理

A が実対称行列 ⇔ A が直交行列 P で対角化可能

❸ スペクトル分解

V の実線形空間，W をその部分空間とするとき，V の任意の元 $\boldsymbol{x}$ は，

$$\boldsymbol{x} = \boldsymbol{x}_1 + \boldsymbol{x}_2, \quad \boldsymbol{x}_1 \in W, \quad \boldsymbol{x}_2 \in W^{\perp} \quad (W^{\perp} \text{ は } W \text{ の補空間})$$

の形に一意的に表される．V の線形変換 f の表現行列 A により

$$A : \boldsymbol{x} \to \boldsymbol{x}_1$$

の変換を V の W への射影子という．

《注意》 V^2 の射影子は正射影ベクトルを作る変換を意味する．

実対称行列 A の相異なる固有値を $\lambda_1, \lambda_2, \cdots, \lambda_r$ とすれば，適当な正規直交系をとって，それへの正射影の表現行列 $A_1, A_2, \cdots, A_r$ が一意的に定まり，

$$A = \lambda_1 A_1 + \lambda_2 A_2 + \cdots + \lambda_r A_r$$

と表される．これを A のスペクトル分解という．

$$(A_1 + A_2 + \cdots + A_r = E, \quad A_i A_j = \boldsymbol{O}\ (i \neq j))$$

《注意》 W は複素線形空間で考えることもできる．

4　エルミート行列の対角化（問題 6-10, 11）

実行列において，対称行列は直交行列により対角化された．

複素行列においても同様の操作で，エルミート行列がユニタリ行列において対角化できる．

❶ エルミート行列とユニタリ行列の定義

p. 9 でその定義は述べたがここではもう少し詳しくこれらの行列について解説する．

(i) エルミート行列

$A^* = {}^t(\overline{A})$ と表したとき，$A^* = A$ となるとき，A を**エルミート行列**とよぶ．A の複素共役な行列 $\overline{A}$ を求め，それをさらに転置した ${}^t(\overline{A})$ が元の A に等しいということは，A の対角成分は実数でなければならない．さらに，この対角線に対して，対称の位置にある成分は互いに共役な複素数でなくてはならない．

例

$$A=\begin{pmatrix}1 & \sqrt{3}i & 0\\ -\sqrt{3}i & 2 & 2i\\ 0 & -2i & 3\end{pmatrix},\quad \overline{A}=\begin{pmatrix}1 & -\sqrt{3}i & 0\\ \sqrt{3}i & 2 & -2i\\ 0 & 2i & 3\end{pmatrix},\quad {}^t(\overline{A})=\begin{pmatrix}1 & \sqrt{3}i & 0\\ -\sqrt{3}i & 2 & 2i\\ 0 & -2i & 3\end{pmatrix}$$

となり，${}^t(\overline{A})=A$ が成り立つ．A はエルミート行列．

《注意》エルミート行列のすべての成分が実数である特別の場合が**対称行列**である．

（ii）ユニタリ行列

$A\cdot A^*=E$ すなわち $A^*=A^{-1}$ のとき，A を**ユニタリ行列**とよぶ．これは ${}^t(\overline{A})$ が A の逆行列 A^{-1} に等しくなることを意味する．$A=(\boldsymbol{x}_1\ \boldsymbol{x}_2\ \cdots\ \boldsymbol{x}_n)$

とすると，${}^t(\overline{A})=\begin{pmatrix}{}^t\overline{\boldsymbol{x}_1}\\ {}^t\overline{\boldsymbol{x}_2}\\ \vdots\\ {}^t\overline{\boldsymbol{x}_n}\end{pmatrix}$ であり，

$${}^t(\overline{A})\cdot A=\begin{pmatrix}{}^t\overline{\boldsymbol{x}_1}\\ {}^t\overline{\boldsymbol{x}_2}\\ \vdots\\ {}^t\overline{\boldsymbol{x}_n}\end{pmatrix}(\boldsymbol{x}_1\ \boldsymbol{x}_2\ \cdots\ \boldsymbol{x}_n)=\begin{pmatrix}{}^t\overline{\boldsymbol{x}_1}\boldsymbol{x}_1 & {}^t\overline{\boldsymbol{x}_1}\boldsymbol{x}_2 & \cdots & {}^t\overline{\boldsymbol{x}_1}\boldsymbol{x}_n\\ {}^t\overline{\boldsymbol{x}_2}\boldsymbol{x}_1 & {}^t\overline{\boldsymbol{x}_2}\boldsymbol{x}_2 & \cdots & {}^t\overline{\boldsymbol{x}_2}\boldsymbol{x}_n\\ \vdots & \vdots & & \vdots\\ {}^t\overline{\boldsymbol{x}_n}\boldsymbol{x}_1 & {}^t\overline{\boldsymbol{x}_n}\boldsymbol{x}_2 & \cdots & {}^t\overline{\boldsymbol{x}_n}\boldsymbol{x}_n\end{pmatrix}=\begin{pmatrix}1 & & & O\\ & 1 & & \\ & & \ddots & \\ O & & & 1\end{pmatrix}$$

となるとき，ユニタリ行列 A の n 個の複素ベクトル $\boldsymbol{x}_i\ (i=1,2,\cdots,n)$ は，

$${}^t\overline{\boldsymbol{x}_i}\boldsymbol{x}_i=\boldsymbol{x}_i\cdot\boldsymbol{x}_i=|\boldsymbol{x}_i|^2=1 \qquad \therefore\ |\boldsymbol{x}_i|=1 \quad (i=1,2,\cdots,n)$$

$i\neq j$ のとき，

${}^t\overline{\boldsymbol{x}_i}\boldsymbol{x}_j=\boldsymbol{x}_i\cdot\boldsymbol{x}_j=0$　$i\neq j$ のとき $\boldsymbol{x}_i$ と $\boldsymbol{x}_j$ は互いに直交する正規ベクトル．

もし A のすべての成分が実数であるならば，これは直交行列に他ならない．ユニタリ行列の特別な場合が直交行列である．

❷ エルミート行列の対角化

次の定理が成り立つ．

> 定理
>
> A が n 次のエルミート行列 $\Leftrightarrow$ A はユニタリ行列 U で対角化可能

証明　A の異なる n 個の固有値 $\lambda_1,\lambda_2,\cdots,\lambda_n$ をもつとき，それぞれに対応した大きさを1にそろえた固有ベクトルを $\boldsymbol{u}_1=\dfrac{\boldsymbol{x}_1}{|\boldsymbol{x}_1|},\boldsymbol{u}_2=\dfrac{\boldsymbol{x}_2}{|\boldsymbol{x}_2|},\cdots,\boldsymbol{u}_n=\dfrac{\boldsymbol{x}_n}{|\boldsymbol{x}_n|}$ とおくと固有方程式は，$A\boldsymbol{u}_1=\lambda_1\boldsymbol{u}_1, A\boldsymbol{u}_2=\lambda_2\boldsymbol{u}_2,\cdots,A\boldsymbol{u}_n=\lambda_n\boldsymbol{u}_n$．これを1

つにまとめて

$$A(\boldsymbol{u}_1\ \boldsymbol{u}_2\ \cdots\ \boldsymbol{u}_n)=(\lambda_1\boldsymbol{u}_1\ \lambda_2\boldsymbol{u}_2\ \cdots\ \lambda_n\boldsymbol{u}_n)=(\boldsymbol{u}_1\ \boldsymbol{u}_2\ \cdots\ \boldsymbol{u}_n)\begin{pmatrix}\lambda_1 & & & O\\ & \lambda_2 & & \\ & & \ddots & \\ O & & & \lambda_n\end{pmatrix}$$

と表せる．ここで，

$$(\boldsymbol{u}_1\ \boldsymbol{u}_2\ \cdots\ \boldsymbol{u}_n)\ \text{は}\ \boldsymbol{u}_i\cdot\boldsymbol{u}_j=\delta_{ij}=\begin{cases}1 & (i=j)\\ 0 & (i\neq j)\end{cases}$$

の性質をみたすので，これはユニタリ行列 U とおくことができる．よって，

$$A\boldsymbol{U}=\boldsymbol{U}\begin{pmatrix}\lambda_1 & & & O\\ & \lambda_2 & & \\ & & \ddots & \\ O & & & \lambda_n\end{pmatrix}$$

$$\therefore\ \boldsymbol{U}^{-1}A\boldsymbol{U}=\begin{pmatrix}\lambda_1 & & & O\\ & \lambda_2 & & \\ & & \ddots & \\ O & & & \lambda_n\end{pmatrix}$$

とエルミート行列 A はユニタリ行列 U で対角化できる．

Memo　複素数の性質を確認しておこう．

$\boldsymbol{a}=\boldsymbol{a}_1+\boldsymbol{a}_2 i$ ($\boldsymbol{a}_1, \boldsymbol{a}_2$：実数) のとき，$|a|^2=a_1^2+a_2^2$ であり，$\boldsymbol{a}\cdot\overline{\boldsymbol{a}}=(a_1+a_2i)(a_1-a_2i)=a_1^2+a_2^2$ から $|\boldsymbol{a}|^2=\boldsymbol{a}\cdot\overline{\boldsymbol{a}}$ が成り立つ．一般に n 次の複素ベクトル $\boldsymbol{x}=\begin{pmatrix}x_1\\x_2\\\vdots\\x_n\end{pmatrix}$ の大きさの 2 乗 $|\boldsymbol{x}|^2$ を次のように定義する．

$$|\boldsymbol{x}|^2=x_1\overline{x_1}+x_2\overline{x_2}+\cdots+x_n\overline{x_n}=(x_1\ x_2\ \cdots\ x_n)\begin{pmatrix}\overline{x_1}\\\overline{x_2}\\\vdots\\\overline{x_n}\end{pmatrix}={}^t\boldsymbol{x}\overline{\boldsymbol{x}}$$

$|\boldsymbol{x}|^2=\boldsymbol{x}\cdot\boldsymbol{x}$ と表せるので，公式 $\boldsymbol{x}\cdot\boldsymbol{x}={}^t\boldsymbol{x}\overline{\boldsymbol{x}}$ が導ける．

例　$\boldsymbol{x}=\begin{pmatrix}1+2i\\-i\end{pmatrix}$ のとき，$|\boldsymbol{x}|^2={}^t\boldsymbol{x}\overline{\boldsymbol{x}}=(1+2i\ \ -i)\begin{pmatrix}\overline{1+2i}\\\overline{-i}\end{pmatrix}$

$=(1+2i)(1-2i)+(-i)(i)=1+4+1=6$ となる．

問題 6-1 ▼固有多項式

(1) $A=\begin{pmatrix} b & c & a \\ c & a & b \\ a & b & c \end{pmatrix}$ の固有多項式を求めよ．

(2) $B=\begin{pmatrix} c & a & b \\ a & b & c \\ b & c & a \end{pmatrix}$, $C=\begin{pmatrix} a & b & c \\ b & c & a \\ c & a & b \end{pmatrix}$ は A と同じ固有多項式をもつことを示せ．

さらに $BC=CB$ であれば少なくとも2つの固有値は0に等しいことを示せ．

●考え方●

(1) 固有多項式 $|A-xE|=|xE-A|$ を計算しやすくするために，1列に，2列3列を足した式で考えてみよ．

(2) (1)で得られた固有多項式は a, b, c に関して対称式になっていることを活用する．

解答

(1) 固有多項式は，

$$|xE-A|=\begin{vmatrix} x-b & -c & -a \\ -c & x-a & -b \\ -a & -b & x-c \end{vmatrix}$$

$$\underset{㋐}{=}\begin{vmatrix} x-a-b-c & -c & -a \\ x-a-b-c & x-a & -b \\ x-a-b-c & -b & x-c \end{vmatrix}$$

$$=(x-a-b-c)\begin{vmatrix} 1 & -c & -a \\ 1 & x-a & -b \\ 1 & -b & x-c \end{vmatrix}_{㋑}$$

$$=(x-a-b-c)(x^2-a^2-b^2-c^2+ab+bc+ca)$$ ㋑ 答

(2) A の固有多項式は，a, b, c に関して対称式になっている．$|xE-B|$, $|xE-C|$ は $|xE-A|$ において文字 a, b, c の間に適当に置換を行ったもので ㋒，$|xE-A|$ に等しくなる．

$$\therefore\ |xE-A|=|xE-B|=|xE-C|$$

$BC=CB$ ㋓ のとき，$a^2+b^2+c^2=ab+bc+ca$ ㋓ が成り立つ．よって，(1)の固有多項式は，$x^2(x-a-b-c)$ となり A は少なくとも2つ0となる固有値をもつ．■

ポイント

㋐ 1列に2列，3列をたす．$x-a-b-c$ の共通項を作る．

㋑ サラスの方法で求める．
・余因子展開で求めてもよい．

㋒ A で $\begin{matrix} b & c & a \\ \downarrow & \downarrow & \downarrow \\ c & a & b \end{matrix}$ と置くと B に，$\begin{matrix} b & c & a \\ \downarrow & \downarrow & \downarrow \\ a & b & c \end{matrix}$ と置くと C に．

㋓ BC, CB を計算し各成分を比較する．

練習問題 6-1 解答 p. 232

次の行列の固有多項式を求めよ．

(1) $A=\begin{pmatrix} -1 & 2 & -1 \\ 2 & 3 & -3 \\ 2 & 1 & -1 \end{pmatrix}$ (2) $A=\begin{pmatrix} 2 & 1 & -1 \\ 6 & 1 & 2 \\ -2 & 1 & 2 \end{pmatrix}$

問題 6-2 ▼固有値，対角化(1)(固有値が異なる３つの実数解)

$A=\begin{pmatrix}5&2&2\\2&4&1\\-8&-6&-3\end{pmatrix}$ の固有値，固有ベクトルを求めよ．

●考え方●

固有値は固有方程式 $|A-\lambda E|=0$ の解 λ を求める．$(A-\lambda E)\cdot\boldsymbol{x}=0$ をみたす解の集合から固有ベクトルを決定する．

解答

固有方程式

$$|A-\lambda E|=\begin{vmatrix}5-\lambda&2&2\\2&4-\lambda&1\\-8&-6&-3-\lambda\end{vmatrix}$$

$$\underset{㋐}{=}-(\lambda^3-6\lambda^2+11\lambda-6)$$

$$=-(\lambda-1)(\lambda-2)(\lambda-3)=0 \text{ から}$$

固有値 $\lambda_1=1,\ \lambda_2=2,\ \lambda_3=3$ 答

ポイント

㋐ サラスの方法より．
㋑ 1行 ÷ 2，3行 ÷ −2
㋒ 2行 − 1行
　3行 − 2行 × 2
㋓ 1行 − 3行
　2行 ÷ 2
　3行 − 2行 ÷ 2

固有ベクトルは，

(i) $\lambda_1=1$ のとき，

$$A-E=\begin{pmatrix}4&2&2\\2&3&1\\-8&-6&-4\end{pmatrix}\ \text{行式変形を行うと}_{㋑}\ \begin{pmatrix}2&1&1\\2&3&1\\4&3&2\end{pmatrix}\underset{㋒}{\to}\begin{pmatrix}2&1&1\\0&2&0\\0&1&0\end{pmatrix}\underset{㋓}{\to}\begin{pmatrix}2&0&1\\0&1&0\\0&0&0\end{pmatrix}$$

$$\begin{pmatrix}2&0&1\\0&1&0\\0&0&0\end{pmatrix}\begin{pmatrix}x_1\\x_2\\x_3\end{pmatrix}=\begin{pmatrix}2x_1+x_3\\x_2\\0\end{pmatrix}=\begin{pmatrix}0\\0\\0\end{pmatrix}\quad\begin{cases}x_1=c_1\\x_3=-2c_1\\x_2=0\end{cases}$$

とおくと
固有ベクトル $c_1\begin{pmatrix}1\\0\\-2\end{pmatrix}$

$(c_1\neq 0)$ 答

(ii) $\lambda_2=2$ のとき，

$$A-2E=\begin{pmatrix}3&2&2\\2&2&1\\-8&-6&-5\end{pmatrix}\xrightarrow[\text{行式変形}]{}\begin{pmatrix}1&0&1\\0&2&-1\\0&0&0\end{pmatrix}\begin{pmatrix}x_1\\x_2\\x_3\end{pmatrix}=\begin{pmatrix}0\\0\\0\end{pmatrix}\text{ から}$$

固有ベクトル $c_1\begin{pmatrix}-2\\1\\2\end{pmatrix}$　$(c_2\neq 0)$ 答

(iii) $\lambda_3=3$ のとき，

$$A-3E=\begin{pmatrix}2&2&2\\2&1&1\\-8&-6&-6\end{pmatrix}\xrightarrow[\text{行式変形}]{}\begin{pmatrix}1&1&1\\0&1&1\\0&0&0\end{pmatrix}\begin{pmatrix}x_1\\x_2\\x_3\end{pmatrix}=\begin{pmatrix}0\\0\\0\end{pmatrix}\text{ から}$$

固有ベクトル $c_3\begin{pmatrix}0\\1\\-1\end{pmatrix}$　$(c_3\neq 0)$ 答

練習問題　6-2　解答 p. 232

問題 6-2 の A を対角化せよ．

問題 6-3 ▼固有値，対角化(2)(固有値が重解を含む)

$A=\begin{pmatrix}1 & -3 & 3\\ 3 & -5 & 3\\ 6 & -6 & 4\end{pmatrix}$ の固有値，固有ベクトルを求めよ．

●考え方●

基本的な考え方は，問題 6-2 と同じである．固有値の重複度が 2 のとき，固有空間の次元を調べる．固有空間の次元が 2 であれば，A は対角化可能である．

解答

固有多項式は，$|A-\lambda E|=\begin{vmatrix}1-\lambda & -3 & 3\\ 3 & -5-\lambda & 3\\ 6 & -6 & 4-\lambda\end{vmatrix}$

$=-\lambda^3+12\lambda+16$

固有方程式の解は，$-\lambda^3+12\lambda+16=-(\lambda^3-12\lambda-16)$

$=-(\lambda-4)(\lambda+2)^2=0$

から固有値 $\lambda_1=4$，$\lambda_2=-2$ (2 重解) 答

(i) $\lambda_1=4$ のとき，

$$A-4E=\begin{pmatrix}-3 & -3 & 3\\ 3 & -9 & 3\\ 6 & -6 & 0\end{pmatrix}\xrightarrow[\text{行式変形}]{㋐}\begin{pmatrix}1 & 1 & -1\\ 1 & -3 & 1\\ 1 & -1 & 0\end{pmatrix}\xrightarrow{㋑}\begin{pmatrix}1 & 1 & -1\\ 0 & -2 & 1\\ 0 & -2 & 1\end{pmatrix}\xrightarrow{㋒}\begin{pmatrix}1 & 1 & -1\\ 0 & -2 & 1\\ 0 & 0 & 0\end{pmatrix}$$

$\begin{pmatrix}1 & 1 & -1\\ 0 & -2 & 1\\ 0 & 0 & 0\end{pmatrix}\begin{pmatrix}x_1\\ x_2\\ x_3\end{pmatrix}=\begin{pmatrix}0\\ 0\\ 0\end{pmatrix}$，$\begin{cases}x_1+x_2-x_3=0\\ -2x_2+x_3=0\end{cases}$ となる ${}^t(x_1, x_2, x_3)$ は，$x_2=c_1$ とおくと，$x_3=2c_1$，$x_1=c_1$

固有ベクトル $\boldsymbol{p}_1=c_1{}^t(1, 1, 2)$

(ii) $\lambda_1=-2$ のとき，

$$A+2E=\begin{pmatrix}3 & -3 & 3\\ 3 & -3 & 3\\ 6 & -6 & 6\end{pmatrix}\xrightarrow[\text{行式変形}]{㋓}\begin{pmatrix}1 & -1 & 1\\ 1 & -1 & 1\\ 1 & -1 & 1\end{pmatrix}\xrightarrow{㋔}\begin{pmatrix}1 & -1 & 1\\ 0 & 0 & 0\\ 0 & 0 & 0\end{pmatrix}$$

これを用いて，$x_1-x_2+x_3=0 \Leftrightarrow x_1=x_2-x_3$，$x_2=c_2$，$x_3=c_3$ とおくと，

$x_1=c_2-c_3$　　固有ベクトルは $c_2\begin{pmatrix}1\\ 1\\ 0\end{pmatrix}+c_3\begin{pmatrix}-1\\ 0\\ 1\end{pmatrix}$ $(c_2\neq 0,\ c_3\neq 0)$

よって，固有ベクトル　$\boldsymbol{p}_1=\begin{pmatrix}1\\ 1\\ 2\end{pmatrix}$，$\boldsymbol{p}_2=\begin{pmatrix}1\\ 1\\ 0\end{pmatrix}$，$\boldsymbol{p}_3=\begin{pmatrix}-1\\ 0\\ 1\end{pmatrix}$ 答

ポイント

㋐ 1 行 ÷ (−3)，2 行 ÷ 3
　3 行 ÷ 6

㋑ (2 行 − 1 行) ÷ 2
　3 行 − 1 行

㋒ 3 行 − 2 行

㋓ 1 行 ÷ 3，2 行 ÷ 3
　3 行 ÷ 6

㋔ 2 行 + 1 行
　3 行 + 1 行

練習問題　6-3　　解答 p. 232

問題 6-3 の A を対角化せよ．

問題 6-4 ▼固有値，対角化(3)

実数 a に対して，

$$A=\begin{pmatrix} 0 & \frac{1}{2} & a \\ \frac{1}{2} & 0 & 1-a \\ \frac{1}{2} & \frac{1}{2} & 0 \end{pmatrix}$$

(1) A の固有値を求めよ．

(2) A の固有空間を求めよ．

●考え方●

問題 6-2，6-3 と同様の方法で行う．A の固有空間は a による場合分けが必要．

解答

(1)

$$|A-\lambda E|=\begin{vmatrix} -\lambda & \frac{1}{2} & a \\ \frac{1}{2} & -\lambda & 1-a \\ \frac{1}{2} & \frac{1}{2} & -\lambda \end{vmatrix} \underset{㋐}{=} \begin{vmatrix} -(\lambda+\frac{1}{2}) & \frac{1}{2} & a \\ \lambda+\frac{1}{2} & -\lambda & 1-a \\ 0 & \frac{1}{2} & -\lambda \end{vmatrix}$$

$$\underset{㋑}{=}-\left(\lambda+\frac{1}{2}\right)\begin{vmatrix} 1 & \frac{1}{2} & a \\ -1 & -\lambda & 1-a \\ 0 & \frac{1}{2} & -\lambda \end{vmatrix}$$

$$\underset{㋓}{=}-\left(\lambda+\frac{1}{2}\right)\begin{vmatrix} -\lambda+\frac{1}{2} & 1 \\ \frac{1}{2} & -\lambda \end{vmatrix}=-\left(\lambda+\frac{1}{2}\right)^2(\lambda-1)$$

$\therefore$ 固有値 $\lambda_1=1$，$\lambda_2=-\dfrac{1}{2}$ （重複度 2） 答

> **ポイント**
>
> ㋐ 1列 − 2列
>
> ㋑ 1 列から $-\left(\lambda+\dfrac{1}{2}\right)$ をくくる．
>
> ㋓ 1 行 + 2 行した後 1 行における余因子展開．

(2) ・$\lambda_1=1$ のとき，

$$A-E=\begin{pmatrix} -1 & \frac{1}{2} & a \\ \frac{1}{2} & -1 & 1-a \\ \frac{1}{2} & \frac{1}{2} & -1 \end{pmatrix} \xrightarrow{3\text{行}+1\text{行}} \begin{pmatrix} -1 & \frac{1}{2} & a \\ \frac{1}{2} & -1 & 1-a \\ -\frac{1}{2} & 1 & a-1 \end{pmatrix} \to \begin{pmatrix} -1 & \frac{1}{2} & a \\ \frac{1}{2} & -1 & 1-a \\ 0 & 0 & 0 \end{pmatrix} \to \begin{pmatrix} 1 & 0 & -\frac{2}{3}(a+1) \\ 0 & 1 & \frac{2}{3}(a-2) \\ 0 & 0 & 0 \end{pmatrix}$$

この変形により，A の固有空間は $c\begin{pmatrix} \frac{2}{3}(a+1) \\ -\frac{2}{3}(a-2) \\ 1 \end{pmatrix}$ $(c \neq 0)$ 答

・$\lambda_2=-\dfrac{1}{2}$ のとき，$A+\dfrac{1}{2}E=$

$$\xrightarrow[2\text{行}-3\text{行}]{1\text{行}-3\text{行}} \begin{pmatrix} 0 & 0 & a-\frac{1}{2} \\ 0 & 0 & \frac{1}{2}-a \\ \frac{1}{2} & \frac{1}{2} & \frac{1}{2} \end{pmatrix} \xrightarrow[\text{を入れ換え}]{1\text{行},3\text{行}\times 2} \begin{pmatrix} 1 & 1 & 1 \\ 0 & 0 & \frac{1}{2}-a \\ 0 & 0 & a-\frac{1}{2} \end{pmatrix} \xrightarrow{2\text{行}+3\text{行}} \begin{pmatrix} 1 & 1 & 1 \\ 0 & 0 & \frac{1}{2}-a \\ 0 & 0 & 0 \end{pmatrix}$$

(イ) $a=\dfrac{1}{2}$ のとき，$\begin{pmatrix} 1 & 1 & 1 \\ 0 & 0 & 0 \\ 0 & 0 & 0 \end{pmatrix}$ このとき，固有空間は，$c_1\begin{pmatrix} -1 \\ 1 \\ 0 \end{pmatrix}+c_2\begin{pmatrix} -1 \\ 0 \\ 1 \end{pmatrix}$

$(c_1 \neq 0,\ c_2 \neq 0)$ 答

(ロ) $a \neq \dfrac{1}{2}$ のとき，$\begin{pmatrix} 1 & 1 & 1 \\ 0 & 0 & 1 \\ 0 & 0 & 0 \end{pmatrix}$ このとき，固有空間は，$c\begin{pmatrix} -1 \\ 1 \\ 0 \end{pmatrix}$ $(c \neq 0)$ 答

練習問題　6-4

解答 p. 232

問題 6-4 の行列 A は対角化可能かどうか調べよ．対角化可能ならば対角化せよ．

問題 6-5 ▼固有値，対角化(4)

$A=\begin{pmatrix}3&1&0\\1&3&0\\1&1&4\end{pmatrix}$ について，

(1) A の固有値と固有空間を求めよ．

(2) A は対角化可能でないことを示せ．

●考え方●

(2) 固有値の固有空間の次元を調べることにより，対角化可能か不可能かを判定する．

解答

(1) $|A-\lambda E|=\begin{vmatrix}3-\lambda&1&0\\1&3-\lambda&0\\1&1&4-\lambda\end{vmatrix}$

$=-(\lambda-3)^2(\lambda-4)+\lambda-4$

$=-(\lambda-4)^2(\lambda-2)$

$|A-\lambda E|=0$ となる解から，$\lambda_1=2$，$\lambda_2=4$（重複度 2） 答

・$\lambda_1=2$ の固有空間は

$$A-2E=\begin{pmatrix}1&1&0\\1&1&0\\1&1&2\end{pmatrix}\xrightarrow[\text{行式変形}]{㋐}\begin{pmatrix}1&1&0\\0&0&0\\0&0&1\end{pmatrix}$$

$$\begin{pmatrix}1&1&0\\0&0&0\\0&0&1\end{pmatrix}\begin{pmatrix}x_1\\x_2\\x_3\end{pmatrix}=\begin{pmatrix}x_1+x_2\\0\\x_3\end{pmatrix}=\begin{pmatrix}0\\0\\0\end{pmatrix}$$

$x_1=c$ とおくと $x_2=-c$，固有空間は $c\begin{pmatrix}1\\-1\\0\end{pmatrix}$ ㋑

（c：任意定数） 答

・$\lambda_2=4$ の固有空間は

$$\lambda-4E=\begin{pmatrix}-1&1&0\\1&-1&0\\1&1&0\end{pmatrix}\xrightarrow[\text{行式変形}]{㋒}\begin{pmatrix}-1&1&0\\0&0&0\\0&1&0\end{pmatrix}$$

$$\begin{pmatrix}-1&1&0\\0&0&0\\0&1&0\end{pmatrix}\begin{pmatrix}x_1\\x_2\\x_3\end{pmatrix}=\begin{pmatrix}-x_1+x_2\\0\\x_2\end{pmatrix}=\begin{pmatrix}0\\0\\0\end{pmatrix}$$

$x_1=x_2=0$，固有空間は $c\begin{pmatrix}0\\0\\1\end{pmatrix}$

（c：任意定数） 答

(2) 固有値 2 と 4 の固有空間の次元は，それぞれ 1．よって合わせて 2 次元で，対角化する行列を作ることができない．よって，対角化不可能．

ポイント

㋐ 2 行 − 1 行
（3 行 − 1 行）÷ 2

㋑ 固有空間は c が任意の実数で構成される．$x_1+x_2=0$ の直線上の点を意味する．

㋒ 2 行 + 1 行
（3 行 + 1 行）÷ 2

練習問題 6-5 解答 p. 233

次の行列は対角化可能か判定せよ．　$A=\begin{pmatrix}2&-1&-1\\6&-4&2\\-2&2&-4\end{pmatrix}$

問題 6-6 ▼直交変換

線形変換 $f: \boldsymbol{R}^2 \to \boldsymbol{R}^2$　$f\begin{pmatrix} x \\ y \end{pmatrix} = \dfrac{1}{\sqrt{2}}\begin{pmatrix} x-y \\ x+y \end{pmatrix}\left(\begin{pmatrix} x \\ y \end{pmatrix} \in \boldsymbol{R}^2\right)$

について，次の問に答えよ．

(1) f が直交変換になることを示せ．

(2) f により内積は保存されることを示せ．

●考え方●

(1) f に対応する行列を A とすると $A = \begin{pmatrix} \frac{1}{\sqrt{2}} & -\frac{1}{\sqrt{2}} \\ \frac{1}{\sqrt{2}} & \frac{1}{\sqrt{2}} \end{pmatrix}$． f が直交変換である必要十分条件は，A の列ベクトルが $\boldsymbol{R}^2$ の正規直交基底になればよい．

解答

(1) f に対応する行列を A とすると $A = \begin{pmatrix} \frac{1}{\sqrt{2}} & -\frac{1}{\sqrt{2}} \\ \frac{1}{\sqrt{2}} & \frac{1}{\sqrt{2}} \end{pmatrix}$ ㋐

A の列ベクトルを $\boldsymbol{a}_1 = \begin{pmatrix} \frac{1}{\sqrt{2}} \\ \frac{1}{\sqrt{2}} \end{pmatrix}$，$\boldsymbol{a}_2 = \begin{pmatrix} -\frac{1}{\sqrt{2}} \\ \frac{1}{\sqrt{2}} \end{pmatrix}$ とすると，

$|\boldsymbol{a}_1| = 1$ かつ $|\boldsymbol{a}_2| = 1$，$\boldsymbol{a}_1 \cdot \boldsymbol{a}_2 = \left(\frac{1}{\sqrt{2}}\right)\left(-\frac{1}{\sqrt{2}}\right) + \left(\frac{1}{\sqrt{2}}\right)\left(\frac{1}{\sqrt{2}}\right)$ $= 0$ ㋑ よって，$\boldsymbol{a}_1, \boldsymbol{a}_2$ は $\boldsymbol{R}^2$ の正規直交基底である．

$\therefore$ f は直交変換　■

ポイント

㋐ $A = \begin{pmatrix} \cos\frac{\pi}{4} & -\sin\frac{\pi}{4} \\ \sin\frac{\pi}{4} & \cos\frac{\pi}{4} \end{pmatrix}$ である．これは原点のまわりの $\frac{\pi}{4}$ 回転を表す．回転により大きさとなす角は保存されることより，内積は保存される．

㋑ $\boldsymbol{a}_1, \boldsymbol{a}_2$ は直交し，大きさがともに1であることより，$\boldsymbol{a}_1, \boldsymbol{a}_2$ は正規直交基底．

（別解）　${}^tA \cdot A = \begin{pmatrix} \frac{1}{\sqrt{2}} & \frac{1}{\sqrt{2}} \\ -\frac{1}{\sqrt{2}} & \frac{1}{\sqrt{2}} \end{pmatrix}\begin{pmatrix} \frac{1}{\sqrt{2}} & -\frac{1}{\sqrt{2}} \\ \frac{1}{\sqrt{2}} & \frac{1}{\sqrt{2}} \end{pmatrix} = \begin{pmatrix} 1 & 0 \\ 0 & 1 \end{pmatrix} = E$　　$\therefore$ f は直交変換

(2) $\boldsymbol{x}_1 = \begin{pmatrix} p \\ q \end{pmatrix}$，$\boldsymbol{x}_2 = \begin{pmatrix} r \\ s \end{pmatrix} \in \boldsymbol{R}^2$ とおくと，

$$\begin{aligned} f(\boldsymbol{x}_1)\cdot f(\boldsymbol{x}_2) &= \left\{\frac{1}{\sqrt{2}}\begin{pmatrix} p-q \\ p+q \end{pmatrix}\right\}\cdot\left\{\frac{1}{\sqrt{2}}\begin{pmatrix} r-s \\ r+s \end{pmatrix}\right\} \\ &= \frac{1}{2}\{(p-q)(r-s)+(p+q)(r+s)\} \\ &= \frac{1}{2}\{pr-ps-qr+qs+pr+ps+qr+qs\} \\ &= pr+qs = \boldsymbol{x}_1\cdot\boldsymbol{x}_2 \end{aligned}$$

$\therefore$ $f(\boldsymbol{x}_1)\cdot f(\boldsymbol{x}_2) = \boldsymbol{x}_1\cdot\boldsymbol{x}_2$ となり f は内積を保存する．

練習問題　6-6　解答 p. 233

$\boldsymbol{R}^3$ の線形変換　$f\begin{pmatrix} x \\ y \\ z \end{pmatrix} = \begin{pmatrix} a(x-\sqrt{2}y+\sqrt{3}z) \\ b(2x+\sqrt{2}y) \\ c(-x+\sqrt{2}y+\sqrt{3}z) \end{pmatrix}$

が直交変換になるように正の定数 a, b, c を求めよ．

問題 6-7 ▼ユニタリ変換

線形変換

$$f : \boldsymbol{C}^2 \to \boldsymbol{C}^2 \quad f\begin{pmatrix} x \\ y \end{pmatrix} = \frac{1}{\sqrt{2}}\begin{pmatrix} i(x-y) \\ x+y \end{pmatrix} \quad \left(\begin{pmatrix} x \\ y \end{pmatrix} \in \boldsymbol{C}^2\right)$$

について次の問に答えよ．

(1) f がユニタリ変換になることを示せ．

(2) f により内積は保存されることを示せ．

●考え方●

f に対応する行列を A とすると，$A = \frac{1}{\sqrt{2}}\begin{pmatrix} i & -i \\ 1 & 1 \end{pmatrix}$

$A \cdot A^* = E$ が成り立つとき，A はユニタリ行列で f はユニタリ変換．

解答

(1) f に対応する行列を A とすると，$A = \frac{1}{\sqrt{2}}\begin{pmatrix} i & -i \\ 1 & 1 \end{pmatrix}$

$$A^* = \frac{1}{\sqrt{2}}\begin{pmatrix} -i & 1 \\ i & 1 \end{pmatrix} \text{㋐}$$

$$A \cdot A^* = \frac{1}{2}\begin{pmatrix} i & -i \\ 1 & 1 \end{pmatrix}\begin{pmatrix} -i & 1 \\ i & 1 \end{pmatrix} = \frac{1}{2}\begin{pmatrix} 2 & 0 \\ 0 & 2 \end{pmatrix} = E$$

A はユニタリ行列となる． $\therefore$ f はユニタリ変換

(2) $\boldsymbol{x}_1 = \begin{pmatrix} p \\ q \end{pmatrix}$, $\boldsymbol{x}_2 = \begin{pmatrix} r \\ s \end{pmatrix} \in \boldsymbol{C}^2$ について，

$$f(\boldsymbol{x}_1) \cdot f(\boldsymbol{x}_2) = \left(\frac{1}{\sqrt{2}}\begin{pmatrix} i(p-q) \\ p+q \end{pmatrix}\right) \cdot \left(\frac{1}{\sqrt{2}}\begin{pmatrix} i(r-s) \\ r+s \end{pmatrix}\right)$$

$$= \frac{1}{2}\{i(p-q) \cdot \overline{i(r-s)} + (p+q)(\overline{r+s})\} \text{㋑}$$

$$= \frac{1}{2}\{(p-q)(\bar{r}-\bar{s}) + (p+q)(\bar{r}+\bar{s})\}$$

$$= \frac{1}{2}\{p\bar{r} - p\bar{s} - q\bar{r} + q\bar{s} + p\bar{r} + p\bar{s} + q\bar{r} + q\bar{s}\}$$

$$= p\bar{r} + q\bar{s} = \boldsymbol{x}_1 \cdot \boldsymbol{x}_2$$

$\therefore$ $f(\boldsymbol{x}_1) \cdot f(\boldsymbol{x}_2) = \boldsymbol{x}_1 \cdot \boldsymbol{x}_2$ となり f は内積を保存する．

ポイント

㋐ $A^* = {}^t(\overline{A}) = \frac{1}{\sqrt{2}}\begin{pmatrix} \bar{i} & 1 \\ \overline{-i} & 1 \end{pmatrix} = \frac{1}{\sqrt{2}}\begin{pmatrix} -i & 1 \\ i & 1 \end{pmatrix}$

㋑ 内積の定義．

$\boldsymbol{a} = (a_1, a_2, \cdots, a_n)$

$\boldsymbol{b} = (b_1, b_2, \cdots, b_n)$

$\boldsymbol{a} \cdot \boldsymbol{b} = a_1\overline{b_1} + a_2\overline{b_2} + \cdots + a_n\overline{b_n}$

練習問題 6-7

解答 p. 233

線形変換 $f : \boldsymbol{C}^2 \to \boldsymbol{C}^2$ を表す行列を A とすると，

$f\begin{pmatrix} x \\ y \end{pmatrix} = \frac{1}{\sqrt{26}}\begin{pmatrix} 1 & a+bi \\ -a+bi & 1 \end{pmatrix}\begin{pmatrix} x \\ y \end{pmatrix}$ $\left(\begin{pmatrix} x \\ y \end{pmatrix} \in \boldsymbol{C}^2\right)$ がユニタリ変換となるように正の整数 a, b を求めよ．

問題 6-8 ▼実対称行列の性質

n 次の実対称行列 A について，次の性質が成り立つことを示せ．

(1) 固有値はすべて実数である．

(2) 異なる固有値に対する固有ベクトルは直交する．

●考え方●

(1) 固有値を $\lambda \in \boldsymbol{C}$ として考え，λ が実数になることをいう．λ に関する固有ベクトルを $\boldsymbol{x}$ とすると $A\boldsymbol{x} = \lambda\boldsymbol{x}$．$\lambda\boldsymbol{x}\cdot\boldsymbol{x}$ を変形してみよ．(2) $A\boldsymbol{x}_i = \lambda_i\boldsymbol{x}_i$，$A\boldsymbol{x}_j = \lambda_j\boldsymbol{x}_j$ をみたす $\boldsymbol{x}_i, \boldsymbol{x}_j$ に対して $\lambda_i(\boldsymbol{x}_i\cdot\boldsymbol{x}_j)$ を変形してみよ．

解答

(1) $\lambda \in \boldsymbol{C}$

$$\lambda\boldsymbol{x}\cdot\boldsymbol{x} = \underbrace{A\boldsymbol{x}\cdot\boldsymbol{x} = {}^t(A\boldsymbol{x})\overline{\boldsymbol{x}}}_{㋐} = {}^t\boldsymbol{x}\underbrace{{}^tA}_{㋑}\overline{\boldsymbol{x}} = {}^t\boldsymbol{x}A\overline{\boldsymbol{x}}$$

$$= {}^t\boldsymbol{x}\underbrace{\overline{A\boldsymbol{x}}}_{㋑} = {}^t\boldsymbol{x}\overline{\lambda\boldsymbol{x}} = \overline{\lambda}\,\underbrace{{}^t\boldsymbol{x}\boldsymbol{x}}_{㋐} = \overline{\lambda}\,\underbrace{\boldsymbol{x}\cdot\boldsymbol{x}}_{㋐}$$

$$\therefore\ \underbrace{(\lambda - \overline{\lambda})\boldsymbol{x}\cdot\boldsymbol{x} = 0}_{㋒}$$

$\boldsymbol{x}$ は固有ベクトルであるから $\boldsymbol{x} \neq \boldsymbol{o}$　$\therefore\ \lambda = \overline{\lambda}$

よって固有値 λ は実数である．

(2) $\lambda_1 \neq \lambda_2$ で λ_1 に関する固有ベクトルを $\boldsymbol{x}_1$，λ_2 に関する固有ベクトルを $\boldsymbol{x}_2$ とすると，

$$A\boldsymbol{x}_1 = \lambda_1\boldsymbol{x}_1 \quad \cdots①\qquad A\boldsymbol{x}_2 = \lambda_2\boldsymbol{x}_2 \quad \cdots②$$

①の両辺を転置すると，${}^tA = A$ であるから

$${}^t\boldsymbol{x}_1{}^tA = \lambda_1{}^t\boldsymbol{x}_1 \Leftrightarrow {}^t\boldsymbol{x}_1A = \lambda_1{}^t\boldsymbol{x}_1$$

ここで，右側から $\boldsymbol{x}_2$ を乗じると，

$${}^t\boldsymbol{x}_1\underbrace{A\boldsymbol{x}_2}_{㋓} = \lambda_1{}^t\boldsymbol{x}_1\boldsymbol{x}_2 \Leftrightarrow {}^t\boldsymbol{x}_1\underbrace{\lambda_2\boldsymbol{x}_2}_{㋓} = \lambda_1{}^t\boldsymbol{x}_1\boldsymbol{x}_2$$

$$\Leftrightarrow \lambda_2{}^t\boldsymbol{x}_1\boldsymbol{x}_2 = \lambda_1{}^t\boldsymbol{x}_1\boldsymbol{x}_2$$

$$\Leftrightarrow \underbrace{(\lambda_2 - \lambda_1){}^t\boldsymbol{x}_1\boldsymbol{x}_2 = 0}_{㋔}$$

$$\therefore\ {}^t\boldsymbol{x}_1\boldsymbol{x}_2 = \boldsymbol{x}_1\cdot\boldsymbol{x}_2 = 0$$

$$\therefore\ \boldsymbol{x}_1 \perp \boldsymbol{x}_2 \quad ■$$

ポイント

㋐ $\boldsymbol{a}\cdot\boldsymbol{b} = {}^t\boldsymbol{a}\overline{\boldsymbol{b}}$

㋑ A は実対称行列より，
${}^tA = A$
$\overline{A} = A$

㋒ $\boldsymbol{x} \neq \boldsymbol{0}$ より
$\lambda - \overline{\lambda} = 0$

㋓ ②より．

㋔ $\lambda_1 \neq \lambda_2$ より．

練習問題　6-8

解答 p. 233

$A = \begin{pmatrix} 1 & 0 & 1 \\ 0 & 1 & 1 \\ 1 & 1 & 0 \end{pmatrix}$ の固有ベクトルは互いに直交することを確かめよ．

問題 6-9 ▼対称行列の対角化

$A=\begin{pmatrix}2&1&1\\1&2&1\\1&1&2\end{pmatrix}$ を直交行列によって対角化せよ．

●考え方●

固有値，固有ベクトルを求め，単位ベクトルに変換し直交行列を作る．

解答

固有多項式は，

$$|A-\lambda E|=\begin{vmatrix}2-\lambda&1&1\\1&2-\lambda&1\\1&1&2-\lambda\end{vmatrix}$$
$$=-(\lambda^3-6\lambda^2+9\lambda-4)$$
$$=-(\lambda-1)^2(\lambda-4)$$

・$\lambda_1=1$ の固有空間 W_1 ㋐は，

$$A-E=\begin{pmatrix}1&1&1\\1&1&1\\1&1&1\end{pmatrix}\xrightarrow{㋑}\begin{pmatrix}1&1&1\\0&0&0\\0&0&0\end{pmatrix}$$

から，$W_1=\left\{\begin{pmatrix}x_1\\x_2\\x_3\end{pmatrix}\middle|\ x_1+x_2+x_3=0\ \cdots①\right\}$

W_1 の正規直交基底として，

$$\boldsymbol{p}_1㋒={}^t\left(\frac{1}{\sqrt{2}},-\frac{1}{\sqrt{2}},0\right),\quad \boldsymbol{p}_2㋓={}^t\left(\frac{1}{\sqrt{6}},\frac{1}{\sqrt{6}},-\frac{2}{\sqrt{6}}\right)$$

が取れる．

・$\lambda_2=4$ の固有空間 W_2 は，$A\boldsymbol{x}=4\boldsymbol{x}$ を解いて，

$$A-4E=\begin{pmatrix}-2&1&1\\1&-2&1\\1&1&-2\end{pmatrix}\to\begin{pmatrix}1&0&-1\\0&-1&1\\0&0&0\end{pmatrix}$$ から，$W_2=\left\{\begin{pmatrix}x_1\\x_2\\x_3\end{pmatrix}\middle|\ x_1=x_2=x_3\right\}$㋔

よって，W_2 の正規直交基底として，$\boldsymbol{p}_3={}^t\left(\frac{1}{\sqrt{3}},\frac{1}{\sqrt{3}},\frac{1}{\sqrt{3}}\right)$

$$p=(\boldsymbol{p}_1\boldsymbol{p}_2\boldsymbol{p}_3)=\begin{pmatrix}\frac{1}{\sqrt{2}}&\frac{1}{\sqrt{6}}&\frac{1}{\sqrt{3}}\\-\frac{1}{\sqrt{2}}&\frac{1}{\sqrt{6}}&\frac{1}{\sqrt{3}}\\0&-\frac{2}{\sqrt{6}}&\frac{1}{\sqrt{3}}\end{pmatrix}$$ とおくと，$P^{-1}AP=\begin{pmatrix}1&0&0\\0&1&0\\0&0&4\end{pmatrix}$ 答

ポイント

㋐ $A\boldsymbol{x}=\boldsymbol{x}$ を解く．

㋑ 2行 − 1行，3行 − 1行

㋒ $x_3=0$，$x_1=-x_2$
固有ベクトルの1つは ${}^t(1,-1,0)$ と選べ大きさは $\sqrt{2}$．

㋓ $\boldsymbol{p}_2$ は①をみたし，かつ $\boldsymbol{p}_1\cdot\boldsymbol{p}_2=0$ をみたすように (x_1,x_2,x_3) を定める．
$\begin{cases}x_1-x_2=0\\x_1+x_2+x_3=0\end{cases}$
$\Leftrightarrow\ x_3=-2x_1$
$x_1=1$ とおくと固有ベクトルの1つは $(1,1,-2)$ と選べる．ベクトルの大きさは $\sqrt{6}$．
$\therefore\ \boldsymbol{p}_2={}^t\left(\frac{1}{\sqrt{6}},\frac{1}{\sqrt{6}},-\frac{2}{\sqrt{6}}\right)$

㋔ 固有ベクトルの1つは，${}^t(1,1,1)$ 大きさは $\sqrt{3}$．

練習問題 6-9 解答 p. 234

対称行列 $A=\begin{pmatrix}2&0&1\\0&3&0\\1&0&2\end{pmatrix}$ を直交行列により対角化せよ．

問題 6-⑩ ▼エルミート行列の対角化(1)

エルミート行列 $A=\begin{pmatrix}-1 & \sqrt{3}-i \\ \sqrt{3}+i & 2\end{pmatrix}$ をユニタリ行列を用いて対角化せよ.

●考え方●

対称行列の対角化と同様に行えばよい.

解答

$$|A-\lambda E|=\begin{vmatrix}-1-\lambda & \sqrt{3}-i \\ \sqrt{3}+i & 2-\lambda\end{vmatrix}$$

$$=(\lambda-2)(\lambda+1)-4=(\lambda-3)(\lambda+2)$$

固有値は $\lambda_1=3$, $\lambda_2=-2$

・$\lambda_1=3$ のとき，固有空間 W_1 は

$$A-3E=\begin{pmatrix}-4 & \sqrt{3}-i \\ \sqrt{3}+i & -1\end{pmatrix}\xrightarrow[㋐]{}\begin{pmatrix}4 & -\sqrt{3}+i \\ 0 & 0\end{pmatrix}$$

から，$W_1=\left\{\begin{pmatrix}x_1 \\ x_2\end{pmatrix}\middle| 4x_1+(-\sqrt{3}+i)x_2=0\right\}$ となる.

W_1 の正規直交基底として，$\boldsymbol{p}_1=\dfrac{1}{\sqrt{5}}\begin{pmatrix}1 \\ \sqrt{3}+i\end{pmatrix}$ ㋑ が取れる.

・$\lambda_2=-2$ のとき，固有空間 W_2 は

$$A+2E=\begin{pmatrix}1 & \sqrt{3}-i \\ \sqrt{3}+i & 4\end{pmatrix}\xrightarrow[㋒]{}\begin{pmatrix}1 & \sqrt{3}-i \\ 0 & 0\end{pmatrix}$$

から，$W_2=\left\{\begin{pmatrix}x_1 \\ x_2\end{pmatrix}\middle| x_1+(\sqrt{3}-i)x_2=0\right\}$ となる. W_2 の正規直交基底として，

$\boldsymbol{p}_2=\dfrac{1}{\sqrt{5}}\begin{pmatrix}\sqrt{3}-i \\ -1\end{pmatrix}$ ㋓ が取れる.

$\boldsymbol{U}=(\boldsymbol{p}_1\ \ \boldsymbol{p}_2)$ ㋔ $=\dfrac{1}{\sqrt{5}}\begin{pmatrix}1 & \sqrt{3}-i \\ \sqrt{3}+i & -1\end{pmatrix}$ とおくと，

$$\boldsymbol{U}^{-1}A\boldsymbol{U}=\begin{pmatrix}3 & 0 \\ 0 & -2\end{pmatrix}$$ 答

ポイント

㋐ 1行 × (-1)
2行 × $(\sqrt{3}-i)$
$\begin{pmatrix}4 & -\sqrt{3}+i \\ 4 & -\sqrt{3}+i\end{pmatrix}$
$\to\begin{pmatrix}4 & -\sqrt{3}+i \\ 0 & 0\end{pmatrix}$

㋑ $\boldsymbol{a}_1={}^t(1,\sqrt{3}+i)$ は W_1 の基底.
$|\boldsymbol{a}_1|=\sqrt{1\cdot\bar{1}+(\sqrt{3}+i)(\sqrt{3}-i)}$ $=\sqrt{5}$ より $\boldsymbol{p}_1$ を得る.

㋒ 2行 − 1行 × $(\sqrt{3}+i)$

㋓ $\boldsymbol{a}_2={}^t(\sqrt{3}-i,-1)$ は W_2 の基底. $|\boldsymbol{a}_2|=\sqrt{5}$ より $\boldsymbol{p}_2$ を得る.

㋔ $\boldsymbol{U}$ はユニタリ行列
$\boldsymbol{p}_1\cdot\boldsymbol{p}_2=0$
$|\boldsymbol{p}_1|=1$, $|\boldsymbol{p}_2|=1$

練習問題　6-10　解答 p. 234

$A=\begin{pmatrix}3-2i & -i \\ i & 3-2i\end{pmatrix}$ を対角化せよ.

問題 6-11 ▼エルミート行列の対角化(2)

エルミート行列 $A=\begin{pmatrix} 4 & \sqrt{2}i & 1 \\ -\sqrt{2}i & 5 & -\sqrt{2}i \\ 1 & \sqrt{2}i & 4 \end{pmatrix}$

をユニタリ行列によって対角化せよ.

●考え方●

解答の方針は，前問と同様である.

解答

$$|A-\lambda E|=\begin{vmatrix} 4-\lambda & \sqrt{2}i & 1 \\ -\sqrt{2}i & 5-\lambda & -\sqrt{2}i \\ 1 & \sqrt{2}i & 4-\lambda \end{vmatrix}$$
$$=-(\lambda-4)^2(\lambda-5)+5\lambda-17$$
$$=-(\lambda^3-13\lambda^2-51\lambda-63)$$
$$=-(\lambda-3)^2(\lambda-7)$$

A の固有値は 3（重複度 2），7

・$\lambda_1=3$ のとき，固有空間 W_1 は，

$$A-3E=\begin{pmatrix} 1 & \sqrt{2}i & 1 \\ -\sqrt{2}i & 2 & -\sqrt{2}i \\ 1 & \sqrt{2}i & 1 \end{pmatrix}\xrightarrow{㋐}\begin{pmatrix} 1 & \sqrt{2}i & 1 \\ 0 & 0 & 0 \\ 0 & 0 & 0 \end{pmatrix}㋑$$

$$W_1=\left\{\begin{pmatrix} x_1 \\ x_2 \\ x_3 \end{pmatrix}\middle| x_1+\sqrt{2}ix_2+x_3=0\right\}$$ となる.

W_1 の正規直交規定として，$\boldsymbol{p}_1={}^t\left(\frac{1}{\sqrt{2}},0,-\frac{1}{\sqrt{2}}\right)$，$\boldsymbol{p}_2={}^t\left(\frac{1}{2},\frac{\sqrt{2}}{2}i,\frac{1}{2}\right)$ ㋒ が取れる.

・$\lambda_2=7$ のとき，固有空間 W_2 は，

$$A-7E=\begin{pmatrix} -3 & \sqrt{2}i & 1 \\ -\sqrt{2}i & -2 & -\sqrt{2}i \\ 1 & \sqrt{2}i & -3 \end{pmatrix}\xrightarrow{㋓}\begin{pmatrix} 1 & -\sqrt{2}i & 1 \\ 0 & 0 & 0 \\ 1 & 0 & -1 \end{pmatrix}\quad W_2=\left\{\begin{pmatrix} x_1 \\ x_2 \\ x_3 \end{pmatrix}\middle| \begin{matrix} x_1-\sqrt{2}ix_2+x_3=0 \\ x_1-x_3=0 \end{matrix}\right\}$$

となる. W_2 の正規直交基底として，$\boldsymbol{p}_3={}^t\left(\frac{1}{2},-\frac{\sqrt{2}}{2}i,\frac{1}{2}\right)$ が取れる.

$$\boldsymbol{U}=(\boldsymbol{p}_1\ \boldsymbol{p}_2\ \boldsymbol{p}_3)=\begin{pmatrix} \frac{1}{\sqrt{2}} & \frac{1}{\sqrt{2}} & \frac{1}{2} \\ 0 & \frac{\sqrt{2}}{2}i & -\frac{\sqrt{2}}{2}i \\ -\frac{1}{\sqrt{2}} & \frac{1}{2} & \frac{1}{2} \end{pmatrix}$$ とおくと，$\boldsymbol{U}$ はユニタリ行列になり，

$$\therefore\ \boldsymbol{U}^{-1}A\boldsymbol{U}=\begin{pmatrix} 3 & 0 & 0 \\ 0 & 3 & 0 \\ 0 & 0 & 7 \end{pmatrix}$$ 答

ポイント

㋐ 3 行 − 1 行
→ 2 行 + 1 行 × ($\sqrt{2}i$)

㋑ rank$(A-3E)=1$ より，
固有空間の次元は 2.

㋒ W_1 の基底を $\boldsymbol{a}_1,\boldsymbol{a}_2$ とすると，
$\boldsymbol{a}_1={}^t(1,0,-1)$
$\boldsymbol{a}_2={}^t(1,\sqrt{2}i,1)$
$\boldsymbol{a}_1,\boldsymbol{a}_2=0$ かつ
$|\boldsymbol{a}_1|=\sqrt{2}$，$|\boldsymbol{a}_2|=2$
となり $\boldsymbol{p}_1,\boldsymbol{p}_2$ を得る.

㋓ 1 行 + {2 行 ÷ $(-\sqrt{2}i)$ + 3 行}
→ 2 行 + 1 行，3 行 − 1 行
→ 1 行 × (−1)，3 行 ÷ 2

練習問題 6-11 解答 p. 235

$A=\begin{pmatrix} 1 & -\sqrt{2}i & 0 \\ \sqrt{2}i & 2 & 2i \\ 0 & -2i & 1 \end{pmatrix}$ をユニタリ行列 $\boldsymbol{U}$ によって，対角化せよ.

問題 6-⑫ ▼ケーリー・ハミルトンの定理

(1) $A=\begin{pmatrix}2 & -1\\ 1 & 3\end{pmatrix}$のとき，$A^4-4A^3-A^2+2A-5E$を計算せよ．

(2) $A=\begin{pmatrix}1 & 0 & 2\\ 0 & -1 & 1\\ 0 & 1 & 0\end{pmatrix}$のとき，$2A^8-3A^5+A^4+A^2-4E$を計算せよ．

●考え方●

(1) $\gamma(x)=|A-xE|=|xE-A|$を求め，$f(x)=x^4-4x^3-x^2+2x-5$を$\gamma(x)$で割って表し，$f(A)$を計算する．

(2) (1)と同様な方法で処理する．ケーリー・ハミルトンの定理利用がテーマ．

解答

(1) 固有多項式は，

$$\underbrace{\gamma(x)=|xE-A|}_{㋐}=\begin{vmatrix}x-2 & 1\\ -1 & x-3\end{vmatrix}$$

$$=(x-2)(x-3)+1=x^2-5x+7$$

ケーリー・ハミルトンの定理より

$\gamma(A)=A^2-5A+7E=\boldsymbol{O}$ …① が成り立つ．

$f(x)=x^4-4x^3-x^2+2x-5$とおくと，

$$f(x)=\underbrace{(x^2-5x+7)}_{㋑}(x^2+x-3)+(-20x+16)$$

$$f(A)=\underbrace{(A^2-5X+7E)(A^2+A-3E)}_{㋒}+(-20A+16E)$$

$$\therefore\ f(A)=-20A+16E=\begin{pmatrix}-24 & 20\\ -20 & -44\end{pmatrix}$$ 答

(2) 固有多項式$\gamma(x)=|xE-A|=\begin{vmatrix}x-1 & 0 & -2\\ 0 & x+1 & -1\\ 0 & -1 & x\end{vmatrix}=x^3-2x+1$

$f(x)=2x^8-3x^5+x^4+x^2-4$とおくと，

$$f(x)=(x^3-2x+1)(2x^5+4x^3-5x^2+9x-14)+24x^2-37x+10$$

$$f(A)=\underbrace{(A^3-2A+E)}_{㋓}(2A^5+4A^3-5A^2+9A-14E)+24A^2-37A+10E$$

$$=24A^2-37A+10E=24\begin{pmatrix}1 & 2 & 2\\ 0 & 2 & -1\\ 0 & -1 & 1\end{pmatrix}-37\begin{pmatrix}1 & 0 & 2\\ 0 & -1 & 1\\ 0 & 1 & 0\end{pmatrix}+10\begin{pmatrix}1 & 0 & 0\\ 0 & 1 & 0\\ 0 & 0 & 1\end{pmatrix}$$

$$=\begin{pmatrix}-3 & 48 & -26\\ 0 & 95 & -61\\ 0 & -61 & 34\end{pmatrix}$$ 答

ポイント

㋐ p. 155 参照.

㋑ ①を利用するために，$f(x)$をx^2-5x+7で割って，$f(A)$の計算を$-20A+16E$（1次の項）の計算に持ち込む．

㋒ ①よりこの項は$\boldsymbol{O}$になる．

㋓ ケーリー・ハミルトンの定理より$A^3-2A+E=\boldsymbol{O}$

練習問題　6-12　解答 p. 235

$A=\begin{pmatrix}1 & 0 & 0\\ 1 & 0 & 1\\ 0 & 1 & 0\end{pmatrix}$とする．$n\geqq 3$のとき，$A^n=A^{n-2}+A^2-E$が成り立つことを示し，$A^{100}$を求めよ．

問題 6-⑬ ▼最小多項式

次の行列の最小多項式を求めよ.

(1) $A=\begin{pmatrix} a_1 & 0 & 0 \\ 0 & a_1 & 0 \\ 0 & 0 & a_2 \end{pmatrix}$ $(a_1 \fallingdotseq a_2)$　　(2) $A=\begin{pmatrix} 1 & 2 & 2 \\ 2 & 1 & 2 \\ 2 & 2 & 1 \end{pmatrix}$

●考え方●

固有多項式を求め，固有多項式を構成する因子で A を代入して $\boldsymbol{O}$ になる最小の多項式をさがす.

解答

(1) A の固有多項式 $\gamma_A(x)=|xE-A|=(x-a_1)^2(x-a_2)$ 最小多項式 $\mu_A(x)$ は $x-a_1$, $x-a_2$, $(x-a_1)(x-a_2)$, $(x-a_1)^2(x-a_2)$ のどれかである．このとき，$\underset{㋐}{A-a_1E \fallingdotseq \boldsymbol{O}}$, $\underset{㋑}{A-a_2E \fallingdotseq \boldsymbol{O}}$ であり，

$$(A-a_1E)(A-a_2E)=\begin{pmatrix} 0 & 0 & 0 \\ 0 & 0 & 0 \\ 0 & 0 & a_2-a_1 \end{pmatrix}\begin{pmatrix} a_1-a_2 & 0 & 0 \\ 0 & a_1-a_2 & 0 \\ 0 & 0 & 0 \end{pmatrix}=\boldsymbol{O}$$

となるから，A の最小多項式 $\mu_A(x)$ は $\mu_A(x)=(x-a_1)(x-a_2)$ 答

(2) A の固有多項式

$\gamma_A(x)=|xE-A|=(x+1)^2(x-5)$

A の最小多項式 $\mu_A(x)$ は，

$x+1$, $x-5$, $(x+1)(x-5)$, $(x+1)^2(x-5)$ のどれか.

このとき，$\underset{㋒}{A+E \fallingdotseq \boldsymbol{O}}$, $\underset{㋓}{A-5E \fallingdotseq \boldsymbol{O}}$ であり，

$$(A+E)(A-5E)=2^6\begin{pmatrix} 1 & 1 & 1 \\ 1 & 1 & 1 \\ 1 & 1 & 1 \end{pmatrix}\begin{pmatrix} -2 & 1 & 1 \\ 1 & -2 & 1 \\ 1 & 1 & -2 \end{pmatrix}=\boldsymbol{O}$$

となるから，最小多項式 $\mu_A(x)$ は

$\mu_A(x)=(x+1)(x-5)$ 答

ポイント

㋐ $A-a_1E=\begin{pmatrix} 0 & 0 & 0 \\ 0 & 0 & 0 \\ 0 & 0 & a_2-a_1 \end{pmatrix} \neq \boldsymbol{O}$

㋑ $A-a_2E=\begin{pmatrix} a_1-a_2 & 0 & 0 \\ 0 & a_1-a_2 & 0 \\ 0 & 0 & 0 \end{pmatrix} \fallingdotseq \boldsymbol{O}$

㋒ $A+E=\begin{pmatrix} 2 & 2 & 2 \\ 2 & 2 & 2 \\ 2 & 2 & 2 \end{pmatrix} \fallingdotseq \boldsymbol{O}$

㋓ $A-5E=\begin{pmatrix} -4 & 2 & 2 \\ 2 & -4 & 2 \\ 2 & 2 & -4 \end{pmatrix} \fallingdotseq \boldsymbol{O}$

練習問題 6-13 解答 p. 236

次の行列の最小多項式を求めよ.

(1) $A=\begin{pmatrix} -1 & 0 & 0 \\ 0 & 2 & 0 \\ 0 & 0 & 3 \end{pmatrix}$　　(2) $A=\begin{pmatrix} 1 & 1 & 2 \\ 1 & 1 & 2 \\ 1 & 1 & 2 \end{pmatrix}$

問題 6-14 ▼スペクトル分解

$A=\begin{pmatrix}2&1&1\\1&2&1\\1&1&2\end{pmatrix}$ をスペクトル分解せよ．

●考え方●

p. 176 問題 6-9により，A の固有値は $\lambda_1=1$（重複度 2），$\lambda_2=4$．$\lambda_1=1$ の固有空間 W_1 の正規直交基底は $\boldsymbol{p}_1={}^t\left(\frac{1}{\sqrt{2}},-\frac{1}{\sqrt{2}},0\right)$；$\boldsymbol{p}_2={}^t\left(\frac{1}{\sqrt{6}},\frac{1}{\sqrt{6}},-\frac{2}{\sqrt{6}}\right)$．$\lambda_2=4$ の固有空間 W_2 の正規直交基底は $\boldsymbol{p}_3={}^t\left(\frac{1}{\sqrt{3}},\frac{1}{\sqrt{3}},\frac{1}{\sqrt{3}}\right)$．$P=(\boldsymbol{p}_1\ \boldsymbol{p}_2\ \boldsymbol{p}_3)$ とおく．行列 A のスペクトル分解を $A=1\cdot Q_1+4\cdot Q_2$ とすると，

$$Q_1\boldsymbol{p}_1=\boldsymbol{p}_1,\ Q_1\boldsymbol{p}_2=\boldsymbol{p}_2,\ Q_1\boldsymbol{p}_3=\boldsymbol{o}\qquad\therefore\ Q_1P=(\boldsymbol{p}_1\ \boldsymbol{p}_2\ \boldsymbol{o})$$
$$Q_2\boldsymbol{p}_1=\boldsymbol{o},\ Q_2\boldsymbol{p}_2=\boldsymbol{o},\ Q_2\boldsymbol{p}_3=\boldsymbol{p}_3\qquad\therefore\ Q_2P=(\boldsymbol{o}\ \boldsymbol{o}\ \boldsymbol{p}_3)$$

となり，Q_1, Q_2 を求め，A をスペクトル分解する．

解答

問題 6-9により，A を対角化する直交行列 $P=(\boldsymbol{p}_1\ \boldsymbol{p}_2\ \boldsymbol{p}_3)$ ㋐，行列 A のスペクトル分解を $A=1\cdot Q_1+4Q_2$ とすると，

$$Q_1\boldsymbol{p}_1=\boldsymbol{p}_1,\ Q_1\boldsymbol{p}_2=\boldsymbol{p}_2,\ Q_1\boldsymbol{p}_3=\boldsymbol{o}\quad\therefore\ Q_1P=(\boldsymbol{p}_1\ \boldsymbol{p}_2\ \boldsymbol{o})\ ㋑$$
$$Q_2\boldsymbol{p}_1=\boldsymbol{o},\ Q_2\boldsymbol{p}_2=\boldsymbol{o},\ Q_2\boldsymbol{p}_3=\boldsymbol{p}_3\quad\therefore\ Q_2P=(\boldsymbol{o}\ \boldsymbol{o}\ \boldsymbol{p}_3)\ ㋒$$

よって，Q_1 ㋓ $=(\boldsymbol{p}_1\ \boldsymbol{p}_2\ \boldsymbol{o})P^{-1}$

$$=\frac{1}{6}\begin{pmatrix}\sqrt{3}&1&0\\-\sqrt{3}&1&0\\0&-2&0\end{pmatrix}\begin{pmatrix}\sqrt{3}&-\sqrt{3}&0\\1&1&-2\\\sqrt{2}&\sqrt{2}&\sqrt{2}\end{pmatrix}$$
$$=\frac{1}{3}\begin{pmatrix}2&-1&-1\\-1&2&-1\\-1&-1&2\end{pmatrix}$$

Q_2 ㋓ $=(\boldsymbol{o}\ \boldsymbol{o}\ \boldsymbol{p}_3)P^{-1}$

$$=\frac{1}{6}\begin{pmatrix}0&0&\sqrt{2}\\0&0&\sqrt{2}\\0&0&\sqrt{2}\end{pmatrix}\begin{pmatrix}\sqrt{3}&-\sqrt{3}&0\\1&1&-2\\\sqrt{2}&\sqrt{2}&\sqrt{2}\end{pmatrix}=\frac{1}{3}\begin{pmatrix}1&1&1\\1&1&1\\1&1&1\end{pmatrix}$$

求める A のスペクトル分解は

$$A=Q_1+4Q_2=\frac{1}{3}\begin{pmatrix}2&-1&-1\\-1&2&-1\\-1&-1&2\end{pmatrix}+\frac{4}{3}\begin{pmatrix}1&1&1\\1&1&1\\1&1&1\end{pmatrix}$$ 答

ポイント

㋐ $P=\begin{pmatrix}\frac{1}{\sqrt{2}}&\frac{1}{\sqrt{6}}&\frac{1}{\sqrt{3}}\\-\frac{1}{\sqrt{2}}&\frac{1}{\sqrt{6}}&\frac{1}{\sqrt{3}}\\0&-\frac{2}{\sqrt{6}}&\frac{1}{\sqrt{3}}\end{pmatrix}=\frac{1}{\sqrt{6}}\begin{pmatrix}\sqrt{3}&1&\sqrt{2}\\-\sqrt{3}&1&\sqrt{2}\\0&-2&\sqrt{2}\end{pmatrix}$

㋑ $\frac{1}{\sqrt{6}}\begin{pmatrix}\sqrt{3}&1&0\\-\sqrt{3}&1&0\\0&-2&0\end{pmatrix}$

㋒ $\frac{1}{\sqrt{6}}\begin{pmatrix}0&0&\sqrt{2}\\0&0&\sqrt{2}\\0&0&\sqrt{2}\end{pmatrix}$

$Q_1P=(\boldsymbol{p}_1\ \boldsymbol{p}_2\ \boldsymbol{o})$ の辺々に右側から P^{-1} を乗じる．

㋓ $Q_1+Q_2=E$ となる．$Q_2=E-Q_1$ から Q_2 を決定してもよい．

練習問題　6-14　　解答 p. 236

$A=\begin{pmatrix}7&1&2\\1&7&-2\\2&-2&4\end{pmatrix}$ をスペクトル分解せよ．

コラム6 ◆新しい解析学の方向（ヒルベルトとフレードホルム積分方程式）

フレードホルムの積分方程式を再記する（コラム p. 118）。

$$\boxed{x(t)-\lambda\int_a^b K(t,s)x(s)ds=f(t)} \quad \cdots①$$

フレードホルムは①の解を求めるのに，積分を有限和で表し，連立方程式を作りクラメールの方法で解こうとした．具体的にその方法を述べよう．

積分区間を n 個の小区間に分割し，

$$x(t)-\lambda\sum_{j=1}^{n}K(t,t_j)x(t_j)h=f(t)$$

$$\left(h=\frac{b-a}{n}\right)$$

t に $t_1, t_2, \cdots, t_{n-1}, t_n$ の値を順に入れると，

$$x(t_i)-\lambda\sum_{j=1}^{n}K(t_i,t_j)x(t_j)h=f(t_i)$$

$$(i=1,2,\cdots,n)$$

を得る．ここで，

$x(t_i)\to x_i,\ K(t_i,t_j)h\to k_{ij},\ f(t_i)\to y_i$

と置き換えると，連立方程式

$$\begin{cases}(1-\lambda k_{11})x_1-\lambda k_{12}x_2-\cdots-\lambda k_{1n}x_n=y_1\\ -\lambda k_{21}x_1+(1-\lambda k_{22})x_2-\cdots-\lambda k_{2n}x_n=y_2\\ \quad\vdots\\ -\lambda k_{n1}x_1-\lambda k_{n2}y_2-\cdots+(1-\lambda k_{nn})x_n=y_n\end{cases}$$

が得られる．　　　　　　　　　　…②

ヒルベルトは①の積分方程式で，核 $K(t,s)$ を特に特殊なもの

$K(t,s)=K(s,t)$ をみたすものに限って研究を進めた．

有限次元の場合には，このことは $A=a_{ij}$ $(i,j=1,2,3,\cdots,n)$ を対称行列とした n 元1次の連立方程式 $\sum_{j=1}^{n}a_{ij}x_j=y_i$ …③ $(i=1,2,3,\cdots,n)$ を解くことを意味する．

フレードホルムは，積分方程式①を③に変換し，これをクラメールの方法で解こうとした．係数の行列式が0でないときに限って①はただ1つの解をもつ．

一方，ヒルベルトは，③の解を対称行列 A の固有値 $\lambda_1, \lambda_2, \cdots, \lambda_r$ を用いて，固有値と固有空間への分解によって表されることに注目した．

すなわち，ヒルベルトは，フレードホルムの積分方程式の理論を行列式から解放し，線形空間における線形作用素の固有値問題としてとらえるのである．そして，新しい解析学の方向をはっきりと指し示したのである．

《注意》 上の①は p. 118 の①の $\varphi(x)$ を置き換えたものにすぎない．

Chapter 7

ジョルダン標準形とその応用

Chapter 6 で対角化を学んできた．Chapter 7 は，対角化できない正方行列をより対角化に近い都合のよい形にする．すなわち，ジョルダン細胞で構成される“ジョルダン標準形”への変換を学ぶ．
また，変換したジョルダン標準形を利用して，
① 行列の n 乗，② 行列の指数関数
の計算を試みる．

基本事項

Chapter 6 で正方行列の対角化を取り扱ってきた．Chapter 7 は対角化できない場合を考える．

1 3角行列（問題 7-1）

一般に，正方行列 A に対し，適当な正則行列を P を用いて 3 角行列（p. 9）に直すことを行列 A を**3 角化する**といい，P を A を 3 角化する行列という．

定理

正方行列 A に対して，適当な正則行列 P を選べば必ず 3 角化可能である．

証明（『長岡亮介 線型代数入門講義』（東京図書）p. 293 を参照）

このとき，P の 1 つとしてユニタリ行列を採用することができる．また，実正方行列 A に対しては，A の固有値がすべて実数ならば実正則行列 P で 3 角化可能である．このとき，P の 1 つとして直交行列を採用することができる．

例（問題 1-17，p. 35）

$A=\begin{pmatrix} 7 & 9 \\ -1 & 1 \end{pmatrix}$ は固有方程式が $|A-\lambda E|=(\lambda-4)^2=0$ から固有値が $\lambda=4$ であり，その固有ベクトル 1 つを $\boldsymbol{x}_1=\begin{pmatrix} 3 \\ -1 \end{pmatrix}$ と選べ，$\boldsymbol{x}_1$ に 1 次独立なベクトル $\boldsymbol{x}_2$ が $(A-4E)\boldsymbol{x}_2=\boldsymbol{x}_1$ から $\boldsymbol{x}_2=\begin{pmatrix} 1 \\ 0 \end{pmatrix}$. このとき，$P=(\boldsymbol{x}_1\ \boldsymbol{x}_2)=\begin{pmatrix} 3 & 1 \\ -1 & 0 \end{pmatrix}$

$$P^{-1}AP=\begin{pmatrix} 0 & -1 \\ 1 & 3 \end{pmatrix}\begin{pmatrix} 7 & 9 \\ -1 & 1 \end{pmatrix}\begin{pmatrix} 3 & 1 \\ -1 & 0 \end{pmatrix}=\begin{pmatrix} 4 & 1 \\ 0 & 4 \end{pmatrix}$$

《注意》これを用いて，A^n が求められる（p. 35）．上の例の $P^{-1}AP$ の形は次に述べるジョルダン標準形になっている．A^n を求めるのに，対角行列ほどではないが，3 角行列の n 乗は簡単な形で表現できるので，行列の n 乗計算へ通じる道が開ける．

2 多項式行列と単因子（問題 7-2，3）

❶ 単因子

多項式行列 $A(x)$ に基本変形をして，多項式行列 $B(x)$ になるとき，$A(x)$ と $B(x)$ は**対等**であるといい，$A(x) \sim B(x)$ のように表す．

多項式行列の式変形とは次の3種類の変形をいう.

㋑ ある行（または列）を定数倍（≠0）

㋺ ある行（または列）の多項式倍を他の行（または列）に加える.

㋩ 2つの行（または列）を交換する.

多項式行列は，基本変形を有限回くり返すことにより，

$$\begin{pmatrix} e_1(x) & & & & & & \\ & e_2(x) & & & \boldsymbol{O} & & \\ & & \ddots & & & & \\ & & & e_r(x) & & & \\ & & & & 0 & & \\ & \boldsymbol{O} & & & & \ddots & \\ & & & & & & 0 \end{pmatrix}$$

の形に変形される．この形を多項式行列 $A(x)$ の**標準形**といい，$A(x)$ から一意的に決まる.

ただし，$e_k(x)$ は最高次の係数が1である多項式で，$e_{k+1}(x)$ は $e_k(x)$ で割り切れる.

r 個の多項式 $e_1(x), e_2(x), \cdots, e_r(x)$ を $A(x)$ の単因子といい，r を $A(x)$ の階数という.

❷ 行列式因子

$A(x)$ を階数 r の多項式行列とするとき，$A(x)$ のすべての k 次小行列式の最大公約数 $d_k(x)$ を $A(x)$ の k 次の**行列式因子**という．ただし，$d_k(x)$ の最高次の係数は1であり，$d_0(x)=1$ とし，$d_{r+1}(x)=\cdots=d_n(x)=0$ と約束する.

上の単因子と行列因子 $d_1(x), d_2(x), \cdots, d_r(x)$ の関係は次のようになる.

$$\begin{aligned} d_1(x) &= e_1(x) \\ d_2(x) &= e_1(x)e_2(x) \\ &\vdots \\ d_r(x) &= e_1(x)e_2(x)\cdots e_r(x) \end{aligned}$$

❸ 最小多項式と単因子

p. 157 で取り扱った最小多項式をもう一度復習しよう．n 次正方行列 A に対

して，$f(A) = O$（零行列）を満たす多項式のうちで，次数が最小で最高次の係数が1であるものを，行列 A の最小多項式といった．

具体的には A の固有多項式を求めて，多項式の約数で $f(A) = O$ となるものを見つける形で最小多項式を求めた（➡ p. 180，問題 6-13）．

A の最小多項式を単因子を用いて求めることができる．正方行列 A に対し，多項式行列 $xE - A$ を A の**特性行列**という．A の特性行列 $xE - A$ の単因子を，$e_1(x), e_2(x), \cdots, e_n(x)$ とすると，

$$xE - A \sim \begin{pmatrix} e_1(x) & & & O \\ & e_2(x) & & \\ & & \ddots & \\ O & & & e_n(x) \end{pmatrix}$$

固有方程式は

$$|xE - A| = \underbrace{e_1(x) \cdot e_2(x) \cdot \cdots \cdot e_{n-1}(x)}_{d_{n-1}(x)} \cdot e_n(x) = d_{n-1}(x) \cdot e_n(x)$$

$d_{n-1}(x) \fallingdotseq 0$ より $|xE - A| = 0$ となる多項式は $e_n(x) = 0$．これより，最後の単因子 $e_n(x)$ が A の最小多項式となる．

$$\therefore \quad \mu_A(x) = e_n(x)$$

最小多項式は行列式因子から単因子を決定して定めてもよい．

3 ジョルダン標準形（問題 7-4, 5, 6, 7）

今まで，正方行列の対角化を学び，任意の正方行列は3角化できることを学んだ．3角化の中でも，対角行列に近い形のものを作り出すことを学ぶ．その決め手になるのが"ジョルダン標準形"とよばれるもので，これは次のジョルダン細胞から作られる．

> **定義**
>
> 次の形の k 次正方行列
>
> $$\begin{pmatrix} \lambda & 1 & & O \\ & \lambda & \ddots & \\ & & \ddots & 1 \\ O & & & \lambda \end{pmatrix}$$
>
> を固有値 λ に対する **k 次ジョルダン細胞**といい，$\boldsymbol{J(\lambda, k)}$ で表す．

例

$$J(\lambda, 1) = (\lambda),\ J(\lambda, 2) = \begin{pmatrix} \lambda & 1 \\ 0 & \lambda \end{pmatrix},\ J(\lambda, 3) = \begin{pmatrix} \lambda & 1 & 0 \\ 0 & \lambda & 1 \\ 0 & 0 & \lambda \end{pmatrix}$$

いろいろな固有値に対するいろいろな次数のジョルダン細胞何個かの直和を**ジョルダン行列**という．

$$J = \begin{pmatrix} J(\lambda_1, k_1) & & & O \\ & J(\lambda_2, k_2) & & \\ & & \ddots & \\ O & & & J(\lambda_r, k_r) \end{pmatrix}$$

任意の複素行列は（ジョルダン細胞の並べ方を除いて）ただ一つのジョルダン行列に相似である．

証明は齋藤正彦『線型代数入門』参照（東京大学出版会）

なお，対角行列はジョルダン行列であることに注意したい．すなわち，対角行列はジョルダン細胞の次数がすべて1のときである．

例　10次のジョルダン行列 J の単因子が

$$e_1(x) = e_2(x) = \cdots = e_7(x) = 1,\ e_8(x) = (x-2)^1,$$
$$e_9(x) = (x-2)^3(x+1)^1,\ e_{10}(x) = (x-2)^3(x+1)^2$$

のとき，ジョルダン細胞は $J(2, 1)$，$J(2, 3)$，$J(2, 3)$，$J(-1, 1)$，$J(-1, 2)$ で，$J = J(2,1) + J(2,3) + J(2,3) + J(-1,1) + J(-1,2)$ と直和分解できる．

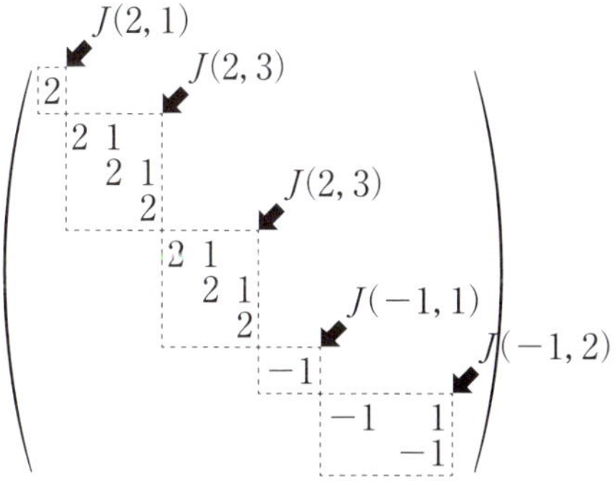

《注意》これは求める行列 J の1例であって，ジョルダン細胞を適宜入れかえたものは，左のジョルダン行列に相似である．

この例のように次数の高い行列は手計算ではなかなか取り扱えない．しかし，コンピュータを使った数値解析では50次，100次，…の正方行列などは頻繁に出てくる．ここでは，手計算で扱える2次，3次，4次のジョルダン標準形について学ぶ．

ジョルダン標準形の理論とは，「**正方行列 A は適当な正則行列 P を使って $P^{-1}AP=$(ジョルダン行列)とできる**」という理論である．

〔Ⅰ〕2次のジョルダン標準形（Chapter 1　p. 17 参照）

固有値が異なる2解のとき，対角化可能であり，固有値が重解 λ_1 で A がスカラー行列 $\lambda_1 E$ と異なる場合にジョルダン標準形が現れる．

・$\begin{pmatrix} \lambda_1 & 1 \\ 0 & \lambda_1 \end{pmatrix}$

変換行列 $P=(\boldsymbol{p}_1\ \boldsymbol{p}_2)$ は $J=P^{-1}AP=\begin{pmatrix} \lambda_1 & 1 \\ 0 & \lambda_1 \end{pmatrix}$

から $AP=P\begin{pmatrix} \lambda_1 & 1 \\ 0 & \lambda_1 \end{pmatrix}$，$(A\boldsymbol{p}_1\ A\boldsymbol{p}_2)=(\boldsymbol{p}_1\ \boldsymbol{p}_2)\begin{pmatrix} \lambda_1 & 1 \\ 0 & \lambda_1 \end{pmatrix}$

$$=(\lambda\boldsymbol{p}_1\quad \boldsymbol{p}_1+\lambda_1\boldsymbol{p}_2)$$

$$\begin{cases} A\boldsymbol{p}_1=\lambda_1\boldsymbol{p}_1 \\ A\boldsymbol{p}_2=\boldsymbol{p}_1+\lambda_1\boldsymbol{p}_2 \end{cases} \Leftrightarrow \begin{cases} (A-\lambda_1 E)\boldsymbol{p}_1=\boldsymbol{o} & \text{を解いて } \boldsymbol{p}_1, \boldsymbol{p}_2 \\ (A-\lambda_1 E)\boldsymbol{p}_2=\boldsymbol{p}_1 & \text{を決定する．} \end{cases}$$

これより，$\boldsymbol{p}_1, \boldsymbol{p}_2$ の動きを変換図として表すと，

$$\boldsymbol{p}_2 \xrightarrow{A-\lambda_1 E} \boldsymbol{p}_1 \xrightarrow{A-\lambda_1 E} \boldsymbol{o}$$

〔Ⅱ〕3次のジョルダン標準形

A の固有値の重複度と固有空間の次元が一致している場合は対角化可能であり，それ以外の場合は対角化不能であり，次のジョルダン標準形の何れかで表される．

（ i ）$\left(\begin{array}{cc|c} \lambda_1 & 1 & \\ & \lambda_1 & \\ \hline & & \lambda_2 \end{array}\right)$　　（ ii ）$\begin{pmatrix} \lambda_1 & 1 & \\ & \lambda_1 & 1 \\ & & \lambda_1 \end{pmatrix}$

（ i ）の場合，変換行列 $P=(\boldsymbol{p}_1\ \boldsymbol{p}_2\ \boldsymbol{p}_3)$ は $J=P^{-1}AP=\begin{pmatrix} \lambda_1 & 1 & 0 \\ 0 & \lambda_1 & 0 \\ 0 & 0 & \lambda_2 \end{pmatrix}$

で2次のときと同様な考え方で，

$$\begin{cases} (A-\lambda_1 E)\boldsymbol{p}_1=\boldsymbol{o} \\ (A-\lambda_1 E)\boldsymbol{p}_2=\boldsymbol{p}_1 \\ (A-\lambda_2 E)\boldsymbol{p}_3=\boldsymbol{o} \end{cases} \text{で変換図は，} \begin{cases} \boldsymbol{p}_2 \xrightarrow{A-\lambda_1 E} \boldsymbol{p}_1 \xrightarrow{A-\lambda_1 E} \boldsymbol{o} \\ \boldsymbol{p}_3 \xrightarrow{A-\lambda_2 E} \boldsymbol{o} \end{cases}$$

となる．

（ⅱ）の場合 $\boldsymbol{p}_1, \boldsymbol{p}_2, \boldsymbol{p}_3$ の変換図をかくと，$\boldsymbol{p}_3 \xrightarrow{A-\lambda_1 E} \boldsymbol{p}_2 \xrightarrow{A-\lambda_1 E} \boldsymbol{p}_1 \xrightarrow{A-\lambda_1 E} \boldsymbol{0}$ となる．

〔Ⅲ〕4 次のジョルダン標準形

様々な形が出るが，代表的なものを上げておく．P の求め方は問題を通じて学ぼう．

（ⅰ） 固有値 λ_1(重解)，λ_2(重解)（$\lambda_1 \neq \lambda_2$）のとき，

$$\begin{pmatrix} \lambda_1 & 0 & & \\ & \lambda_1 & & \\ & & \lambda_2 & 1 \\ & & & \lambda_2 \end{pmatrix}, \quad \begin{pmatrix} \lambda_1 & 1 & & \\ 0 & \lambda_1 & & \\ & & \lambda_2 & 1 \\ & & 0 & \lambda_2 \end{pmatrix}$$

（ⅱ） 固有値 λ_1(4 重解)

$$\begin{pmatrix} \lambda_1 & 1 & & \\ & \lambda_1 & & \\ & & \lambda_1 & 1 \\ & & & \lambda_1 \end{pmatrix}, \quad \begin{pmatrix} \lambda_1 & 1 & & \\ & \lambda_1 & 1 & \\ & & \lambda_1 & \\ & & & \lambda_1 \end{pmatrix}, \quad \begin{pmatrix} \lambda_1 & 1 & & \\ & \lambda_1 & 1 & \\ & & \lambda_1 & 1 \\ & & & \lambda_1 \end{pmatrix}$$

Memo　A が低次の場合，固有値の重複度と固有空間の次元の関係からすぐにジョルダン標準形を推測できるので，そこから P を導けばよい．なお，一般の場合も考え方は同様であるが，低次のように固有値の重複度と固有空間の次元の関係だけで推測できるわけでなく，状況はもっと複雑になる．

4　ジョルダン標準形の応用（問題 7-8）

ジョルダン標準形の典型的な応用は，主に

① 行列 A の n 乗問題

② 行列 A の指数関数の計算

がある．これらの計算が簡単にできる形は行列 A が対角化されたものであることは言うまでもない．

❶ A^n の計算（問題 7-8）

A のジョルダン標準形を，$J = P^{-1}AP = D + N$ の形に分解する．

（D：対角行列，N：べき零行列）

・$J^n = (P^{-1}AP)^n = P^{-1}A^nP$ …㋐

一方

・$(D+N)^n$ に 2 項定理を適用し，

$$(D+N)^n = D^n + {}_n\mathrm{C}_1 D^{n-1}N + {}_n\mathrm{C}_2 D^{n-2}N^2 + \cdots + N^n \quad \cdots ㋑$$

（N の形により $N^k = N^{k+1} = \cdots = O$ となる.）

㋐と㋑により A^n が求められる. $A^n = P(D+N)^n P^{-1}$

《注意》A^n の求め方は他にもある.

❷ 指数行列

任意の n 次正方行列 A に対して，A の指数行列 e^A（$= \exp A$）を次式で定義する.

$$e^A = E + \frac{1}{1!}A^1 + \frac{1}{2!}A^2 + \cdots + \frac{1}{k!}A^k + \cdots$$

《注意》これは，指数関数のマクローリン展開を模写したものであり，通常の指数関数と類似の性質を有する．また，e^A は必ず収束する（証明は齋藤正彦『線型代数入門』p. 207 を参照）.

$AB = BA$（交換可能）のとき，指数関数と同様に次の加法定理が成り立つ.

定理

$AB = BA$ のとき，
$e^{A+B} = e^A \cdot e^B$

証明は $e^{t(A+B)}$，$e^{tA}\cdot e^{tB}$ がともに t の解析関数であることを用いて，マクローリン展開の係数を比較．直接計算してもよい.

具体的に，A が与えられたとき，e^A は次のように求めるとよい.

A のジョルダン標準形 J を $J = D + N$（D：対角行列，N：べき零行列）に分解する.

$e^J = e^{D+N} = e^D \cdot e^N$ …㊟

指数行列の定義より

$$e^D = E + \frac{1}{1!}D + \frac{1}{2!}D^2 + \cdots + \frac{1}{n!}D^n + \cdots$$

$$e^N = E + \frac{1}{1!}N + \frac{1}{2!}N^2 + \cdots + \frac{1}{n!}N^n + \cdots$$

を求め，㊟より e^J を求める（問題 7-8 を参照）.

$$J = P^{-1}AP \Leftrightarrow A = PJP^{-1}$$

$e^A = e^{PJP^{-1}} = Pe^JP^{-1}$ ㋐ より e^A を求めることができる.

《注意》㋐の証明は齋藤正彦『線型代数入門』p. 209 を参照.

なお，ジョルダン行列の指数法則は次のようになる．

(1) $J=\begin{pmatrix}\lambda_1 & & & \\ & \lambda_2 & & \\ & & \ddots & \\ & & & \lambda_n\end{pmatrix}$ のとき，$e^{tJ}=\begin{pmatrix}e^{\lambda_1 t} & & & \\ & e^{\lambda_2 t} & & \\ & & \ddots & \\ & & & e^{\lambda_n t}\end{pmatrix}$

(2) $J=\begin{pmatrix}\lambda & 1 & & \\ & \lambda & 1 & \\ & & \ddots & 1 \\ & & & \lambda\end{pmatrix}$ のとき，$e^{tJ}=e^{\lambda t}\begin{pmatrix}1 & \frac{t}{1!} & \frac{t^2}{2!} & \cdots & \frac{t^{n-1}}{(n-1)!} \\ & 1 & \frac{t}{1!} & \cdots & \frac{t^{n-2}}{(n-2)!} \\ & & \cdots & \cdots & \cdots \\ & & & & 1\end{pmatrix}$ …㊟

証明

(1) $e^{tJ}=E+\frac{1}{1!}(tJ)+\frac{1}{2!}(tJ)^2+\cdots+\frac{1}{n!}(tJ)^n+\cdots$

i 行 j 列は $1+\frac{1}{1!}(t\lambda_i)+\frac{1}{2!}(t\lambda_i)^2+\cdots+\frac{1}{n!}(t\lambda_i)^n+\cdots=e^{t\lambda_i}$

$\left(e^x=1+x+\cdots+\frac{x^n}{n!}+\cdots\right.$ の x に $x=t\lambda_i$ を代入$\left.\right)$

$$\therefore\ e^{tJ}=\begin{pmatrix}e^{\lambda_1 t} & & & \\ & e^{\lambda_2 t} & & \\ & & \ddots & \\ & & & e^{\lambda_n t}\end{pmatrix}$$

(2) $tJ=\underbrace{\begin{pmatrix}t\lambda & & & \\ & t\lambda & & \\ & & \ddots & \\ & & & t\lambda\end{pmatrix}}_{D}+\underbrace{\begin{pmatrix}0 & t & & \\ & 0 & t & \\ & & \ddots & t \\ & & & 0\end{pmatrix}}_{N}=D+N,\quad e^{tJ}=e^{D+N}=e^D\cdot e^N$

(1)より $e^D=e^{t\lambda}E$，$e^N=E+N+\frac{1}{2!}N^2+\cdots+\frac{1}{(n-1)!}N^{n-1}$

《注意》$(N^n=N^{n+1}=\cdots=O)$

$N^k=\begin{pmatrix}0 & \ddots & t^k & & 0 \\ & \ddots & \ddots & \ddots & \\ & & 0 & \ddots & t^k\end{pmatrix}$ に注意して，$e^N=\begin{pmatrix}1 & t & \frac{t^2}{2!} & \cdots & \frac{t^{n-1}}{(n-1)!} \\ & \ddots & t & \cdots & \frac{t^{n-2}}{(n-2)!} \\ & & \ddots & \ddots & \vdots \\ & & & \ddots & t \\ & & & & 1\end{pmatrix}$

$e^{tJ}=e^D\cdot e^N$ から㊟が成り立つ．

問題 7-1 ▼3角行列への変換

$A=\begin{pmatrix}3&1&0\\1&3&0\\1&1&4\end{pmatrix}$ に対して $P^{-1}AP$ が上3角行列になるような正則行列 P を1つ求めよ．

●考え方●

p. 172，問題 6-5の行列．A の個有値は 2, 4（重複度 2）．

$\lambda_1=2$ の固有ベクトルの1つは，p. 172 より $\boldsymbol{p}_1=\begin{pmatrix}1\\-1\\0\end{pmatrix}$，固有空間の次元が1．

$\lambda_2=4$ の固有ベクトルの1つは，$\boldsymbol{p}_2=\begin{pmatrix}0\\0\\1\end{pmatrix}$ と選べ，固有空間の次元 $1\neq 2$（重複度）．A は対角化できない．$\boldsymbol{p}_1, \boldsymbol{p}_2$ と1次独立なベクトル $\boldsymbol{p}_3$ を選び，$P=(\boldsymbol{p}_1\ \boldsymbol{p}_2\ \boldsymbol{p}_3)$ と置き，$AP=P\begin{pmatrix}2&\alpha&\beta\\0&4&\gamma\\0&0&4\end{pmatrix}$ をみたすように α,β,γ を決定する．

解答

$\lambda_1=2$ の固有ベクトル $\boldsymbol{p}_1$ は $\boldsymbol{p}_1=\begin{pmatrix}1\\-1\\0\end{pmatrix}$

$\lambda_2=4$ の固有ベクトル $\boldsymbol{p}_2$ は $\boldsymbol{p}_2=\begin{pmatrix}0\\0\\1\end{pmatrix}$ と選べる．

$\boldsymbol{p}_3$ を $\boldsymbol{p}_3=\underbrace{\boldsymbol{p}_1\times\boldsymbol{p}_2}_{㋐}=\begin{pmatrix}-1\\-1\\0\end{pmatrix}$ と選び，

$P=(\boldsymbol{p}_1\ \boldsymbol{p}_2\ \boldsymbol{p}_3)=\begin{pmatrix}1&0&-1\\-1&0&-1\\0&1&0\end{pmatrix}$ とおく．

$\underbrace{AP}_{㋑}=\underbrace{P\begin{pmatrix}2&\alpha&\beta\\0&4&\gamma\\0&0&4\end{pmatrix}}_{㋒}$ となるように α,β,γ を定めると，$\underbrace{\alpha=0,\ \beta=0,\ \gamma=-2}_{㋓}$

よって，$P=\begin{pmatrix}1&0&-1\\-1&0&-1\\0&1&0\end{pmatrix}$ 答 により，

$P^{-1}AP=\begin{pmatrix}2&0&0\\0&4&-2\\0&0&4\end{pmatrix}$ と上3角行列に変換できる．

ポイント

㋐ $\boldsymbol{p}_1$ と $\boldsymbol{p}_2$ の外積．

$\begin{matrix}1&-1&0&1\\0&0&1&0\end{matrix}$

-1

↓

$(-1,-1,0)$

㋑ AP

$=\begin{pmatrix}3&1&0\\1&3&0\\1&1&4\end{pmatrix}\begin{pmatrix}1&0&-1\\-1&0&-1\\0&1&0\end{pmatrix}$

$=\begin{pmatrix}2&0&-4\\-2&0&-4\\0&4&-2\end{pmatrix}$

㋒ $\begin{pmatrix}1&0&-1\\-1&0&-1\\0&1&0\end{pmatrix}\begin{pmatrix}2&\alpha&\beta\\0&4&\gamma\\0&0&4\end{pmatrix}$

$=\begin{pmatrix}2&\alpha&\beta-4\\-2&-\alpha&-\beta-4\\0&4&\gamma\end{pmatrix}$

㋓ ㋑, ㋒の各成分を比較．

練習問題 7-1 解答 p. 237

$A=\begin{pmatrix}2&0&0\\1&1&1\\1&-1&3\end{pmatrix}$ に対して，$P^{-1}AP$ が上3角行列になるように正則行列 P を1つ定めよ．

問題 7-2 ▼単因子と最小多項式

問題 6-13で取り扱った次の行列の最小多項式を単因子を求めることにより決定せよ．

$$A=\begin{pmatrix}1&2&2\\2&1&2\\2&2&1\end{pmatrix}$$

●考え方●

A の特性行列 $xE-A$ を式変形し標準形を作る（p. 185, 186 参照）．

解答

$$xE-A=\begin{pmatrix}x-1&-2&-2\\-2&x-1&-2\\-2&-2&x-1\end{pmatrix}\underset{㋐}{\to}\begin{pmatrix}x-5&-2&-2\\x-5&x-1&-2\\x-5&-2&x-1\end{pmatrix}$$

$$\underset{㋑}{\to}\begin{pmatrix}-2&x-5&-2\\x-1&x-5&-2\\-2&x-5&x-1\end{pmatrix}\underset{㋒}{\to}\begin{pmatrix}-2&x-5&-2\\x+1&0&0\\0&0&x+1\end{pmatrix}$$

$$\underset{㋓}{\to}\begin{pmatrix}1&-\dfrac{x-5}{2}&1\\x+1&0&0\\0&0&x+1\end{pmatrix}\underset{㋔}{\to}\begin{pmatrix}1&-\dfrac{x-5}{2}&1\\0&\dfrac{(x+1)(x-5)}{2}&-(x+1)\\0&0&x+1\end{pmatrix}$$

$$\underset{㋕}{\to}\begin{pmatrix}1&0&0\\0&\dfrac{(x+1)(x-5)}{2}&-(x+1)\\0&0&x+1\end{pmatrix}\underset{㋖}{\to}\begin{pmatrix}1&0&0\\0&\dfrac{(x+1)(x-5)}{2}&0\\0&0&x+1\end{pmatrix}$$

$$\underset{㋗}{\to}\begin{pmatrix}1&0&0\\0&x+1&0\\0&0&(x+1)(x-5)\end{pmatrix}$$

よって，単因子は，$e_1(x)=1$，$e_2(x)=x+1$，$e_3(x)=(x+1)(x-5)$

$|xE-A|=e_1(x)\cdot e_2(x)\cdot e_3(x)$ ㋘

最小多項式 $\mu_A(x)$ は，$\mu_A(x)=e_3(x)=(x+1)(x-5)$ 答

ポイント

㋐ 1 列に 2 列 ＋ 3 列をたす．
㋑ 1 列，2 列を変換．
㋒ 2 行 − 1 行，3 行 − 1 行
㋓ 1 行 ÷ (−2)
㋔ 2 行 − 1 行 × $(x+1)$
㋕ 2 列 ＋ 1 列 × $\dfrac{x-5}{2}$
　3 列 − 1 列
㋖ 2 行 ＋ 3 行
㋗ 2 列，3 列を変換
　2 行，3 行を変換
　3 行 × 2
㋘ $e_3(x)$ が A の最小多項式

練習問題　7-2

解答 p. 237

$A=\begin{pmatrix}0&-2&-2\\5&7&4\\-1&-1&2\end{pmatrix}$ の単因子を求め，最小多項式を求めよ．

問題 7-3 ▼行列式因子

問題 7-2の行列

$A=\begin{pmatrix}1&2&2\\2&1&2\\2&2&1\end{pmatrix}$ の行列式因子を求め単因子および最小多項式を求めよ.

●考え方●

$xE-A=\begin{pmatrix}x-1&-2&-2\\-2&x-1&-2\\-2&-2&x-1\end{pmatrix}$ $d_0(x)=1$ また，明らかに $d_1(x)=1$.
多項式行列 $xE-A$ から i 行と j 行を取り除いて得られる小行列式を D_{ij} とおく.

$d_2(x)$ は，9 個の行列式 D_{ij} の最大公約数.

$d_1(x)=e_1(x)$，$d_2(x)=e_1(x)e_2(x)$，$d_3(x)=e_1(x)e_2(x)e_3(x)$

$d_3(x)=|xE-A|=(x+1)^2(x-5)$ (p. 180)

解答

$xE-A$ の小行列式を D_{ij} とおく.

$\underset{㋐}{D_{11}}=(x-1)^2-4=(x-3)(x+1)$，$\underset{㋑}{D_{12}}=2(x+1)$

$\underset{㋒}{D_{13}}=2(x+1)$，$D_{21}=-2(x+1)$，$D_{22}=(x-3)(x+1)$

$D_{23}=-2(x+1)$，$D_{31}=-2(x+1)$，$D_{32}=-2(x+1)$

$D_{33}=(x-3)(x+1)$

D_{ij} の最大公約数は $x+1$ $\therefore\ d_2(x)=x+1$

$\underset{㋓}{|xE-A|=(x+1)^2(x-5)}$ $\therefore\ d_3(x)=(x+1)^2(x-5)$

求める行列式因子は，

$d_1(x)=1$，$d_2(x)=x+1$，$d_3(x)=(x+1)^2(x-5)$ 答

単因子は

$\underset{㋔}{e_1(x)=1,\ e_2(x)=x+1,\ e_3(x)=(x+1)(x-5)}$ 答

最小多項式 $\mu_A(x)$ は，$\mu_A(x)=e_3(x)=(x+1)(x-5)$ 答

《注意》 問題 7-2と比較してほしい.

ポイント

㋐ $D_{11}=\begin{vmatrix}x-1&-2\\-2&x-1\end{vmatrix}$

㋑ $D_{12}=-\begin{vmatrix}-2&-2\\-2&x-1\end{vmatrix}$

㋒ $D_{13}=\begin{vmatrix}-2&x-1\\-2&-2\end{vmatrix}$

㋓ p. 180 より

㋔ $e_1(x)=d_1(x)$

$e_2(x)=\dfrac{d_2(x)}{d_1(x)}$

$e_3(x)=\dfrac{d_3(x)}{d_2(x)}$

練習問題 7-3 解答 p. 237

練習問題 7-2 の行列

$A=\begin{pmatrix}0&-2&-2\\5&7&4\\-1&-1&2\end{pmatrix}$ の行列式因子を求め，単因子および最小多項式を求めよ.

問題 7-4 ▼ジョルダン標準形(1)

次の行列 A のジョルダン標準形 $J=P^{-1}AP$ と変換行列 P を求めよ.

$$A=\begin{pmatrix}3&1&0\\1&3&0\\1&1&4\end{pmatrix}$$

●考え方●

p. 172, 問題 6-5 より $|A-\lambda E|=-(\lambda-4)^2(\lambda-2)$. $\lambda_1=4$ の固有空間の次元 $W(4)$ の次元, $\lambda_2=2$ の固有空間の次元 $W(2)$ により, どのような形のジョルダン標準形になるかを判断する.

解答

固有値 2, 4 の固有空間の次元を $W(2)$, $W(4)$ で表すと,

$W(2)=3-\underset{㋐}{\text{rank}(A-2E)}=3-2=1$

$W(4)=3-\underset{㋑}{\text{rank}(A-4E)}=3-2=1\neq 2$ (重複度)

固有値 4, 2 におけるジョルダン細胞はともに1個. 単因子 $e_3(x)$ は $|A-\lambda E|=-(\lambda-4)^2(\lambda-2)$ の約数であるから, 固有値2に対するジョルダン細胞の次数は1となる. よって,

$$J=\left(\begin{array}{c|cc}2&0&0\\\hline 0&4&1\\0&0&4\end{array}\right)$$ 答

$\lambda_1=2$ となる固有ベクトルの1つは, $\boldsymbol{p}_1={}^t(1\ -1\ 0)$ ㋒

$\lambda_2=4$ となる固有ベクトルの1つは, $\boldsymbol{p}_2={}^t(0\ 0\ 1)$ ㋒

$\boldsymbol{p}_3$ は, $\underset{㋓}{A\boldsymbol{P}_3=\boldsymbol{p}_2+4\boldsymbol{p}_3}\Leftrightarrow(A-4E)\boldsymbol{p}_3=\boldsymbol{p}_2$

$$\Leftrightarrow\begin{pmatrix}-1&1&0\\1&-1&0\\1&1&0\end{pmatrix}\begin{pmatrix}x_1\\x_2\\x_3\end{pmatrix}=\begin{pmatrix}0\\0\\1\end{pmatrix}\Leftrightarrow\begin{cases}-x_1+x_2=0\\x_1+x_2=1\end{cases}$$

$x_1=\dfrac{1}{2}$, $x_2=\dfrac{1}{2}$, $\underset{㋔}{x_3=0}$

$$\therefore\ \underset{㋕}{P}=\begin{pmatrix}1&0&\frac{1}{2}\\-1&0&\frac{1}{2}\\0&1&0\end{pmatrix}$$ 答

ポイント

㋐ p. 172 から,

$A-2E\to\begin{pmatrix}1&1&0\\0&0&0\\0&0&1\end{pmatrix}$

$\text{rank}(A-2E)=2$

㋑ $A-4E\to\begin{pmatrix}-1&1&0\\0&0&0\\0&1&0\end{pmatrix}$

$\text{rank}(A-4E)=2$

㋒ p. 172, 問題 6-5 より.

㋓ $(A\boldsymbol{P}_1\ A\boldsymbol{P}_2\ A\boldsymbol{P}_3)$

$=(\boldsymbol{p}_1\ \boldsymbol{p}_2\ \boldsymbol{p}_3)\begin{pmatrix}2&0&0\\0&4&1\\0&0&4\end{pmatrix}$

より.

㋔ x_3 は任意な実数. $x_3=0$ とおき確かめてみる.

㋕ $AP=\begin{pmatrix}2&0&2\\-2&0&2\\0&4&1\end{pmatrix}$ 等しい

$PJ=P\begin{pmatrix}2&0&0\\0&4&1\\0&0&4\end{pmatrix}=\begin{pmatrix}2&0&2\\-2&0&2\\0&4&1\end{pmatrix}$

練習問題　7-4

解答 p. 238

$A=\begin{pmatrix}2&-1&-1\\6&-4&2\\-2&2&-4\end{pmatrix}$ のジョルダン標準形 $J=P^{-1}AP$ と変換行列 P を求めよ.

問題 7-5 ▼ジョルダン標準形(2)(3次正方行列)

次の行列 A のジョルダン標準形 $J=P^{-1}AP$ と変換行列 P を求めよ.

$$A=\begin{pmatrix}5&-3&6\\1&1&2\\-1&1&0\end{pmatrix}$$

●考え方●

$|xE-A|=(x-2)^3$ から固有値は 2 (重複度 3) である. $A-2E=\begin{pmatrix}3&-3&6\\1&-1&2\\-1&1&-2\end{pmatrix}$ を簡約化(行式変形)をすると $\begin{pmatrix}1&-1&2\\0&0&0\\0&0&0\end{pmatrix}$. $\mathrm{rank}(A-2E)=1$.

よって, ジョルダン細胞の個数は 2 つ $(3-1=2)$ となるから, $J=\left(\begin{array}{cc|c}2&1&0\\0&2&0\\\hline 0&0&2\end{array}\right)$ となる. $P=(\boldsymbol{p}_1\ \boldsymbol{p}_2\ \boldsymbol{p}_3)$ とすると, $(A\boldsymbol{p}_1\ A\boldsymbol{p}_2\ A\boldsymbol{p}_3)=(\boldsymbol{p}_1\ \boldsymbol{p}_2\ \boldsymbol{p}_3)\left(\begin{array}{cc|c}2&1&0\\0&2&0\\\hline 0&0&2\end{array}\right)=(2\boldsymbol{p}_1, \boldsymbol{p}_1+2\boldsymbol{p}_2, 2\boldsymbol{p}_3)$ となるように, $\boldsymbol{p}_1, \boldsymbol{p}_2, \boldsymbol{p}_3$ を決定する.

解答

「考え方」の記述から, $J=\left(\begin{array}{cc|c}2&1&0\\0&2&0\\\hline 0&0&2\end{array}\right)$ 答

$(A-2E)\boldsymbol{x}=\boldsymbol{o}$ の一般解 $\boldsymbol{b}$ は, $x_1-x_2+2x_3=0$,㋐

$x_1=x_2-2x_3$, $x_2=\alpha$, $x_3=\beta$ と置くと,

$x_1=\alpha-2\beta$ $\therefore$ $\boldsymbol{b}={}^t(\alpha-2\beta, \alpha, \beta)$

$(A-2E)\boldsymbol{x}=\boldsymbol{b}$ が解をもつためには, $\alpha=-\beta$ でなくてはならない.㋑ $\alpha=1$, $\beta=-1$ と置いた $\boldsymbol{b}$ を $\boldsymbol{p}_1$ とおくと, $\boldsymbol{p}_1=\begin{pmatrix}3\\1\\-1\end{pmatrix}$. 次に $A\boldsymbol{p}_2=\boldsymbol{p}_1+2\boldsymbol{p}_2$, $(A-2E)\boldsymbol{p}_2=\boldsymbol{p}_1$ から, $\boldsymbol{p}_2$ は, $3x_1-3x_2+6x_3=3$,

$x_1-x_2+2x_3=1$ をみたし, $\boldsymbol{p}_2=\begin{pmatrix}1\\0\\0\end{pmatrix}$ と選べる.

$\boldsymbol{p}_3$ は $\boldsymbol{p}_1$ と 1 次独立で, $x_1-x_2+2x_3=0$ をみたす.

$\boldsymbol{p}_3=\begin{pmatrix}1\\1\\0\end{pmatrix}$ と選べる. $\therefore$ $P=(\boldsymbol{p}_1\ \boldsymbol{p}_2\ \boldsymbol{p}_3)=\begin{pmatrix}3&1&1\\1&0&1\\-1&0&0\end{pmatrix}$㋒ 答

ポイント

㋐ $\begin{pmatrix}1&-1&2\\0&0&0\\0&0&0\end{pmatrix}\begin{pmatrix}x_1\\x_2\\x_3\end{pmatrix}=\begin{pmatrix}0\\0\\0\end{pmatrix}$ より得る.

㋑ $\begin{pmatrix}3&-3&6\\1&-1&2\\-1&1&-2\end{pmatrix}\begin{pmatrix}x_1\\x_2\\x_3\end{pmatrix}=\begin{pmatrix}\alpha-2\beta\\\alpha\\\beta\end{pmatrix}$

$3x_1-3x_2+6x_3=\alpha-2\beta$

$\begin{cases}x_1-x_2+2x_3=\alpha\\-(x_1-x_2+2x_3)=\beta\end{cases}$

より $\alpha=-\beta$

㋒ 確かめてみる.

$AP=\begin{pmatrix}6&5&2\\2&1&2\\-2&-1&0\end{pmatrix}$

$PJ=\begin{pmatrix}6&5&2\\2&1&2\\-2&-1&0\end{pmatrix}$

練習問題 7-5 解答 p. 238

次の行列 A のジョルダン標準形 $J=P^{-1}AP$ と変換行列 P を求めよ.

$$A=\begin{pmatrix}-1&2&1\\1&-1&-1\\-6&8&5\end{pmatrix}$$

問題 7-[6] ▼ジョルダン標準形(3)(4次正方行列)

$A=\begin{pmatrix} 2 & 0 & -4 & -4 \\ 0 & 4 & 2 & 3 \\ 2 & 0 & 8 & 4 \\ -1 & 0 & -2 & 2 \end{pmatrix}$ のジョルダン行列 J をジョルダン細胞を用いて表せ.

●考え方●

$|A-xE|=(x-4)^4$ から固有値は4のみである. $A-xE$ の rank を求めて, ジョルダン細胞の個数 $=4-\mathrm{rank}(A-4E)$ を求め J の形を決定する.

解答

$A-4E=$

$$\begin{pmatrix} -2 & 0 & -4 & -4 \\ 0 & 0 & 2 & 3 \\ 2 & 0 & 4 & 4 \\ -1 & 0 & -2 & -2 \end{pmatrix} \xrightarrow[3行+1行]{4行\times2+3行} \begin{pmatrix} -2 & 0 & -4 & -4 \\ 0 & 0 & 2 & 3 \\ 0 & 0 & 0 & 0 \\ 0 & 0 & 0 & 0 \end{pmatrix} \Big\}\mathrm{rank}\,2$$

$\mathrm{rank}(A-4E)=2$ となる. よってジョルダン細胞は2個. A のジョルダン標準形 J は $J_1=J(4,2)+J(4,2)$ ㋐ または $J_2=J(4,1)+J(4,3)$ ㋑ のどちらかである.

$J=J_1$ とし, 変換行列を $\boldsymbol{P}=(\boldsymbol{p}_1\ \boldsymbol{p}_2\ \boldsymbol{p}_3\ \boldsymbol{p}_4)$ とすると,

$$\begin{cases} (A-4E)\boldsymbol{p}_1=\boldsymbol{o} \cdots ① & (A-4E)\boldsymbol{p}_3=\boldsymbol{o} \cdots ①' \\ (A-4E)\boldsymbol{p}_2=\boldsymbol{p}_1 \cdots ② & (A-4E)\boldsymbol{p}_4=\boldsymbol{p}_3 \cdots ②' \end{cases}$$

$$A-4E=\begin{pmatrix} -2 & 0 & -4 & -4 \\ 0 & 0 & 2 & 3 \\ 2 & 0 & 4 & 4 \\ -1 & 0 & -2 & -2 \end{pmatrix} \to \begin{pmatrix} 1 & 0 & 2 & 2 \\ 0 & 0 & 2 & 3 \\ 0 & 0 & 0 & 0 \\ 0 & 0 & 0 & 0 \end{pmatrix}$$

①, ①′ をみたす解 ${}^t(x_1\ x_2\ x_3\ x_4)$ のみたす条件式は,

$$\begin{cases} x_1+2x_3+2x_4=0 \\ 2x_3+3x_4=0 \end{cases}$$

$\boldsymbol{p}_1={}^t(2\alpha\ \beta\ -3\alpha\ 2\alpha)$ ㋒ と選べる. ②, ②′ が解をもつ条件は,

$$\left(\begin{array}{cccc|c} -2 & 0 & -4 & -4 & 2\alpha \\ 0 & 0 & 2 & 3 & \beta \\ 2 & 0 & 4 & 4 & -3\alpha \\ -1 & 0 & -2 & -2 & 2\alpha \end{array}\right) \xrightarrow[3行+1行]{4行\times2+3行} \left(\begin{array}{cccc|c} 1 & 0 & 2 & 2 & -\alpha \\ 0 & 0 & 2 & 3 & \beta \\ 0 & 0 & 0 & 0 & -\alpha \\ 0 & 0 & 0 & 0 & \alpha \end{array}\right) \cdots ⊛$$ が成り立つためには,

$\alpha=0$ をみたさなくてはならない (⊛の3行, 4行より). よって, $\boldsymbol{p}_1=\boldsymbol{p}_3=\begin{pmatrix} 0 \\ 1 \\ 0 \\ 0 \end{pmatrix}$ ㋓ となり, $\boldsymbol{p}_1, \boldsymbol{p}_3$ は1次独立なベクトルでなく, P は正則でない.

$\therefore\ J=J_2$ となる. 答

ポイント

㋐ $J_1=\left(\begin{array}{cc|cc} 4 & 1 & & \\ & 4 & & \\ \hline & & 4 & 1 \\ & & & 4 \end{array}\right)$

㋑ $J_2=\left(\begin{array}{c|ccc} 4 & & & \\ \hline & 4 & 1 & \\ & & 4 & 1 \\ & & & 4 \end{array}\right)$

$\left(\begin{array}{ccc|c} 4 & 1 & & \\ & 4 & 1 & \\ & & 4 & \\ \hline & & & 4 \end{array}\right)$ は, J_2 と同じものと考える.

㋒ $x_3=-3\alpha$, $x_4=2\alpha$ とおくと, $x_1=2\alpha$, $x_2=\beta$ とおける(自由度2より2つを α, β で表せる).

㋓ ㋒に $\alpha=0$ を代入. $\beta=1$ とおく.
①′ をみたす $\boldsymbol{p}_3$ も同様である.

練習問題　7-6　解答 p. 239

問題 7-[6] のとき, $J=P^{-1}AP$ となる P を求めよ.

問題 7-7 ▼ジョルダン標準形(4)(4次正方行列)

$$A=\begin{pmatrix}0&-1&-1&0\\-1&1&0&1\\2&1&2&-1\\-1&-1&-1&1\end{pmatrix}$$ のジョルダン行列 J をジョルダン細胞を用いて表せ.

●考え方●

$|A-xE|=(x-1)^4$ で固有値は1のみである.

$A-E$ の行式変形を行い $\mathrm{rank}(A-E)$ を求めジョルダン細胞の個数を求める.

解答

$$\left(\begin{array}{cccc|c}-1&-1&-1&0&b_1\\-1&0&0&1&b_2\\2&1&1&-1&b_3\\-1&-1&-1&0&b_4\end{array}\right)\to\left(\begin{array}{cccc|c}1&1&1&0&-b_1\\0&1&1&1&b_2-b_1\\0&-1&-1&-1&b_3+2b_1\\0&0&0&0&b_4-b_1\end{array}\right)$$

$$\to\left(\begin{array}{cccc|c}1&0&0&-1&-b_2\\0&1&1&1&b_2-b_1\\0&0&0&0&b_1+b_2+b_3\\0&0&0&0&b_4-b_1\end{array}\right)\cdots ⊛$$

$\mathrm{rank}(A-E)=2$ よりジョルダン細胞の個数 $=4-2=2$ である.

$J_1=J(1,1)+J(1,3)$ ㋐ または $J_2=J(1,2)+J(1,2)$ ㋑ の2通りの可能性が考えられる. J_2 のタイプであるとすると,

$$\begin{cases}(A-E)\boldsymbol{p}_1=\boldsymbol{o}&\cdots①\\(A-E)\boldsymbol{p}_2=\boldsymbol{p}_1&\cdots②\end{cases}\quad\begin{cases}(A-E)\boldsymbol{p}_3=\boldsymbol{o}&\cdots③\\(A-E)\boldsymbol{p}_4=\boldsymbol{p}_3&\cdots④\end{cases}$$

①, ③をみたす $\boldsymbol{p}_1,\boldsymbol{p}_3$ ㋒ は $\begin{cases}x_1-x_4=0\\x_2+x_3+x_4=0\end{cases}$

$x_4=\alpha$, $x_3=\beta$ とおくと, $x_1=\alpha$, $x_2=-\alpha-\beta$

$(A-E)\boldsymbol{x}=\boldsymbol{0}$ の一般解は, $\boldsymbol{b}={}^t(\alpha\ \ -\alpha-\beta\ \ \beta\ \ \alpha)$.

よって, 任意の α,β に対して, $(A-E)\boldsymbol{x}=\boldsymbol{b}$ ㋓ は解をもつ. 例えば, $(\alpha,\beta)=(1,0)$, $(\alpha,\beta)=(0,1)$ のとき, $\boldsymbol{p}_3={}^t(1\ -1\ 0\ 1)$, $\boldsymbol{p}_1={}^t(0\ -1\ 1\ 0)$ ㋔ の各々に対して, $\boldsymbol{p}_4,\boldsymbol{p}_2$ が存在する. ㋕ よって, ジョルダン行列は, J_2 で,

$$J_2=\left(\begin{array}{cc|cc}1&1&0&0\\0&1&0&0\\\hline 0&0&1&1\\0&0&0&1\end{array}\right)$$ 答

ポイント

㋐ $J_1=\left(\begin{array}{c|ccc}1&0&0&0\\\hline 0&1&1&0\\0&0&1&1\\0&0&0&1\end{array}\right)$

㋑ $J_2=\left(\begin{array}{cc|cc}1&1&0&0\\0&1&0&0\\\hline 0&0&1&1\\0&0&0&1\end{array}\right)$

㋒ ⊛で b_1,b_2,b_3,b_4 を0とおく.

㋓ $\boldsymbol{b}=\begin{pmatrix}\alpha\\-\alpha-\beta\\\beta\\\alpha\end{pmatrix}=\alpha\begin{pmatrix}1\\-1\\0\\1\end{pmatrix}+\beta\begin{pmatrix}0\\-1\\-1\\0\end{pmatrix}$

㋔ $\boldsymbol{p}_1,\boldsymbol{p}_3$ は1次独立.

㋕ $\boldsymbol{p}_2,\boldsymbol{p}_4$ は練習問題 7-7 で決定.

練習問題 7-7

解答 p. 239

問題 7-7のとき, $J=P^{-1}AP$ となる P を求めよ.

問題 7-8 ▼A^n と $\exp A$

問題 7-5 の行列 $A=\begin{pmatrix}5&-3&6\\1&1&2\\-1&1&0\end{pmatrix}$ について，

(1) 任意の自然数 n について，A^n を求めよ．

(2) $\exp A(=e^A)$ を求めよ．

●考え方●

(1) 問題 7-5 より決定した $J=P^{-1}AP$ を，$J=B+2E$ と分解して，J^n を求め，$A^n=PJ^nP^{-1}$ より決定する．

(2) p. 190 を参照．$\exp A=\sum_{n=0}^{\infty}\frac{1}{n!}A^n$ である．(1) A^n の利用．

解答

(1)

$J=P^{-1}AP=\begin{pmatrix}2&1&0\\0&2&0\\0&0&2\end{pmatrix}=\underset{㋐}{B}+2E$，$B^2=\boldsymbol{o}$ より，$B^n=\boldsymbol{o}$ $(n\geqq 2)$

2 項定理を用いて，$J^n=(B+2E)^n$

$$=\underset{㋑}{(2E)^n+n(2E)^{n-1}B}=\begin{pmatrix}2^n&n\cdot 2^{n-1}&0\\0&2^n&0\\0&0&2^n\end{pmatrix}\cdots①$$

一方，$J^n=\underset{㋒}{(P^{-1}AP)^n=P^{-1}A^nP}\cdots②$

①, ②より $P^{-1}A^nP=\begin{pmatrix}2^n&n\cdot 2^{n-1}&0\\0&2^n&0\\0&0&2^n\end{pmatrix}$

$$A^n=P\begin{pmatrix}2^n&n\cdot 2^{n-1}&0\\0&2^n&0\\0&0&2^n\end{pmatrix}\underset{㋓}{P^{-1}}$$

$$=\begin{pmatrix}3n\cdot 2^{n-1}+2^n&-3n\cdot 2^{n-1}&3n\cdot 2^n\\n\cdot 2^{n-1}&-n\cdot 2^{n-1}+2^n&n\cdot 2^n\\-n\cdot 2^{n-1}&n\cdot 2^{n-1}&-(n-1)\cdot 2^n\end{pmatrix}$$ 答

(2) $P^{-1}\underset{㋔}{(\exp A)}P=P^{-1}\left(\sum_{n=0}^{\infty}\frac{1}{n!}A^n\right)P=\sum_{n=0}^{\infty}\frac{1}{n!}\underset{㋕}{(P^{-1}A^nP)}$

$$=\sum_{n=0}^{\infty}\frac{1}{n!}\begin{pmatrix}2^n&n\cdot 2^{n-1}&0\\0&2^n&0\\0&0&2^n\end{pmatrix}=\underset{㋖}{\begin{pmatrix}e^2&e^2&0\\0&e^2&0\\0&0&e^2\end{pmatrix}}$$

$$\therefore\ \exp A=e^2P\begin{pmatrix}1&1&0\\0&1&0\\0&0&1\end{pmatrix}P^{-1}=e^2\begin{pmatrix}4&-3&6\\1&0&2\\-1&1&-1\end{pmatrix}$$ 答

ポイント

㋐ $B=\begin{pmatrix}0&1&0\\0&0&0\\0&0&0\end{pmatrix}$

㋑ $\begin{pmatrix}2^n&0&0\\0&2^n&0\\0&0&2^n\end{pmatrix}+\begin{pmatrix}0&n2^{n-1}&0\\0&0&0\\0&0&0\end{pmatrix}$

㋒ $(P^{-1}AP)^n=$

$P^{-1}AP\cdot P^{-1}AP\cdot\cdots\cdot P^{-1}AP$（$PP^{-1}=E$）

$=P^{-1}A^nP$

㋓ $P^{-1}=\begin{pmatrix}0&0&-1\\1&-1&2\\0&1&1\end{pmatrix}$

㋔ $\exp A=\sum_{n=0}^{\infty}\frac{1}{n!}A^n$

㋕ $P^{-1}A^nP=J^n$

㋖ ここで，$\sum_{n=0}^{\infty}\frac{2^n}{n!}$，

$\sum_{n=0}^{\infty}\frac{n\cdot 2^{n-1}}{n!}=\sum_{n=1}^{\infty}\frac{2^{n-1}}{(n-1)!}$ は，

$e^x=1+x+\frac{x^2}{2!}+\cdots+\frac{x^n}{n!}+\cdots$

に $x=2$ を代入して，ともに e^2 となる．

練習問題　7-8　解答 p. 240

練習問題 **7-5** $A=\begin{pmatrix}-1&2&1\\1&-1&-1\\-6&8&5\end{pmatrix}$ について，$\exp A$ を求めよ．

コラム7 ◆「行列力学」と「波動力学」

原子内の電子を記述する力学として「行列力学」と「波動力学」がある．

・「行列力学」は1925年ハイゼンベルクが提唱した．それは，電子の位置を表す変数などすべての物理量を単なる数値ではなく，行列で表現し，量子力学の体系を行列という数学形式で具体化したものである．

・「波動力学」は1926年シュレーディンガーが波動方程式とよばれる微分方程式を用いて，量子力学の体系を具体化したものである．

シュレーディンガーは「行列力学」と「波動力学」がその形式が異なるにもかかわらず，その計算結果は奇妙によく一致することに気づき，これは偶然ではないとみて，「波動力学」から「行列力学」を構成する試みを行って成功し，またその逆も成立することを示した．

この厳密な証明はまもなくディラックによって与えられ，二つの理論は一つに統一され，「量子力学」が創始された．

行列 A の異なる固有値を $\lambda_1, \lambda_2, \cdots, \lambda_n$ とし，λ_i の固有ベクトルを $\boldsymbol{p}_i$ とすると，$\boxed{A\boldsymbol{p}_i = \lambda_i \boldsymbol{p}_i}$ が成り立つ．そして，$P = (\boldsymbol{p}_1\ \boldsymbol{p}_2\ \cdots\ \boldsymbol{p}_n)$ とおくと，A は

$$P^{-1}AP = \begin{pmatrix} \lambda_1 & & & \boldsymbol{O} \\ & \lambda_2 & & \\ & & \ddots & \\ \boldsymbol{O} & & & \lambda_n \end{pmatrix}$$

と対角化することができた．

このことは，「行列 A を対角化する行列 P の決定は，A からひきおこされる線形変換によって，スカラー倍（固有値倍）されるだけであるようなベクトルを決定すればよい」…㊍ ことを意味している．

「行列力学」の主問題は一つの定まった行列を対角形に変換することにある．

「波動力学」の基本的問題は，一つの定まった線形変換によって，定数倍（固有値にあたる）されるだけのベクトル（固有ベクトル）を決定することである．

「行列力学」と「波動力学」が本質的に同じものであることが㊍の性質から理解できる．数学的には微分方程式の方が行列より取り扱いやすいので，現在ではもっぱら波動方程式が用いられ，その意味で「行列力学」はあくまで量子力学の誕生という歴史的な意味をもつものとされている．

Chapter 8

2 次形式

2 変数 x, y の 2 次形式 $f(x, y) = ax^2 + 2hxy + by^2$ を適当な直交行列を用いて，$f(x, y) = \lambda_1 x'^2 + \lambda_2 y'^2$（$\lambda_1, \lambda_2$：固有値）の標準形に変換することを学ぶ．

また，この考え方を適用し，平面上の 2 次曲線

$$f(x, y) = ax^2 + 2hxy + by^2 + 2gx + 2fy + c = 0$$

の標準化，および空間上の 2 次曲面の標準化を学ぶ．

基本事項

1　2 次形式（問題 8-1, 2）

❶ 2 次形式と標準形

2 変数 x, y の同次多項式

$f(x, y) = ax^2 + 2hxy + by^2$ を x, y の **2 次形式**という．

$f(x, y)$ は対称行列 $A = \begin{pmatrix} a & h \\ h & b \end{pmatrix}$ を用いて，

$$f(x, y) = ax^2 + 2hxy + by^2 = (x\ \ y)\begin{pmatrix} a & h \\ h & b \end{pmatrix}\begin{pmatrix} x \\ y \end{pmatrix}$$

$\boldsymbol{x} = \begin{pmatrix} x \\ y \end{pmatrix}$ とおくと，$f(x, y) = {}^t\boldsymbol{x}A\boldsymbol{x}$

直交行列 P をとって，$\boldsymbol{x} = P\boldsymbol{x}'$　$\boldsymbol{x}' = \begin{pmatrix} x' \\ y' \end{pmatrix}$ と変換すると，

《注意》$\left(P \text{ は回転行列}\quad P = \begin{pmatrix} \cos\theta & -\sin\theta \\ \sin\theta & \cos\theta \end{pmatrix} (0 \leqq \theta < 2\pi) \text{ となる．} \right)$

$$f(x, y) = {}^t(P\boldsymbol{x}')AP\boldsymbol{x}' = {}^t\boldsymbol{x}'\,{}^tPAP\boldsymbol{x}'$$

A は対称行列であるから，適当な直交行列 P で対角化でき，

${}^tPAP = \begin{pmatrix} \lambda_1 & 0 \\ 0 & \lambda_2 \end{pmatrix}$ （λ_1, λ_2 は A の固有値）とできる．

すなわち，

$$f(x, y) = (x'\ \ y')\begin{pmatrix} \lambda_1 & 0 \\ 0 & \lambda_2 \end{pmatrix}\begin{pmatrix} x' \\ y' \end{pmatrix} = \lambda_1 x'^2 + \lambda_2 y'^2$$

これを 2 次形式 $f(x, y)$ の**標準形**という．

一般に $x_1, x_2, \cdots, x_n$ の 2 次の同次多項式

$$f(x_1, x_2, \cdots, x_n) = a_{11}x_1{}^2 + a_{22}x_2{}^2 + \cdots + a_{nn}x_n{}^2 \\ + 2a_{12}x_1x_2 + 2a_{13}x_1x_3 + \cdots\cdots + 2a_{n-1\,n}x_{n-1}x_n$$

を $x_1, x_2, \cdots, x_n$ の **2 次形式**という．このとき，

$$A = \begin{pmatrix} a_{11} & a_{12} & \cdots & a_{1n} \\ a_{12} & a_{22} & \cdots & a_{2n} \\ \vdots & \vdots & & \vdots \\ a_{1n} & a_{2n} & \cdots & a_{nn} \end{pmatrix},\quad \boldsymbol{x} = \begin{pmatrix} x_1 \\ x_2 \\ \vdots \\ x_n \end{pmatrix}$$

として，$f(x_1, x_2, \cdots, x_n) = {}^t\boldsymbol{x}A\boldsymbol{x}$ と表される．

A が 0 でない r 個の固有値 $\lambda_1, \lambda_2, \cdots, \lambda_r$ をもてば，適当な直交行列 P をとって，

$$\boldsymbol{x} = P\boldsymbol{y},\quad \boldsymbol{y} = \begin{pmatrix} y_1 \\ y_2 \\ \vdots \\ y_n \end{pmatrix} \text{とおくと，}$$

$$f(\boldsymbol{x}) = {}^t\boldsymbol{x}A\boldsymbol{x} = {}^t(P\boldsymbol{y})AP\boldsymbol{y} = {}^t\boldsymbol{y}({}^tPAP)\boldsymbol{y}$$

$$= {}^t\boldsymbol{y}\begin{pmatrix} \lambda_1 & & & & & \\ & \lambda_2 & & & O & \\ & & \ddots & & & \\ & & & \lambda_r & & \\ & & & & 0 & \\ & O & & & & \ddots \\ & & & & & & 0 \end{pmatrix}\boldsymbol{y} = \lambda_1 {y_1}^2 + \lambda_2 {y_2}^2 + \cdots + \lambda_r {y_r}^2$$

と表される．これを **2 次形式の標準形**という．

以上のことをまとめると，

> **定理**
>
> 2 次形式 $f(\boldsymbol{x}) = {}^t\boldsymbol{x}A\boldsymbol{x}$ は適当な直交行列 P をとって，$\boldsymbol{x} = P\boldsymbol{y}$ とすると，
>
> $$f(\boldsymbol{x}) = \lambda_1 {\boldsymbol{y}_1}^2 + \lambda_2 {\boldsymbol{y}_2}^2 + \cdots + \lambda_r {\boldsymbol{y}_r}^2$$
>
> （$\lambda_1, \lambda_2, \cdots, \lambda_r$ は A の 0 でない固有値）
>
> の形に表すことができる．

このことにより，2 次形式 ${}^t\boldsymbol{x}P\boldsymbol{x}$ が平方の項のみを含むように変数を変換する問題は，${}^tPAP$ が対角行列となる問題に還元される．

2　2 次曲線の標準化（問題 8-3，4）

平面において，$f(x, y) = ax^2 + 2hxy + by^2 + 2gx + 2fy + c = 0 \cdots$ ⊛

で表される図形を **2 次曲線**という．これは，x, y の 2 次方程式として考えられるすべての項（x^2, xy, y^2, x, y, 定数）を含む．

曲線が対称の**中心**をもつ場合には，原点をこの中心に移す平行移動で，交換後の方程式が 1 次の項を含まないようになる（点 (α, β) が曲線上の点ならば，点 $(-\alpha, -\beta)$ も曲線上になければならないから）．

さらに，直交軸の回転を行って，xy の項を含まないようにすれば xy の項を含まない標準形に変形することができる．

❶ 回転移動

xy 軸平面の曲線 $ax^2+2hxy+by^2+c=0$ …① を考える．xy 座標軸を θ 回転 $\left(0<\theta<\dfrac{\pi}{2}\right)$ した座標軸を XY 軸とすると，①上の点 (x, y) は XY 軸上の点 (X, Y) を θ 回転して得られる．

点 (x, y) $\underset{\theta \text{回転}}{\overset{-\theta \text{回転}}{\rightleftarrows}}$ 点 (X, Y)

$$\begin{pmatrix} x \\ y \end{pmatrix}=\begin{pmatrix} \cos\theta & -\sin\theta \\ \sin\theta & \cos\theta \end{pmatrix}\begin{pmatrix} X \\ Y \end{pmatrix}=\begin{pmatrix} X\cos\theta-Y\sin\theta \\ X\sin\theta+Y\cos\theta \end{pmatrix}$$

これを①式に代入して，

$$\underbrace{(a\cos^2\theta+b\sin^2\theta+h\sin 2\theta)}_{A}X^2+\underbrace{(a\sin^2\theta+b\cos^2\theta-h\sin 2\theta)}_{B}Y^2$$
$$+\{2h\cos 2\theta-(a-b)\sin 2\theta\}XY+c=0\quad(c\neq 0)$$

〰〰 を 0 とする条件は，

$a=b$ のとき，$\theta=\dfrac{\pi}{4}$

$a\neq b$ のとき，$\tan 2\theta=\dfrac{2h}{a-b}$

このとき①は $AX^2+BY^2+c=0$ …② の標準形に変形できる．

A, B は $A+B=a+b$，$AB=ab-h^2$ が成り立ち，

$t^2-(a+b)t+ab-h^2=0$ の 2 解となる．

②は，

（i）$ab-h^2>0$ のとき，A, B は同符号で，だ円

（ii）$ab-h^2<0$ のとき，A, B は異符号で，双曲線

（iii）$ab-h^2=0$ のとき，A, B の一方が 0 で，放物線

となる．

2 次曲線判定条件

以後 $D=ab-h^2$ とおく．

また，h と A, B の関係は，$(A-B)\cdot h>0$ を得る．

$\left(\begin{array}{l}(\because)\ A-B=(a-b)\cos 2\theta+2h\sin 2\theta \text{ から} \\ \quad (A-B)h=(a-b)\cdot h\cos 2\theta+2h^2\sin 2\theta \\ \quad\quad =\dfrac{1}{2}(a-b)^2\cdot\sin 2\theta+2h^2\sin 2\theta>0 \end{array}\right.$ $\leftarrow h=\dfrac{1}{2}(a-b)\tan 2\theta$ $\left(0<\theta<\dfrac{\pi}{2}\right)$

このことより，$h>0$ のとき $A>B$ であり，$h<0$ のとき $A<B$ となる．

《注意》$c=0$ のとき，（ii）は相交わる 2 直線．（iii）は平行（一致も含む）な 2 直線．

❷ 2次形式の標準形の利用

p. 202 で 2 次形式 $ax^2 + 2hxy + by^2$ は行列 $A = \begin{pmatrix} a & h \\ h & b \end{pmatrix}$ を用いて A の固有値を λ_1, λ_2 とすると，それに対応する固有単位ベクトルを p. 204 の回転移動になるように選ぶことができる．このことで，①は $\lambda_1{}^2X^2 + \lambda_2 Y^2 + c = 0$ と変形できる．

❸ 平行移動

2 次曲線㊍（p. 203）の形のように 1 次の項を含む場合，平行移動

$$x = X + \alpha,\ \ y = Y + \beta$$

を行って，X, Y に関する方程式に変換して，X, Y の 1 次の項の係数を 0 とおけば，$aX^2 + 2hXY + by^2 + c = 0$ となり，これは p. 204 の①となり，標準形へ変形できる．$x = X + \alpha$，$y = Y + \beta$ を㊍に代入すると，

$$a(X+\alpha)^2 + 2h(X+\alpha)(Y+\beta) + b(Y+\beta)^2 + 2g(X+\alpha) + 2f(Y+\beta) + c = 0$$

X の係数　$a\alpha + h\beta + g = 0$

Y の係数　$h\alpha + b\beta + f = 0$

により，平行移動量（α, β）を確定できる．

3　2次曲面の標準化（問題 8-5）

空間において，

$$a_{11}x^2 + a_{22}y^2 + a_{33}z^2 + 2a_{12}xy + 2a_{13}xz + 2a_{23}yz + 2b_1x + 2b_2y + 2b_3z + c = 0$$

によって表される図形を2次曲面という．

2 次曲線のときと同様に平行移動し，1 次の項を 0 にし，2 次形式の標準形の方法を利用して，2 次曲面を標準形に変形する．

$$A = \begin{pmatrix} a_{11} & a_{12} & a_{13} \\ a_{12} & a_{22} & a_{23} \\ a_{13} & a_{23} & a_{33} \end{pmatrix},\ \ \boldsymbol{b} = \begin{pmatrix} b_1 \\ b_2 \\ b_3 \end{pmatrix},\ \ \boldsymbol{x} = \begin{pmatrix} x \\ y \\ z \end{pmatrix}$$

とおくと，

$$^t\boldsymbol{x}A\boldsymbol{x} + 2\cdot{}^t\boldsymbol{b}\boldsymbol{x} + c = 0$$

の形へ変形できる（問題 8-5 において確認してほしい）．A の固有値 $\lambda_1, \lambda_2, \lambda_3$ の値によって，さまざまな曲面に分類される．

問題 8-[1] ▼2次形式の行列表現

次の行列式を行列 A を用いて，${}^t\boldsymbol{x}A\boldsymbol{x}$ の形に表せ．

(1) $2x_1{}^2 - x_2{}^2 + 3x_3{}^2 - 4x_2x_3 + 8x_1x_2$

(2) $2x_1x_2 - 2x_1x_3 + x_1x_4 - 4x_2x_3 + x_2x_4 - 4x_3x_4$

(3) (エルミート形式)

$3\overline{x}_1x_1 + (2+3i)\overline{x}_1x_2 + (2-3i)\overline{x}_2x_1 - 2\overline{x}_2x_2$

●考え方● $\boldsymbol{x} = {}^t(x_1\ x_2\ x_3)$ を作る形で式を変形してみる．

解答

(1) (与式) $= x_1(2x_1 + \underset{㋐}{4x_2}) + x_2(-x_2 - 2x_3 + \underset{㋐}{4x_1})$
$+x_3(3x_3 - 2x_2)$

$$= (x_1\ x_2\ x_3)\begin{pmatrix} \underset{㋑}{2x_1 + 4x_2} \\ 4x_1 - x_2 - 2x_3 \\ -2x_2 + 3x_3 \end{pmatrix}$$

$$= (x_1\ x_2\ x_3)\begin{pmatrix} 2 & 4 & 0 \\ 4 & -1 & -2 \\ 0 & -2 & 3 \end{pmatrix}\begin{pmatrix} x_1 \\ x_2 \\ x_3 \end{pmatrix} = {}^t\boldsymbol{x}\begin{pmatrix} 2 & 4 & 0 \\ 4 & -1 & -2 \\ 0 & -2 & 3 \end{pmatrix}\boldsymbol{x}$$ 答

ポイント

㋐ $8x_1x_2$ を半分に分割し，x_1 と x_2 の項に分ける．

㋑ x_1, x_2, x_3 の係数 $(2, 4, 0)$ を行列の1行にとる．

(2) (与式) $= x_1\left(x_2 - x_3 + \frac{1}{2}x_4\right) + x_2\left(x_1 - 2x_3 + \frac{1}{2}x_4\right)$

$+ x_3(-x_1 - 2x_2 - 2x_4) + x_4\left(\frac{1}{2}x_1 + \frac{1}{2}x_2 - 2x_3\right)$

$$= (x_1\ x_2\ x_3\ x_4)\begin{pmatrix} x_2 - x_3 + \frac{1}{2}x_4 \\ x_1 - 2x_3 + \frac{1}{2}x_4 \\ -x_1 - 2x_2 - 2x_4 \\ \frac{1}{2}x_1 + \frac{1}{2}x_2 - 2x_3 \end{pmatrix} = (x_1\ x_2\ x_3\ x_4)\begin{pmatrix} 0 & 1 & -1 & \frac{1}{2} \\ 1 & 0 & -2 & \frac{1}{2} \\ -1 & -2 & 0 & -2 \\ \frac{1}{2} & \frac{1}{2} & -2 & 0 \end{pmatrix}\begin{pmatrix} x_1 \\ x_2 \\ x_3 \\ x_4 \end{pmatrix}$$ 答

(3) (与式) $= \overline{x_1}(3x_1 + (2+3i)x_2) + \overline{x_2}((2-3i)x_1 - 2x_2)$

$$= (\overline{x_1}\ \overline{x_2})\begin{pmatrix} 3x_1 + (2+3i)x_2 \\ (2-3i)x_1 - 2x_2 \end{pmatrix} = (\overline{x_1}\ \overline{x_2})\begin{pmatrix} 3 & 2+3i \\ 2-3i & -2 \end{pmatrix}\begin{pmatrix} x_1 \\ x_2 \end{pmatrix}$$

$$= {}^t\overline{\boldsymbol{x}}\begin{pmatrix} 3 & 2+3i \\ 2-3i & -2 \end{pmatrix}\boldsymbol{x}$$ 答

練習問題 8-1 解答 p. 240

2次形式 $3x_1{}^2 + 13x_2{}^2 + 45x_3{}^2 - 28x_2x_3 - 18x_3x_1 + 12x_1x_2$ を行列を用いて表し，変数変換 $\begin{pmatrix} x_1 \\ x_2 \\ x_3 \end{pmatrix} = \begin{pmatrix} 1 & -2 & 11 \\ 0 & 1 & -4 \\ 0 & 0 & 1 \end{pmatrix}\begin{pmatrix} y_1 \\ y_2 \\ y_3 \end{pmatrix}$ を行った関係式を求めよ．

問題 8-2 ▼ 2 次形式の標準形

$f(\boldsymbol{x}) = x_1^2 - 3x_2^2 + x_3^2 - 4x_1x_2 + 4x_1x_3 + 4x_2x_3$

を直交行列によって標準形になおせ.

●考え方●

$\boldsymbol{x} = {}^t(x_1\ x_2\ x_3)$ とおくと，2 次形式を行列で表すと ${}^t\boldsymbol{x}\begin{pmatrix} 1 & -2 & 2 \\ -2 & -3 & 2 \\ 2 & 2 & 1 \end{pmatrix}\boldsymbol{x}$.

$A = \begin{pmatrix} 1 & -2 & 2 \\ -2 & -3 & 2 \\ 2 & 2 & 1 \end{pmatrix}$ を直交行列により対角化する.

解答

$|A - \lambda E| = (3-\lambda)(1-\lambda)(5+\lambda) = 0$ より固有値は

$\lambda_1 = 3,\ \lambda_2 = 1,\ \lambda_3 = -5$

それぞれの固有単位ベクトルは,

$\boldsymbol{x}_1 = \dfrac{1}{\sqrt{2}}\begin{pmatrix} 1 \\ 0 \\ 1 \end{pmatrix}$㋐, $\boldsymbol{x}_2 = \dfrac{1}{\sqrt{3}}\begin{pmatrix} -1 \\ 1 \\ 1 \end{pmatrix}$, $\boldsymbol{x}_3 = \dfrac{1}{\sqrt{6}}\begin{pmatrix} -1 \\ -2 \\ 1 \end{pmatrix}$.

$P = \begin{pmatrix} \dfrac{1}{\sqrt{2}} & -\dfrac{1}{\sqrt{3}} & -\dfrac{1}{\sqrt{6}} \\ 0 & \dfrac{1}{\sqrt{3}} & -\dfrac{2}{\sqrt{6}} \\ \dfrac{1}{\sqrt{2}} & \dfrac{1}{\sqrt{3}} & \dfrac{1}{\sqrt{6}} \end{pmatrix}$ とおくと,

${}^tPAP = \begin{pmatrix} 3 & 0 & 0 \\ 0 & 1 & 0 \\ 0 & 0 & -5 \end{pmatrix}$, $\boldsymbol{y} = \begin{pmatrix} y_1 \\ y_2 \\ y_3 \end{pmatrix}$

とおき，変数変換 $\boldsymbol{x} = P\boldsymbol{y}$

${}^t\boldsymbol{x}A\boldsymbol{x} = {}^t\boldsymbol{y}\cdot({}^tPAP)\boldsymbol{y}$㋑ $= {}^t\boldsymbol{y}\begin{pmatrix} 3 & 0 & 0 \\ 0 & 1 & 0 \\ 0 & 0 & -5 \end{pmatrix}\boldsymbol{y}$

$= (3y_1\ \ y_2\ \ -5y_3)\begin{pmatrix} y_1 \\ y_2 \\ y_3 \end{pmatrix} = 3y_1^2 + y_2^2 - 5y_3^2$ 答

ポイント

㋐ $A - 3E = \begin{pmatrix} -2 & -2 & 2 \\ -2 & -6 & 2 \\ 2 & 2 & -2 \end{pmatrix}$

$\to \begin{pmatrix} -2 & -2 & 2 \\ 0 & -4 & 0 \\ 0 & 0 & 0 \end{pmatrix}$

$\to \begin{pmatrix} 1 & 1 & -1 \\ 0 & 1 & 0 \\ 0 & 0 & 0 \end{pmatrix}\begin{pmatrix} \alpha \\ \beta \\ \gamma \end{pmatrix}$

$\alpha + \beta - \gamma = 0,\ \beta = 0$

${}^t(\alpha\ \beta\ \gamma) = {}^t(1\ 0\ 1)$

の単位ベクトルは

$\boldsymbol{x}_1 = \dfrac{1}{\sqrt{2}}\begin{pmatrix} 1 \\ 0 \\ 1 \end{pmatrix}$

$\boldsymbol{x}_2, \boldsymbol{x}_3$ も同様に求める.

㋑ ${}^t\boldsymbol{x}A\boldsymbol{x} = {}^t(P\boldsymbol{y})A(P\boldsymbol{y})$

$= {}^t\boldsymbol{y}({}^tPAP)\boldsymbol{y}$

練習問題　8-2

解答 p. 241

$f(\boldsymbol{x}) = x_1^2 + 5x_2^2 - x_3^2 + 4\sqrt{2}x_1x_3$

を直交行列によって標準形になおせ.

問題 8-③ ▼2次曲線(1)

2次曲線 $7x^2+4xy+4y^2-24=0$ の形状を決定し，標準形を求め，標準形の概形をかけ．

●考え方●

2次曲線，$ax^2+2hxy+by^2-c=0$ において，$D=ab-h^2$ の符号により，2次曲線の形が判定できる（p. 204）．

2次曲線は x, y の1次の項を含まないので，

$7x^2+4xy+4y^2-24=(x\ \ y)\underbrace{\begin{pmatrix}7&2\\2&4\end{pmatrix}}_{A}\begin{pmatrix}x\\y\end{pmatrix}-24=0$ と表される．

解答

$7x^2+2\cdot 2xy+4y^2-24=0$ …①

$D=7\cdot 4-2^2=\underset{㋐}{24>0}$ から①はだ円となる．答

$A=\begin{pmatrix}7&2\\2&4\end{pmatrix}$ の固有値は $|A-\lambda E|=(\lambda-8)(\lambda-3)=0$

より $\lambda_1=8$，$\lambda_2=3$．おのおのの固有単位ベクトルを求めると，$\underset{㋑}{\boldsymbol{p}_1=\frac{1}{\sqrt{5}}\begin{pmatrix}2\\1\end{pmatrix}}$，$\boldsymbol{p}_2=\frac{1}{\sqrt{5}}\begin{pmatrix}-1\\2\end{pmatrix}$ より，

$\underset{㋒}{P=\frac{1}{\sqrt{5}}\begin{pmatrix}2&-1\\1&2\end{pmatrix}}$ とおける．

したがって，$\boldsymbol{x}=P\boldsymbol{x}'$

（$\boldsymbol{x}'={}^t(x'\ \ y')$）の変換により，

（《注意》
$a'x'^2+b'y'^2-24=0$
となるとき，$h>0$ より
$(a'-b')\cdot h>0$ から
$a'>b'$ となる．）

${}^tPAP=\begin{pmatrix}8&0\\0&3\end{pmatrix}$ となるから，

$7x^2+4xy+4y^2-24={}^t(P\boldsymbol{x}')A(P\boldsymbol{x}')-24$

$={}^t\boldsymbol{x}'({}^tPAP)\boldsymbol{x}'-24=(x'\ \ y')\begin{pmatrix}8&0\\0&3\end{pmatrix}\begin{pmatrix}x'\\y'\end{pmatrix}-24$

$=8x'^2+3y'^2-24=0$

2次曲線の標準形は，$8x'^2+3y'^2=24$

$\therefore\ \frac{x'^2}{(\sqrt{3})^2}+\frac{y'^2}{(2\sqrt{2})^2}=1$ 答

となり，グラフの概形は右図．

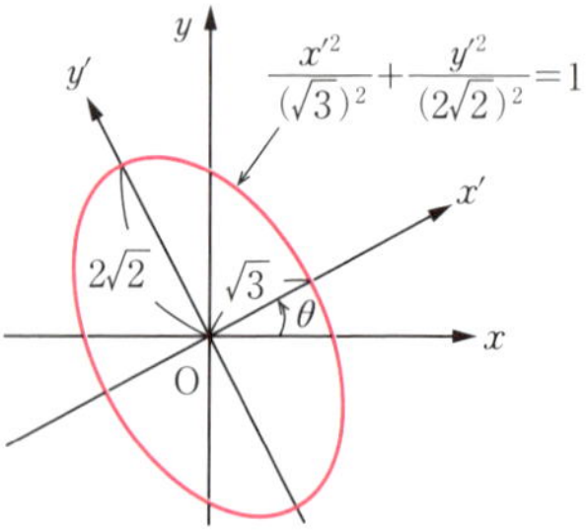

ポイント

㋐ p. 204 判定条件参照．

㋑ $A-8E=\begin{pmatrix}-1&2\\2&-4\end{pmatrix}$

$\to\begin{pmatrix}-1&2\\0&0\end{pmatrix}$

$-x_1+2x_2=0$

から固有ベクトルの1つは

$\begin{pmatrix}2\\1\end{pmatrix}\xrightarrow{\text{単位ベクトル}}\frac{1}{\sqrt{5}}\begin{pmatrix}2\\1\end{pmatrix}$

$\lambda=3$ のときも同様．

㋒ $\cos\theta=\frac{2}{\sqrt{5}}$，$\sin\theta=\frac{1}{\sqrt{5}}$

とおくと，

$P=\begin{pmatrix}\cos\theta&-\sin\theta\\\sin\theta&\cos\theta\end{pmatrix}$ で

θ 回転となる．

練習問題 8-3 解答 p. 241

2次曲線 $x^2-4xy-2y^2=-6$ の形状を決定し，標準形を求めよ．

問題 8-4 ▼ 2 次曲線(2)

次の 2 次曲線を標準形に変形せよ．$x^2+xy+y^2-2x-2y+1=0$ …㊟

●考え方●

$f(x,y)=x^2+2\cdot\left(\frac{1}{2}\right)xy+y^2-2x-2y+1$ とおく．$D=1\cdot1-\left(\frac{1}{2}\right)^2=\frac{3}{4}>0$ より，2 次曲線はだ円となる．$x=X+\alpha$，$y=Y+\beta$ とおく，平行移動し，1 次の項を 0 とする．

解答

$x=X+\alpha$，$y=Y+\beta$ を㊟に代入して

$$(X+\alpha)^2+(X+\alpha)(Y+\beta)+(Y+\beta)^2-2(X+\alpha)-2(Y+\beta)+1=0$$

X の係数 $=0$ から，$2\alpha+\beta-2=0$

Y の係数 $=0$ から，$\alpha+2\beta-2=0$

両式を解いて，$(\alpha,\beta)=\left(\frac{2}{3},\frac{2}{3}\right)$，$f\left(\frac{2}{3},\frac{2}{3}\right)=-\frac{1}{3}$

よって，平行移動 $X=x-\frac{2}{3}$，$Y=y-\frac{2}{3}$ を行って，

$$X^2+XY+Y^2-\frac{1}{3}=0 \quad ㋐$$

$A=\begin{pmatrix}1&\frac{1}{2}\\ \frac{1}{2}&1\end{pmatrix}$ とおくと，$|A-\lambda E|=\left(\lambda-\frac{3}{2}\right)\left(\lambda-\frac{1}{2}\right)=0$

より固有値 $\lambda_1=\frac{3}{2}$，$\lambda_2=\frac{1}{2}$．それぞれの固有単位ベクトルは，$\boldsymbol{p}_1=\begin{pmatrix}\frac{1}{\sqrt{2}}\\ \frac{1}{\sqrt{2}}\end{pmatrix}$，$\boldsymbol{p}_2=\begin{pmatrix}-\frac{1}{\sqrt{2}}\\ \frac{1}{\sqrt{2}}\end{pmatrix}$ と選べ，

$P=\begin{pmatrix}\frac{1}{\sqrt{2}}&-\frac{1}{\sqrt{2}}\\ \frac{1}{\sqrt{2}}&\frac{1}{\sqrt{2}}\end{pmatrix}$ とおく．$\boldsymbol{X}=P\boldsymbol{x}'$ の変換により，

$$X^2+XY+Y^2-\frac{1}{3}={}^t(P\boldsymbol{x}')A(P\boldsymbol{x})-\frac{1}{3}={}^t\boldsymbol{x}'({}^tPAP)\boldsymbol{x}-\frac{1}{3}$$

$$=(x'\ y')\begin{pmatrix}\frac{3}{2}&0\\0&\frac{1}{2}\end{pmatrix}\begin{pmatrix}x'\\y'\end{pmatrix}-\frac{1}{3}=\frac{3}{2}x'^2+\frac{1}{2}y'^2-\frac{1}{3}=0$$

よって，2 次曲線の標準形は，

$$\frac{3}{2}x'^2+\frac{1}{2}y'^2=\frac{1}{3} \qquad \therefore\ \frac{x'^2}{\left(\frac{\sqrt{2}}{3}\right)^2}+\frac{y'^2}{\left(\sqrt{\frac{2}{3}}\right)^2}=1$$ 答

ポイント

㋐ $aX^2+2hXY+bY^2+c=0$ のとき，$a=b=1$

$a=b$ より XY 軸を $\frac{\pi}{4}$ 回転した座標軸を $x'y'$ 軸とすると，

$$\begin{pmatrix}X\\Y\end{pmatrix}=\begin{pmatrix}\cos\frac{\pi}{4}&-\sin\frac{\pi}{4}\\ \sin\frac{\pi}{4}&\cos\frac{\pi}{4}\end{pmatrix}\begin{pmatrix}x'\\y'\end{pmatrix}=\begin{pmatrix}\frac{1}{\sqrt{2}}&-\frac{1}{\sqrt{2}}\\ \frac{1}{\sqrt{2}}&\frac{1}{\sqrt{2}}\end{pmatrix}\begin{pmatrix}x'\\y'\end{pmatrix}$$

$$\begin{cases}X=\frac{1}{\sqrt{2}}(x'-y')\\ Y=\frac{1}{\sqrt{2}}(x'+y')\end{cases}$$

を代入して，

$$\frac{3}{2}x'^2+\frac{1}{2}y'^2=\frac{1}{3}$$

と標準形になる．

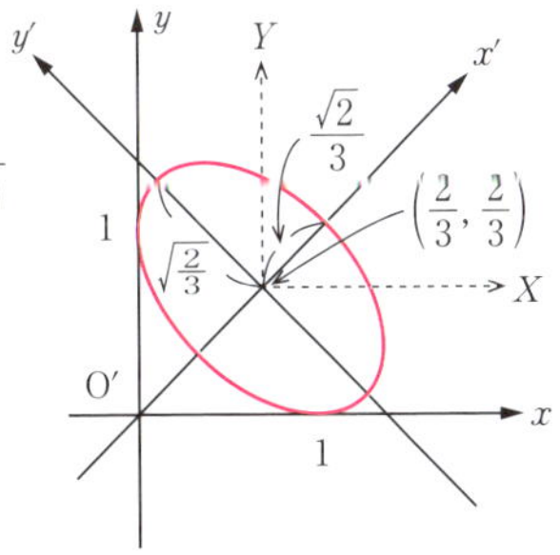

グラフは上図．

練習問題 8-4　解答 p. 241

次の 2 次曲線を標準形に変形せよ．$3x^2+10xy+3y^2-38x-42y+85=0$ …㊟

問題 8-5 ▼2次曲面

2次曲面

$x^2 - y^2 + z^2 - 2yz - 2xy - 2x + 2y - 2z - 5 = 0 \quad \cdots ⊛$

を標準形に変形せよ．

●考え方●

$x = X + \alpha,\ y = Y + \beta,\ z = Z + \gamma$ で平行移動し，α, β, γ を決定．後は2次形式の標準化の適用．

解答

$x = X + \alpha,\ y = Y + \beta,\ z = Z + \gamma$ を⊛に代入して，

$$(X+\alpha)^2 - (Y+\beta)^2 + (Z+\gamma)^2 - 2(Y+\beta)(Z+\gamma)$$
$$-2(X+\alpha)(Y+\beta) - 2(X+\alpha) + 2(Y+\beta)$$
$$-2(Z+\gamma) - 5 = 0$$

X の係数 $= 0$ より，$\alpha - \beta - 1 = 0$

Y の係数 $= 0$ より，$\alpha + \beta + \gamma - 1 = 0$

Z の係数 $= 0$ より，$-\beta + \gamma - 1 = 0$

これを解いて，$\alpha = \dfrac{2}{3},\ \beta = -\dfrac{1}{3},\ \gamma = \dfrac{2}{3}$

⊛の左辺を $f(x, y, z)$ とおくと，$f\left(\dfrac{2}{3}, -\dfrac{1}{3}, \dfrac{2}{3}\right) = -\dfrac{20}{3}$

よって，⊛は $\underset{\sim\sim\sim}{X^2 - Y^2 + Z^2 - 2YZ - 2XY} - \dfrac{20}{3} = 0 \quad \cdots ①$

①の $\sim\sim$ を行列 A を用いて，${}^t\boldsymbol{X}A\boldsymbol{X}$ ㋐ の形に表す．

A の固有値は㋑ $\lambda_1 = 1,\ \lambda_2 = \sqrt{3},\ \lambda_3 = -\sqrt{3}$．それぞれの固有ベクトルを $\boldsymbol{p}_1, \boldsymbol{p}_2, \boldsymbol{p}_3$ と選び，$P = (\boldsymbol{p}_1\ \boldsymbol{p}_2\ \boldsymbol{p}_3)$ とおくと，$\boldsymbol{X} = P\boldsymbol{X}'$ $(\boldsymbol{X}' = {}^t(x', y', z'))$ より

$${}^t\boldsymbol{X}A\boldsymbol{X} = {}^t(P\boldsymbol{X}')A(P\boldsymbol{X}') = {}^t\boldsymbol{X}'({}^tPAP)\boldsymbol{X}'$$

$$= {}^t(x'\ y'\ z')\begin{pmatrix} 1 & 0 & 0 \\ 0 & \sqrt{3} & 0 \\ 0 & 0 & -\sqrt{3} \end{pmatrix}\begin{pmatrix} x' \\ y' \\ z' \end{pmatrix} = x'^2 + \sqrt{3}y'^2 - \sqrt{3}z'^2$$

よって，① $\Leftrightarrow$ $x'^2 + \sqrt{3}y'^2 - \sqrt{3}z'^2 - \dfrac{20}{3} = 0$ ㋒ 答

ポイント

㋐ ${}^t\boldsymbol{X} = (X, Y, Z)$

$$A = \begin{pmatrix} 1 & -1 & 0 \\ -1 & -1 & -1 \\ 0 & -1 & 1 \end{pmatrix}$$

㋑ $|A - \lambda E|$
$= -(\lambda - 1)(\lambda^2 - 3) = 0$
から $\lambda = 1,\ \lambda = \pm\sqrt{3}$

㋒ 1葉双曲面とよぶ．
⊛で $z = 0$ との断面の切り口は，$x^2 - y^2 - 2xy - 2x + 2y - 5 = 0$
$D = 1 \cdot (-1) - (-1)^2 = -2 < 0$ より
双曲線となる．

練習問題 8-5

解答 p. 241

2次曲面　$5x^2 + 3y^2 + 3z^2 + 2yz + 2zx + 2xy - 4y - 8z + 5 = 0 \quad \cdots ⊛$

を標準形に変形せよ．

練習問題解答

Chapter 1　行列

練習問題 1-1

(1) $A\,{}^tA = (a_1\ a_2\ \cdots\ a_n)\cdot\begin{pmatrix} a_1 \\ a_2 \\ \vdots \\ a_n \end{pmatrix}$

$= a_1{}^2 + a_2{}^2 + \cdots + a_n{}^2$　…(答)

${}^tAA = \begin{pmatrix} a_1 \\ a_2 \\ \vdots \\ a_n \end{pmatrix}(a_1\ a_2\ \cdots\ a_n)$

$= \begin{pmatrix} a_1{}^2 & a_1a_2 & \cdots & a_1a_n \\ a_2a_1 & a_2{}^2 & \cdots & a_2a_n \\ \cdots & \cdots & \cdots & \cdots \\ a_na_1 & a_na_2 & \cdots & a_n{}^2 \end{pmatrix}$　…(答)

(2) $A^2 = \begin{pmatrix} 1 & a \\ 0 & 1 \end{pmatrix}\begin{pmatrix} 1 & a \\ 0 & 1 \end{pmatrix} = \begin{pmatrix} 1 & 2a \\ 0 & 1 \end{pmatrix}$　…(答)

$A^3 = A\cdot A^2 = \begin{pmatrix} 1 & a \\ 0 & 1 \end{pmatrix}\begin{pmatrix} 1 & 2a \\ 0 & 1 \end{pmatrix} = \begin{pmatrix} 1 & 3a \\ 0 & 1 \end{pmatrix}$…(答)

$B^2 = \begin{pmatrix} 0 & a & b \\ 0 & 0 & c \\ 0 & 0 & 0 \end{pmatrix}\begin{pmatrix} 0 & a & b \\ 0 & 0 & c \\ 0 & 0 & 0 \end{pmatrix} = \begin{pmatrix} 0 & 0 & ac \\ 0 & 0 & 0 \\ 0 & 0 & 0 \end{pmatrix}$

…(答)

$B^3 = B\cdot B^2$

$= \begin{pmatrix} 0 & a & b \\ 0 & 0 & c \\ 0 & 0 & 0 \end{pmatrix}\begin{pmatrix} 0 & 0 & ac \\ 0 & 0 & 0 \\ 0 & 0 & 0 \end{pmatrix} = \begin{pmatrix} 0 & 0 & 0 \\ 0 & 0 & 0 \\ 0 & 0 & 0 \end{pmatrix}$

…(答)

練習問題 1-2

$BA = \begin{pmatrix} -7 & 12 \\ 3 & -8 \end{pmatrix}$ より

・$(BA)C = \begin{pmatrix} -7 & 12 \\ 3 & -8 \end{pmatrix}\begin{pmatrix} 1 & 3 \\ 2 & -1 \end{pmatrix}$

$= \begin{pmatrix} -7+24 & -21-12 \\ 3-16 & 9+8 \end{pmatrix} = \begin{pmatrix} 17 & -33 \\ -13 & 17 \end{pmatrix}$

…㋐

一方 $AC = \begin{pmatrix} -1 & 2 \\ 1 & -3 \\ -2 & 0 \end{pmatrix}\begin{pmatrix} 1 & 3 \\ 2 & -1 \end{pmatrix}$

$= \begin{pmatrix} -1+4 & -3-2 \\ 1-6 & 3+3 \\ -2+0 & -6+0 \end{pmatrix} = \begin{pmatrix} 3 & -5 \\ -5 & 6 \\ -2 & -6 \end{pmatrix}$

・$B(AC) = \begin{pmatrix} 3 & -2 & 1 \\ -1 & 2 & 0 \end{pmatrix}\begin{pmatrix} 3 & -5 \\ -5 & 6 \\ -2 & -6 \end{pmatrix}$

$= \begin{pmatrix} 9+10-2 & -15-12-6 \\ -3-10+0 & 5+12+0 \end{pmatrix}$

$= \begin{pmatrix} 17 & -33 \\ -13 & 17 \end{pmatrix}$ …㋑

㋐, ㋑より $(BA)C = B(AC)$ が成り立つ.

練習問題 1-3

$A + {}^tA = \begin{pmatrix} 4 & 2 & 2 & -1 \\ 3 & -1 & 1 & 0 \\ -2 & 3 & 2 & 1 \\ 1 & 5 & 3 & 2 \end{pmatrix} + \begin{pmatrix} 4 & 3 & -2 & 1 \\ 2 & -1 & 3 & 5 \\ 2 & 1 & 2 & 3 \\ -1 & 0 & 1 & 2 \end{pmatrix}$

$= \begin{pmatrix} 8 & 5 & 0 & 0 \\ 5 & -2 & 4 & 5 \\ 0 & 4 & 4 & 4 \\ 0 & 5 & 4 & 4 \end{pmatrix}$

$A - {}^tA = \begin{pmatrix} 4 & 2 & 2 & -1 \\ 3 & -1 & 1 & 0 \\ -2 & 3 & 2 & 1 \\ 1 & 5 & 3 & 2 \end{pmatrix} - \begin{pmatrix} 4 & 3 & -2 & 1 \\ 2 & -1 & 3 & 5 \\ 2 & 1 & 2 & 3 \\ -1 & 0 & 1 & 2 \end{pmatrix}$

$= \begin{pmatrix} 0 & -1 & 4 & -2 \\ 1 & 0 & -2 & -5 \\ -4 & 2 & 0 & -2 \\ 2 & 5 & 2 & 0 \end{pmatrix}$

$\therefore\ A = \dfrac{1}{2}\begin{pmatrix} 8 & 5 & 0 & 0 \\ 5 & -2 & 4 & 5 \\ 0 & 4 & 4 & 4 \\ 0 & 5 & 4 & 4 \end{pmatrix}$

$+ \dfrac{1}{2}\begin{pmatrix} 0 & -1 & 4 & -2 \\ 1 & 0 & -2 & -5 \\ -4 & 2 & 0 & -2 \\ 2 & 5 & 2 & 0 \end{pmatrix}$　…(答)

練習問題 1-4

$a^2 + b^2 + c^2 + d^2 = 1$ であるから各行の要素の平方の和は1になり，また，1行，2行の行ベクトルの内積は

$(-a)(-b) + (-b)(a) + (-c)(d) + (d)(c) = 0$

他の4つが内積がいずれも0になる．よって，行列は直交行列となる．

練習問題 1-5

A が直交行列より $A{}^tA = E$ をみたす．よって ${}^tA$ が A の逆行列になる．

$$\therefore\ A^{-1} = {}^tA = \begin{pmatrix} a_{11} & a_{21} & \cdots & a_{n1} \\ a_{12} & a_{22} & \cdots & a_{n2} \\ & \cdots\cdots\cdots & & \\ a_{1n} & a_{2n} & \cdots & a_{nn} \end{pmatrix} \cdots(\text{答})$$

練習問題 1-6

$A + A^*$

$$= \begin{pmatrix} 1+i & 2+2i & 4 \\ 0 & 2+2i & 1-i \\ -6i & -1+i & 0 \end{pmatrix} + \begin{pmatrix} 1-i & 0 & 6i \\ 2-2i & 2-2i & -1-i \\ 4 & 1+i & 0 \end{pmatrix}$$

$$= \begin{pmatrix} 2 & 2+2i & 4+6i \\ 2-2i & 4 & -2i \\ 4-6i & 2i & 0 \end{pmatrix}$$

$A - A^*$

$$= \begin{pmatrix} 1+i & 2+2i & 4 \\ 0 & 2+2i & 1-i \\ -6i & -1+i & 0 \end{pmatrix} - \begin{pmatrix} 1-i & 0 & 6i \\ 2-2i & 2-2i & -1-i \\ 4 & 1+i & 0 \end{pmatrix}$$

$$= \begin{pmatrix} 2i & 2+2i & 4-6i \\ -2+2i & 4i & 2 \\ -4-6i & -2 & 0 \end{pmatrix}$$

$$\therefore\ A = \frac{1}{2}\{(A + A^*) + (A - A^*)\}$$

$$= \begin{pmatrix} 1 & 1+i & 2+3i \\ 1-i & 2 & -i \\ 2-3i & i & 0 \end{pmatrix} + \begin{pmatrix} i & 1+i & 2-3i \\ -1+i & 2i & 1 \\ -2-3i & -1 & 0 \end{pmatrix}$$

$\cdots$(答)

練習問題 1-7

A^*A

$$= \begin{pmatrix} \frac{i}{2} & \frac{1}{2} & \bar{\alpha} \\ \frac{1}{\sqrt{2}} & \frac{i}{\sqrt{2}} & \bar{\beta} \\ \frac{i}{2} & \frac{1}{2} & \bar{\gamma} \end{pmatrix} \begin{pmatrix} -\frac{i}{2} & \frac{1}{\sqrt{2}} & -\frac{i}{2} \\ \frac{1}{2} & -\frac{i}{\sqrt{2}} & \frac{1}{2} \\ \alpha & \beta & \gamma \end{pmatrix}$$

$$= \begin{pmatrix} 1 & 0 & 0 \\ 0 & 1 & 0 \\ 0 & 0 & 1 \end{pmatrix}$$

A^*A の i 行 $\times$ j 列の積で，

・1 行 × 1 列

$$\frac{i}{2}\left(-\frac{i}{2}\right) + \frac{1}{2}\left(\frac{1}{2}\right) + \alpha\cdot\bar{\alpha} = 1$$

$$\Leftrightarrow \frac{1}{4} + \frac{1}{4} + |\alpha|^2 = 1,\ |\alpha|^2 = \frac{1}{2}$$

$$\therefore\ |\alpha| = \frac{1}{\sqrt{2}}$$

・2 行 × 2 列

$$\frac{1}{\sqrt{2}}\left(\frac{1}{\sqrt{2}}\right) + \frac{i}{\sqrt{2}}\left(-\frac{i}{\sqrt{2}}\right) + \bar{\beta}\beta = 1$$

$$\Leftrightarrow 1 + |\beta|^2 = 1 \quad \therefore\ |\beta| = 0$$

$$\therefore\ \beta = 0$$

・3 行 × 3 列

$$\frac{i}{2}\left(-\frac{i}{2}\right) + \frac{1}{2}\left(\frac{1}{2}\right) + \bar{\gamma}\gamma = 1$$

$$\Leftrightarrow \frac{1}{2} + |\gamma|^2 = 1 \quad \therefore\ |\gamma| = \frac{1}{\sqrt{2}}$$

・1 行 × 3 列

$$\frac{i}{2}\left(-\frac{i}{2}\right) + \frac{1}{2}\left(\frac{1}{2}\right) + \bar{\alpha}\gamma = 0$$

$$\bar{\alpha}\gamma = -\frac{1}{2}$$

α は $|\alpha| = \frac{1}{\sqrt{2}}$ より

$$\alpha = \frac{1}{\sqrt{2}}(\cos\theta + i\sin\theta) \quad (\theta\text{ は任意の実数})$$

とおけ，

$$\gamma = -\frac{1}{2}\cdot\frac{1}{\bar{\alpha}} = -\frac{1}{\sqrt{2}}\frac{1}{\cos\theta - i\sin\theta}$$

$$= -\frac{1}{\sqrt{2}}(\cos\theta + i\sin\theta)$$

$$\therefore\ \alpha = \frac{1}{\sqrt{2}}(\cos\theta + i\sin\theta),\ \beta = 0,$$

$$\gamma = -\frac{1}{\sqrt{2}}(\cos\theta + i\sin\theta)$$

(θ は任意の実数) $\cdots$(答)

練習問題 1-8

次のように小行列に分割し計算する．

$$(\text{与式}) = \left(\begin{array}{cc|cc} 3 & -2 & 0 & -1 \\ 4 & 2 & 3 & 2 \\ \hline 0 & 0 & 1 & 0 \\ 0 & 0 & 0 & 1 \end{array}\right)\left(\begin{array}{cc|cc} 4 & 1 & 2 & 5 \\ 3 & -1 & 7 & -3 \\ \hline 1 & 0 & 3 & 7 \\ 0 & 1 & -2 & 4 \end{array}\right)$$

$$= \begin{pmatrix} A_{11} & A_{12} \\ O & E \end{pmatrix}\begin{pmatrix} B_{11} & B_{12} \\ E & B_{22} \end{pmatrix}$$

$$= \begin{pmatrix} A_{11}B_{11}+A_{12} & A_{11}B_{12}+A_{12}B_{22} \\ E & B_{22} \end{pmatrix}$$

$$A_{11}B_{11}+A_{12} = \begin{pmatrix} 3 & -2 \\ 4 & 2 \end{pmatrix}\begin{pmatrix} 4 & 1 \\ 3 & -1 \end{pmatrix} + \begin{pmatrix} 0 & -1 \\ 3 & 2 \end{pmatrix}$$

$$= \begin{pmatrix} 6 & 5 \\ 22 & 2 \end{pmatrix} + \begin{pmatrix} 0 & -1 \\ 3 & 2 \end{pmatrix} = \begin{pmatrix} 6 & 4 \\ 25 & 4 \end{pmatrix}$$

$A_{11}B_{12}+A_{12}B_{22}$

$$= \begin{pmatrix} 3 & -2 \\ 4 & 2 \end{pmatrix}\begin{pmatrix} 2 & 5 \\ 7 & -3 \end{pmatrix} + \begin{pmatrix} 0 & -1 \\ 3 & 2 \end{pmatrix}\begin{pmatrix} 3 & 7 \\ -2 & 4 \end{pmatrix}$$

$$= \begin{pmatrix} -8 & 21 \\ 22 & 14 \end{pmatrix} + \begin{pmatrix} 2 & -4 \\ 5 & 29 \end{pmatrix} = \begin{pmatrix} -6 & 17 \\ 27 & 43 \end{pmatrix}$$

$$\therefore \text{(与式)} = \begin{pmatrix} 6 & 4 & -6 & 17 \\ 25 & 4 & 27 & 43 \\ 1 & 0 & 3 & 7 \\ 0 & 1 & -2 & 4 \end{pmatrix} \quad \cdots\text{(答)}$$

練習問題 1-9

$AB - BA = aE \quad \cdots①$

①の左辺のトレースを取ると，**問題** 1-⑨の性質より，

$$\mathrm{tr}(AB - BA) = \mathrm{tr}(AB) - \mathrm{tr}(BA)$$
$$= \mathrm{tr}(AB) - \mathrm{tr}(AB) = 0 \quad \cdots②$$

一方①の右辺は

$\mathrm{tr}(aE) = na \quad \cdots③$

②，③より

$na = 0 \qquad \therefore a = 0$

$\therefore AB = BA$ ■

練習問題 1-10

(1) 与式を行列で表すと

$$\begin{pmatrix} a & -1 \\ 2 & a \end{pmatrix}\begin{pmatrix} x \\ y \end{pmatrix} = \begin{pmatrix} 1 \\ 3a \end{pmatrix} \quad \cdots①$$

$$\begin{pmatrix} a & -1 \\ 2 & a \end{pmatrix}^{-1} = \frac{1}{a^2+2}\begin{pmatrix} a & 1 \\ -2 & a \end{pmatrix}$$

を①式の両辺に左から乗じると，

$$\begin{pmatrix} x \\ y \end{pmatrix} = \frac{1}{a^2+2}\begin{pmatrix} a & 1 \\ -2 & a \end{pmatrix}\begin{pmatrix} 1 \\ 3a \end{pmatrix}$$
$$= \frac{1}{a^2+2}\begin{pmatrix} 4a \\ 3a^2-2 \end{pmatrix}$$

$$\therefore x = \frac{4a}{a^2+2},\ y = \frac{3a^2-2}{a^2+2} \quad \cdots\text{(答)}$$

(2) 与式を行列で表すと

$$\begin{pmatrix} a & 1 \\ 1 & a \end{pmatrix}\begin{pmatrix} x \\ y \end{pmatrix} = \begin{pmatrix} 2 \\ a+1 \end{pmatrix} \quad \cdots②$$

$A = \begin{pmatrix} a & 1 \\ 1 & a \end{pmatrix}$とおくと，$\det A = a^2 - 1$

$\det A = a^2 - 1 = 0$となるaは$a = \pm 1$

（i）$a \neq \pm 1$のとき，②の両辺に左からA^{-1}を乗じると，

$$\begin{pmatrix} x \\ y \end{pmatrix} = \frac{1}{a^2-1}\begin{pmatrix} a & -1 \\ -1 & a \end{pmatrix}\begin{pmatrix} 2 \\ a+1 \end{pmatrix}$$
$$= \frac{1}{a^2-1}\begin{pmatrix} a-1 \\ a^2+a-2 \end{pmatrix}$$
$$= \frac{1}{a+1}\begin{pmatrix} 1 \\ a+2 \end{pmatrix} = \begin{pmatrix} \dfrac{1}{a+1} \\ \dfrac{a+2}{a+1} \end{pmatrix}$$

$$\therefore x = \frac{1}{a+1},\ y = \frac{a+2}{a+1} \quad \cdots\text{(答)}$$

（ii）$a = 1$のとき，

② $\Leftrightarrow \begin{cases} x + y = 2 \\ x + y = 2 \end{cases}$ となり2式は一致するから解は無数にある．

$\therefore x = t,\ y = 2 - t$ （t：任意の実数） …(答)

（iii）$a = -1$のとき，

② $\Leftrightarrow \begin{cases} -x + y = 2 \\ x - y = 0 \end{cases}$ となり解はない …(答)

練習問題 1-11

$AX + BX = AB \Leftrightarrow (A+B)X = AB \quad \cdots①$

$$A + B = \begin{pmatrix} 1 & 0 \\ 2 & 1 \end{pmatrix} + \begin{pmatrix} 1 & 1 \\ 3 & 2 \end{pmatrix} = \begin{pmatrix} 2 & 1 \\ 5 & 3 \end{pmatrix}$$

$\det(A+B) = 2\cdot 3 - 1\cdot 5 = 1$より$A+B$の逆行列は存在する．$(A+B)^{-1} = \begin{pmatrix} 3 & -1 \\ -5 & 2 \end{pmatrix}$を①の左辺から乗じると，

$$X = \begin{pmatrix} 3 & -1 \\ -5 & 2 \end{pmatrix}\begin{pmatrix} 1 & 0 \\ 2 & 1 \end{pmatrix}\begin{pmatrix} 1 & 1 \\ 3 & 2 \end{pmatrix}$$
$$= \begin{pmatrix} 3 & -1 \\ -5 & 2 \end{pmatrix}\begin{pmatrix} 1 & 1 \\ 5 & 4 \end{pmatrix} = \begin{pmatrix} -2 & -1 \\ 5 & 3 \end{pmatrix} \cdots\text{(答)}$$

練習問題 1-12

ケーリー・ハミルトンの定理から

$$A^2-2aA+(a^2+b^2)E=O$$
$$\Leftrightarrow A^2=2aA-(a^2+b^2)E \quad \cdots①$$

両辺に A を乗じて,

$$A^3=2aA^2-(a^2+b^2)A$$

$A^3=-E$ と①を上式に代入して,

$$-E=2a\{2aA-(a^2+b^2)E\}-(a^2+b^2)A$$
$$\Leftrightarrow (3a^2-b^2)A=\{2a(a^2+b^2)-1\}E \quad \cdots②$$

(i) $3a^2-b^2=0$ のとき,

$$2a(a^2+b^2)-1=0$$

両式から $8a^3=1$

$$\therefore\ a=\frac{1}{2},\ b=\pm\frac{\sqrt{3}}{2}$$

(ii) $3a^2-b^2\neq 0$ のとき, ②より,

$$A=kE\left(k=\frac{2a(a^2+b^2)-1}{3a^2-b^2}\right)$$

よって, $A^3=k^3E$

$$k^3E=-E,\ (k^3+1)E=0$$

$k=-1$ となり $A=\begin{pmatrix}-1 & 0\\ 0 & -1\end{pmatrix}$

$$\therefore\ a=-1,\ b=0$$

以上より

$$(a,b)=\left(\frac{1}{2},\frac{\sqrt{3}}{2}\right),\ \left(\frac{1}{2},-\frac{\sqrt{3}}{2}\right),\ (-1,0)$$

…(答)

練習問題 1-13

$P^{-1}=\dfrac{1}{2}\begin{pmatrix}1 & -1\\ 1 & 1\end{pmatrix}$ から

$$P^{-1}AP=\frac{1}{2}\begin{pmatrix}1 & -1\\ 1 & 1\end{pmatrix}\begin{pmatrix}2 & 1\\ 1 & 2\end{pmatrix}\begin{pmatrix}1 & 1\\ -1 & 1\end{pmatrix}$$
$$=\begin{pmatrix}1 & 0\\ 0 & 3\end{pmatrix}$$

$$(P^{-1}AP)^n=\begin{pmatrix}1 & 0\\ 0 & 3\end{pmatrix}^n=\begin{pmatrix}1 & 0\\ 0 & 3^n\end{pmatrix}$$

から $P^{-1}A^nP=\begin{pmatrix}1 & 0\\ 0 & 3^n\end{pmatrix}$

$$\therefore\ A^n=P\begin{pmatrix}1 & 0\\ 0 & 3^n\end{pmatrix}P^{-1}$$
$$=\begin{pmatrix}\dfrac{3^n+1}{2} & \dfrac{3^n-1}{2}\\ \dfrac{3^n-1}{2} & \dfrac{3^n+1}{2}\end{pmatrix}$$

…(答)

練習問題 1-14

(1) ケーリー・ハミルトンの定理より

$$A^2+A+E=O,\ A^2=-A-E$$

両辺に A を乗じて,

$$A^3=-(A^2+A)=-(-E)=E$$

よって,

$$A^{200}=\underbrace{(A^3)^{66}}_{=E}\cdot A^2=A^2$$
$$=-A-E$$
$$=\begin{pmatrix}-1 & -1\\ 3 & 2\end{pmatrix}-\begin{pmatrix}1 & 0\\ 0 & 1\end{pmatrix}=\begin{pmatrix}-2 & -1\\ 3 & 1\end{pmatrix}$$

…(答)

(2) k：自然数で,

(i) $n=3k$ のとき,

$$A^n=(A^3)^k=E=\begin{pmatrix}1 & 0\\ 0 & 1\end{pmatrix}$$ …(答)

(ii) $n=3k-1$ のとき,

$$A^n=A^{3k-1}=\underbrace{(A^3)^{k-1}}_{=E}\cdot A^2=A^2$$
$$=\begin{pmatrix}-2 & -1\\ 3 & 1\end{pmatrix}$$ …(答)

(iii) $n=3k-2$ のとき,

$$A^n=A^{3k-2}=\underbrace{(A^3)^{k-1}}_{=E}\cdot A=A$$
$$=\begin{pmatrix}1 & 1\\ -3 & -2\end{pmatrix}$$ …(答)

練習問題 1-15

・$A\begin{pmatrix}1\\ 0\end{pmatrix}=4\begin{pmatrix}1\\ 0\end{pmatrix}$ から

$$A^2\begin{pmatrix}1\\ 0\end{pmatrix}=4A\begin{pmatrix}1\\ 0\end{pmatrix}=4^2\begin{pmatrix}1\\ 0\end{pmatrix}$$
$$\vdots$$
$$A^n\begin{pmatrix}1\\ 0\end{pmatrix}=4^n\begin{pmatrix}1\\ 0\end{pmatrix} \quad \cdots①$$

同様にして,

$A\begin{pmatrix}-1\\ 1\end{pmatrix}=3\begin{pmatrix}-1\\ 1\end{pmatrix}$ から

$$A^n\begin{pmatrix}-1\\ 1\end{pmatrix}=3^n\begin{pmatrix}-1\\ 1\end{pmatrix} \quad \cdots②$$

①, ②より

$$A^n\begin{pmatrix}1 & -1\\0 & 1\end{pmatrix}=\begin{pmatrix}4^n & -3^n\\0 & 3^n\end{pmatrix}$$

$\begin{pmatrix}1 & -1\\0 & 1\end{pmatrix}^{-1}=\begin{pmatrix}1 & 1\\0 & 1\end{pmatrix}$ を上式の右側から乗じて,

$$A^n=\begin{pmatrix}4^n & -3^n\\0 & 3^n\end{pmatrix}\begin{pmatrix}1 & 1\\0 & 1\end{pmatrix}=\begin{pmatrix}4^n & 4^n-3^n\\0 & 3^n\end{pmatrix}$$

$$\therefore\ A^n\begin{pmatrix}1\\1\end{pmatrix}=\begin{pmatrix}4^n & 4^n-3^n\\0 & 3^n\end{pmatrix}\begin{pmatrix}1\\1\end{pmatrix}=\begin{pmatrix}2\cdot4^n-3^n\\3^n\end{pmatrix}$$

…(答)

練習問題 1-16

$$\det(A-kE)=\det\begin{pmatrix}2-k & 1+i\\1-i & 3-k\end{pmatrix}$$
$$=(2-k)(3-k)-2=0$$
$$\Leftrightarrow k^2-5k+4=(k-1)(k-4)=0$$

固有値は $k=1,4$

$k=1$ のとき, 固有ベクトルは $\dfrac{1}{\sqrt{3}}\begin{pmatrix}-1-i\\1\end{pmatrix}$

$k=4$ のとき, 固有ベクトルは $\dfrac{1}{\sqrt{3}}\begin{pmatrix}1\\1-i\end{pmatrix}$

と選べ

$$U=\frac{1}{\sqrt{3}}\begin{pmatrix}-1-i & 1\\1 & 1-i\end{pmatrix}$$

$$\therefore\ U^{-1}AU=\begin{pmatrix}1 & 0\\0 & 4\end{pmatrix}$$ …(答)

練習問題 1-17

$\det(A-kE)=(-1-k)(-3-k)+1=0$

$\Leftrightarrow (k+2)^2=0,\ k=-2$

$(A+2E)\begin{pmatrix}p\\q\end{pmatrix}=\begin{pmatrix}0\\0\end{pmatrix}$ から $p+q=0$

$p=1$ とおくと, $q=-1$, よって固有ベクトル

$$\vec{x_1}=\begin{pmatrix}1\\-1\end{pmatrix}$$

$\vec{x_2}=\begin{pmatrix}r\\s\end{pmatrix}$ とおくと,

$$(A+2E)\vec{x_2}=\vec{x_1},\ \begin{pmatrix}1 & 1\\-1 & -1\end{pmatrix}\begin{pmatrix}r\\s\end{pmatrix}=\begin{pmatrix}1\\-1\end{pmatrix}$$

から $r+s=1$

$r=1$ とおくと $s=0$　　$\therefore\ \vec{x_2}=\begin{pmatrix}1\\0\end{pmatrix}$

$$\therefore\ P=\begin{pmatrix}1 & 1\\-1 & 0\end{pmatrix}$$

$$P^{-1}AP=\begin{pmatrix}0 & -1\\1 & 1\end{pmatrix}\begin{pmatrix}-1 & 1\\-1 & -3\end{pmatrix}\begin{pmatrix}1 & 1\\-1 & 0\end{pmatrix}$$
$$=\begin{pmatrix}1 & 3\\-2 & -2\end{pmatrix}\begin{pmatrix}1 & 1\\-1 & 0\end{pmatrix}=\begin{pmatrix}-2 & 1\\0 & -2\end{pmatrix}$$

…(答)

Chapter 2　行列式

練習問題 2-1

(1) $\sigma=\begin{pmatrix}1 & 2 & 3 & 4\\4 & 3 & 2 & 1\end{pmatrix}$

$=(1,4)\begin{pmatrix}1 & 2 & 3 & 4\\1 & 3 & 2 & 4\end{pmatrix}$

$=(1,4)(2,3)$ …(答)

$\mathrm{sgn}(\sigma)=(-1)^2=1$ …(答)

(2)

$\tau=\begin{pmatrix}1 & 2 & 3 & 4 & 5 & 6\\3 & 6 & 2 & 5 & 4 & 1\end{pmatrix}$

$=(1,6)\begin{pmatrix}1 & 2 & 3 & 4 & 5 & 6\\3 & 1 & 2 & 5 & 4 & 6\end{pmatrix}$

$=(1,6)(4,5)\begin{pmatrix}1 & 2 & 3 & 4 & 5 & 6\\3 & 1 & 2 & 4 & 5 & 6\end{pmatrix}$

$=(1,6)(4,5)(1,3)\begin{pmatrix}1 & 2 & 3 & 4 & 5 & 6\\1 & 3 & 2 & 4 & 5 & 6\end{pmatrix}$

$=(1,6)(4,5)(1,3)(2,3)$ …(答)

$\mathrm{sgn}(\tau)=(-1)^4=1$ …(答)

練習問題 2-2

$$\begin{vmatrix}a_{11} & a_{12} & \cdots & a_{1n}\\ \vdots & \vdots & & \vdots\\ a_{k1} & a_{k2} & \cdots & a_{kn}\\ \vdots & \vdots & & \vdots\\ a_{l1} & a_{l2} & \cdots & a_{ln}\\ \vdots & \vdots & & \vdots\\ a_{n1} & a_{n2} & \cdots & a_{nn}\end{vmatrix}=-\begin{vmatrix}a_{11} & a_{12} & \cdots & a_{1n}\\ \vdots & \vdots & & \vdots\\ a_{l1} & a_{l2} & \cdots & a_{ln}\\ \vdots & \vdots & & \vdots\\ a_{k1} & a_{k2} & \cdots & a_{kn}\\ \vdots & \vdots & & \vdots\\ a_{n1} & a_{n2} & \cdots & a_{nn}\end{vmatrix}$$

…①

・第 k 行と第 l 行を入れ換えると, 行列式の符号が変わることを以下示す.

(∵)

$$(\text{左辺})=\sum\mathrm{sgn}\begin{pmatrix}1 & 2 & \cdots & k & \cdots & l & \cdots & n\\ i_1 & i_2 & \cdots & i_k & \cdots & i_l & \cdots & i_n\end{pmatrix}a_{1i_1}a_{2i_2}$$
$$\cdots a_{ki_k}\cdots a_{li_l}\cdots a_{ni_n}$$

入れ換え

$$= \sum \mathrm{sgn}\begin{pmatrix} 1 & 2 & \cdots & k & \cdots & l & \cdots & n \\ i_1 & i_2 & \cdots & i_k & \cdots & i_l & \cdots & i_n \end{pmatrix} a_{1i_1} a_{2i_2} \cdots a_{li_l} \cdots a_{ki_k} \cdots a_{ni_n} \quad \cdots ②$$

〔注〕 a_{ki_k}, a_{li_l} のかける順番を変えても符号は変化しない．

ここで，$\begin{pmatrix} 1 & 2 & \cdots & k & \cdots & l & \cdots & n \\ i_1 & i_2 & \cdots & i_k & \cdots & i_l & \cdots & i_n \end{pmatrix}$ に互換 (k, l) を施すと，元が偶置換とすると互換 (k, l) 後は奇置換に，また元が奇置換の場合は偶置換に変わるので，符号が変わり

$$\begin{pmatrix} 1 & 2 & \cdots & k & \cdots & l & \cdots & n \\ i_1 & i_2 & \cdots & i_k & \cdots & i_l & \cdots & i_n \end{pmatrix} = -\begin{pmatrix} 1 & 2 & \cdots & k & \cdots & l & \cdots & n \\ i_1 & i_2 & \cdots & i_l & \cdots & i_k & \cdots & i_n \end{pmatrix}$$

これを②式に代入すると，

$$(\text{左辺}) = -\sum \mathrm{sgn}\begin{pmatrix} 1 & 2 & \cdots & k & \cdots & l & \cdots & n \\ i_1 & i_2 & \cdots & i_l & \cdots & i_k & \cdots & i_n \end{pmatrix} a_{1i_1} a_{2i_2} \cdots a_{li_l} \cdots a_{ki_k} \cdots a_{ni_n}$$
$$= \text{右辺}$$

となり，①は成り立つ．

練習問題 2-3

①の左辺

$$= \sum \mathrm{sgn}\begin{pmatrix} 1 & 2 & \cdots & n \\ i_1 & i_2 & \cdots & i_n \end{pmatrix} a_{1i_1} a_{2i_2} \cdots (s a_{ki_k}) \cdots a_{ni_n}$$

$$= s\sum \mathrm{sgn}\begin{pmatrix} 1 & 2 & \cdots & n \\ i_1 & i_2 & \cdots & i_n \end{pmatrix} a_{1i_1} a_{2i_2} \cdots a_{ki_k} \cdots a_{ni_n}$$

$$= s\begin{vmatrix} a_{11} & a_{12} & \cdots & a_{1n} \\ \vdots & \vdots & & \vdots \\ a_{k1} & a_{k2} & \cdots & a_{kn} \\ \vdots & \vdots & & \vdots \\ a_{n1} & a_{n2} & \cdots & a_{nn} \end{vmatrix} = \text{①の右辺.}$$

練習問題 2-4

(1) $|A| = \cos\theta \cdot \cos\theta - (-\sin\theta) \cdot \sin\theta$
$= \cos^2\theta + \sin^2\theta = 1$ …(答)

(2) $|B| = 3\cdot5\cdot2 + 2\cdot3\cdot3 + 1\cdot2\cdot4 - 1\cdot5\cdot3$
$- 2\cdot2\cdot2 - 3\cdot3\cdot4 = -3$ …(答)

(3) $|C| = abc + bac + cba - c^3 - b^3 - a^3$
$= 3abc - a^3 - b^3 - c^3$ …(答)

練習問題 2-5

$$\begin{vmatrix} 1 & a & b+c \\ 1 & b & c+a \\ 1 & c & a+b \end{vmatrix} = \begin{vmatrix} 1 & a & a+b+c \\ 1 & b & a+b+c \\ 1 & c & a+b+c \end{vmatrix}$$

↑ 2列+3列

$$= (a+b+c)\begin{vmatrix} 1 & a & 1 \\ 1 & b & 1 \\ 1 & c & 1 \end{vmatrix}$$

↑ 3列より $a+b+c$ をくくる．

$= 0$ …(答)

↑ 1列=3列より

練習問題 2-6

第1行を第2，3行より引けば，

$$|A| = \begin{vmatrix} 1 & a & a^3 \\ 0 & b-a & b^3-a^3 \\ 0 & c-a & c^3-a^3 \end{vmatrix}$$

第1列に関して展開し，共通因数をくくり出せば

$$|A| = (b-a)(c-a)\begin{vmatrix} 1 & b^2+ba+a^2 \\ 1 & c^2+ca+a^2 \end{vmatrix}$$
$$= (b-a)(c-a)\cdot\{(c^2+ca+a^2)-(b^2+ba+a^2)\}$$
$$= (b-a)(c-a)\cdot\{(c^2-b^2)+a(c-b)\}$$
$$= (a-b)(b-c)(c-a)(a+b+c) \quad \cdots(\text{答})$$

練習問題 2-7

$$\begin{vmatrix} 1 & 1 & 1 & 6 \\ 2 & 4 & 1 & 6 \\ 4 & 1 & 2 & 9 \\ 2 & 4 & 2 & 7 \end{vmatrix} = \begin{vmatrix} 1 & 1 & 1 & 6 \\ 2 & 4 & 1 & 6 \\ 4 & 1 & 2 & 9 \\ 0 & 0 & 1 & 1 \end{vmatrix} = \begin{vmatrix} 1 & 1 & 1 & 5 \\ 2 & 4 & 1 & 5 \\ 4 & 1 & 2 & 7 \\ 0 & 0 & 1 & 0 \end{vmatrix}$$

↑ (4行)−(2行)　↑ 4列−3列

4行で展開

$$= (-1)^{4+3}\begin{vmatrix} 1 & 1 & 5 \\ 2 & 4 & 5 \\ 4 & 1 & 7 \end{vmatrix} = -\begin{vmatrix} 1 & 1 & 5 \\ 0 & 2 & -5 \\ 4 & 1 & 7 \end{vmatrix}$$

↑ 2行−(1行)×2

$$= -\begin{vmatrix} 1 & 1 & 5 \\ 0 & 2 & -5 \\ 0 & -3 & -13 \end{vmatrix} = -\begin{vmatrix} 2 & -5 \\ -3 & -13 \end{vmatrix}$$

↑ 3行−(1行)×4

$= -(-26-15) = 41$ …(答)

練習問題 2-8

2 列以降を 1 列に加えると

$$|A| = \begin{vmatrix} a+4b & b & b & b & a \\ a+4b & b & b & a & b \\ a+4b & b & a & b & b \\ a+4b & a & b & b & b \\ a+4b & b & b & b & b \end{vmatrix}$$

$$= (a+4b)\begin{vmatrix} 1 & b & b & b & a \\ 1 & b & b & a & b \\ 1 & b & a & b & b \\ 1 & a & b & b & b \\ 1 & b & b & b & b \end{vmatrix}$$

第 2 列以降の各列から 1 列の b 倍を引くと,

$$= (a+4b)\begin{vmatrix} 1 & 0 & 0 & 0 & a-b \\ 1 & 0 & 0 & a-b & 0 \\ 1 & 0 & a-b & 0 & 0 \\ 1 & a-b & 0 & 0 & 0 \\ 1 & 0 & 0 & 0 & 0 \end{vmatrix}$$

第 5 列, 4 列, 3 列, 2 列と順次展開すると,

$$|A| = (a+4b)(a-b)^4 \qquad \cdots(答)$$

問題 2-[9] の (2)

列ベクトルを $a_1, a_2, \cdots, a_n$ で表し,

$|A| = |a_1\, a_2 \cdots a_{n-1}\, a_n|$ とおく.

n 列 a_n を $a_{n-1}, \cdots, a_1$ と次々に交換すれば,

$$|A_1| = |a_n\, a_1\, a_2 \cdots a_{n-1}| = (-1)^{n-1}|A|$$

次に A_1 で n 列 a_{n-1} を $a_{n-2}, a_{n-3}, \cdots, a_1$ と次々に交換すれば,

$$|A_2| = |a_n\, a_{n-1}\, a_1\, a_2 \cdots a_{n-2}| = (-1)^{n-2}|A_1|$$
$$= (-1)^{n-1}\cdot(-1)^{n-2}|A|$$

この操作を続けて,

$$|A_n| = |a_n\, a_{n-1} \cdots a_2\, a_1|$$
$$= (-1)^{n-1}\cdot(-1)^{n-2}\cdots(-1)^2\cdot(-1)^1\cdot|A|$$
$$= (-1)^{1+2+\cdots+(n-1)}\cdot|A|$$
$$= (-1)^{\frac{n(n-1)}{2}}|A|$$

$|A_n|$ は下三角行列の行列式で, 対角成分が $a_{1n}, a_{2\,n-1}, \cdots, a_{n1}$ となる. よって,

$$(-1)^{\frac{n(n-1)}{2}}|A| = \underbrace{a_{1n}\, a_{2\,n-1} \cdots a_{n1}}_{=|A_n|}$$

$$\therefore\ |A| = (-1)^{\frac{n(n-1)}{2}}\cdot a_{1n}\, a_{2\,n-1} \cdots a_{n1} \qquad ■$$

練習問題 2-9

1 列, 2 列, $\cdots$, n 列を $n+1$ 列に加えた後, $n+1$ 列から $x+a_1+a_2+\cdots+a_n$ をくくり出すと,

$$|A| = (x+a_1+a_2+\cdots+a_n)\begin{vmatrix} x & a_1 & a_2 & \cdots & a_{n-1} & 1 \\ a_1 & x & a_2 & \cdots & a_{n-1} & 1 \\ a_1 & a_2 & x & \cdots & a_{n-1} & 1 \\ \vdots & \vdots & \vdots & & \vdots & \vdots \\ a_1 & a_2 & a_3 & \cdots & x & 1 \\ a_1 & a_2 & a_3 & \cdots & a_n & 1 \end{vmatrix}$$

$n+1$ 列の $a_1, a_2, \cdots, a_n$ 倍を, それぞれ 1 列, 2 列, $\cdots$, n 列から引くと,

$$|A| = (x + a_1 + \cdots + a_n)$$
$$\times \underbrace{\begin{vmatrix} x-a_1 & a_1-a_2 & \cdots & a_{n-1}-a_n & 1 \\ 0 & x-a_2 & \cdots & a_{n-1}-a_n & 1 \\ \vdots & \vdots & \ddots & \vdots & \vdots \\ 0 & 0 & & x-a_n & 1 \\ 0 & 0 & & 0 & 1 \end{vmatrix}}$$

〰〰 の行列式は上三角行列の行列式であるから,

$$|A| = (x+a_1+\cdots+a_n)(x-a_1)(x-a_2)\cdots(x-a_n)$$
$$\cdots(答)$$

練習問題 2-10

第 1 行に関して展開すると,

$a_n = (1+x^2)a_{n-1} - x^2a_{n-2}$ が得られる.

これより

$$a_n - a_{n-1} = x^2(a_{n-1} - a_{n-2})$$

これを繰り返して

$$a_n - a_{n-1} = (x^2)^{n-2}(a_2 - a_1) = x^{2n}$$

$$\left(a_2 - a_1 = \begin{vmatrix} 1+x^2 & x \\ x & 1+x^2 \end{vmatrix} - (1+x^2) = x^4\right)$$

$\{a_n\}$ の階差数列は $\{x^{2n}\}$ であるから,

$$a_n = a_1 + \sum_{k=2}^{n} x^{2k}$$
$$= 1 + x^2 + x^4 + \cdots + x^{2n} \quad (n \geqq 2)$$
$$\cdots(答)$$

練習問題 2-11

$$\begin{vmatrix} a & -b & -a & b \\ b & a & -b & -a \\ c & -d & c & -d \\ d & c & d & c \end{vmatrix}^2$$

$|A| = |{}^tA|$
より
$|A^2| = |A\cdot{}^tA|$

$$= \begin{vmatrix} a & -b & -a & b \\ b & a & -b & -a \\ c & -d & c & -d \\ d & c & d & c \end{vmatrix} \times \begin{vmatrix} a & b & c & d \\ -b & a & -d & c \\ -a & -b & c & d \\ b & -a & -d & c \end{vmatrix}$$

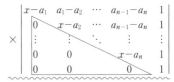

$$= \begin{vmatrix} a^2+b^2+a^2+b^2 & 0 & 0 & 0 \\ 0 & b^2+a^2+b^2+a^2 & 0 & 0 \\ 0 & 0 & c^2+d^2+c^2+d^2 & 0 \\ 0 & 0 & 0 & d^2+c^2+d^2+c^2 \end{vmatrix}$$

$= 16(a^2+b^2)^2(c^2+d^2)^2$

$$\therefore \begin{vmatrix} a & -b & -a & b \\ b & a & -b & -a \\ c & -d & c & -d \\ d & c & d & c \end{vmatrix} = \pm 4(a^2+b^2)(c^2+d^2)$$

上式の値の符号を決定する．行列式の定義に従い，各行から1個ずつ，同じ列から重複なく4個取った a^2c^2 の係数は正であるから，

$= 4(a^2+b^2)(c^2+d^2)$　…(答)

練習問題 2-12

$|A|$ において，$a \neq 0$ のとき，

1行 $\times \dfrac{d}{a}$ と2行 $\times \left(-\dfrac{b}{a}\right)$ を3行に加え，

1行 $\times \dfrac{e}{a}$ と2行 $\times \left(-\dfrac{c}{a}\right)$ を4行に加えると，

$$|A| = \begin{vmatrix} 0 & a & b & c \\ -a & 0 & d & e \\ 0 & 0 & 0 & \dfrac{af-be+cd}{a} \\ 0 & 0 & \dfrac{-(af-be+cd)}{a} & 0 \end{vmatrix}$$

問題 2-⑫①から，

$$|A| = \begin{vmatrix} 0 & a \\ -a & 0 \end{vmatrix} \begin{vmatrix} 0 & \dfrac{af-be+cd}{a} \\ \dfrac{-(af-be+cd)}{a} & 0 \end{vmatrix}$$

$$= a^2 \cdot \frac{(af-be+cd)^2}{a^2} = (af-be+cd)^2$$

$a=0$ のとき，$|A| = (-be+cd)^2$ で上式をみたす．$\therefore |A| = (af-be+cd)^2$　…(答)

練習問題 2-13

(1) $\begin{vmatrix} A & -A \\ B & B \end{vmatrix} \underset{㋐}{=} \begin{vmatrix} 2A & -A \\ O & B \end{vmatrix} = |2A||B|$

$\underset{㋑}{=} 2^n|A||B|$　■

㋐ $\left(\begin{array}{l}\cdot\ i \text{ 列から } n+i \text{ 列を引く } i=1,2,\cdots,n \\ \cdot\ \text{ブロックで1列から2列を引く}\end{array}\right)$

㋑ （$|2A|$ の各列から2をくくる．）

(2) $\begin{vmatrix} A & -B \\ B & A \end{vmatrix} \underset{㋐}{=} \begin{vmatrix} A-iB & -B \\ B+iA & A \end{vmatrix} \underset{㋑}{=} \begin{vmatrix} A-iB & -B \\ O & A+iB \end{vmatrix}$

$= |A-iB||A+iB|$　■

㋐ （2列ブロック $\times i$ を1列ブロックにたす．）

㋑ （1行ブロック $\times i$ を2行ブロックから引く．）

練習問題 2-14

(1) $\left|\begin{array}{cc|cc} 1 & 3 & 2 & 5 \\ 3 & 1 & 5 & 2 \\ \hline 2 & 5 & 1 & 3 \\ 5 & 2 & 3 & 1 \end{array}\right| = \left|\begin{array}{c|c} A & B \\ \hline B & A \end{array}\right| = |A-B||A+B|$

$= \begin{vmatrix} -1 & -2 \\ -2 & -1 \end{vmatrix} \begin{vmatrix} 3 & 8 \\ 8 & 3 \end{vmatrix} = (-3)(-55)$

$= 165$　…(答)

(2) $\left|\begin{array}{cc|cc} 1 & -3 & -1 & 3 \\ 3 & 1 & -3 & -1 \\ \hline 2 & -5 & 2 & -5 \\ 5 & 2 & 5 & 2 \end{array}\right| = \left|\begin{array}{c|c} A & -A \\ \hline B & B \end{array}\right| = 2^2|A||B|$

$= 4 \cdot 10 \cdot 29 = 1160$

…(答)

Chapter 3　n 元1次連立方程式

練習問題 3-1

$AB = E$ の両辺の行列式をとると

$|A||B| = |E| = 1$

よって，$|A| \neq 0$ なので行列 A は正則となり A^{-1} が存在する．

$AB = E$ の左側から A^{-1} を乗じて

$\underbrace{A^{-1}A}_{E}B = A^{-1} \Rightarrow B = A^{-1}$

上式の右側から A を乗じると

$BA = A^{-1} \cdot A = E$

$\therefore AB = E \rightarrow BA = E$

練習問題 3-2

$A\tilde{A} = |A|E$ であるから

$|A \cdot \tilde{A}| = ||A|E|$

$$= \begin{vmatrix} |A| & 0 & \cdots & 0 \\ \vdots & |A| & & \vdots \\ \vdots & & \ddots & 0 \\ 0 & \cdots & 0 & |A| \end{vmatrix} = |A|^n|E|$$

$|A\cdot\widetilde{A}|=|A||\widetilde{A}|$ であるから

$$|A||\widetilde{A}|=|A|^n$$

A は正則であるから $|A|\neq 0$

辺々を $|A|$ で割って，

$$|\widetilde{A}|=|A|^{n-1} \quad ■$$

練習問題 3-3

$$A \xrightarrow[\text{1行, 2行を交換}]{} \begin{pmatrix} 3 & -9 & 6 & 3 \\ 0 & 0 & 1 & -2 \\ -2 & 6 & -4 & -2 \end{pmatrix}$$

$$\xrightarrow[\text{1行}\times\frac{1}{3}]{} \begin{pmatrix} 1 & -3 & 2 & 1 \\ 0 & 0 & 1 & -2 \\ -2 & 6 & -4 & -2 \end{pmatrix}$$

$$\xrightarrow[\text{3行}+\text{1行}\times 2]{} \begin{pmatrix} 1 & -3 & 2 & 1 \\ 0 & 0 & 1 & -2 \\ 0 & 0 & 0 & 0 \end{pmatrix}$$

$$\xrightarrow[\text{2列, 3列を交換}]{} \begin{pmatrix} 1 & 2 & -3 & 1 \\ 0 & 1 & 0 & -2 \\ 0 & 0 & 0 & 0 \end{pmatrix}$$

$$\xrightarrow[\text{1行}+\text{2行}\times(-2)]{} \begin{pmatrix} 1 & 0 & -3 & 5 \\ 0 & 1 & 0 & -2 \\ 0 & 0 & 0 & 0 \end{pmatrix}$$

$$\xrightarrow[\text{3列}+\text{1列}\times 3]{} \begin{pmatrix} 1 & 0 & 0 & 5 \\ 0 & 1 & 0 & -2 \\ 0 & 0 & 0 & 0 \end{pmatrix} \qquad \cdots(\text{答})$$

練習問題 3-4

$$A=\begin{pmatrix} 1 & 2 & -3 & 2 & 1 \\ 1 & 3 & -3 & 2 & 0 \\ 2 & 4 & -6 & 3 & 4 \\ 1 & 1 & -4 & 1 & 6 \end{pmatrix}$$

$$\xrightarrow[\substack{\text{2行}-\text{1行} \\ \text{3行}-\text{1行}\times 2 \\ \text{4行}-\text{1行}}]{} \begin{pmatrix} 1 & 2 & -3 & 2 & 1 \\ 0 & 1 & 0 & 0 & -1 \\ 0 & 0 & 0 & -1 & 2 \\ 0 & -1 & -1 & -1 & 5 \end{pmatrix}$$

$$\xrightarrow[\text{4行}+\text{2行}]{} \begin{pmatrix} 1 & 2 & -3 & 2 & 1 \\ 0 & 1 & 0 & 0 & -1 \\ 0 & 0 & 0 & -1 & 2 \\ 0 & 0 & -1 & -1 & 4 \end{pmatrix}$$

$$\xrightarrow[\text{3行, 4行を入れ換え}]{} \begin{pmatrix} 1 & 2 & -3 & 2 & 1 \\ 0 & 1 & 0 & 0 & -1 \\ 0 & 0 & -1 & -1 & 4 \\ 0 & 0 & 0 & -1 & 2 \end{pmatrix}$$

$$\therefore\ \mathrm{rank}\,A=4 \qquad \cdots(\text{答})$$

練習問題 3-5

(1) 1 列，2 列を入れ換えて，1 行 × −1 とすると

$$A=\begin{pmatrix} 1 & -2 & -2 \\ 2 & a & -2 \\ -2 & 4 & b \end{pmatrix}$$

$$=\begin{pmatrix} 1 & -2 & -2 \\ 0 & a+4 & 2 \\ 0 & 0 & b-4 \end{pmatrix} \begin{matrix} \cdots \text{2行}-\text{1行}\times 2 \\ \cdots \text{3行}+\text{1行}\times 2 \end{matrix}$$

・$a\neq -4$，$b\neq 4$ のとき，$\underline{\mathrm{rank}\,A=3}$

・$a\neq -4$，$b=4$ のとき，$\underline{\mathrm{rank}\,A=2}$

$$A=\begin{pmatrix} 1 & -2 & -2 \\ 0 & a+4 & 2 \\ 0 & 0 & 0 \end{pmatrix}$$

・$a=-4$，$b\neq 4$ のとき，$\underline{\mathrm{rank}\,A=2}$

$$A=\begin{pmatrix} 1 & -2 & -2 \\ 0 & 0 & 2 \\ 0 & 0 & b-4 \end{pmatrix} \to \begin{pmatrix} 1 & -2 & -2 \\ 0 & 0 & 0 \\ 0 & 0 & b-4 \end{pmatrix}$$

・$a=-4$，$b=4$ のとき，$\underline{\mathrm{rank}\,A=2}$

$$A=\begin{pmatrix} 1 & -2 & -2 \\ 0 & 0 & 2 \\ 0 & 0 & 0 \end{pmatrix}$$

以上より，

$$\mathrm{rank}\,A=\begin{cases} 3 & (a\neq -4,\ b\neq 4) \\ 2 & (a\neq -4 \text{ かつ } b\neq 4 \text{ 以外の } a,\ b) \end{cases}$$

…(答)

(2) i 行 − 1 行 × $\dfrac{a_i}{a_1}$ で行基本変形をすると，

$$A \longrightarrow \begin{pmatrix} a_1b_1 & a_1b_2 & \cdots & a_1b_n \\ 0 & 0 & & 0 \\ & & \cdots & \\ 0 & 0 & \cdots & 0 \end{pmatrix}$$

$a_1b_1\neq 0$ より

$$\therefore\ \mathrm{rank}\,A=1 \qquad \cdots(\text{答})$$

練習問題 3-6

$$A \xrightarrow[\text{1行, 2行入れ換え}]{} \begin{pmatrix} 1 & -1 & 1 & 3 & 0 \\ -1 & 3 & 0 & 0 & 0 \\ 2 & 4 & 3 & -1 & 1 \\ 1 & 0 & -2 & 4 & 2 \\ 0 & 2 & 1 & 0 & -1 \end{pmatrix}$$

$$\xrightarrow[\text{4 行}-\text{1 行}]{\substack{\text{2 行}+\text{1 行}\\ \text{3 行}-\text{1 行}\times 2}}\begin{pmatrix}1 & -1 & 1 & 3 & 0\\ 0 & 2 & 1 & 3 & 0\\ 0 & 6 & 1 & -7 & 1\\ 0 & 1 & -3 & 1 & 2\\ 0 & 2 & 1 & 0 & -1\end{pmatrix}$$

$$\xrightarrow{\substack{\text{3 行}-\text{2 行}\times 3\\ \text{5 行}-\text{2 行}}}\begin{pmatrix}1 & -1 & 1 & 3 & 0\\ 0 & 2 & 1 & 3 & 0\\ 0 & 0 & -2 & -16 & 1\\ 0 & 1 & -3 & 1 & 2\\ 0 & 0 & 0 & -3 & -1\end{pmatrix}$$

$$\xrightarrow{\text{2 行}-\text{4 行}\times 2}\begin{pmatrix}1 & -1 & 1 & 3 & 0\\ 0 & 0 & 7 & 1 & -4\\ 0 & 0 & -2 & -16 & 1\\ 0 & 1 & -3 & 1 & 2\\ 0 & 0 & 0 & -3 & -1\end{pmatrix}$$

$$\xrightarrow[\text{入れ換え}]{\text{2 行, 4 行}}\begin{pmatrix}1 & -1 & 1 & 3 & 0\\ 0 & 1 & -3 & 1 & 2\\ 0 & 0 & -2 & -16 & 1\\ 0 & 0 & 7 & 1 & -4\\ 0 & 0 & 0 & -3 & -1\end{pmatrix}$$

よって，$\mathrm{rank}\,A=5$ $\therefore$ A は正則である. …(答)

練習問題 3-7

係数行列の行列式は

$$|A|=\begin{vmatrix}1 & -1 & 2\\ 2 & 3 & 1\\ -1 & 4 & 4\end{vmatrix}=39\neq 0$$

$$|A_1|=\underbrace{\begin{vmatrix}8 & -1 & 2\\ 5 & 3 & 1\\ 1 & 4 & 4\end{vmatrix}}_{\boxed{96-1+40-6-32+20}}=117$$

$$|A_2|=\underbrace{\begin{vmatrix}1 & 8 & 2\\ 2 & 5 & 1\\ -1 & 1 & 4\end{vmatrix}}_{\boxed{20-8+4+10-1-64}}=-39$$

$$|A_3|=\underbrace{\begin{vmatrix}1 & -1 & 8\\ 2 & 3 & 5\\ -1 & 4 & 1\end{vmatrix}}_{\boxed{3+5+64+24-20+2}}=78$$

$$\therefore\ x=\frac{|A_1|}{|A|}=\frac{117}{39}=3,\quad y=\frac{|A_2|}{|A|}=\frac{-39}{39}=-1$$

$$z=\frac{|A_3|}{|A|}=\frac{78}{39}=2$$

$\therefore$ $(x, y, z)=(3, -1, 2)$ …(答)

練習問題 3-8

(1) 拡大係数行列を

$$A=\left(\begin{array}{ccc|c}1 & 2 & 3 & 1\\ 3 & 4 & 5 & 1\\ 2 & 4 & -5 & -31\end{array}\right)$$ とおく.

$$A\xrightarrow[\substack{\text{2 行}-\text{1 行}\times 3\\ \text{3 行}-\text{1 行}\times 2}]{}\left(\begin{array}{ccc|c}1 & 2 & 3 & 1\\ 0 & -2 & -4 & -2\\ 0 & 0 & -11 & -33\end{array}\right)$$

$$\xrightarrow[\text{1 行}+\text{2 行}]{}\left(\begin{array}{ccc|c}1 & 0 & -1 & -1\\ 0 & -2 & -4 & -2\\ 0 & 0 & -11 & -33\end{array}\right)$$

$$\xrightarrow[\substack{\text{2 行}\times\left(-\frac{1}{2}\right)\\ \text{3 行}\times\left(-\frac{1}{11}\right)}]{}\left(\begin{array}{ccc|c}1 & 0 & -1 & -1\\ 0 & 1 & 2 & 1\\ 0 & 0 & 1 & 3\end{array}\right)$$

$$\xrightarrow[\text{1 行}+\text{3 行}]{}\left(\begin{array}{ccc|c}1 & 0 & 0 & 2\\ 0 & 1 & 2 & 1\\ 0 & 0 & 1 & 3\end{array}\right)$$

$$\xrightarrow[\text{2 行}-\text{3 行}\times 2]{}\left(\begin{array}{ccc|c}1 & 0 & 0 & 2\\ 0 & 1 & 0 & -5\\ 0 & 0 & 1 & 3\end{array}\right)$$

$\therefore$ $(x, y, z)=(2, -5, 3)$ …(答)

(2) 拡大係数行列を A とおくと

$$A=\left(\begin{array}{cccc|c}1 & -1 & 2 & 1 & 9\\ 2 & 1 & -1 & 3 & 6\\ 1 & 3 & 2 & -2 & 2\\ -3 & 0 & 1 & 4 & -3\end{array}\right)$$

$$\xrightarrow[\substack{\text{3 行}-\text{1 行}\\ \text{4 行}+\text{1 行}\times 3}]{\text{2 行}-\text{1 行}\times 2}\left(\begin{array}{cccc|c}1 & -1 & 2 & 1 & 9\\ 0 & 3 & -5 & 1 & -12\\ 0 & 4 & 0 & -3 & -7\\ 0 & -3 & 7 & 7 & 24\end{array}\right)$$

$$\xrightarrow[\text{4 行}+\text{2 行}]{-\text{2 行}+\text{3 行}}\left(\begin{array}{cccc|c}1 & -1 & 2 & 1 & 9\\ 0 & 1 & 5 & 4 & 5\\ 0 & 4 & 0 & -3 & -7\\ 0 & 0 & 2 & 8 & 12\end{array}\right)$$

$$\xrightarrow{\text{3 行}-\text{2 行}\times 4}\left(\begin{array}{cccc|c}1 & -1 & 2 & 1 & 9\\ 0 & 1 & 5 & -4 & 5\\ 0 & 0 & -20 & 13 & -27\\ 0 & 0 & 2 & 8 & 12\end{array}\right)$$

$$\xrightarrow[\substack{\text{3 行}\times-\frac{1}{20}\\ \text{4 行}\times\frac{1}{2}}]{\text{1 行}+\text{2 行}}\left(\begin{array}{cccc|c}1 & 0 & 7 & -3 & 14\\ 0 & 1 & 5 & -4 & 5\\ 0 & 0 & 1 & -\frac{13}{20} & \frac{27}{20}\\ 0 & 0 & 1 & 4 & 6\end{array}\right)$$

$$\xrightarrow[\text{1行}-\text{4行}\times 7]{\text{2行}-\text{4行}\times 5}\left(\begin{array}{cccc|c}1&0&0&-31&-28\\0&1&0&-24&-25\\0&0&1&-\frac{13}{20}&\frac{27}{20}\\0&0&1&4&6\end{array}\right)$$

$$\xrightarrow{\text{4行}-\text{3行}}\left(\begin{array}{cccc|c}1&0&0&-31&-28\\0&1&0&-24&-25\\0&0&1&-\frac{13}{20}&\frac{27}{20}\\0&0&0&\frac{93}{20}&\frac{93}{20}\end{array}\right)$$

$$\xrightarrow{\text{4行}\div\frac{93}{20}}\left(\begin{array}{cccc|c}1&0&0&-31&-28\\0&1&0&-24&-25\\0&0&1&-\frac{13}{20}&\frac{27}{20}\\0&0&0&1&1\end{array}\right)$$

$$\xrightarrow[\substack{\text{2行}+\text{4行}\times 24\\ \text{3行}+\text{4行}\times\frac{13}{20}}]{\text{1行}+\text{4行}\times 31}\left(\begin{array}{cccc|c}1&0&0&0&3\\0&1&0&0&-1\\0&0&1&0&2\\0&0&0&1&1\end{array}\right)$$

$\therefore\ (x, y, z, w) = (3, -1, 2, 1)$ …(答)

練習問題 3-9

(1) 係数行列を A, 拡大係数行列を B とすると,

$$B = \left(\begin{array}{ccc|c}1&3&-1&1\\2&6&-2&4\end{array}\right)$$

$$\xrightarrow[\text{2行}-\text{1行}\times 2]{}\left(\begin{array}{ccc|c}1&3&-1&1\\0&0&0&2\end{array}\right)$$

$\text{rank}\,A = 1,\ \text{rank}\,B = 2$

$\text{rank}\,A < \text{rank}\,B$

となり，この連立方程式は解をもたない …(答)

(2) $B = \left(\begin{array}{cc|c}1&2&1\\2&3&1\\3&1&1\end{array}\right)$

$$\xrightarrow[\text{3行}-\text{1行}\times 3]{\text{2行}-\text{1行}\times 2}\left(\begin{array}{cc|c}1&2&1\\0&-1&-1\\0&-5&-2\end{array}\right)$$

$$\xrightarrow{\text{3行}-\text{2行}\times 5}\left(\begin{array}{cc|c}1&2&1\\0&-1&-1\\0&0&3\end{array}\right)$$

$\text{rank}\,A = 2,\ \text{rank}\,B = 3$

となり，この連立方程式は解をもたない.

練習問題 3-10

係数行列，拡大係数行列をそれぞれ A, B とおくと,

$$B = \left(\begin{array}{ccc|c}1&-2&-7&9\\2&-1&1&3\\1&-3&-12&14\end{array}\right)$$

$$\xrightarrow[\text{3行}-\text{1行}]{\text{2行}-\text{1行}\times 2}\left(\begin{array}{ccc|c}1&-2&-7&9\\0&3&15&-15\\0&-1&-5&5\end{array}\right)$$

$$\xrightarrow{\text{2行}\times\frac{1}{3}}\left(\begin{array}{ccc|c}1&-2&-7&9\\0&1&5&-5\\0&-1&-5&5\end{array}\right)$$

$$\xrightarrow{\text{3行}+\text{2行}}\left(\begin{array}{ccc|c}1&-2&-7&9\\0&1&5&-5\\0&0&0&0\end{array}\right)$$

$$\xrightarrow{\text{1行}+\text{2行}\times 2}\left(\begin{array}{ccc|c}1&0&3&-1\\0&1&5&-5\\0&0&0&0\end{array}\right)$$

$\therefore\ \text{rank}\,A = \text{rank}\,B = 2 < 3$

よって，解を無数にもつ. …(答)

$$(\text{与式}) \Leftrightarrow \begin{cases} x + 3z = -1,\ x = -3z - 1 \\ y + 5z = -5,\ y = -5z - 5 \end{cases}$$

$$\therefore\ \begin{pmatrix}x\\y\\z\end{pmatrix} = C\begin{pmatrix}-3\\-5\\1\end{pmatrix} + \begin{pmatrix}-1\\-5\\0\end{pmatrix}$$ …(答)

(C は任意定数)

練習問題 3-11

係数行列，拡大係数行列は等しく，それを A とおくと,

$$A = \begin{pmatrix}1&0&1&0&3\\1&-2&-3&0&1\\2&3&0&-8&1\\3&1&-1&-6&4\end{pmatrix}$$

$$\xrightarrow[\substack{\text{3行}-\text{1行}\times 2\\ \text{4行}-\text{1行}\times 3}]{\text{2行}-\text{1行}}\begin{pmatrix}1&0&1&0&3\\0&-2&-4&0&-2\\0&3&-2&-8&-5\\0&1&-4&-6&-5\end{pmatrix}$$

$$\xrightarrow[\text{入れ換え}]{\text{2行, 4行を}}\begin{pmatrix}1&0&1&0&3\\0&1&-4&-6&-5\\0&3&-2&-8&-5\\0&-2&-4&0&-2\end{pmatrix}$$

$$\xrightarrow[4行+2行\times 2]{3行-2行\times 3}\begin{pmatrix}1&0&1&0&3\\0&1&-4&-6&-5\\0&0&10&10&10\\0&0&-12&-12&-12\end{pmatrix}$$

$$\xrightarrow[4行+3行\times\frac{12}{10}]{3行\times\frac{1}{10}}\begin{pmatrix}1&0&1&0&3\\0&1&-4&-6&-5\\0&0&1&1&1\\0&0&0&0&0\end{pmatrix}$$

$$\xrightarrow[2行+3行\times 4]{1行+3行}\begin{pmatrix}1&0&0&-1&2\\0&1&0&-2&-1\\0&0&1&1&1\\0&0&0&0&0\end{pmatrix}$$

これより，与えられた連立方程式は次の連立方程式と同値である．

$$\begin{cases}x-u+2v=0\\y-2u-v=0,\\z+u+v=0\end{cases}\quad\begin{cases}x=u-2v\\y=2u+v\\z=-u-v\end{cases}$$

$$\therefore\ \begin{pmatrix}x\\y\\z\\u\\v\end{pmatrix}=s\begin{pmatrix}1\\2\\-1\\1\\0\end{pmatrix}+t\begin{pmatrix}-2\\1\\-1\\0\\1\end{pmatrix}\qquad\cdots(答)$$

(s, t は任意定数)

練習問題 3-12

$$(A\ \vdots\ E)=\left(\begin{array}{cccc:cccc}0&0&c&1&1&0&0&0\\0&b&1&0&0&1&0&0\\a&1&0&0&0&0&1&0\\1&0&0&0&0&0&0&1\end{array}\right)$$

$$\xrightarrow[\substack{1行+②行\times(-c)\\(○は右の行列の行)}]{\substack{3行+4行\times(-a)\\2行+③行\times(-b)}}\left(\begin{array}{cccc:cccc}0&0&0&1&1&-c&bc&-abc\\0&0&1&0&0&1&-b&ab\\0&1&0&0&0&0&1&-a\\1&0&0&0&0&0&0&1\end{array}\right)$$

$$\xrightarrow[2行,3行交換]{1行,4行交換}\left(\begin{array}{cccc:cccc}1&0&0&0&0&0&0&1\\0&1&0&0&0&0&1&-a\\0&0&1&0&0&1&-b&ab\\0&0&0&1&1&-c&bc&-abc\end{array}\right)$$

$$\therefore\ A^{-1}=\begin{pmatrix}0&0&0&1\\0&0&1&-a\\0&1&-b&ab\\1&-c&bc&-abc\end{pmatrix}\qquad\cdots(答)$$

Chapter 4　ベクトル空間 I

練習問題 4-1

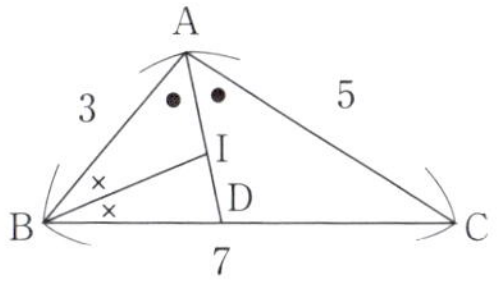

∠BAC の 2 等分線と BC の交点を D とすると，BD : DC = 3 : 5

よって，$\mathrm{BD}=\dfrac{3}{8}\cdot\mathrm{BC}=\dfrac{21}{8}$

線分 BI は，∠ABD の 2 等分線であるから

$$\mathrm{AI}:\mathrm{ID}=\mathrm{AB}:\mathrm{BD}=3:\frac{21}{8}=8:7$$

よって，

$$\overrightarrow{\mathrm{AI}}=\frac{8}{15}\overrightarrow{\mathrm{AD}}=\frac{8}{15}\left(\frac{5}{8}\overrightarrow{\mathrm{AB}}+\frac{3}{8}\overrightarrow{\mathrm{AC}}\right)$$

$$\therefore\ \overrightarrow{\mathrm{AI}}=\frac{1}{3}\overrightarrow{\mathrm{AB}}+\frac{1}{5}\overrightarrow{\mathrm{AC}}\qquad\cdots(答)$$

練習問題 4-2

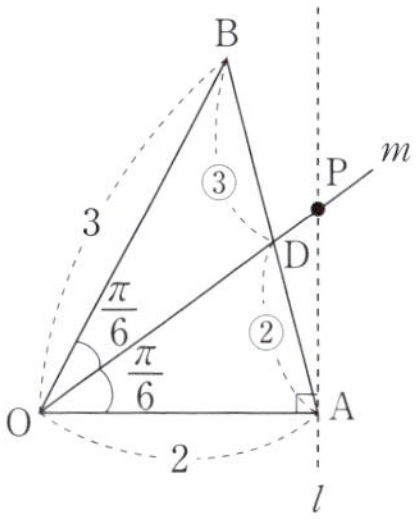

∠AOB の 2 等分線の性質から AD : DB = 2 : 3

分点公式より

$\overrightarrow{\mathrm{OD}}=\dfrac{3}{5}\overrightarrow{\mathrm{OA}}+\dfrac{2}{5}\overrightarrow{\mathrm{OB}}$

$\overrightarrow{\mathrm{OP}}=t\overrightarrow{\mathrm{OD}}$

$\quad=\dfrac{3}{5}t\overrightarrow{\mathrm{OA}}+\dfrac{2}{5}t\overrightarrow{\mathrm{OB}}$

$\overrightarrow{\mathrm{AP}}=\overrightarrow{\mathrm{OP}}-\overrightarrow{\mathrm{OA}}$

$\quad=\left(\dfrac{3}{5}t-1\right)\overrightarrow{\mathrm{OA}}+\dfrac{2}{5}t\overrightarrow{\mathrm{OB}}$

$\overrightarrow{\mathrm{OA}}\perp\overrightarrow{\mathrm{AP}}$ より

$\quad\overrightarrow{\mathrm{OA}}\cdot\overrightarrow{\mathrm{AP}}=0$

$$\left(\frac{3}{5}t-1\right)\underset{\substack{\parallel\\ ④}}{|\overrightarrow{\mathrm{OA}}|^2}+\frac{2}{5}t\,\underset{\substack{\parallel\\ ③}}{\overrightarrow{\mathrm{OA}}\cdot\overrightarrow{\mathrm{OB}}}=0$$

$$\left(\overrightarrow{\mathrm{OA}}\cdot\overrightarrow{\mathrm{OB}}=2\cdot 3\cdot\cos\frac{\pi}{3}=3\right)$$

$$\frac{12}{5}t-4+\frac{6}{5}t=0,\quad \frac{18}{5}t=4$$

$$t=4\times\frac{5}{18}=\frac{10}{9}$$

$$\therefore\ \overrightarrow{\mathrm{OP}} = \frac{2}{3}\overrightarrow{\mathrm{OA}} + \frac{4}{9}\overrightarrow{\mathrm{OB}} \qquad \cdots(答)$$

練習問題 4-3

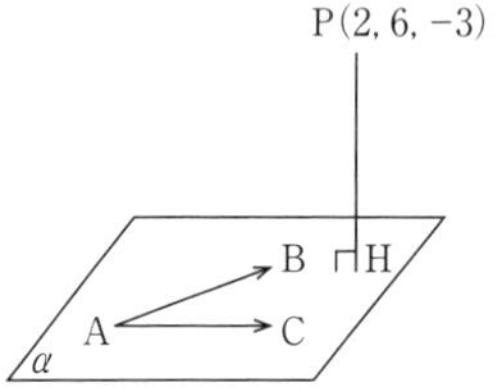

$\overrightarrow{\mathrm{AB}} = \overrightarrow{\mathrm{OB}} - \overrightarrow{\mathrm{OA}} = (2, -2, 1)$

$\overrightarrow{\mathrm{AC}} = \overrightarrow{\mathrm{OC}} - \overrightarrow{\mathrm{OA}} = (4, -2, 0)$

平面 α 上の点 H は,

$$\begin{aligned}\overrightarrow{\mathrm{OH}} &= \overrightarrow{\mathrm{OA}} + s\overrightarrow{\mathrm{AB}} + t\overrightarrow{\mathrm{AC}} \\ &= (-3, 2, -1) + s(2, -2, 1) + t(4, -2, 0) \\ &= (2s + 4t - 3, -2s - 2t + 2, s - 1)\end{aligned}$$

と表せる.

$$\begin{aligned}\overrightarrow{\mathrm{PH}} &= \overrightarrow{\mathrm{OH}} - \overrightarrow{\mathrm{OP}} \\ &= (2s + 4t - 5, -2s - 2t - 4, s + 2)\end{aligned}$$

$\overrightarrow{\mathrm{PH}} \perp \overrightarrow{\mathrm{AB}},\ \overrightarrow{\mathrm{PH}} \perp \overrightarrow{\mathrm{AC}}$ より

$$\begin{cases} 9s + 12t = 0 \\ 12s + 20t = 12 \end{cases} \Leftrightarrow \begin{cases} 3s + 4t = 0 \\ 3s + 5t = 3 \end{cases}$$

これを解いて, $s = -4,\ t = 3$

$$\therefore\ \mathrm{H}(1, 4, -5) \qquad \cdots(答)$$

(2) $\mathrm{PH} = \sqrt{1^2 + 2^2 + 2^2} = 3$

また $|\overrightarrow{\mathrm{AB}}|^2 = 9,\ |\overrightarrow{\mathrm{AC}}|^2 = 20$

$\overrightarrow{\mathrm{AB}}\cdot\overrightarrow{\mathrm{AC}} = 12$ より,

$$\begin{aligned}\triangle\mathrm{ABC} &= \frac{1}{2}\sqrt{|\overrightarrow{\mathrm{AB}}|^2|\overrightarrow{\mathrm{AC}}|^2 - (\overrightarrow{\mathrm{AB}}\cdot\overrightarrow{\mathrm{AC}})^2} \\ &= \frac{1}{2}\sqrt{9\cdot 20 - 12^2} = 3\end{aligned}$$

求める体積 V は

$$\begin{aligned}V &= \frac{1}{3}\cdot\triangle\mathrm{ABC}\cdot\mathrm{PH} \\ &= \frac{1}{3}\cdot 3\cdot 3 = 3 \qquad \cdots(答)\end{aligned}$$

練習問題 4-4

(1) s, t, r を未知数とする同次連立 1 次方程式は,

$$\begin{cases} 2s - t + 5r = 0 \\ -3s + 2t - 6r = 0 \quad \cdots ㊉ \\ s - 3t - 5r = 0 \end{cases}$$

係数行列を A とすると,

$$|A| = \begin{vmatrix} 2 & -1 & 5 \\ -3 & 2 & -6 \\ 1 & -3 & -5 \end{vmatrix} = 0$$

(← サラスの方法)

よって, ㊉は自明な解以外の解をもつ.

$\therefore$ 線形従属 $\qquad \cdots(答)$

(2) (1)と同様にして,

$$\begin{cases} s + 4t - r = 0 \\ 3s + 2t - 2r = 0 \quad \cdots ㊉ \\ -2s - 2t + 3r = 0 \end{cases}$$

$$|A| = \begin{vmatrix} 1 & 4 & -1 \\ 3 & 2 & -2 \\ -2 & -2 & 3 \end{vmatrix} = -16 \neq 0$$

よって, ㊉は自明な解をもつ.

$\therefore$ 線形独立 $\qquad \cdots(答)$

練習問題 4-5

ベクトル $\boldsymbol{a}_1, \boldsymbol{a}_2, \boldsymbol{a}_3, \boldsymbol{a}_4$ の線形関係式

$$c_1\boldsymbol{a}_1 + c_2\boldsymbol{a}_2 + c_3\boldsymbol{a}_3 + c_4\boldsymbol{a}_4 = 0$$

$$\Leftrightarrow \begin{cases} c_1 - c_2 + 2c_3 + c_4 = 0 \\ 2c_1 + c_2 - c_3 + 3c_4 = 0 \\ c_1 + 3c_2 + 2c_3 - 2c_4 = 0 \\ -3c_1 + 0c_2 + c_3 + 4c_4 = 0 \end{cases}$$

の係数行列 A は

$$A = \begin{pmatrix} 1 & -1 & 2 & 1 \\ 2 & 1 & -1 & 3 \\ 1 & 3 & 2 & -2 \\ -3 & 0 & 1 & 4 \end{pmatrix}$$

$$A\begin{pmatrix} c_1 \\ c_2 \\ c_3 \\ c_4 \end{pmatrix} = \begin{pmatrix} 9 \\ 6 \\ 2 \\ -3 \end{pmatrix}$$

p. 83 の**練習問題 3-8** の解答より(はき出し法)

$$(c_1, c_2, c_3, c_4) = (3, -1, 2, 1)$$

$$\therefore\ (9, 6, 2, -3) = 3\boldsymbol{a}_1 - \boldsymbol{a}_2 + 2\boldsymbol{a}_3 + \boldsymbol{a}_4$$

$\cdots(答)$

練習問題 4-6

$\boldsymbol{a}_1 + \boldsymbol{a}_2,\ \boldsymbol{a}_2 + \boldsymbol{a}_3,\ \boldsymbol{a}_3 + \boldsymbol{a}_1$ の線形関係式は

$$c_1(\boldsymbol{a}_1 + \boldsymbol{a}_2) + c_2(\boldsymbol{a}_2 + \boldsymbol{a}_3) + c_3(\boldsymbol{a}_3 + \boldsymbol{a}_1) = 0 \qquad \cdots ㊉$$

$$\Leftrightarrow (c_1 + c_3)\boldsymbol{a}_1 + (c_1 + c_2)\boldsymbol{a}_2 + (c_2 + c_3)\boldsymbol{a}_3 = 0$$

$\boldsymbol{a}_1, \boldsymbol{a}_2, \boldsymbol{a}_3$ は線形独立であることより

$$c_1 + c_3 = 0,\ c_1 + c_2 = 0,\ c_2 + c_3 = 0$$

$$\therefore\ c_1 = c_2 = c_3 = 0$$

よって㊟から

$\boldsymbol{a}_1 + \boldsymbol{a}_2,\ \boldsymbol{a}_2 + \boldsymbol{a}_3,\ \boldsymbol{a}_3 + \boldsymbol{a}_1$ は線形独立である.

練習問題 4-7

(1) $\dim V_1 = k$ として，$\boldsymbol{a}_1, \boldsymbol{a}_2, \cdots, \boldsymbol{a}_k$ を V_1 の基底とすると $\boldsymbol{a}_1, \boldsymbol{a}_2, \cdots, \boldsymbol{a}_k$ は線形独立．V_2 の次元が $\dim V_2 < k$ と仮定すると $\boldsymbol{a}_1, \boldsymbol{a}_2, \cdots, \boldsymbol{a}_k \in V_2$ は線形従属となり矛盾.

$$\therefore\ \dim V_2 \geqq k$$

$$\therefore\ \dim V_1 \leqq \dim V_2$$

(2) $\dim V_1 = \dim V_2$ ならば V_1 の基底 $\boldsymbol{a}_1, \boldsymbol{a}_2, \cdots, \boldsymbol{a}_k$ が V_2 の基底でもあるから，$V_1 = V_2 = \{\boldsymbol{a}_1, \boldsymbol{a}_2, \cdots, \boldsymbol{a}_k\}$

練習問題 4-8

$$\boldsymbol{a} = (a_1, a_2, a_3, a_4),\ \boldsymbol{b} = (b_1, b_2, b_3, b_4)$$

を V からとる.

$$\boldsymbol{a} + \boldsymbol{b} = (a_1 + b_1, a_2 + b_2, a_3 + b_3, a_4 + b_4)$$

$$k\boldsymbol{a} = (ka_1, ka_2, ka_3, ka_4)$$

(1) $a_1 = a_2 = a_3 = a_4$

$b_1 = b_2 = b_3 = b_4$ より

・$a_1 + b_1 = a_2 + b_2 = a_3 + b_3 = a_4 + b_4$

$$\therefore\ \boldsymbol{a} + \boldsymbol{b} \in V$$

・$ka_1 = ka_2 = ka_3 = ka_4$

$$\therefore\ \boldsymbol{a} \in V$$

よって，V は $\boldsymbol{R}^4$ の部分空間となる.　…(答)

(2) $a_1{}^{2n} + a_2{}^{2n} + a_3{}^{2n} + a_4{}^{2n} = 1$ が成り立ち，$k^2 \neq 1$ のとき，

$$(ka_1)^{2n} + (ka_2)^{2n} + (ka_3)^{2n} + (ka_4)^{2n} = k^{2n} \neq 1$$

$$\therefore\ k\boldsymbol{a} \notin V$$

よって，V は $\boldsymbol{R}^4$ の部分空間でない.　…(答)

練習問題 4-9

(1) $\boldsymbol{a} \in V$，$\boldsymbol{b} \in V$ より $A\boldsymbol{a} = \boldsymbol{o}$，$A\boldsymbol{b} = \boldsymbol{o}$

このとき，

・$A(\boldsymbol{a} + \boldsymbol{b}) = A\boldsymbol{a} + A\boldsymbol{b} = \boldsymbol{o}$

$$\therefore\ \boldsymbol{a} + \boldsymbol{b} \in V$$

・$A(k\boldsymbol{a}) = k(A\boldsymbol{a}) = \boldsymbol{o}$

$$\therefore\ k\boldsymbol{a} \in V$$

よって，V は $\boldsymbol{R}^n$ の部分空間　…(答)

(2)

$\boldsymbol{a} \in V$，$\boldsymbol{b} \in V$ とすると，$A\boldsymbol{a} = \boldsymbol{c}$，$A\boldsymbol{b} = \boldsymbol{c}$

このとき，

$$A(\boldsymbol{a} + \boldsymbol{b}) = 2\boldsymbol{c} \neq \boldsymbol{c}\ (\neq \boldsymbol{o})$$

$$\therefore\ \boldsymbol{a} + \boldsymbol{b} \notin V$$

よって，V は $\boldsymbol{R}^n$ の部分空間でない.　…(答)

練習問題 4-10

(1)

・$f(x)$，$g(x)$ が奇関数のとき，

$$\begin{cases} f(-x) = -f(x) \\ g(-x) = -g(x) \end{cases}$$

$$(f+g)(-x) = f(-x) + g(-x) = -\{f(x) + g(x)\} = -(f+g)(x)$$

$$(kf)(-x) = kf(-x) = -kf(x)$$

$$\therefore\ \begin{cases} f + g \in V \\ kf \in V \end{cases}$$

よって，V は部分空間　…(答)

・$f(x)$，$g(x)$ が偶関数のとき，

$$\begin{cases} f(-x) = f(x) \\ g(-x) = g(x) \end{cases}$$

$$(f+g)(-x) = f(-x) + g(-x) = f(x) + g(x)$$

$$(kf)(-x) = kf(-x) = (kf)(x)$$

$$\therefore\ \begin{cases} f + g \in V \\ kf \in V \end{cases}$$

よって，V は部分空間　…(答)

(2) $f \geqq 0,\ g \geqq 0$ とすると $f + g \geqq 0$ であるが $k < 0$ に対して，$kf(x) < 0$

$$\therefore\ kf(x) \notin V$$

よって，V は線形空間ではない.　…(答)

練習問題 4-11

$$A = \begin{pmatrix} 1 & -1 & 2 & 0 \\ 0 & 2 & 4 & 5 \\ 2 & -3 & 3 & -1 \\ -2 & 0 & -6 & -2 \end{pmatrix}$$

を行式変形を行うと，

$$\xrightarrow[\substack{3行-1行\times 2\\ 4行+1行\times 2}]{}\begin{pmatrix}1 & -1 & 2 & 0\\ 0 & 2 & 4 & 5\\ 0 & -1 & -1 & -1\\ 0 & -2 & -2 & -2\end{pmatrix}$$

$$\xrightarrow[4行-3行\times 2]{}\begin{pmatrix}1 & -1 & 2 & 0\\ 0 & 2 & 4 & 5\\ 0 & -1 & -1 & -1\\ 0 & 0 & 0 & 0\end{pmatrix}$$

$$\xrightarrow[2行\div 2+3行]{}\begin{pmatrix}1 & -1 & 2 & 0\\ 0 & 1 & 2 & \frac{5}{2}\\ 0 & 0 & 1 & \frac{3}{2}\\ 0 & 0 & 0 & 0\end{pmatrix}$$

$$\xrightarrow[1行+2行]{}\begin{pmatrix}1 & 0 & 4 & \frac{5}{2}\\ 0 & 1 & 2 & \frac{5}{2}\\ 0 & 0 & 1 & \frac{3}{2}\\ 0 & 0 & 0 & 0\end{pmatrix}$$

$$\xrightarrow[\substack{1行-3行\times 4\\ 2行-3行\times 2}]{}\begin{pmatrix}1 & 0 & 0 & -\frac{7}{2}\\ 0 & 1 & 0 & -\frac{1}{2}\\ 0 & 0 & 1 & \frac{3}{2}\\ 0 & 0 & 0 & 0\end{pmatrix}$$

$\therefore\ \mathrm{rank}\,A=3$ だから $\dim V=3$ …(答)

$$\boldsymbol{a}_4=-\frac{7}{2}\boldsymbol{a}_1-\frac{1}{2}\boldsymbol{a}_2+\frac{3}{2}\boldsymbol{a}_3$$

と表せ，1 組の基底は $\boldsymbol{a}_1, \boldsymbol{a}_2, \boldsymbol{a}_3$ …(答)

練習問題 4-12

$A=(\boldsymbol{a}_1\quad \boldsymbol{a}_2\quad \boldsymbol{a}_3)$

$$\left(\begin{array}{cccc|cc}-1 & 3 & 1 & 7 & 2 & 6\\ 0 & 1 & 1 & 2 & 1 & -1\\ 2 & -1 & 3 & -4 & 1 & -7\end{array}\right)\xrightarrow{3行+1行\times 2}$$

$$\left(\begin{array}{cccc|cc}-1 & 3 & 1 & 7 & 2 & 6\\ 0 & 1 & 1 & 2 & 1 & -1\\ 0 & 5 & 5 & 10 & 5 & 5\end{array}\right)\xrightarrow[\text{③行}-2行]{3行\div 5=\text{③行}}$$

$$\left(\begin{array}{cccc|cc}-1 & 3 & 1 & 7 & 2 & 6\\ 0 & 1 & 1 & 2 & 1 & -1\\ 0 & 0 & 0 & 0 & 0 & 2\end{array}\right)$$

$\mathrm{rank}(A\quad \boldsymbol{b}_1)=2$，$\mathrm{rank}(A\quad \boldsymbol{b}_2)=3\neq 2$

$\boldsymbol{b}_2\notin V$

よって，$\boldsymbol{b}_1, \boldsymbol{b}_2$ は V を生成しない．■

練習問題 4-13

係数行列を A とおき，行式変形を行うと，

$$A=\begin{pmatrix}1 & -2 & 1 & -2 & 3\\ 1 & -2 & 2 & -1 & 2\\ 2 & -4 & 7 & 1 & 1\end{pmatrix}\xrightarrow[3行-1行\times 2]{2行-1行}$$

$$\begin{pmatrix}1 & -2 & 1 & -2 & 3\\ 0 & 0 & 1 & 1 & -1\\ 0 & 0 & 5 & 5 & -5\end{pmatrix}\xrightarrow{3行-2行\times 5}$$

$$\begin{pmatrix}1 & -2 & 1 & -2 & 3\\ 0 & 0 & 1 & 1 & -1\\ 0 & 0 & 0 & 0 & 0\end{pmatrix}\xrightarrow{1行-2行}$$

$$\begin{pmatrix}1 & -2 & 0 & -3 & 4\\ 0 & 0 & 1 & 1 & -1\\ 0 & 0 & 0 & 0 & 0\end{pmatrix}$$

よって，$\mathrm{rank}\,A=2$　$\therefore\ \dim V=5-2=3$

…(答)

与えられた方程式は

$$\begin{cases}x_1=2x_2+3x_4-4x_5\\ x_3=-x_4+x_5\end{cases}$$

と同値．$\dim V=3$ より，

$x_2=s$，$x_4=t$，$x_5=u$ とおくと，解は

$$\begin{pmatrix}x_1\\ x_2\\ x_3\\ x_4\\ x_5\end{pmatrix}=\begin{pmatrix}2s+3t-4u\\ s\\ -t+u\\ t\\ u\end{pmatrix}$$

$$=s\begin{pmatrix}2\\ 1\\ 0\\ 0\\ 0\end{pmatrix}+t\begin{pmatrix}3\\ 0\\ -1\\ 1\\ 0\end{pmatrix}+u\begin{pmatrix}-4\\ 0\\ 1\\ 0\\ 1\end{pmatrix}$$

$(s, t, u$：実数$)$

よって，

$$\begin{cases}\boldsymbol{a}_1={}^t(2\ 1\ 0\ 0\ 0)\\ \boldsymbol{a}_2={}^t(3\ 0\ -1\ 1\ 0)\ \text{が基底の 1 組．…(答)}\\ \boldsymbol{a}_3={}^t(-4\ 0\ 1\ 0\ 1)\end{cases}$$

問題 4-14

(2) B の行基本変形

$$B=\begin{pmatrix}-1&2&1&1\\1&0&1&1\\0&1&2&0\\0&1&0&2\end{pmatrix}\xrightarrow[1行+2行]{}\begin{pmatrix}0&2&2&2\\1&0&1&1\\0&1&2&0\\0&1&0&2\end{pmatrix}$$

$$\xrightarrow[1行-3行\times2]{}\begin{pmatrix}0&0&-2&2\\1&0&1&1\\0&1&2&0\\0&0&-2&2\end{pmatrix}\xrightarrow[1行\times\left(-\frac{1}{2}\right)]{4行-1行}\begin{pmatrix}0&0&1&-1\\1&0&1&1\\0&1&2&0\\0&0&0&0\end{pmatrix}$$

$$\xrightarrow[3行-1行\times2]{2行-1行}\begin{pmatrix}0&0&1&-1\\1&0&0&2\\0&1&0&2\\0&0&0&0\end{pmatrix}\xrightarrow[\substack{1行,2行交換\\2行,3行交換}]{}\begin{pmatrix}1&0&0&2\\0&1&0&2\\0&0&1&-1\\0&0&0&0\end{pmatrix}$$

練習問題 4-14

$V_1\cap V_2$ は方程式を用いて，

$$\begin{cases}x_1+x_2+x_3-3x_4=0\\x_1+x_2-3x_3+x_4=0\\x_1-3x_2+x_3+x_4=0\\-3x_1+x_2+x_3+x_4=0\end{cases}$$

と表すことができる．

行基本変形によって係数行列を簡約化すると，

$$C=\begin{pmatrix}1&1&1&-3\\1&1&-3&1\\1&-3&1&1\\-3&1&1&1\end{pmatrix}\xrightarrow{\substack{2行-1行\\3行-1行\\4行+1行\times3}}\begin{pmatrix}1&1&1&-3\\0&0&-4&4\\0&-4&0&4\\0&4&4&-8\end{pmatrix}$$

$$\xrightarrow[4行\times\frac{1}{4}]{2行,3行\times-\frac{1}{4}}\begin{pmatrix}1&1&1&-3\\0&0&1&-1\\0&1&0&-1\\0&1&1&-2\end{pmatrix}\xrightarrow[\substack{1行-3行\\4行-3行}]{}\begin{pmatrix}1&0&1&-2\\0&0&1&-1\\0&1&0&-1\\0&0&1&-1\end{pmatrix}$$

$$\xrightarrow[\substack{1行-2行\\4行-2行}]{}\begin{pmatrix}1&0&0&-1\\0&0&1&-1\\0&1&0&-1\\0&0&0&0\end{pmatrix}\xrightarrow[2行,3行交換]{}\begin{pmatrix}1&0&0&-1\\0&1&0&-1\\0&0&1&-1\\0&0&0&0\end{pmatrix}$$

$\operatorname{rank}C=3\quad\therefore\ \dim V_1\cap V_2=4-3=1$

…(答)

$V_1\cap V_2$ の定義する連立方程式は

$$\begin{cases}x_1-x_4=0\\x_2-x_4=0\\x_3-x_4=0\end{cases}$$

と同値．$x_4=s$ とおくと，（s：実数）

${}^t(x_1\ x_2\ x_3\ x_4)=s\,{}^t(1\ 1\ 1\ 1)$

よって，$V_1\cap V_2$ の基底の1つは ${}^t(1\ 1\ 1\ 1)$

…(答)

練習問題 4-15

$(\boldsymbol{a}_2\ \boldsymbol{b}_1\ \boldsymbol{a}_3\,|\,\boldsymbol{a}_1\ \boldsymbol{b}_3\ \boldsymbol{b}_2)$ の行列を行式変形を行うと，

$$\begin{array}{ccc|ccc}\boldsymbol{a}_2&\boldsymbol{b}_1&\boldsymbol{a}_3&\boldsymbol{a}_1&\boldsymbol{b}_3&\boldsymbol{b}_2\end{array}$$

$$\left(\begin{array}{ccc|ccc}1&1&1&1&0&2\\-1&1&-3&0&1&1\\2&0&4&1&1&3\\1&3&-1&2&1&5\end{array}\right)$$

$$\xrightarrow[\substack{3行-1行\times2\\4行-1行}]{2行+1行}\left(\begin{array}{ccc|ccc}1&1&1&1&0&2\\0&2&-2&1&1&3\\0&-2&2&-1&1&-1\\0&2&-2&1&1&3\end{array}\right)$$

$$\xrightarrow[3行+2行]{4行-2行}\left(\begin{array}{ccc|ccc}1&1&1&1&0&2\\0&2&-2&1&1&3\\0&0&0&0&2&2\\0&0&0&0&0&0\end{array}\right)$$

$$\xrightarrow[\substack{2行\times\frac{1}{2}\\3行\times\frac{1}{2}}]{}\left(\begin{array}{ccc|ccc}1&1&1&1&0&2\\0&1&-1&\frac{1}{2}&\frac{1}{2}&\frac{3}{2}\\0&0&0&0&1&1\\0&0&0&0&0&0\end{array}\right)$$

$$\xrightarrow[1行-2行]{}\left(\begin{array}{ccc|ccc}1&0&2&\frac{1}{2}&-\frac{1}{2}&\frac{1}{2}\\0&1&-1&\frac{1}{2}&\frac{1}{2}&\frac{3}{2}\\0&0&0&0&1&1\\0&0&0&0&0&0\end{array}\right)$$

$$\begin{array}{ccc|ccc}\boldsymbol{a}_2&\boldsymbol{b}_1&\boldsymbol{a}_3&\boldsymbol{a}_1&\boldsymbol{b}_3&\boldsymbol{b}_2\end{array}$$

$$\xrightarrow[2行-3行\times\left(\frac{1}{2}\right)]{1行+3行\times\left(\frac{1}{2}\right)}\left(\begin{array}{ccc|ccc}1&0&2&\frac{1}{2}&0&1\\0&1&-1&\frac{1}{2}&0&1\\0&0&0&0&1&1\\0&0&0&0&0&0\end{array}\right)$$

$\operatorname{rank}(W_1+W_2)=\dim(W_1+W_2)=3$ （答）

例えば，$(\boldsymbol{a}_2,\boldsymbol{b}_1,\boldsymbol{b}_3)$ が W_1+W_2 の基底の1つ

…(答)

$\dim(W_1\cap W_2)$

$=\dim W_1+\dim W_2-\dim(W_1+W_2)$

$=2+2-3=1$ …(答)

$\boldsymbol{a}_3=2\boldsymbol{a}_2-\boldsymbol{b}_1,\ \ \boldsymbol{a}_1=\dfrac{1}{2}\boldsymbol{a}_2+\dfrac{1}{2}\boldsymbol{b}_1$

$\boldsymbol{b}_2=\boldsymbol{a}_2+\boldsymbol{b}_1+\boldsymbol{b}_3$

$\boldsymbol{a}_1\in W_2$ かつ $\boldsymbol{a}_1\in W_1$ となるから

$\boldsymbol{a}_1\in W_1\cap W_2$

よって，$\boldsymbol{a}_1 = \frac{1}{2}\boldsymbol{a}_2 + \frac{1}{2}\boldsymbol{b}_1 = {}^t(1\ 0\ 1\ 2)$ が $W_1 \cap W_2$ の基底の1つ　…(答)

Chapter 5　ベクトル空間 II

練習問題 5-1

(1) 求めるベクトルを $\boldsymbol{e}$ とすると，

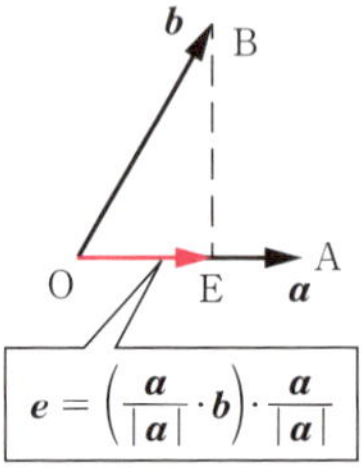

$$\boldsymbol{e} = \frac{\boldsymbol{a}\cdot\boldsymbol{b}}{|\boldsymbol{a}|}\frac{\boldsymbol{a}}{|\boldsymbol{a}|} = \frac{\boldsymbol{a}\cdot\boldsymbol{b}}{|\boldsymbol{a}|^2}\boldsymbol{a}$$

$\boldsymbol{a}\cdot\boldsymbol{b} = 2 - 3 + 8 = 7$

$|\boldsymbol{a}|^2 = 1 + 9 + 4 = 14$

であるから，

$$\boldsymbol{e} = \frac{1}{2}\boldsymbol{a} = \left(\frac{1}{2}, \frac{3}{2}, 1\right) \quad \cdots(\text{答})$$

(2) $\overrightarrow{\mathrm{EB}} = \overrightarrow{\mathrm{OB}} - \overrightarrow{\mathrm{OE}} = \boldsymbol{b} - \boldsymbol{e}$ は $\boldsymbol{a}$ と垂直なベクトルの1つである．

$$\therefore\ \overrightarrow{\mathrm{EB}} = (2, -1, 4) - \left(\frac{1}{2}, \frac{3}{2}, 1\right) = \left(\frac{3}{2}, \frac{-5}{2}, 3\right)$$

$$|\overrightarrow{\mathrm{EB}}| = \sqrt{\frac{9}{4} + \frac{25}{4} + 9} = \frac{\sqrt{70}}{2}$$

より求める単位ベクトルの1つは，

$$\frac{1}{\sqrt{70}}(3, -5, 6) \quad \cdots(\text{答})$$

練習問題 5-2

$\boldsymbol{b} = p\boldsymbol{a}_1 + q\boldsymbol{a}_2$ とすると，$\boldsymbol{a} - \boldsymbol{b}$ は $a_i\ (i = 1, 2)$ に垂直で，

$$(\boldsymbol{a} - \boldsymbol{b})\cdot\boldsymbol{a}_i = 0 \Leftrightarrow \boldsymbol{a}_i\cdot\boldsymbol{b} = \boldsymbol{a}_i\cdot\boldsymbol{a} \quad \cdots①$$

をみたす

$$① \Leftrightarrow \begin{cases} |\boldsymbol{a}_1|^2 p + (\boldsymbol{a}_1\cdot\boldsymbol{a}_2)q = \boldsymbol{a}_1\cdot\boldsymbol{a} \\ (\boldsymbol{a}_1\cdot\boldsymbol{a}_2)p + |\boldsymbol{a}_2|^2 q = \boldsymbol{a}_2\cdot\boldsymbol{a} \end{cases}$$

$$\Leftrightarrow \begin{cases} 10p - 7q = 6 \\ -7p + 15q = 16 \end{cases}$$

を解いて，$(p, q) = (2, 2)$

よって，

$$\begin{aligned} \boldsymbol{b} &= 2\boldsymbol{a}_1 + 2\boldsymbol{a}_2 \\ &= 2(1, 2, -1, -2) + 2(-1, 1, 2, 3) \\ &= (0, 6, 2, 2) \end{aligned} \quad \cdots(\text{答})$$

練習問題 5-3

内積ではない．…(答)

反例．$f(x) = \begin{cases} -x & (-1 \leqq x \leqq 0) \\ 0 & (\ \ 0 \leqq x \leqq 1) \end{cases}$

$f \neq 0$ であるが，

$$f\cdot f = \int_0^1 \{f(x)\}^2 dx = \int_0^1 0^2 dx = 0$$

となり，公理の1つをみたさない．

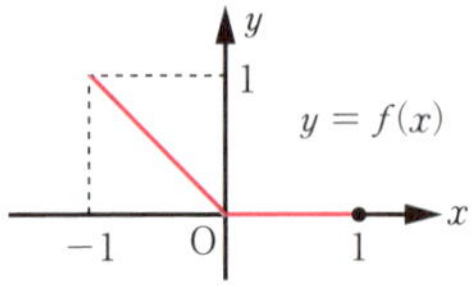

練習問題 5-4

・$\boldsymbol{b}_1 = \boldsymbol{a}_1 = (1, 1, 1)$

$$\therefore\ \boldsymbol{e}_1 = \frac{\boldsymbol{b}_1}{|\boldsymbol{b}_1|} = \frac{1}{\sqrt{3}}(1, 1, 1)$$

・$\boldsymbol{b}_2 = \boldsymbol{a}_2 - (\boldsymbol{a}_2\cdot\boldsymbol{e}_1)\boldsymbol{e}_1$

$$= \boldsymbol{a}_2 - \frac{\boldsymbol{a}_2\cdot\boldsymbol{b}_1}{|\boldsymbol{b}_1|^2}\boldsymbol{b}_1 \quad (\boldsymbol{a}_2\cdot\boldsymbol{b}_1 = 0)$$

$$= \boldsymbol{a}_2 = (1, -2, 1)$$

$$\therefore\ \boldsymbol{e}_2 = \frac{\boldsymbol{b}_2}{|\boldsymbol{b}_2|} = \frac{1}{\sqrt{6}}(1, -2, 1)$$

・$\boldsymbol{b}_3 = \boldsymbol{a}_3 - (\boldsymbol{a}_3\cdot\boldsymbol{e}_1)\boldsymbol{e}_1 - (\boldsymbol{a}_3\cdot\boldsymbol{e}_2)\boldsymbol{e}_2$

$$= \boldsymbol{a}_3 - \frac{\boldsymbol{a}_3\cdot\boldsymbol{b}_1}{|\boldsymbol{b}_1|^2}\boldsymbol{b}_1 - \frac{\boldsymbol{a}_3\cdot\boldsymbol{b}_2}{|\boldsymbol{b}_2|^2}\boldsymbol{b}_2$$

$$(\boldsymbol{a}_3\cdot\boldsymbol{b}_1 = 6,\ \boldsymbol{a}_3\cdot\boldsymbol{b}_2 = 0)$$

$$= (1, 2, 3) - 2(1, 1, 1) = (-1, 0, 1)$$

$$\therefore\ \boldsymbol{e}_3 = \frac{\boldsymbol{b}_3}{|\boldsymbol{b}_3|} = \frac{1}{\sqrt{2}}(-1, 0, 1)$$

以上より，

$$\boldsymbol{e}_1 = \left(\frac{1}{\sqrt{3}}, \frac{1}{\sqrt{3}}, \frac{1}{\sqrt{3}}\right),\ \boldsymbol{e}_2 = \left(\frac{1}{\sqrt{6}}, -\frac{2}{\sqrt{6}}, \frac{1}{\sqrt{6}}\right)$$

$$\boldsymbol{e}_3 = \left(-\frac{1}{\sqrt{2}}, 0, \frac{1}{\sqrt{2}}\right) \quad \cdots(\text{答})$$

練習問題 5-5

内積の定義により，

$\boldsymbol{a}_1\cdot\boldsymbol{a}_2 = -8 + 5 + 0 + 3 = 0$

$\boldsymbol{a}_2\cdot\boldsymbol{a}_3 = -4 + 5 + 0 - 1 = 0$

$\boldsymbol{a}_3\cdot\boldsymbol{a}_1 = 2 + 1 + 0 - 3 = 0$

ゆえに，$\boldsymbol{a}_1$，$\boldsymbol{a}_2$，$\boldsymbol{a}_3$ は直交系である．これを，それぞれの長さ

$$|\boldsymbol{a}_1| = \sqrt{14},\ |\boldsymbol{a}_2| = \sqrt{42},\ |\boldsymbol{a}_3| = 2$$

で割った

$$\boldsymbol{e}_1 = \frac{1}{\sqrt{14}}\boldsymbol{a}_1,\ \boldsymbol{e}_2 = \frac{1}{\sqrt{42}}\boldsymbol{a}_2,\ \boldsymbol{e}_3 = \frac{1}{2}\boldsymbol{a}_3$$

は正規直交系になる．

練習問題 5-6

$$\boldsymbol{a}\times\boldsymbol{b} = \boldsymbol{a}\times(-\boldsymbol{a}-\boldsymbol{c}) = -\underbrace{\boldsymbol{a}\times\boldsymbol{a}}_{\boldsymbol{0}} - \boldsymbol{a}\times\boldsymbol{c} = \boldsymbol{c}\times\boldsymbol{a}$$

$$\boldsymbol{b}\times\boldsymbol{c} = \boldsymbol{b}\times(-\boldsymbol{a}-\boldsymbol{b}) = -\boldsymbol{b}\times\boldsymbol{a} - \underbrace{\boldsymbol{b}\times\boldsymbol{b}}_{\boldsymbol{0}} = \boldsymbol{a}\times\boldsymbol{b}$$

$$\therefore\ \boldsymbol{a}\times\boldsymbol{b} = \boldsymbol{b}\times\boldsymbol{c} = \boldsymbol{c}\times\boldsymbol{a}$$

上の問題を幾何的に解釈してみる．A($\boldsymbol{a}$)，B($\boldsymbol{b}$)，C($\boldsymbol{c}$) とすると，

$$\boldsymbol{a}+\boldsymbol{b}+\boldsymbol{c} = \boldsymbol{0}$$

より △ABC の重心は O に一致する．よって，△OAB, △OBC, △OCA の面積は等しく，$\boldsymbol{a}, \boldsymbol{b}$；$\boldsymbol{b}, \boldsymbol{c}$；$\boldsymbol{c}, \boldsymbol{a}$ のつくる平行四辺形の面積は等しくなる．

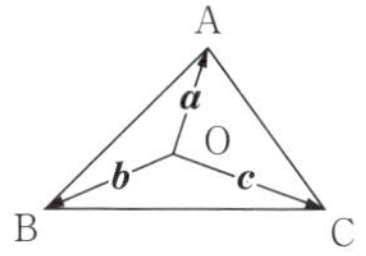

$$\therefore\ \boldsymbol{a}\times\boldsymbol{b} = \boldsymbol{b}\times\boldsymbol{c} = \boldsymbol{c}\times\boldsymbol{a}$$

練習問題 5-7

$$(2\boldsymbol{a}-\boldsymbol{b})\times(3\boldsymbol{a}+2\boldsymbol{b})$$
$$= 6\underbrace{\boldsymbol{a}\times\boldsymbol{a}}_{\boldsymbol{0}} + 4(\boldsymbol{a}\times\boldsymbol{b}) - 3(\boldsymbol{b}\times\boldsymbol{a}) - 2\underbrace{\boldsymbol{b}\times\boldsymbol{b}}_{\boldsymbol{0}}$$
$$= 7(\boldsymbol{a}\times\boldsymbol{b})$$

$$\boldsymbol{a}\times\boldsymbol{b} = \begin{vmatrix} \boldsymbol{i} & \boldsymbol{j} & \boldsymbol{k} \\ x & -3 & -1 \\ 1 & 4 & y \end{vmatrix}$$
$$= \begin{vmatrix} -3 & -1 \\ 4 & y \end{vmatrix}\boldsymbol{i} - \begin{vmatrix} x & -1 \\ 1 & y \end{vmatrix}\boldsymbol{j} + \begin{vmatrix} x & -3 \\ 1 & 4 \end{vmatrix}\boldsymbol{k}$$
$$= (4-3y)\boldsymbol{i} - (xy+1)\boldsymbol{j} + (4x+3)\boldsymbol{k}$$

$7(\boldsymbol{a}\times\boldsymbol{b}) = (70, 21, 77)$ より

$\boldsymbol{a}\times\boldsymbol{b} = (10, 3, 11)$ となることから

$$\begin{cases} 4-3y = 10 \\ -xy-1 = 3 \\ 4x+3 = 11 \end{cases}\quad \therefore\ (x, y) = (2, -2)$$

…(答)

これより，$\boldsymbol{a}\times\boldsymbol{b} = (10, 3, 11)$ となり，平行四辺形の面積は，

$$|\boldsymbol{a}\times\boldsymbol{b}| = \sqrt{10^2+3^2+11^2} = \sqrt{230}$$

…(答)

練習問題 5-8

問題 5-[8](2) を用いると，

$$V^2 = [\boldsymbol{a}, \boldsymbol{b}, \boldsymbol{c}][\boldsymbol{a}, \boldsymbol{b}, \boldsymbol{c}]$$
$$= \begin{vmatrix} \boldsymbol{a}\cdot\boldsymbol{a} & \boldsymbol{a}\cdot\boldsymbol{b} & \boldsymbol{a}\cdot\boldsymbol{c} \\ \boldsymbol{b}\cdot\boldsymbol{a} & \boldsymbol{b}\cdot\boldsymbol{b} & \boldsymbol{b}\cdot\boldsymbol{c} \\ \boldsymbol{c}\cdot\boldsymbol{a} & \boldsymbol{c}\cdot\boldsymbol{b} & \boldsymbol{c}\cdot\boldsymbol{c} \end{vmatrix}$$

$\boldsymbol{a}\cdot\boldsymbol{a} = a^2$，$\boldsymbol{b}\cdot\boldsymbol{b} = b^2$，$\boldsymbol{c}\cdot\boldsymbol{c} = c^2$

$\boldsymbol{a}\cdot\boldsymbol{b} = ab\cos\gamma$，$\boldsymbol{a}\cdot\boldsymbol{c} = ac\cos\beta$，$\boldsymbol{b}\cdot\boldsymbol{c} = bc\cos\alpha$

となるから

$$V^2 = \begin{vmatrix} a^2 & ab\cos\gamma & ac\cos\beta \\ ab\cos\gamma & b^2 & bc\cos\alpha \\ ac\cos\beta & bc\cos\alpha & c^2 \end{vmatrix}$$

$$= abc\begin{vmatrix} a & b\cos\gamma & c\cos\beta \\ a\cos\gamma & b & c\cos\alpha \\ a\cos\beta & b\cos\alpha & c \end{vmatrix}$$

$$= a^2b^2c^2\begin{vmatrix} 1 & \cos\gamma & \cos\beta \\ \cos\gamma & 1 & \cos\alpha \\ \cos\beta & \cos\alpha & 1 \end{vmatrix}$$

$$= a^2b^2c^2(1+2\cos\alpha\cos\beta\cos\gamma-\cos^2\alpha-\cos^2\beta-\cos^2\gamma)$$

$$\therefore\ V = abc\sqrt{1+2\cos\alpha\cos\beta\cos\gamma-\cos^2\alpha-\cos^2\beta-\cos^2\gamma}$$

■

練習問題 5-9

$$\boldsymbol{a}\times(\boldsymbol{b}\times\boldsymbol{c}) = (\underbrace{\boldsymbol{a}\cdot\boldsymbol{c}}_{-1})\boldsymbol{b} - (\underbrace{\boldsymbol{a}\cdot\boldsymbol{b}}_{-1})\boldsymbol{c}$$
$$= -\boldsymbol{b}+\boldsymbol{c} = (0, -2, -1) + (1, -1, 2)$$
$$= (1, -3, 1)$$

…(答)

$$(\boldsymbol{a}\times\boldsymbol{b})\times\boldsymbol{c} = (\underbrace{\boldsymbol{a}\cdot\boldsymbol{c}}_{-1})\boldsymbol{b} - (\underbrace{\boldsymbol{b}\cdot\boldsymbol{c}}_{0})\boldsymbol{a}$$
$$= -\boldsymbol{b} = (0, -2, -1)$$

…(答)

〔注〕一般に，ベクトル 3 重積に結合の法則は成り立たない．$\boldsymbol{a}\times(\boldsymbol{b}\times\boldsymbol{c}) \neq (\boldsymbol{a}\times\boldsymbol{b})\times\boldsymbol{c}$

練習問題 5-10

直線 g の方向ベクトルを $\boldsymbol{p}$，平面 π の法線ベクトルを $\boldsymbol{q}$ とすると，

$$\boldsymbol{p} = (l, m, n)\qquad \boldsymbol{q} = (a, b, c)$$

$g \mathbin{/\!/} \pi$ より $\boldsymbol{p}$ は平面 π 上に平行移動し平面上にのることができる.

$\therefore\ \boldsymbol{p} \perp \boldsymbol{q} \qquad \therefore\ al + bm + cn = 0$

これが求める条件である.

練習問題 5-11

$X(x, y, z)$ が平面に属する必要十分条件は, $\overrightarrow{AX}$, $\overrightarrow{AB}$, $\overrightarrow{AC}$ が線形従属であることである.

$$\det(\overrightarrow{AX}\ \overrightarrow{AB}\ \overrightarrow{AC})$$

$$= \begin{vmatrix} x-3 & -1 & -4 \\ y-1 & -2 & 1 \\ z+1 & 4 & 2 \end{vmatrix}$$

$$= \begin{vmatrix} -2 & 1 \\ 4 & 2 \end{vmatrix}(x-3) - \begin{vmatrix} -1 & -4 \\ 4 & 2 \end{vmatrix}(y-1)$$

$$+ \begin{vmatrix} -1 & -4 \\ -2 & 1 \end{vmatrix}(z+1)$$

$$= -8(x-3) - 14(y-1) - 9(z+1) = 0$$

$$\therefore\ 8x + 14y + 9z = 29 \qquad \cdots(\text{答})$$

練習問題 5-12

平面の法線ベクトルを $\boldsymbol{n} = (5, 11, -2)$ とおく. $\boldsymbol{a}, \boldsymbol{b}$ が平面を張るベクトルである必要十分条件は, $\boldsymbol{n}\cdot\boldsymbol{a} = 0$, $\boldsymbol{n}\cdot\boldsymbol{b} = 0$ かつ $\boldsymbol{a}, \boldsymbol{b}$ が線形独立なベクトルになることである.

$$\begin{cases} \boldsymbol{n}\cdot\boldsymbol{a} = 0 \\ \boldsymbol{n}\cdot\boldsymbol{b} = 0 \end{cases} \Leftrightarrow \begin{cases} 15 + 11a - 2b = 0 \\ -5 + 11c - 6 = 0 \end{cases}$$

から $c = 1$, $b = \dfrac{1}{2}(11a + 15)$

$\boldsymbol{a} = (3, a, b)$, $\boldsymbol{b} = (-1, 1, c)$ が 1 次独立である条件は

$$(3, a, b) \neq t(-1, 1, 3)$$

$$\therefore\ t \neq -3 \text{ から } a \neq -3$$

以上より

$$\begin{cases} a \text{ は } a \neq -3 \text{ の実数} \\ b = \dfrac{1}{2}(11a + 15) \\ c = 1 \end{cases} \qquad \cdots(\text{答})$$

練習問題 5-13

$\boldsymbol{x} = \begin{pmatrix} x_1 \\ x_2 \\ x_3 \end{pmatrix}$, $\boldsymbol{y} = \begin{pmatrix} y_1 \\ y_2 \\ y_3 \end{pmatrix}$ とおくと

$$\boldsymbol{x} + \boldsymbol{y} = (x_1 + y_1, x_2 + y_2, x_3 + y_3)$$

$$f(\boldsymbol{x}+\boldsymbol{y}) = \begin{pmatrix} (x_1+y_1) + (x_2+y_2) - 2(x_3+y_3) \\ (x_1+y_1) - (x_2+y_2) \end{pmatrix}$$

$$= \begin{pmatrix} x_1+x_2-2x_3 \\ x_1-x_2 \end{pmatrix} + \begin{pmatrix} y_1+y_2-2y_3 \\ y_1-y_2 \end{pmatrix}$$

$$= f(\boldsymbol{x}) + f(\boldsymbol{y})$$

$$f(k\boldsymbol{x}) = \begin{pmatrix} (kx_1) + (kx_2) - 2(kx_3) \\ (kx_1) - (kx_2) \end{pmatrix}$$

$$= k\begin{pmatrix} x_1+x_2-2x_3 \\ x_1-x_2 \end{pmatrix} = kf(\boldsymbol{x})$$

よって, f は線形写像である. …(答)

(2) 線形写像ではない. …(答)

> 反例
>
> $\boldsymbol{x} = (1, 0, 0)$ のとき,
>
> $$f(2\boldsymbol{x}) = f\begin{pmatrix} 2 \\ 0 \\ 0 \end{pmatrix} = \begin{pmatrix} 6 \\ 2 \end{pmatrix}$$
>
> $$2f(\boldsymbol{x}) = 2\begin{pmatrix} 3 \\ 2 \end{pmatrix} = \begin{pmatrix} 6 \\ 4 \end{pmatrix}$$
>
> $$f(2\boldsymbol{x}) \neq 2f(\boldsymbol{x})$$

練習問題 5-14

$\boldsymbol{e}_1 = (1, 0, 0)$, $\boldsymbol{e}_2 = (0, 1, 0)$, $\boldsymbol{e}_3 = (0, 0, 1)$ とおくと, 与えられた条件より

$$f(\boldsymbol{e}_2) + f(\boldsymbol{e}_3) = \begin{pmatrix} 0 \\ 2 \\ 0 \end{pmatrix} \qquad \cdots①$$

$$f(\boldsymbol{e}_1) + f(\boldsymbol{e}_3) = \begin{pmatrix} 2 \\ 0 \\ -2 \end{pmatrix} \qquad \cdots②$$

$$f(\boldsymbol{e}_1) + f(\boldsymbol{e}_2) = \begin{pmatrix} 0 \\ -2 \\ 0 \end{pmatrix} \qquad \cdots③$$

辺々をたして,

$$f(\boldsymbol{e}_1) + f(\boldsymbol{e}_2) + f(\boldsymbol{e}_3) = \begin{pmatrix} 1 \\ 0 \\ -1 \end{pmatrix}$$

上式に①, ②, ③を代入して,

$$f(\boldsymbol{e}_1) = \begin{pmatrix} 1 \\ -2 \\ -1 \end{pmatrix}, f(\boldsymbol{e}_2) = \begin{pmatrix} -1 \\ 0 \\ 1 \end{pmatrix}, f(\boldsymbol{e}_3) = \begin{pmatrix} 1 \\ 2 \\ -1 \end{pmatrix}$$

よって，$A\begin{pmatrix}1&0&0\\0&1&0\\0&0&1\end{pmatrix}=\begin{pmatrix}1&-1&1\\-2&0&2\\-1&1&-1\end{pmatrix}$

$\therefore\ A=\begin{pmatrix}1&-1&1\\-2&0&2\\-1&1&-1\end{pmatrix}$ …(答)

練習問題 5-15

(1) f：単射 → $\mathrm{Ker} f=\{\boldsymbol{o}\}$

(∵) $\boldsymbol{v}\in\mathrm{Ker} f$ とすると，$f(\boldsymbol{v})=\boldsymbol{o}=f(\boldsymbol{o})$

（問題 5-15 の(1)）

f は単射であるから，$\boldsymbol{v}=\boldsymbol{o}$

$\therefore\ \mathrm{Ker} f=\{\boldsymbol{o}\}$

$\mathrm{Ker} f=\{\boldsymbol{o}\}\to f$：単射

(∵) 任意の $\boldsymbol{v}_1,\boldsymbol{v}_2\in V$ に対して，$f(\boldsymbol{v}_1)=f(\boldsymbol{v}_2)$ のとき，f が線形写像であることより，

$f(\boldsymbol{v}_1)=f(\boldsymbol{v}_2)$

$\to f(\boldsymbol{v}_1)-f(\boldsymbol{v}_2)=\boldsymbol{o}$

$f(\boldsymbol{v}_1-\boldsymbol{v}_2)=\boldsymbol{o}$

から $\boldsymbol{v}_1-\boldsymbol{v}_2=\mathrm{Ker} f=\{\boldsymbol{o}\}$

$\to\boldsymbol{v}_1=\boldsymbol{v}_2$

$\therefore\ f$ は単射

(2) $c_i\in\boldsymbol{R}$ に対し，$c_1\boldsymbol{v}_1+c_2\boldsymbol{v}_2+\cdots+c_l\boldsymbol{v}_l=\boldsymbol{o}$ …① だとする．f の線形性より

$\boldsymbol{o}=f(c_1\boldsymbol{v}_1+c_2\boldsymbol{v}_2+\cdots+c_l\boldsymbol{v}_l)$

$=c_1f(\boldsymbol{v}_1)+c_2f(\boldsymbol{v}_2)+\cdots+c_lf(\boldsymbol{v}_l)$ …②

$f(\boldsymbol{v}_1),f(\boldsymbol{v}_2),\cdots,f(\boldsymbol{v}_l)$ が一次独立であるという仮定より $c_1=c_2=\cdots=c_l=0$ となり，①より $\boldsymbol{v}_1,\boldsymbol{v}_2,\cdots,\boldsymbol{v}_l$ は1次独立．

(3) $c_1f(\boldsymbol{v}_1)+c_2f(\boldsymbol{v}_2)+\cdots+c_lf(\boldsymbol{v}_l)=\boldsymbol{o}$ だとする．このとき，(2)の②式と f が単射であることから，

$c_1\boldsymbol{v}_1+c_2\boldsymbol{v}_2+\cdots+c_l\boldsymbol{v}_l=\boldsymbol{o}$

$\boldsymbol{v}_1,\boldsymbol{v}_2,\cdots,\boldsymbol{v}_l$ が1次独立であることより，

$c_1=c_2=\cdots=c_l=0$

したがって，$f(\boldsymbol{v}_1),f(\boldsymbol{v}_2),\cdots,f(\boldsymbol{v}_l)$ も1次独立である．

練習問題 5-16

$$A=\begin{pmatrix}1&3&-3\\-1&-3&2\\2&2&-3\end{pmatrix}$$

とおき行式変形をすると，$\begin{pmatrix}1&0&0\\0&1&0\\0&0&1\end{pmatrix}$

(p. 83 問題 3-8)

$\mathrm{rank}\,A=3$

$\therefore\ \dim(\mathrm{Im} f)=3$

$\dim(\mathrm{Ker} f)=3-3=0$ …(答)

よって，$\mathrm{Ker} f=\{\boldsymbol{0}\}$ …(答)

$\mathrm{Im} f$ の基底は，

$\begin{pmatrix}1\\-1\\2\end{pmatrix},\begin{pmatrix}3\\-3\\2\end{pmatrix},\begin{pmatrix}-3\\2\\-3\end{pmatrix}$ …(答)

練習問題 5-17

(1) $A=\begin{pmatrix}1&3&1\\2&4&3\end{pmatrix}$ を行式変形を行うと，

$\to\begin{pmatrix}1&5&0\\0&-2&1\end{pmatrix}$

$\mathrm{rank}\,A=2$ $\therefore\ \dim(\mathrm{Im} f)=2$

$\dim(\mathrm{Ker} f)=3-2=1$

1列，3列の列ベクトルは1次独立である．よって，$\mathrm{Im} f$ の基底の1つは，

$\begin{pmatrix}1\\2\end{pmatrix},\begin{pmatrix}1\\3\end{pmatrix}$ …(答)

上の基本変形から $A\boldsymbol{x}=\boldsymbol{0}$ の解は，

$$\begin{pmatrix}1&5&0\\0&-2&1\end{pmatrix}\begin{pmatrix}x_1\\x_2\\x_3\end{pmatrix}=\begin{pmatrix}x_1+5x_2\\-2x_2+x_3\end{pmatrix}=\begin{pmatrix}0\\0\end{pmatrix}$$

$x_2=t$ とおくと，$x_1=-5t$，$x_3=2t$

よって，$\begin{pmatrix}-5\\1\\2\end{pmatrix}$ は $\mathrm{Ker} f$ の基底である．…(答)

(2) $A=(n\ \ n-1\ \ \cdots\ \ 2\ \ 1)$

とおくと，$\mathrm{rank}\,A=1$ $\therefore\ \dim(\mathrm{Im} f)=1$

$\therefore\ \dim(\mathrm{Ker} f)=n-1$

$\mathrm{Im} f$ の基底の1つは (1) …(答)

$$(n\ \ n-1\ \ 2\ \ 1)\begin{pmatrix}x_1\\x_2\\\vdots\\x_n\end{pmatrix}=0$$

$\Leftrightarrow nx_1+(n-1)x_2+\cdots+2x_{n-1}+x_n=0$

をみたす $n-1$ 次元の基底の1つは，

$$\begin{pmatrix} x_1 \\ x_2 \\ \vdots \\ x_n \end{pmatrix} =$$

$$\begin{pmatrix} 1 \\ 0 \\ 0 \\ \vdots \\ 0 \\ -n \end{pmatrix}, \begin{pmatrix} 0 \\ 1 \\ 0 \\ \vdots \\ 0 \\ -(n-1) \end{pmatrix}, \begin{pmatrix} 0 \\ 0 \\ 1 \\ \vdots \\ 0 \\ -(n-2) \end{pmatrix}, \cdots \begin{pmatrix} 0 \\ 0 \\ 0 \\ \vdots \\ 1 \\ -2 \end{pmatrix}$$

…(答)

練習問題 5-18

(1) $A = \begin{pmatrix} 0 & 1 & 1 \\ 1 & 0 & 1 \\ 1 & 1 & 0 \end{pmatrix} \xrightarrow[\text{入れ替え}]{1\text{行}, 2\text{行}} \begin{pmatrix} 1 & 0 & 1 \\ 0 & 1 & 1 \\ 1 & 1 & 0 \end{pmatrix}$

$\xrightarrow[3\text{行}-1\text{行}]{} \begin{pmatrix} 1 & 0 & 1 \\ 0 & 1 & 1 \\ 0 & 1 & -1 \end{pmatrix} \xrightarrow[3\text{行}-2\text{行}]{} \begin{pmatrix} 1 & 0 & 1 \\ 0 & 1 & 1 \\ 0 & 0 & -2 \end{pmatrix}$

$\therefore \ \mathrm{rank}\, A = 3 = \dim V = \dim W$

ゆえに f は全単射 …(答)

(2)

$$A = \begin{pmatrix} 1 & 2 & 1 \\ 2 & 1 & 8 \\ 3 & 4 & 7 \\ 4 & 6 & 8 \end{pmatrix} \to \begin{pmatrix} 1 & 2 & 1 \\ 0 & -3 & 6 \\ 0 & -2 & 4 \\ 0 & -2 & 4 \end{pmatrix} \to \begin{pmatrix} 1 & 2 & 1 \\ 0 & 1 & -2 \\ 0 & 0 & 0 \\ 0 & 0 & 0 \end{pmatrix}$$

$\therefore \ \mathrm{rank}\, A = 2 \quad (\dim V = 3, \ \dim W = 4)$

ゆえに，f は全射でも単射でもない． …(答)

Chapter 6　固有値問題

練習問題 6-1

(1) $|xE - A| = \begin{vmatrix} x+1 & -2 & 1 \\ -2 & x-3 & 3 \\ -2 & -1 & x+1 \end{vmatrix}$

$= x^3 - x^2 - 4x + 4$ …(答)

(2) $|xE - A| = \begin{vmatrix} x-2 & -1 & 1 \\ -6 & x-1 & -2 \\ 2 & -1 & x-2 \end{vmatrix}$

$= x^3 - 5x^2 - 2x + 24$ …(答)

練習問題 6-2

固有ベクトルで c_1, c_2, c_3 の係数を簡単なものを選んで $(c_1 = c_2 = c_3 = 1)$

$$\boldsymbol{p}_1 = \begin{pmatrix} 1 \\ 0 \\ -2 \end{pmatrix}, \ \boldsymbol{p}_2 = \begin{pmatrix} -2 \\ 1 \\ 2 \end{pmatrix}, \ \boldsymbol{p}_3 = \begin{pmatrix} 0 \\ 1 \\ -1 \end{pmatrix}$$

のとき，$P = \begin{pmatrix} 1 & -2 & 0 \\ 0 & 1 & 1 \\ -2 & 2 & -1 \end{pmatrix}$ とすると，

$$P^{-1}AP = \begin{pmatrix} 1 & 0 & 0 \\ 0 & 2 & 0 \\ 0 & 0 & 3 \end{pmatrix}$$ …(答)

練習問題 6-3

$$P = (\boldsymbol{p}_1 \ \boldsymbol{p}_2 \ \boldsymbol{p}_3) = \begin{pmatrix} 1 & 1 & -1 \\ 1 & 1 & 0 \\ 2 & 0 & 1 \end{pmatrix}$$

とおくと，

$P^{-1}AP$

$$= \frac{1}{2}\begin{pmatrix} 1 & -1 & 1 \\ -1 & 3 & -1 \\ -2 & 2 & 0 \end{pmatrix}\begin{pmatrix} 1 & -3 & 3 \\ 3 & -5 & 3 \\ 6 & -6 & 4 \end{pmatrix}\begin{pmatrix} 1 & 1 & -1 \\ 1 & 1 & 0 \\ 2 & 0 & 1 \end{pmatrix}$$

$$= \frac{1}{2}\begin{pmatrix} 1 & -1 & 1 \\ -1 & 3 & -1 \\ -2 & 2 & 0 \end{pmatrix}\begin{pmatrix} 4 & -2 & 2 \\ 4 & -2 & 0 \\ 8 & 0 & -2 \end{pmatrix}$$

$$= \frac{1}{2}\begin{pmatrix} 8 & 0 & 0 \\ 0 & -4 & 0 \\ 0 & 0 & -4 \end{pmatrix} = \begin{pmatrix} 4 & 0 & 0 \\ 0 & -2 & 0 \\ 0 & 0 & -2 \end{pmatrix}$$ …(答)

練習問題 6-4

・$a = \frac{1}{2}$ ならば固有値 $-\frac{1}{2}$ の固有空間の次元が重複度 2 と一致し，

・$a \neq \frac{1}{2}$ ならば固有空間の次元は 1 となってしまう．したがって $a = \frac{1}{2}$ のときだけ対角化可能となる． …(答)

$a = \frac{1}{2}$ のとき，$\lambda_1 = 1$ のときの固有ベクトルは

$\boldsymbol{p}_1 = \begin{pmatrix} 1 \\ 1 \\ 1 \end{pmatrix}$ とおけ，$\lambda_2 = -\frac{1}{2}$ の 2 次元の固有ベクトルは，

$$\boldsymbol{p}_2 = \begin{pmatrix} -1 \\ 1 \\ 0 \end{pmatrix}, \ \boldsymbol{p}_3 = \begin{pmatrix} -1 \\ 0 \\ 1 \end{pmatrix}$$

よって，$P=(\boldsymbol{p}_1\ \boldsymbol{p}_2\ \boldsymbol{p}_3)=\begin{pmatrix}1 & -1 & -1\\ 1 & 1 & 0\\ 1 & 0 & 1\end{pmatrix}$を用いて対角化できる．

$$\therefore\ P^{-1}AP=\begin{pmatrix}1 & 0 & 0\\ 0 & -\frac{1}{2} & 0\\ 0 & 0 & -\frac{1}{2}\end{pmatrix}\qquad\cdots(\text{答})$$

練習問題 6-5

$|A-\lambda E|=\lambda^2(\lambda+6)=0$ から固有値は

$\lambda_1=0,\ \lambda_2=-6$

$\lambda_1=0$ のときの固有空間は

$$A=\begin{pmatrix}2 & -1 & -1\\ 6 & -4 & 2\\ -2 & 2 & -4\end{pmatrix}\to\begin{pmatrix}2 & -1 & -1\\ 0 & -1 & 5\\ 0 & 1 & -5\end{pmatrix}$$

$$\to\begin{pmatrix}2 & -1 & -1\\ 0 & -1 & 5\\ 0 & 0 & 0\end{pmatrix}\to\begin{pmatrix}2 & 0 & -6\\ 0 & -1 & 5\\ 0 & 0 & 0\end{pmatrix}$$

$$\to\begin{pmatrix}1 & 0 & -3\\ 0 & -1 & 5\\ 0 & 0 & 0\end{pmatrix}$$

$$\begin{pmatrix}1 & 0 & -3\\ 0 & -1 & 5\\ 0 & 0 & 0\end{pmatrix}\begin{pmatrix}x_1\\ x_2\\ x_3\end{pmatrix}=\begin{pmatrix}x_1-3x_3\\ -x_2+5x_3\\ 0\end{pmatrix}$$

$x_3=c$ とおくと，$x_2=5c,\ x_1=3c$

固有空間は $c\begin{pmatrix}3\\ 5\\ 1\end{pmatrix}$ で張られる 1 次元部分空間．

よって，$\lambda_2=-6$ の次元と合わせて 2 次元で，対角化する行列を作ることができない．よって，対角化不可能．

練習問題 6-6

線形変換 f に対応する行列 A は

$$A=\begin{pmatrix}a & -\sqrt{2}a & \sqrt{3}a\\ 2b & \sqrt{2}b & 0\\ -c & \sqrt{2}c & \sqrt{3}c\end{pmatrix}$$

f が直交変換であるためには，A が直交行列であることが必要十分である．そのためには A の列ベクトルが $\boldsymbol{R}^3$ の正規直交基底になればよい．

$$\begin{cases}a^2+4b^2+c^2=1 & \cdots①\\ 2a^2+2b^2+2c^2=1 & \cdots②\\ 3(a^2+c^2)=1 & \cdots③\\ -\sqrt{2}a^2+2\sqrt{2}b^2-\sqrt{2}c^2=0 & \cdots④\\ -\sqrt{6}a^2+\sqrt{6}c^2=0 & \cdots⑤\\ \sqrt{3}a^2-\sqrt{3}c^2=0 & \cdots⑥\end{cases}$$

①, ③より $4b^2=\dfrac{2}{3}$，$b>0$ より $b=\dfrac{1}{\sqrt{6}}$

③, ⑤より $a=\dfrac{1}{\sqrt{6}}$，$c=\dfrac{1}{\sqrt{6}}$

このとき，②, ④, ⑥をみたす．

$$\therefore\ (a,b,c)=\left(\frac{1}{\sqrt{6}},\frac{1}{\sqrt{6}},\frac{1}{\sqrt{6}}\right)\qquad\cdots(\text{答})$$

練習問題 6-7

f がユニタリ変換になるためには，A の列ベクトルが $\boldsymbol{C}^2$ の正規直交基底になればよいから，

$$\boldsymbol{a}_1=\frac{1}{\sqrt{26}}\begin{pmatrix}1\\ -a+bi\end{pmatrix},\ \boldsymbol{a}_2=\frac{1}{\sqrt{26}}\begin{pmatrix}a+bi\\ 1\end{pmatrix}$$

$$\boldsymbol{a}_1\cdot\boldsymbol{a}_2=\frac{1}{\sqrt{26}}(1\cdot\overline{a+bi}+(-a+bi)\cdot 1)$$

$$=0$$

$$|\boldsymbol{a}_1|^2=|\boldsymbol{a}_2|^2=\frac{1}{26}\{1\cdot 1+(-a+bi)(\overline{-a+bi})\}$$

$$=\frac{1}{26}(1+a^2+b^2)=1$$

$a^2+b^2=25$，a,b：正の整数

より $(a,b)=(3,4)(4,3)$ $\cdots$(答)

練習問題 6-8

$$|A-\lambda E|=\begin{vmatrix}1-\lambda & 0 & 1\\ 0 & 1-\lambda & 1\\ 1 & 1 & -\lambda\end{vmatrix}$$

$$=-(\lambda-2)(\lambda-1)(\lambda+1)=0$$

となる λ は $\lambda=2,1,-1$

・$\lambda=2$ のとき，　3 行+2 行+1 行

$$A-2E=\begin{pmatrix}-1 & 0 & 1\\ 0 & -1 & 1\\ 1 & 1 & -2\end{pmatrix}\to\begin{pmatrix}-1 & 0 & 1\\ 0 & -1 & 1\\ 0 & 0 & 0\end{pmatrix}$$

固有ベクトルは，

$$\begin{cases}-x_1+x_3=0\\ -x_2+x_3=0,\ x_1=x_2=x_3\end{cases}$$

$\boldsymbol{p}_1={}^t(1,1,1)$

・$\lambda=1$ のとき,

$$A-E=\begin{pmatrix}0&0&1\\0&0&1\\1&1&-1\end{pmatrix}\to\begin{pmatrix}0&0&0\\0&0&1\\1&1&-1\end{pmatrix}$$

固有ベクトルは,

$$\begin{cases}x_3=0\\x_1+x_2-x_3=0\end{cases}$$

$\boldsymbol{p}_2={}^t(1,-1,0)$

・$\lambda=-1$ のとき,

$$A+E=\begin{pmatrix}2&0&1\\0&2&1\\1&1&1\end{pmatrix}\to\begin{pmatrix}2&0&1\\0&2&1\\0&0&0\end{pmatrix}$$

固有ベクトルは,

$$\begin{cases}2x_1+x_3=0\\2x_2+x_3=0\end{cases}$$

から $\boldsymbol{p}_3={}^t(1,1,-2)$ を基底にもつ.

$\boldsymbol{p}_1\cdot\boldsymbol{p}_2=0$, $\boldsymbol{p}_2\cdot\boldsymbol{p}_3=0$, $\boldsymbol{p}_3\cdot\boldsymbol{p}_1=0$

よって, 固有ベクトルは互いに直交する. ■

練習問題 6-9

$$|A-\lambda E|=\begin{vmatrix}2-\lambda&0&1\\0&3-\lambda&0\\1&0&2-\lambda\end{vmatrix}=-(\lambda-3)^2(\lambda-1)$$

固有値は $|A-\lambda E|=0$ から $\lambda=3,1$

固有ベクトルは,

(i) $\lambda=1$ のとき,

$$A-E=\begin{pmatrix}1&0&1\\0&2&0\\1&0&1\end{pmatrix}\xrightarrow[\substack{2行\div 2\\3行-1行}]{}\begin{pmatrix}1&0&1\\0&1&0\\0&0&0\end{pmatrix}$$

$\begin{cases}x_1+x_3=0\\x_2=0\end{cases}$ から $\begin{pmatrix}1\\0\\-1\end{pmatrix}$ を基底にもつ. よって, 正規直交基底として, $\boldsymbol{p}_1=\dfrac{1}{\sqrt{2}}\begin{pmatrix}1\\0\\-1\end{pmatrix}$ が取れる.

(ii) $\lambda=3$ のとき,

$$A-3E=\begin{pmatrix}-1&0&1\\0&0&0\\1&0&-1\end{pmatrix}\to\begin{pmatrix}1&0&-1\\0&0&0\\0&0&0\end{pmatrix}$$

となり, 固有空間の次元は 2. 固有ベクトルの 2 つのうち, 1 つは, ${}^t(1,0,1)$ で, もう 1 つは, ${}^t(0,1,0)$ を基底にもつ. よって, 正規直交基底として,

$\boldsymbol{p}_2=\dfrac{1}{\sqrt{2}}\begin{pmatrix}1\\0\\1\end{pmatrix}$, $\boldsymbol{p}_3=\begin{pmatrix}0\\1\\0\end{pmatrix}$ が取れる.

$P=(\boldsymbol{p}_1\ \boldsymbol{p}_2\ \boldsymbol{p}_3)=\begin{pmatrix}\frac{1}{\sqrt{2}}&\frac{1}{\sqrt{2}}&0\\0&0&1\\-\frac{1}{\sqrt{2}}&\frac{1}{\sqrt{2}}&0\end{pmatrix}$ とおくと,

$$P^{-1}AP=\begin{pmatrix}1&0&0\\0&3&0\\0&0&3\end{pmatrix}\qquad\cdots(答)$$

練習問題 6-10

A の固有方程式は,

$$\lambda^2-(6-4i)\lambda+4-12i=0$$

解の公式より

$$\begin{aligned}\lambda&=(3-2i)\pm\sqrt{(3-2i)^2-(4-12i)}\\&=3-2i\pm 1\\&=4-2i\ \text{または}\ 2-2i\end{aligned}$$

・$\lambda_1=4-2i$ のとき, 固有空間は

$$A-(4-2i)E=\begin{pmatrix}-1&-i\\i&-1\end{pmatrix}\to\begin{pmatrix}1&i\\0&0\end{pmatrix}$$

$x_1+ix_2=0$ から, $\begin{pmatrix}-i\\1\end{pmatrix}$ を基底にもつ.

・$\lambda_2=2-2i$ のとき, 固有空間は

$$A-(2-2i)E=\begin{pmatrix}1&-i\\i&1\end{pmatrix}\to\begin{pmatrix}1&-i\\0&0\end{pmatrix}$$

$x_1-ix_2=0$ から, $\begin{pmatrix}i\\1\end{pmatrix}$ を基底にもつ. よって, $\begin{pmatrix}-i\\1\end{pmatrix}$, $\begin{pmatrix}i\\1\end{pmatrix}$ は直交系であるからこれらの正規化を $\boldsymbol{e}_1$, $\boldsymbol{e}_2$ とすると,

$$\boldsymbol{e}_1=\frac{1}{\sqrt{2}}\begin{pmatrix}-i\\1\end{pmatrix},\ \boldsymbol{e}_2=\frac{1}{\sqrt{2}}\begin{pmatrix}i\\1\end{pmatrix}$$

$\boldsymbol{U}=(\boldsymbol{e}_1\ \boldsymbol{e}_2)=\begin{pmatrix}-\frac{i}{\sqrt{2}}&\frac{i}{\sqrt{2}}\\\frac{1}{\sqrt{2}}&\frac{1}{\sqrt{2}}\end{pmatrix}$ はユニタリ行列で,

$$U^{-1}AU=\begin{pmatrix}4-2i&0\\0&2-2i\end{pmatrix}\qquad\cdots(答)$$

練習問題 6-11

$$|A-\lambda E| = \begin{vmatrix} 1-\lambda & -\sqrt{2}i & 0 \\ \sqrt{2}i & 2-\lambda & 2i \\ 0 & -2i & 1-\lambda \end{vmatrix}$$

$= -(\lambda-1)^2(\lambda-2) - 2(1-\lambda) - 4(1-\lambda)$

$= -(\lambda-1)(\lambda+1)(\lambda-4)$

A の固有値は $1, -1, 4$

・$\lambda_1 = 1$ のとき，固有空間 W_1 は，

$$A - E = \begin{pmatrix} 0 & -\sqrt{2}i & 0 \\ \sqrt{2}i & 1 & 2i \\ 0 & -2i & 0 \end{pmatrix} \to \begin{pmatrix} 0 & 1 & 0 \\ \sqrt{2}i & 1 & 2i \\ 0 & 0 & 0 \end{pmatrix}$$

$$\to \begin{pmatrix} 0 & 1 & 0 \\ 1 & 0 & \sqrt{2} \\ 0 & 0 & 0 \end{pmatrix}$$

$$W_1 = \left\{ \begin{pmatrix} x_1 \\ x_2 \\ x_3 \end{pmatrix} \middle| \begin{array}{l} x_2 = 0 \\ x_1 + \sqrt{2}x_3 = 0 \end{array} \right\}$$

$\boldsymbol{a}_1 = {}^t(-\sqrt{2}, 0, 1)$ は W_1 の基底

$|\boldsymbol{a}_1| = \sqrt{3}$ より，正規直交基底は

$$\boldsymbol{p}_1 = \frac{1}{\sqrt{3}}\boldsymbol{a}_1 = \frac{1}{\sqrt{3}}\begin{pmatrix} -\sqrt{2} \\ 0 \\ 1 \end{pmatrix}$$ が取れる．

・$\lambda_2 = -1$ のとき，固有空間 W_2 は，

$$A + E = \begin{pmatrix} 2 & -\sqrt{2}i & 0 \\ \sqrt{2}i & 3 & 2i \\ 0 & -2i & 2 \end{pmatrix} \to \begin{pmatrix} \sqrt{2} & -i & 0 \\ \sqrt{2}i & 3 & 2i \\ 0 & -2i & 2 \end{pmatrix}$$

$$\to \begin{pmatrix} \sqrt{2} & -i & 0 \\ 0 & 2 & 2i \\ 0 & 0 & 0 \end{pmatrix} \to \begin{pmatrix} \sqrt{2} & -i & 0 \\ 0 & 1 & i \\ 0 & 0 & 0 \end{pmatrix}$$

$$W_2 = \left\{ \begin{pmatrix} x_1 \\ x_2 \\ x_3 \end{pmatrix} \middle| \begin{array}{l} \sqrt{2}x_1 - ix_2 = 0 \\ x_2 + ix_3 = 0 \end{array} \right\}$$

$\boldsymbol{a}_2 = {}^t(1, -\sqrt{2}i, \sqrt{2})$ は W_2 の基底．

$|\boldsymbol{a}_2| = \sqrt{5}$ より，正規直交基底は

$$\boldsymbol{p}_2 = \frac{1}{\sqrt{5}}\boldsymbol{a}_2 = \frac{1}{\sqrt{5}}\begin{pmatrix} 1 \\ -\sqrt{2}i \\ \sqrt{2} \end{pmatrix}$$

・$\lambda_3 = 4$ のとき，固有空間 W_3 は，

$$A - 4E = \begin{pmatrix} -3 & -\sqrt{2}i & 0 \\ \sqrt{2}i & -2 & 2i \\ 0 & -2i & -3 \end{pmatrix} \to \begin{pmatrix} 3 & \sqrt{2}i & 0 \\ 1 & \sqrt{2}i & \sqrt{2} \\ 0 & -2i & -3 \end{pmatrix}$$

$$\to \begin{pmatrix} 3 & \sqrt{2}i & 0 \\ 0 & 2\sqrt{2}i & 3\sqrt{2} \\ 0 & -2i & -3 \end{pmatrix} \to \begin{pmatrix} 3 & \sqrt{2}i & 0 \\ 0 & 2\sqrt{2}i & 3\sqrt{2} \\ 0 & 0 & 0 \end{pmatrix}$$

$$\to \begin{pmatrix} 3 & \sqrt{2}i & 0 \\ 0 & 2i & 3 \\ 0 & 0 & 0 \end{pmatrix}$$

$$W_3 = \left\{ \begin{pmatrix} x_1 \\ x_2 \\ x_3 \end{pmatrix} \middle| \begin{array}{l} 3x_1 + \sqrt{2}ix_2 = 0 \\ 2ix_2 + 3x_3 = 0 \end{array} \right\}$$

$\boldsymbol{a}_3 = {}^t(\sqrt{2}i, -3, 2i)$

$|a_3| = \sqrt{15}$ より正規直交基底は

$$\boldsymbol{p}_3 = \frac{1}{\sqrt{15}}\begin{pmatrix} \sqrt{2}i \\ -3 \\ 2i \end{pmatrix}$$

$$\boldsymbol{U} = (\boldsymbol{p}_1\ \boldsymbol{p}_2\ \boldsymbol{p}_3) = \begin{pmatrix} -\frac{\sqrt{2}}{\sqrt{3}} & \frac{1}{\sqrt{5}} & \frac{\sqrt{2}}{\sqrt{15}}i \\ 0 & -\frac{\sqrt{2}}{\sqrt{5}}i & \frac{-3}{\sqrt{15}} \\ \frac{1}{\sqrt{3}} & \frac{\sqrt{2}}{\sqrt{5}} & \frac{2}{\sqrt{15}}i \end{pmatrix}$$

$$= \frac{1}{\sqrt{15}}\begin{pmatrix} -\sqrt{10} & \sqrt{3} & \sqrt{2}i \\ 0 & -\sqrt{6}i & -3 \\ \sqrt{5} & \sqrt{6} & 2i \end{pmatrix}$$

はユニタリ行列で

$$U^{-1}AU = \begin{pmatrix} 1 & 0 & 0 \\ 0 & -1 & 0 \\ 0 & 0 & 4 \end{pmatrix} \qquad \cdots(答)$$

練習問題 6-12

固有多項式は

$$\gamma(x) = |xE - A| = x^3 - x^2 - x + 1$$

$$\therefore\ \gamma(A) = A^3 - A^2 - A + E = 0$$

$$\Leftrightarrow A^3 = A^2 + A - E \quad \cdots ①$$

数学的帰納法で示す．

(∵) $n = 3$ のとき，①より成り立つ．

$n = k$ のとき，成り立つと仮定する．すなわち，

$A^k = A^{k-2} + A^2 - E$

$n = k + 1$ のとき，

$$\begin{aligned} A^{k+1} &= A \cdot A^k \\ &= A(A^{k-2} + A^2 - E) \quad (仮定より) \\ &= A^{k-1} + A^3 - A \quad (①より) \\ &= A^{k-1} + (A^2 + A - E) - A \\ &= A^{k-1} + A^2 - E \end{aligned}$$

となり $n=k+1$ のときも成り立ち，$n \geqq 3$ の自然数 n で成り立つ．よって，

$$A^n - A^{n-2} = A^2 - E \quad \cdots ②$$

$n = 2m$ とおくと，

$$A^{2m} = A^{2(m-1)} + A^2 - E$$

から

$$A^{2m} = \underset{\substack{\| \\ E}}{\underline{A^{0}}} + m(A^2 - E)$$

$m = 50$ を代入して，

$$A^{100} = E + 50(A^2 - E) = \begin{pmatrix} 1 & 0 & 0 \\ 50 & 1 & 0 \\ 50 & 0 & 1 \end{pmatrix}$$

…(答)

練習問題 6-13

(1) 固有多項式 $\gamma_A(x) = (x+1)(x-2)(x-3)$

$$A + E = \begin{pmatrix} 0 & 0 & 0 \\ 0 & 3 & 0 \\ 0 & 0 & 4 \end{pmatrix} \neq \boldsymbol{O}$$

$$A - 2E = \begin{pmatrix} -3 & 0 & 0 \\ 0 & 0 & 0 \\ 0 & 0 & 1 \end{pmatrix} \neq \boldsymbol{O}$$

$$A - 3E = \begin{pmatrix} -4 & 0 & 0 \\ 0 & -1 & 0 \\ 0 & 0 & 0 \end{pmatrix} \neq \boldsymbol{O}$$

$$(A+E)(A-2E) = \begin{pmatrix} 0 & 0 & 0 \\ 0 & 3 & 0 \\ 0 & 0 & 4 \end{pmatrix}\begin{pmatrix} -3 & 0 & 0 \\ 0 & 0 & 0 \\ 0 & 0 & 1 \end{pmatrix}$$

$$= \begin{pmatrix} 0 & 0 & 0 \\ 0 & 0 & 0 \\ 0 & 0 & 4 \end{pmatrix} \neq \boldsymbol{O}$$

$$(A+E)(A-3E) = \begin{pmatrix} 0 & 0 & 0 \\ 0 & 3 & 0 \\ 0 & 0 & 4 \end{pmatrix}\begin{pmatrix} -4 & 0 & 0 \\ 0 & -1 & 0 \\ 0 & 0 & 0 \end{pmatrix}$$

$$= \begin{pmatrix} 0 & 0 & 0 \\ 0 & -3 & 0 \\ 0 & 0 & 0 \end{pmatrix} \neq \boldsymbol{O}$$

$$(A-2E)(A-3E) = \begin{pmatrix} -3 & 0 & 0 \\ 0 & 0 & 0 \\ 0 & 0 & 1 \end{pmatrix}\begin{pmatrix} -4 & 0 & 0 \\ 0 & -1 & 0 \\ 0 & 0 & 0 \end{pmatrix}$$

$$= \begin{pmatrix} 12 & 0 & 0 \\ 0 & 0 & 0 \\ 0 & 0 & 0 \end{pmatrix} \neq \boldsymbol{O}$$

ケーリー・ハミルトンの定理より，

$$\gamma_A(A) = (A+E)(A-2E)(A-3E) = \boldsymbol{O}$$

よって，最小多項式 $\mu_A(x)$ は，

$$\mu_A(x) = (x+1)(x-2)(x-3)$$

…(答)

(2) A の固有多項式 $\gamma_A(x) = x^2(x-4)$

$A \neq \boldsymbol{O}$, $A - 4E \neq \boldsymbol{O}$ であり $A \cdot (A - 4E) = \boldsymbol{O}$ となるから最小多項式 $\mu_A(x)$ は

$$\mu_A(x) = x(x-4)$$

…(答)

練習問題 6-14

$$|A - \lambda E| = -(\lambda - 8)^2(\lambda - 2)$$

$\lambda_1 = 8$ の固有空間 W_1 の正規直交基底は，

$$\boldsymbol{p}_1 = {}^t\left(\frac{1}{\sqrt{2}}, \frac{1}{\sqrt{2}}, 0\right)$$

$$\boldsymbol{p}_2 = {}^t\left(\frac{1}{\sqrt{3}}, -\frac{1}{\sqrt{3}}, \frac{1}{\sqrt{3}}\right)$$

$\lambda_2 = 2$ の固有空間 W_2 の正規直交基底は，

$$\boldsymbol{p}_3 = {}^t\left(\frac{-1}{\sqrt{6}}, \frac{1}{\sqrt{6}}, \frac{2}{\sqrt{6}}\right)$$

をとり，$P = (\boldsymbol{p}_1\ \boldsymbol{p}_2\ \boldsymbol{p}_3) = \dfrac{1}{\sqrt{6}}\begin{pmatrix} \sqrt{3} & \sqrt{2} & -1 \\ \sqrt{3} & -\sqrt{2} & 1 \\ 0 & \sqrt{2} & 2 \end{pmatrix}$

行列 A のスペクトル分解を $A = 8Q_1 + 2Q_2$ とおくと，

$$Q_2P = (0\ 0\ \boldsymbol{p}_3) = \frac{1}{\sqrt{6}}\begin{pmatrix} 0 & 0 & -1 \\ 0 & 0 & 1 \\ 0 & 0 & 2 \end{pmatrix}$$

$$\therefore\ Q_2 = \frac{1}{6}\begin{pmatrix} 0 & 0 & -1 \\ 0 & 0 & 1 \\ 0 & 0 & 2 \end{pmatrix}\begin{pmatrix} \sqrt{3} & \sqrt{3} & 0 \\ \sqrt{2} & -\sqrt{2} & \sqrt{2} \\ -1 & 1 & 2 \end{pmatrix}$$

$$= \frac{1}{6}\begin{pmatrix} 1 & -1 & -2 \\ -1 & 1 & 2 \\ -2 & 2 & 4 \end{pmatrix}$$

$Q_1 + Q_2 = E$ より

$$Q_1 = \frac{1}{6}\begin{pmatrix} 5 & 1 & 2 \\ 1 & 5 & -2 \\ 2 & -2 & 2 \end{pmatrix}$$

$$\therefore\ A = 8Q_1 + 2Q_2$$

$$= \frac{4}{3}\begin{pmatrix} 5 & 1 & 2 \\ 1 & 5 & -2 \\ 2 & -2 & 2 \end{pmatrix} + \frac{1}{3}\begin{pmatrix} 1 & -1 & -2 \\ -1 & 1 & 2 \\ -2 & 2 & 4 \end{pmatrix}$$

…(答)

Chapter 7 ジョルダン標準形とその応用

練習問題 7-1

$|A-\lambda E|=-(\lambda-2)^3$ より固有値は 2（重複度 3）$\lambda_1=2$ における固有ベクトルの 1 つは

$$A-\lambda E=\begin{pmatrix}0&0&0\\1&-1&1\\1&-1&1\end{pmatrix}$$

$$(A-\lambda E)\begin{pmatrix}x_1\\x_2\\x_3\end{pmatrix}=\begin{pmatrix}0\\0\\0\end{pmatrix}$$ より $x_1-x_2+x_3=0$

$$\boldsymbol{p}_1=\begin{pmatrix}1\\1\\0\end{pmatrix},\ \boldsymbol{p}_2=\begin{pmatrix}1\\-1\\-2\end{pmatrix}$$ と選び，

$$\boldsymbol{p}_3=\boldsymbol{p}_1\times\boldsymbol{p}_2=\begin{pmatrix}-2\\2\\-2\end{pmatrix}$$

に対して，$P=(\boldsymbol{p}_1\ \boldsymbol{p}_2\ \boldsymbol{p}_3)=\begin{pmatrix}1&1&-2\\1&-1&2\\0&-2&-2\end{pmatrix}$

$$AP=\begin{pmatrix}2&2&-4\\2&-2&-2\\0&-4&-10\end{pmatrix}\quad\cdots①$$

$$P\begin{pmatrix}2&\alpha&\beta\\0&2&\gamma\\0&0&2\end{pmatrix}=\begin{pmatrix}2&\alpha+2&\beta+\gamma-4\\2&\alpha-2&\beta-\gamma+4\\0&-4&-2\gamma-4\end{pmatrix}\quad\cdots②$$

①, ②の各成分を比較して，

$\alpha=0,\ \beta=-3,\ \gamma=3$

$$\therefore\ P=\begin{pmatrix}1&1&-2\\1&-1&2\\0&-2&-2\end{pmatrix}\qquad\cdots(答)$$

により，

$$P^{-1}AP=\begin{pmatrix}2&0&-3\\0&2&3\\0&0&2\end{pmatrix}$$

と上 3 角行列に変換できる.

練習問題 7-2

$$xE-A=\begin{pmatrix}x&2&2\\-5&x-7&-4\\1&1&x-2\end{pmatrix}$$

$$\xrightarrow[\text{を交換}]{\text{1 行と 3 行}}\begin{pmatrix}1&1&x-2\\-5&x-7&-4\\x&2&2\end{pmatrix}$$

$$\xrightarrow[\text{3 行}-1\text{ 行}\times x]{\text{2 行}+1\text{ 行}\times 5}\begin{pmatrix}1&1&x-2\\0&x-2&5x-14\\0&-x+2&-x^2+2x+2\end{pmatrix}$$

$$\xrightarrow[\text{3 列}+2\text{ 列}\times(-5)]{}\begin{pmatrix}1&0&0\\0&x-2&-4\\0&-x+2&-x^2+7x-8\end{pmatrix}$$

$$\xrightarrow[\text{を交換}]{\text{2 列と 3 列}}\begin{pmatrix}1&0&0\\0&-4&x-2\\0&-x^2+7x-8&-x+2\end{pmatrix}$$

$$\xrightarrow[\substack{\text{3 行}+2\text{ 行}\\\times(x^2-7x+8)}]{\text{2 行}\div(-4)}\begin{pmatrix}1&0&0\\0&1&-\dfrac{x-2}{4}\\0&0&\dfrac{-(x-2)(x-3)(x-4)}{4}\end{pmatrix}$$

$$\xrightarrow[\text{3 列を}-4\text{ 倍}]{}\begin{pmatrix}1&0&0\\0&1&x-2\\0&0&(x-2)(x-3)(x-4)\end{pmatrix}$$

$$\xrightarrow[\substack{\text{3 列}-2\text{ 列}\\\times(x-2)}]{}\begin{pmatrix}1&0&0\\0&1&0\\0&0&(x-2)(x-3)(x-4)\end{pmatrix}$$

単因子は

$e_1(x)=1, e_2(x)=1, e_3(x)=(x-2)(x-3)(x-4)$ …(答)

最小多項式

$\mu_A(x)=(x-2)(x-3)(x-4)$ …(答)

練習問題 7-3

$$xE-A=\begin{pmatrix}x&2&2\\-5&x-7&-4\\1&1&x-2\end{pmatrix}$$

$d_1(x)=1,\ |xE-A|=(x-2)(x-3)(x-4)$

より，$d_3(x)=(x-2)(x-3)(x-4)$

$d_2(x)$ は，9 つの D_{ij} の最大公約数が

1 より $d_2(x)=1$

$\therefore\ d_1(x)=1,\ d_2(x)=1,$

$d_3(x)=(x-2)(x-3)(x-4)$ …(答)

よって，単因子は

$$\left.\begin{aligned}&e_1(x)=d_1(x)=1\\&e_2(x)=\frac{d_2(x)}{d_1(x)}=1\\&e_3(x)=\frac{d_3(x)}{d_2(x)}=(x-2)(x-3)(x-4)\end{aligned}\right\}\ \cdots(答)$$

最小多項式

$\mu_A(x) = e_3(x) = (x-2)(x-3)(x-4)$ …(答)

練習問題 7-4 (p.172, **練習問題 6-5** と同じ行列)

固有値 0, -6 の次元 $W(0)$, $W(-6)$ は,

$W(0) = 3 - \text{rank}(A - 0\cdot E) = 3 - 2 = 1 \neq 2$

(重複度 2)

$W(-6) = 3 - \text{rank}(A + 6E) = 3 - 2 = 1$

よって, A は対角化不可能で (**練習問題 6-5**),

$$J = \left(\begin{array}{c|cc} -6 & 0 & 0 \\ \hline 0 & 0 & 1 \\ 0 & 0 & 0 \end{array}\right) \text{となる.}$$ …(答)

・$\lambda_1 = -6$ のとき, 固有ベクトルの 1 つは

$$A + 6E = \begin{pmatrix} 8 & -1 & -1 \\ 6 & 2 & 2 \\ -2 & 2 & 2 \end{pmatrix} \to \begin{pmatrix} 8 & -1 & -1 \\ 8 & 0 & 0 \\ -2 & 2 & 2 \end{pmatrix}$$

$$\to \begin{pmatrix} 0 & 1 & 1 \\ 1 & 0 & 0 \\ 1 & -1 & -1 \end{pmatrix} \to \begin{pmatrix} 0 & 0 & 0 \\ 1 & 0 & 0 \\ 1 & -1 & -1 \end{pmatrix}$$

となるから,

$$\begin{pmatrix} 0 & 0 & 0 \\ 1 & 0 & 0 \\ 1 & -1 & -1 \end{pmatrix}\begin{pmatrix} x_1 \\ x_2 \\ x_3 \end{pmatrix} = \begin{pmatrix} 0 \\ 0 \\ 0 \end{pmatrix} \text{から}$$

$x_1 = 0$, $x_1 - x_2 - x_3 = 0$

$\boldsymbol{p}_1 = {}^t(0\ 1\ -1)$ と選べる.

・$\lambda_2 = 0$ のとき,

$$A - 0\cdot E = \begin{pmatrix} 2 & -1 & -1 \\ 6 & -4 & 2 \\ -2 & 2 & -4 \end{pmatrix}$$

$$\left(\begin{array}{ccc|c} 2 & -1 & -1 & a_1 \\ 6 & -4 & 2 & a_2 \\ -2 & 2 & -4 & a_3 \end{array}\right) \text{を行式変形すると,}$$

$$\to \left(\begin{array}{ccc|c} 2 & -1 & -1 & a_1 \\ 0 & -1 & 5 & a_2-3a_1 \\ -2 & 2 & -4 & a_3 \end{array}\right)$$

$$\to \left(\begin{array}{ccc|c} 2 & -1 & -1 & a_1 \\ 0 & -1 & 5 & a_2-3a_1 \\ 0 & 1 & -5 & a_1+a_3 \end{array}\right)$$

$$\to \left(\begin{array}{ccc|c} 2 & -1 & -1 & a_1 \\ 0 & -1 & 5 & a_2-3a_1 \\ 0 & 0 & 0 & -2a_1+a_2+a_3 \end{array}\right)$$

$a_1 = a_2 = a_3 = 0$ のとき, $\boldsymbol{p}_2$ は

$$\begin{cases} 2x_1 - x_2 - x_3 = 0 \\ -x_2 + 5x_3 = 0 \end{cases}$$

$x_2 = 5$, $x_3 = 1$ のとき, $x_1 = 3$

$\boldsymbol{p}_2 = {}^t(3\ 5\ 1)$ と選べる.

$a_1 = 3$, $a_2 = 5$, $a_3 = 1$ のとき,

$$\begin{cases} 2x_1 - x_2 - x_3 = 3 \\ -x_2 + 5x_3 = -4 \end{cases}$$

$x_2 = -1$, $x_3 = -1$ と選ぶと $x_1 = \dfrac{1}{2}$

$$\boldsymbol{p}_3 = {}^t\!\left(\frac{1}{2}\ \ -1\ \ -1\right)$$

$$\therefore\ P = (\boldsymbol{p}_1\ \boldsymbol{p}_2\ \boldsymbol{p}_3) = \begin{pmatrix} 0 & 3 & \frac{1}{2} \\ 1 & 5 & -1 \\ -1 & 1 & -1 \end{pmatrix}$$ …(答)

〔注〕実際計算をして, 確かめてみると,

$$AP = PJ = \begin{pmatrix} 0 & 0 & 3 \\ -6 & 0 & 5 \\ 6 & 0 & 1 \end{pmatrix} \text{となる.}$$

練習問題 7-5

$$|xE - A| = \begin{pmatrix} x+1 & -2 & -1 \\ -1 & x+1 & 1 \\ 6 & -8 & x-5 \end{pmatrix} = -(x-1)^3$$

固有値は 1 (重複度 3)

$$A - E = \begin{pmatrix} -2 & 2 & 1 \\ 1 & -2 & -1 \\ -6 & 8 & 4 \end{pmatrix} \to \begin{pmatrix} 1 & -2 & -1 \\ 0 & -2 & -1 \\ 0 & 0 & 0 \end{pmatrix}$$

〔注〕3 行目は 3 行に (1 行×(−1)+2 行)×2 をたすことにより得られる.

rank$(A - E) = 2$ よりジョルダン細胞の個数は 1 個 $(3 - 2 = 1)$

$$\therefore\ J = \begin{pmatrix} 1 & 1 & 0 \\ 0 & 1 & 1 \\ 0 & 0 & 1 \end{pmatrix}$$ …(答)

このとき, $\boldsymbol{p}_1, \boldsymbol{p}_2, \boldsymbol{p}_3$ は

・$\boldsymbol{p}_1$

$$\begin{pmatrix} 1 & -2 & -1 \\ 0 & -2 & -1 \\ 0 & 0 & 0 \end{pmatrix}\begin{pmatrix} x_1 \\ x_2 \\ x_3 \end{pmatrix} = \begin{pmatrix} 0 \\ 0 \\ 0 \end{pmatrix} \text{から}$$

$$\begin{cases} x_1 - 2x_2 - x_3 = 0 \\ \quad -2x_2 - x_3 = 0 \end{cases}$$

$x_2 = 1$ とおくと, $x_3 = -2$, $x_1 = 0$

$$\therefore\ \boldsymbol{p}_1 = \begin{pmatrix} 0 \\ 1 \\ -2 \end{pmatrix}$$

・$\boldsymbol{p}_2$

$$\left(\begin{array}{ccc|c} -2 & 2 & 1 & 0 \\ 1 & -2 & -1 & 1 \\ -6 & 8 & 4 & -2 \end{array}\right) \to \left(\begin{array}{ccc|c} 1 & -2 & -1 & 1 \\ -2 & 2 & 1 & 0 \\ -3 & 4 & 2 & -1 \end{array}\right)$$

$$\left(\begin{array}{ccc|c} 1 & -2 & -1 & 1 \\ 0 & -2 & -1 & 2 \\ 0 & -2 & -1 & 2 \end{array}\right) \to \left(\begin{array}{ccc|c} 1 & -2 & -1 & 1 \\ 0 & -2 & -1 & 2 \\ 0 & 0 & 0 & 0 \end{array}\right)$$

$$\begin{cases} x_1 - 2x_2 - x_3 = 1 \\ \quad -2x_2 - x_3 = 2 \end{cases}$$

$x_2 = 1$ とおくと，$x_3 = -4$，$x_1 = -1$

$$\therefore\ \boldsymbol{p}_2 = \begin{pmatrix} -1 \\ 1 \\ -4 \end{pmatrix}$$

・$\boldsymbol{p}_3$

$$\left(\begin{array}{ccc|c} -2 & 2 & 1 & -1 \\ 1 & -2 & -1 & 1 \\ -6 & 8 & 4 & -4 \end{array}\right) \to \left(\begin{array}{ccc|c} 1 & -2 & -1 & 1 \\ -2 & 2 & 1 & -1 \\ -3 & 4 & 2 & -2 \end{array}\right)$$

$$\to \left(\begin{array}{ccc|c} 1 & -2 & -1 & 1 \\ 0 & -2 & -1 & 1 \\ 0 & -2 & -1 & 1 \end{array}\right) \to \left(\begin{array}{ccc|c} 1 & -2 & -1 & 1 \\ 0 & -2 & -1 & 1 \\ 0 & 0 & 0 & 0 \end{array}\right)$$

$$\begin{cases} x_1 - 2x_2 - x_3 = 1 \\ \quad -2x_2 - x_3 = 1 \end{cases}$$

$x_3 = -3$ とおくと，$x_2 = 1$，$x_1 = 0$

$$\therefore\ \boldsymbol{p}_3 = \begin{pmatrix} 0 \\ 1 \\ -3 \end{pmatrix}$$

以上より

$$P = (\boldsymbol{p}_1\ \boldsymbol{p}_2\ \boldsymbol{p}_3) = \begin{pmatrix} 0 & -1 & 0 \\ 1 & 1 & 1 \\ -2 & -4 & -3 \end{pmatrix} \quad \cdots(\text{答})$$

練習問題 7-6

問題 7-6 により

$$J = \left(\begin{array}{c|ccc} 4 & & & \\ \hline & 4 & 1 & \\ & & 4 & 1 \\ & & & 4 \end{array}\right)$$

$(A - 4E)\boldsymbol{p}_1 = \boldsymbol{0}$ …①

$(A - 4E)\boldsymbol{p}_2 = \boldsymbol{0}$ …②

$(A - 4E)\boldsymbol{p}_3 = \boldsymbol{p}_2$ …③

$(A - 4E)\boldsymbol{p}_4 = \boldsymbol{p}_3$ …④

となる $\boldsymbol{p}_1, \boldsymbol{p}_2, \boldsymbol{p}_3, \boldsymbol{p}_4$ を定める．①,②が成り立つ解は，

$$\begin{pmatrix} 2\alpha \\ \beta \\ -3\alpha \\ 2\alpha \end{pmatrix} = \alpha\begin{pmatrix} 2 \\ 0 \\ -3 \\ 2 \end{pmatrix} + \beta\begin{pmatrix} 0 \\ 1 \\ 0 \\ 0 \end{pmatrix}$$

で**問題** 7-6 から

$\boldsymbol{p}_1 = {}^t(2\ 0\ -3\ 2)$　($\alpha = 1,\ \beta = 0$ とおく)

$\boldsymbol{p}_2 = {}^t(0\ 1\ 0\ 0)$　($\alpha = 0,\ \beta = 1$ とおく)

このとき，③,④をみたす $\boldsymbol{p}_3, \boldsymbol{p}_4$ を定める．

$$\left(\begin{array}{cccc|c} -2 & 0 & -4 & -4 & b_1 \\ 0 & 0 & 2 & 3 & b_2 \\ 2 & 0 & 4 & 4 & b_3 \\ -1 & 0 & -2 & -2 & b_4 \end{array}\right)$$

$$\to \left(\begin{array}{cccc|c} -2 & 0 & -4 & -4 & b_1 \\ 0 & 0 & 2 & 3 & b_2 \\ 0 & 0 & 0 & 0 & b_1 + b_3 \\ 0 & 0 & 0 & 0 & b_1 - 2b_4 \end{array}\right)$$

$\boldsymbol{p}_2 = {}^t(b_1\ b_2\ b_3\ b_4) = (0\ 1\ 0\ 0)$ のとき，

$\boldsymbol{p}_3 = {}^t(x_1\ x_2\ x_3\ x_4)$ とおくと，

$$\begin{cases} -2x_1 - 4x_3 - 4x_4 = 0 \\ 2x_3 + 3x_4 = 1 \end{cases}$$

$x_3 = 2$，$x_4 = -1$ とおくと，$x_1 = -2$

$\boldsymbol{p}_3 = {}^t(-2\ 0\ 2\ -1)$ と選べる．

次に，$\boldsymbol{p}_4 = {}^t(x_1\ x_2\ x_3\ x_4)$ のとき，

$$\begin{cases} -2x_1 - 4x_3 - 4x_4 = -2 \\ 2x_3 + 3x_4 = 0 \end{cases}$$

$$\Leftrightarrow \begin{cases} x_1 + 2x_3 + 2x_4 = 1 \\ 2x_3 + 3x_4 = 0 \end{cases}$$

$x_3 = -3$，$x_4 = 2$ とおくと，$x_1 = 3$

$\boldsymbol{p}_4 = {}^t(3\ 0\ -3\ 2)$ と選べる．

$$\therefore\ P = \begin{pmatrix} 2 & 0 & -2 & 3 \\ 0 & 1 & 0 & 0 \\ -3 & 0 & 2 & -3 \\ 2 & 0 & -1 & 2 \end{pmatrix} \quad \cdots(\text{答})$$

練習問題 7-7

・$\boldsymbol{p}_1 = \begin{pmatrix} b_1 \\ b_2 \\ b_3 \\ b_4 \end{pmatrix} = \begin{pmatrix} 0 \\ -1 \\ 1 \\ 0 \end{pmatrix}$ のとき，㊟より

$$\left(\begin{array}{cccc:c} 1 & 0 & 0 & -1 & 1 \\ 0 & 1 & 1 & 1 & -1 \\ 0 & 0 & 0 & 0 & 0 \\ 0 & 0 & 0 & 0 & 0 \end{array}\right)$$

よって,

$$\begin{cases} x_1 - x_4 = 1 \\ x_2 + x_3 + x_4 = -1 \end{cases} \quad \boldsymbol{p}_2 = \begin{pmatrix} 1 \\ -1 \\ 0 \\ 0 \end{pmatrix} \text{と選べる.}$$

$$\cdot\ \boldsymbol{p}_3 = \begin{pmatrix} b_1 \\ b_2 \\ b_3 \\ b_4 \end{pmatrix} = \begin{pmatrix} 1 \\ -1 \\ 0 \\ 1 \end{pmatrix} \text{のとき, ⊛より}$$

$$\left(\begin{array}{cccc:c} 1 & 0 & 0 & -1 & 1 \\ 0 & 1 & 1 & 1 & -2 \\ 0 & 0 & 0 & 0 & 0 \\ 0 & 0 & 0 & 0 & 0 \end{array}\right)$$

よって,

$$\begin{cases} x_1 - x_4 = 1 \\ x_2 + x_3 + x_4 = -2 \end{cases}$$

$x_3 = x_4 = 0$, $x_2 = -2$, $x_1 = 1$

$$\text{から } \boldsymbol{p}_4 = \begin{pmatrix} 1 \\ -2 \\ 0 \\ 0 \end{pmatrix} \text{と選べる.}$$

$$\therefore\ P = \begin{pmatrix} 0 & 1 & 1 & 1 \\ -1 & -1 & -1 & -2 \\ 1 & 0 & 0 & 0 \\ 0 & 0 & 1 & 0 \end{pmatrix} \qquad \cdots(\text{答})$$

練習問題 7-8

練習問題 7-5 より

$$J = P^{-1}AP = \begin{pmatrix} 1 & 1 & 0 \\ 0 & 1 & 1 \\ 0 & 0 & 1 \end{pmatrix} \text{となる. このとき,}$$

$$P = \begin{pmatrix} 0 & -1 & 0 \\ 1 & 1 & 1 \\ -2 & -4 & -3 \end{pmatrix} \text{であり, } P^{-1} = \begin{pmatrix} -1 & 3 & 1 \\ -1 & 0 & 0 \\ 2 & -2 & -1 \end{pmatrix}$$

$$J = E + N \qquad \left(N = \begin{pmatrix} 0 & 1 & 0 \\ 0 & 0 & 1 \\ 0 & 0 & 0 \end{pmatrix} \right)$$

$$\exp J = \exp(E + N) = (\exp E)\cdot(\exp N)$$

ここで,

$$\cdot\ \exp E = E + \frac{E}{1!} + \frac{E^2}{2!} + \cdots + \frac{E^N}{n!} + \cdots$$

$$= \begin{pmatrix} e & 0 & 0 \\ 0 & e & 0 \\ 0 & 0 & e \end{pmatrix} = eE$$

$$\cdot\ \exp N = E + \frac{N}{1!} + \frac{N^2}{2!} + \cdots + \frac{N^n}{n!} + \cdots$$

$$N^2 = \begin{pmatrix} 0 & 0 & 1 \\ 0 & 0 & 0 \\ 0 & 0 & 0 \end{pmatrix} \text{となり } N^3 = N^4 = \cdots = \boldsymbol{O}$$

となるから,

$$\exp N = E + N + \frac{1}{2}N^2$$

$$= \begin{pmatrix} 1 & 0 & 0 \\ 0 & 1 & 0 \\ 0 & 0 & 1 \end{pmatrix} + \begin{pmatrix} 0 & 1 & 0 \\ 0 & 0 & 1 \\ 0 & 0 & 0 \end{pmatrix} + \begin{pmatrix} 0 & 0 & \frac{1}{2} \\ 0 & 0 & 0 \\ 0 & 0 & 0 \end{pmatrix}$$

$$= \begin{pmatrix} 1 & 1 & \frac{1}{2} \\ 0 & 1 & 1 \\ 0 & 0 & 1 \end{pmatrix}$$

よって,

$$\exp J = (eE)\cdot\begin{pmatrix} 1 & 1 & \frac{1}{2} \\ 0 & 1 & 1 \\ 0 & 0 & 1 \end{pmatrix} = e\begin{pmatrix} 1 & 1 & \frac{1}{2} \\ 0 & 1 & 1 \\ 0 & 0 & 1 \end{pmatrix}$$

…(答)

Chapter 8　2 次形式

練習問題 8-1

2 次形式を行列表現すると,

$$(x_1\ x_2\ x_3)\underbrace{\begin{pmatrix} 3 & 6 & -9 \\ 6 & 13 & -14 \\ -9 & -14 & 45 \end{pmatrix}}_{A\text{とおく}}\begin{pmatrix} x_1 \\ x_2 \\ x_3 \end{pmatrix}$$

$$\text{に} \begin{pmatrix} x_1 \\ x_2 \\ x_3 \end{pmatrix} = \underbrace{\begin{pmatrix} 1 & -2 & 11 \\ 0 & 1 & -4 \\ 0 & 0 & 1 \end{pmatrix}}_{P\text{とおく}}\begin{pmatrix} y_1 \\ y_2 \\ y_3 \end{pmatrix} \text{を代入して,}$$

$$\boldsymbol{x} = P\boldsymbol{y}$$

$${}^t(P\boldsymbol{y})\cdot A\cdot P\boldsymbol{y} = {}^t\boldsymbol{y}({}^tPAP)\boldsymbol{y}$$

ここで,

${}^tPAP$

$$= \begin{pmatrix} 1 & 0 & 0 \\ -2 & 1 & 0 \\ 11 & -4 & 1 \end{pmatrix}\begin{pmatrix} 3 & 6 & -9 \\ 6 & 13 & -14 \\ -9 & -14 & 45 \end{pmatrix}\begin{pmatrix} 1 & -2 & 11 \\ 0 & 1 & -4 \\ 0 & 0 & 1 \end{pmatrix}$$

$$= \begin{pmatrix} 3 & 0 & 0 \\ 0 & 1 & 0 \\ 0 & 0 & 2 \end{pmatrix}$$

となるから

$$^t\boldsymbol{y}\cdot\begin{pmatrix} 3 & 0 & 0 \\ 0 & 1 & 0 \\ 0 & 0 & 2 \end{pmatrix}\boldsymbol{y} = 3y_1^2 + y_2^2 + 2y_3^2 \qquad \cdots(答)$$

練習問題 8-2

$$A = \begin{pmatrix} 1 & 0 & 2\sqrt{2} \\ 0 & 5 & 0 \\ 2\sqrt{2} & 0 & -1 \end{pmatrix}$$

$$|A - \lambda E| = -(x-5)(x-3)(x+3)$$

固有値は $\lambda_1 = 5$, $\lambda_2 = 3$, $\lambda_3 = -3$. 各々の単位固有ベクトルを求めると,

$$\boldsymbol{x}_1 = \begin{pmatrix} 0 \\ 1 \\ 0 \end{pmatrix},\ \boldsymbol{x}_2 = \begin{pmatrix} \frac{\sqrt{6}}{3} \\ 0 \\ \frac{\sqrt{3}}{3} \end{pmatrix},\ \boldsymbol{x}_3 = \begin{pmatrix} -\frac{\sqrt{3}}{3} \\ 0 \\ \frac{\sqrt{6}}{3} \end{pmatrix}$$

よって, $P = \begin{pmatrix} 0 & \frac{\sqrt{6}}{3} & -\frac{\sqrt{3}}{3} \\ 1 & 0 & 0 \\ 0 & \frac{\sqrt{3}}{3} & \frac{\sqrt{6}}{3} \end{pmatrix}$ となり,

$$P^{-1}AP = \begin{pmatrix} 5 & 0 & 0 \\ 0 & 3 & 0 \\ 0 & 0 & -3 \end{pmatrix}$$

$\boldsymbol{y} = {}^t(y_1\ y_2\ y_3)$ とおき, 変数変換 $\boldsymbol{x} = P\boldsymbol{y}$ より

$$^t\boldsymbol{x}A\boldsymbol{x} = 5y_1^2 + 3y_2^2 - 3y_3^2 \qquad \cdots(答)$$

練習問題 8-3

$$x^2 - 2\cdot 2xy - 2y^2 = -6 \quad \cdots①$$

$D = 1\cdot(-2) - 2^2 = -6 < 0$ より, ① は双曲線. $\cdots$(答)

$A = \begin{pmatrix} 1 & -2 \\ -2 & -2 \end{pmatrix}$ の固有値は,

$|A - \lambda E| = (\lambda + 3)(\lambda - 2) = 0$ から,

$\lambda_1 = -3$, $\lambda_2 = 2$. おのおのの固有単位ベクトルを求めると,

$\boldsymbol{p}_1 = \frac{1}{\sqrt{5}}\begin{pmatrix} 1 \\ 2 \end{pmatrix}$, $\boldsymbol{p}_2 = \frac{1}{\sqrt{5}}\begin{pmatrix} -2 \\ 1 \end{pmatrix}$ より

$P = \frac{1}{\sqrt{5}}\begin{pmatrix} 1 & -2 \\ 2 & 1 \end{pmatrix}$ とおける.

したがって, $\boldsymbol{x} = P\boldsymbol{x}'$ $(\boldsymbol{x}' = {}^t(x'\ y'))$ の変換により, ${}^tPAP = \begin{pmatrix} -3 & 0 \\ 0 & 2 \end{pmatrix}$ となるから,

$$^t\boldsymbol{x}\,{}^tPAP\boldsymbol{x} = (x'\ y')\begin{pmatrix} -3 & 0 \\ 0 & 2 \end{pmatrix}\begin{pmatrix} x' \\ y' \end{pmatrix}$$

$$\Leftrightarrow -3x'^2 + 2y'^2 = -6$$

よって, 標準形は,

$$\frac{x'^2}{(\sqrt{2})^2} - \frac{y'^2}{(\sqrt{3})^2} = 1 \qquad \cdots(答)$$

練習問題 8-4

$D = 3\cdot 3 - 5^2 = -16 < 0$ より㊟は双曲線となる. $x = X + \alpha$, $y = Y + \beta$ で平行移動すると,

X の係数 $= 0$ より $3\alpha + 5\beta - 19 = 0$

Y の係数 $= 0$ より $5\alpha + 3\beta - 21 = 0$

2 式を解いて, $(\alpha, \beta) = (3, 2)$ (＊) の左辺を $f(x, y)$ とおくと,

$f(3, 2) = -14$

平行移動 $X = x - 3$, $Y = y - 2$ より

$$3X^2 + 10XY + 3Y^2 - 14 = 0 \quad \cdots①$$

X^2, Y^2 の係数が等しいことより XY 軸を $\frac{\pi}{4}$ 回転した座標軸を $x'y'$ 軸とすると,

$$\begin{pmatrix} X \\ Y \end{pmatrix} = \begin{pmatrix} \cos\frac{\pi}{4} & -\sin\frac{\pi}{4} \\ \sin\frac{\pi}{4} & \cos\frac{\pi}{4} \end{pmatrix}\begin{pmatrix} x' \\ y' \end{pmatrix} = \frac{1}{\sqrt{2}}\begin{pmatrix} x' - y' \\ x' + y' \end{pmatrix}$$

を①に代入して,

$$\frac{3}{2}(x'-y')^2 + 5(x'-y')(x'+y') + \frac{3}{2}(x'+y')^2 - 14 = 0$$

$$\Leftrightarrow 8x'^2 - 2y'^2 - 14 = 0$$

$$\therefore \frac{x'^2}{\left(\frac{\sqrt{7}}{2}\right)^2} - \frac{y'^2}{(\sqrt{7})^2} = 1 \qquad \cdots(答)$$

練習問題 8-5

$x = X + \alpha$, $y = Y + \beta$, $z = Z + \gamma$ を㊟に代入して,

X の係数 $= 0$ より, $5\alpha + \beta + \gamma = 0$

Y の係数 $= 0$ より, $\alpha + 3\beta + \gamma = 2$

Z の係数 $= 0$ より, $\alpha + \beta + 3\gamma = 4$

3 式を解いて，$(\alpha, \beta, \gamma) = \left(-\dfrac{1}{3}, \dfrac{1}{3}, \dfrac{4}{3}\right)$

㊟の左辺を $f(x, y, z)$ とおくと，

$$f\left(-\frac{1}{3}, \frac{1}{3}, \frac{4}{3}\right) = -1$$

$A = \begin{pmatrix} 5 & 1 & 1 \\ 1 & 3 & 1 \\ 1 & 1 & 3 \end{pmatrix}$ とする．

A の固有値は $2, 3, 6$ となるそれぞれの固有ベクトルを求め P をつくり

${}^tPAP = \begin{pmatrix} 2 & 0 & 0 \\ 0 & 3 & 0 \\ 0 & 0 & 6 \end{pmatrix}$ となり，標準形は，

$$2x'^2 + 3y'^2 + 6z'^2 = 1 \qquad \cdots(答)$$

となる．

参考書

A.

［1］ 齋藤正彦『線型代数入門』東京大学出版会

［2］ 齋藤正彦『線型代数演習』東京大学出版会

［3］ 佐武一郎『線型代数学』裳華房

［4］ 齋藤正彦『齋藤正彦 線型代数学』東京図書

［5］ 浅野啓三・永尾汎『行列と行列式』共立出版

［6］ 岩堀長慶『線形代数学』裳華房

［7］ 村勢一郎『代数学の演習』森北出版

［8］ ウラジミル・イワノビッチ・スミルノフ『高等数学教程（Ⅲ巻一部）』共立出版

［9］ 志賀浩二『線形という構造へ』紀伊國屋書店

［10］ 長岡亮介『長岡亮介 線型代数入門講義』東京図書

A グループは，数学の専門書としての参考書で，特に［1］,［2］,［3］は数学科の授業の教科書として使われることも多い．これは分野において読みづらさはあるかもしれないが本格的な参考書である．［1］は第７章で「ベクトルおよび行列の解析的な取扱い」について言及しており，附録で代数学の基本定理，多変数多項式，群および体の公理についても言及していることは注目に値する．［3］は数ベクトルから抽象ベクトルへ至る入門書である．［8］,［9］は理論の背景にまで立ち入って書いてある部分があり，本書を著すにあたって，大いに触発された本である．［8］は理論の背景まで言及して書かれており，理解しやすい解説書である．［9］は「大人のための数学」シリーズ全７巻のうちの１巻であり，数学を本格的に学ぼうとする人に興味深い世界を広げてくれるだろう．

B.

［1］ 細川尋史『線形代数学の基礎・基本』牧野書店

［2］ 数学・基礎教育研究会『線形代数学 20 講』朝倉書店

［3］ 寺田文行・増田真郎『演習 線形代数』サイエンス社

［4］ 竹山美宏『線形代数』日本評論社

［5］ 小寺平治『明解演習 線形代数』共立出版

［6］ 江川博康『弱点克服 大学生の線形代数 改訂版』東京図書

［7］ 馬場敬之『線形代数キャンパス・ゼミ』マセマ出版社

［8］ 佐藤義隆（監修）・本田龍央・五十嵐貫『詳解 大学院への数学 線形代数編』東京図書

［9］ 佐藤敏明『図解雑学 行列・ベクトル』ナツメ社

B グループは，問題を解く上で理解しやすい参考書である．
[1], [2], [3] は理論の考え方がやさしく書かれており，参考になると思う．
[3], [5], [6], [7] は例題が多く，演習書として活用できると思う．
ただし，1 冊ですべての分野を網羅できないことは言うまでもない．
[8] は大学院を目指す人が，今学んでいることが大学院試験にどう結びついていくかを知ることができる．

●著者紹介
石綿夏委也（いしわた かいや）

故・小平邦彦氏に長年師事．数研アカデミー主宰．
大学受験予備校研数学館で22年間教鞭をとる．
その後，スカイパーフェクTV！に数学講師として出演．
現在，東進ハイスクール，東進衛星予備校，河合塾講師．
その他，講演活動なども行う．
著書に『名人の授業　石綿の数列7日間』（東進ブックス），『一目でわかる数学ハンドブックⅠ・A/Ⅱ・B』（東進ブックス），『一目でわかる数学ハンドブックⅢ・C』（東進ブックス），『カリスマ先生の微分・積分』（PHP研究所），『試験で点が取れる　大学生の微分積分』（PHP研究所），『大学1・2年生のためのすぐわかる微分積分』『大学1・2年生のためのすぐわかる微分方程式』（東京図書）などがある．

大学 1・2年生のためのすぐわかる線形代数

2018年4月25日　第1刷発行
2024年5月25日　第3刷発行

Printed in Japan

著　者　石綿夏委也
発行所　東京図書株式会社
〒102-0072　東京都千代田区飯田橋3-11-19
電話●03-3288-9461
振替●00140-4-13803
ISBN 978-4-489-02286-9
http://www.tokyo-tosho.co.jp